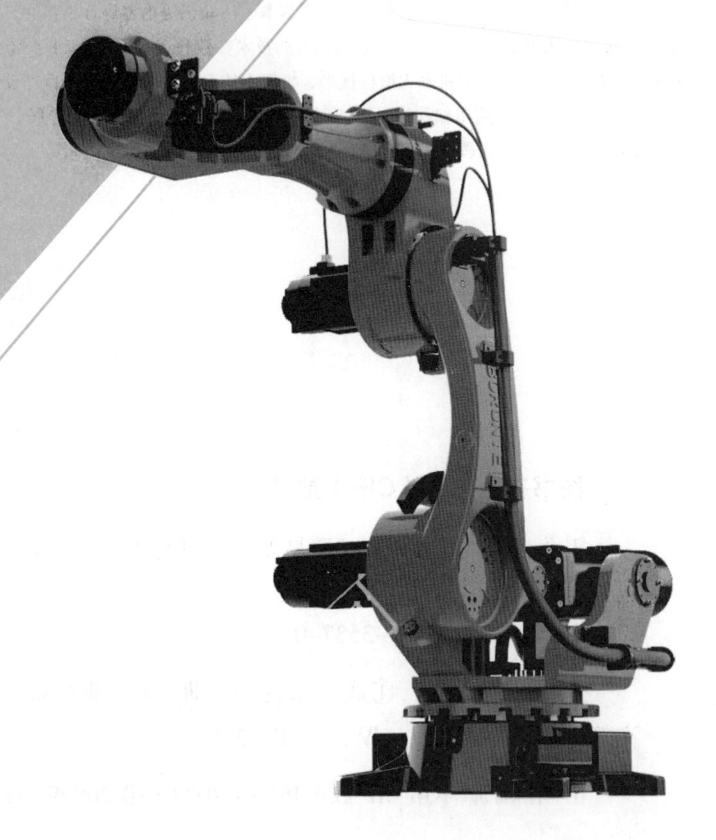

工业机器人技术基础

主　审◎余丙荣
主　编◎武昌俊　沈晔超

航空工业出版社
北　京

内 容 提 要

本教材围绕工业机器人的相关基础理论及基本应用知识等内容进行了详细讲解，共分为8个项目，包括漫游工业机器人世界、工业机器人及驱动方式分类、工业机器人的技术参数和运动原理、工业机器人传感技术、工业机器人结构和末端执行器、工业机器人控制技术、工业机器人编程技术、机器人的工业应用。每个项目都设置了拓展阅读，其内容在紧贴项目任务的基础上融合了工业机器人应用编程的“1+X”考核要求。本教材适合作为高等职业院校、应用型本科院校装备制造大类和电子信息大类相关专业的学习教材，也可作为工程技术人员的参考资料。

图书在版编目（CIP）数据

工业机器人技术基础 / 武昌俊，沈晔超主编 . — 北京：航空工业出版社，2023.12

ISBN 978-7-5165-3537-0

Ⅰ . ①工… Ⅱ . ①武… ②沈… Ⅲ . ①工业机器人－高等职业教育－教材 Ⅳ . ① TP242.2

中国国家版本馆 CIP 数据核字（2023）第 208991 号

工业机器人技术基础

Gongye Jiqiren Jishu Jichu

航空工业出版社出版发行

（北京市朝阳区京顺路 5 号曙光大厦 C 座四层　100028）

发行部电话：010-85672663　010-85672683

北京荣玉印刷有限公司印刷　　全国各地新华书店经售

2023 年 12 月第 1 版　　2023 年 12 月第 1 次印刷

开本：787 毫米 ×1092 毫米　1/16　　字数：446 千字

印张：17　　定价：56.00 元

编写委员会

主　审

余丙荣

主　编

武昌俊　沈晔超

副主编

杨　浩　张　昊　姚　亮

刘玉玺

参　编

王　亮　孙青锋　黄金霖

朱　敏　汪志红

前　言

制造业是一个国家经济发展的基石，也是增强国家竞争力的基础。《中华人民共和国国民经济和社会发展第十四个五年规划和2035年远景目标纲要》中明确指出，要大力推动制造业优化升级，培育先进制造业集群，推动机器人等产业创新发展，提高安全生产水平，推进危险岗位机器人替代。

工业机器人是实施自动化生产线、智能制造车间、数字化工厂、智能智慧工厂的重要基础装备之一，是一种靠自身动力和控制能力来实现各种功能的智能化、自动化、可编程的设备，已在越来越多的领域中得到广泛应用。据统计，2022年全国规模以上工业企业的工业机器人累计完成产量44.3万套，全国规模以上工业企业的服务机器人累计完成产量645.8万套。人力资源和社会保障部发布的2022年“最缺工”的100个职业排行显示，制造业持续存在缺工状况，计算机网络工程技术人员、工业机器人系统操作员等岗位缺工程度加大。其中，工业机器人系统操作员的缺口更为突出。数据显示，仅在中国人工智能机器人行业的人才缺口就高达500万人，复合型人才和高层次人才稀缺。目前，我国正在由制造大国向制造强国迈进，对技术技能型人才，特别是高素质技术技能型人才提出了更为迫切的要求。因此，应加强创新型、应用型、技能型人才培养，造就更多高素质技术技能人才、能工巧匠和大国工匠。为满足工业机器人技术应用的人才培养要求，我们编写了本教材。

本教材根据中国特色高水平高职学校和专业建设计划的培养目标，结合高等职业教育的教学改革和课程改革，对接工业机器人应用编程职业技能等级标准中的综合知识与技能，本着“工学结合、产教融合、项目引导、教学做一体化”的原则编写而成。本教材以项目为引导，明确了知识目标、能力目标和素质目标；以知识应用为主线，通过任务提出、任务实施和任务小结等环节，引导学生由理论到实践，将理论知识融入具体的实践案例中。在落实课程思政要求方面，本教材落实立德树人根本任务，贯彻《高等学校课程思政建设指导纲要》和党的二十大精神，将专业知识与思政教育有机结合，推动价值引领、知识传授和能力培养紧密结合。

本教材结合工业机器人技术专业相关职业岗位技能、专业人才培养需求和

“工业机器人技术基础”课程的改革要求编写，全书分为8个项目：漫游机器人世界；工业机器人及驱动方式分类；工业机器人的技术参数和运动原理；工业机器人传感技术；工业机器人结构和末端执行器；工业机器人控制技术；工业机器人编程技术；机器人的工业应用。本教材建议教学学时为56学时。

本教材是中国特色高水平高职学校和专业建设计划“工业机器人技术专业群”的建设成果，并被评为安徽省高等学校质量工程项目立项一流教材（编号：2020yljc025）。本教材由武昌俊和沈晔超担任主编并负责统稿，杨浩、张昊、姚亮、刘玉玺、王亮、孙青锋、黄金霖、朱敏、汪志红参与教材编写，具体分工如下：武昌俊负责编写前言和项目1；沈晔超负责编写项目4、项目5、项目7、项目8；杨浩负责编写项目2；张昊负责编写项目6；姚亮和刘玉玺负责编写项目3；王亮负责拓展阅读的编写；朱敏负责全书的思政案例整理；孙青锋、黄金霖、汪志红等负责全书习题文稿校对等工作。本教材由余丙荣担任主审，他对本教材进行了严格的审核并提出了许多宝贵的意见和建议，在此表示衷心的感谢。

工业机器人技术发展较快，而且工业机器人技术涉及的知识面非常广泛，由于作者的水平有限，书中难免存在不足之处，恳请广大读者批评指正。此外，作者还为广大一线教师提供了服务于本教材的教学资源库，有需要者可致电13810412048或发邮件至2393867076@qq.com。

编　者

2023年3月

目 录

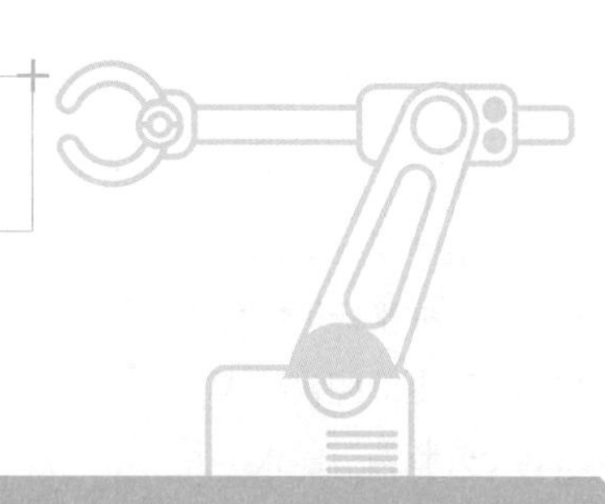

项目1 漫游工业机器人世界

项目2 工业机器人及驱动方式分类

项目 3　工业机器人的技术参数和运动原理

项目4 工业机器人传感技术

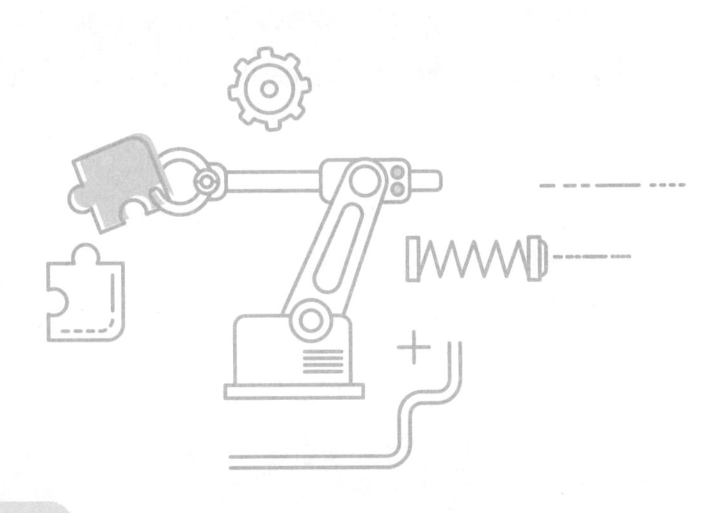

项目 5 工业机器人结构和末端执行器

项目 6 工业机器人控制技术

项目 7 工业机器人编程技术

项目 8 机器人的工业应用

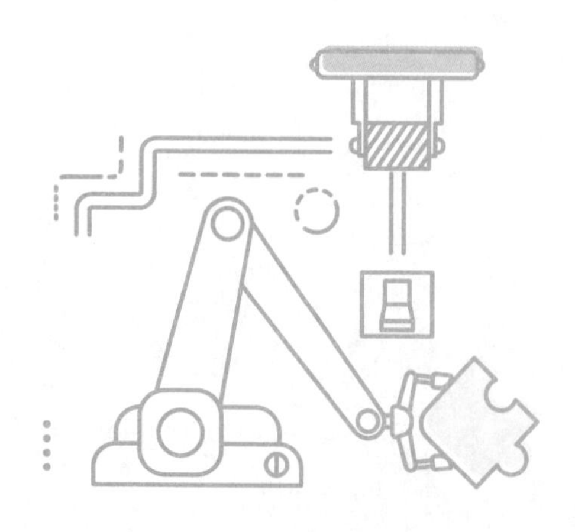

项目 1

漫游工业机器人世界

01

项目概述

早在几千年前的神话故事中，类似机器人的概念就已经逐步出现，随着科学的不断进步，类似机器人的机械装置也在不断涌现。直至近代，随着通信技术、电子技术、电气控制技术的快速发展，机器人，尤其是工业机器人开启了飞速发展的进程。欧美和日本等发达国家率先在汽车制造等劳动密集型行业引入工业机器人进行自动化生产线的设计和生产，大大提高了该领域的劳动生产率，工业机器人的产业化应用也较为成熟。

我国的工业机器人起步相对较晚，关键技术以及核心零部件与世界领先水平相比仍然有着不小的差距。可喜的是，近年来，我国的工业机器人应用数量一直位居世界首位，由此也促进我国工业机器人的快速发展，未来我国工业机器人仍然具有巨大的发展潜力。

本项目的学习内容主要包括工业机器人发展史、机器人的定义和特点、工业机器人全球市场概况以及工业机器人未来可能的应用领域和发展趋势探究。

项目目标

知识目标

1. 了解工业机器人的发展背景，理解工业机器人产生的原因，熟悉国内外工业机器人的发展历史。
2. 理解工业机器人的功能定义和工作特点。
3. 了解工业机器人的全球市场分布，了解国内外工业机器人品牌在全球市场的占比情况。
4. 了解工业机器人的未来应用场景，熟悉工业机器人的未来发展趋势。

能力目标

1. 能够理解工业机器人从最初的结构庞大、功能简单向结构优化、功能复杂发展的艰辛历程，能够区分和掌握国内外工业机器人发展过程中的重要里程碑。
2. 能够掌握各行各业中应用的机器人的整体定义，能够结合工业机器人的工作状态和工作特点，理解工业机器人和机器人的相同和差异，从而准确理解不同类别的工业机器人定义。
3. 能够讲述工业机器人全球市场的分布情况，掌握工业机器人的主流应用领域和主要应用场景。
4. 能够讲述工业机器人未来的主要应用领域，能够基于目前工业机器人的应用和未来可能的工业机器人应用场景，思考和分析工业机器人未来可能的发展趋势。

素质目标

1. 具有通观全局的意识，明晰我国工业机器人发展的巨大潜力。
2. 通过项目学习，培养勇于探索的精神，增强社会责任感。
3. 通过拓展阅读感受国产机器人在冬奥赛场等多种场景的全方位应用，激发民族自豪感。

知识导图

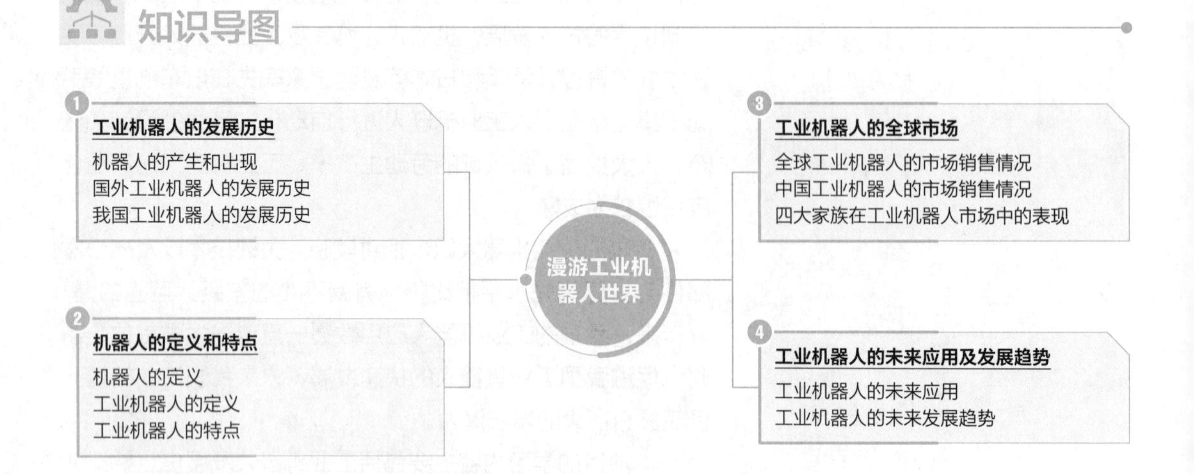

任务 1.1 工业机器人的发展历史

任务提出

机器人是如何产生的？机器人的概念是如何形成的？机器人在发展过程中经历了哪些重要的历程？带着这些疑问，我们进入任务 1.1 的学习。本任务包括以下几项内容：

（1）认识工业机器人产生和出现的历史条件与原因；

（2）理解国外工业机器人的发展历程；

（3）根据国内外工业机器人不同的发展历程，思考我国工业机器人发展的特点和不足之处。

任务实施

1.1.1 机器人的产生和出现

大千世界，万事万物都遵循着从无到有、从低到高的发展规律，机器人也不例外。回顾智能机器的漫长发展史，真实的抑或是想象的，有助于帮我们厘清这种感情的由来——我们是如何从一开始幻想它们成为可靠的机械助手，慢慢演变成害怕技术失控会让人类本身被取代。目前已知公认的最古老的接近人工智能的故事来自公元前 8 世纪的《伊利亚特》——荷马讲述特洛伊战争的史诗，如图 1–1 所示。书中写道身有残疾的工匠之神赫菲斯托斯用黄金打造了一批机械女仆，帮助他锻造器物："它们有心能解意，有嘴能说话，有手能使力，精通手工制造。"

图 1–1 伊利亚特神话故事

赫菲斯托斯甚至还制造出了第一个"杀手机器人"——塔罗斯（Talos），塔罗斯的艺术形象如图 1–2 所示。它是希腊神话中的自动机械巨人，名字意为"砍伐"或"太阳"。塔罗斯是公元前 3 世纪史诗《阿尔戈英雄纪》中的青铜巨人，守在克里特岛沿岸，朝入侵者投掷石块。大部分典籍说它全身由青铜铸就，所向无敌，只有一根血管，从颈部通下，直到膝盖处以铜钮遮掩（一说上面只有一层薄皮），该处为命门之所在，这与阿喀琉斯的脚踝十分相似。它能一日之内绕克里特岛三周。《神谱》中提到另一种说法，将它描述为一头公牛。艺术家常将其绘成青铜雕就的英俊青年。

图 1–2 塔罗斯的艺术形象

这些虚构作品的现实基础是古希腊当时高超的机械和金属制造技艺。古典学者艾德丽安·梅奥（Adrienne Mayor）在其出版的《神与机器人》一书中，介绍了一款公元前 5 世纪的古代奥林匹克运动会上出现的青铜自动装置，包括一只跳跃的海豚和一只翱翔的鹰，这个装置比《阿尔戈英雄纪》还早了两百年。

我国最早关于机器人概念的记载出现在三千多年前西周时期的小故事《列子机器人》（也称偃师造人）中，如图 1–3 所示。周穆王某次西巡时，在归途中遇到一位名叫偃师的西域巧匠。偃师带着一个能歌善舞的机器人晋见穆王，它的一举一动都几可乱真，穆王不知不觉把

图 1-3 偃师造人

它当成真人，召来宠妃一同观赏它的表演。在表演即将结束时，机器人竟然对穆王身边的姬妾频送秋波。穆王一气之下要处死偃师，偃师赶紧剖开机器人，让穆王看个清楚，里面果然不见血肉，只有一些皮革、木材、胶水、油漆以及各色颜料。穆王更进一步观察，发现机器人拥有肝、胆、心、肺、脾、肾、肠、胃等器官，以及筋骨、关节、皮肤、汗毛、牙齿、头发，当然这些都是人造的。穆王试着摘掉机器人的心脏，它就不会说话了；摘掉它的肝脏，机器人便失去视力；摘掉肾脏，它的两条腿立刻瘫痪。这时穆王才又惊又喜地感叹："人间的科技，居然真能巧夺天工？"，随即下令将机器人带回中原。

《墨经》中也曾记载，能工巧匠鲁班曾经做过一只木鹊，上一次发条，可以在空中盘旋飞舞三日都不会落下，传说中的木鹊模型如图 1-4 所示。

在陈寿的《三国志》中，蜀汉丞相诸葛亮发明了木牛流马，并在北伐时使用，其载重量为"一岁粮"，大约二百千克，每日行程为"特行者数十里，群行二十里"，为蜀国十万大军运送粮食，木牛流马模型如图 1-5 所示。

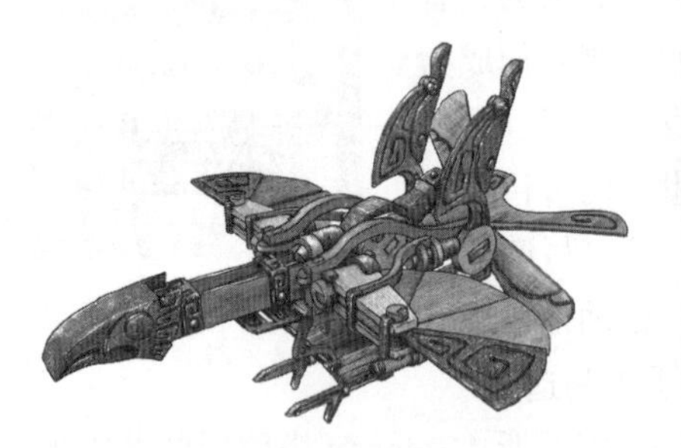

图 1-4 传说中的木鹊模型

图 1-5 木牛流马模型

上述这些故事虽有虚构和夸张的成分，但却反映了一个最基本的现实：机器人自诞生的那一刻起，就是作为人类的理想仆人而存在的。它们神通广大、无所不能，而且不知疲倦。

古人关于机器人的发明也有一些具有现实意义的作品，部分作品甚至至今仍产生着广泛的影响。公元 1 世纪时，希腊人希罗便制造出世界上第一台自动售货机——自动出售圣水的装置，如图 1-6 所示，这和 1925 年美国人研制的香烟自动售货机有着相同的工作原理。

出生于 1136 年的阿勒·加扎利是土耳其王朝的皇家总工程师。他于 1206 年出版了《精巧机械装置知识书》，书中记载了五十种机械装置，有各式水钟、天文钟、自动玩偶，还有水车、喷泉等供水系统。其中较知名的当数城堡天文钟，如图 1-7 所示。城堡天文钟有一层楼高，外观看起来就像城堡，因此得名。它的正面城墙上方有三个分别代表黄道十二宫、太阳与月亮的环形转盘，各自会按不同速度转

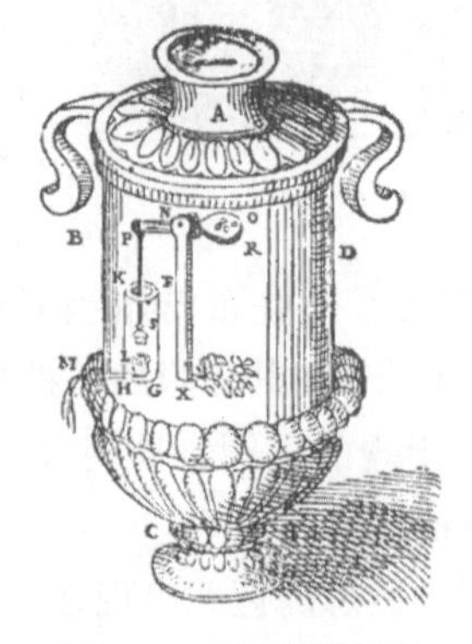

图 1-6 自动出售圣水的装置

图 1-7 城堡天文钟

动，以模拟日月在天空的位置。月亮转盘上有二十八个孔洞，镂空成不同月相的形状，在背后烛光的映照下，如实呈现当天月亮的圆缺。在转盘的下方，由左到右有十二个小门与字卡，代表十二个小时。字卡前方的指针从日出开始，缓缓经过每个字卡，指出目前时刻。指针走到底时，恰好是日落，再拨回最左边，重新走过日落到日出的夜间十二小时。它是目前公认的西方最早的水力天文钟。

文艺复兴时期列奥纳多·达·芬奇大约于公元1495年设计了仿人型机械，俗称达芬奇机器人（Leonardo’s Robot），它的模型及其内部零件如图1–8所示。这个机器人的设计笔记手稿在20世纪50年代被发现，但不能确定是否曾经有人把它制造出来。机器人被设计成一个骑士的模样，身穿德国－意大利式的中世纪盔甲。它可以做出一些明显的动作，包括坐起、摆动双手、摇头及张开嘴巴。

图1–8　达芬奇机器人的模型及其内部零件

1737年，雅克·德·沃康松（法语：Jacques de Vaucanson）制作了长笛演奏者，这是一个和真人同样大小的类人机器人，可以演奏长笛上的12首不同的歌曲，如图1–9所示。该机器人使用一系列波纹管“呼吸”，并有一个移动的嘴和舌，可以改变气流，使其能够演奏乐器。

此时，自动机械在欧洲受到关注，但多数被归类为休闲娱乐或儿童玩具。与此相比，沃康松的作品极为复杂逼真，在当时极具革命性。

1773年，自动玩偶又有了新的进展，瑞士钟表匠杰克·道罗斯和他的儿子利·路易·道罗斯连续推出了自动书写玩偶、自动演奏玩偶等，如图1–10所示。道罗斯父子发明的自动玩偶是利用齿轮和发条制成的。它们有的拿着画笔和颜色绘画，有的拿着鹅毛蘸墨水写字，结构巧妙，服装华丽，在欧洲风靡一时。

图1–9　长笛演奏者、觅食鸭子和锤鼓者

图1–10　自动书写玩偶和自动演奏玩偶

图1–11　卡雷尔·恰佩克

1893年，加拿大摩尔设计了能行走的机器人“安德罗丁”（android），这款机器人是以蒸汽为动力的。它的出现标志着人类在机器人领域从梦想到现实这一漫长道路上前进了一大步。

机器人真正作为一个专用的词汇使用至今刚过百年。1920年，捷克斯洛伐克作家卡雷尔·恰佩克（Karel Capek，见图1–11）创作了一套科幻舞台剧《罗梭的万能工人》，该剧于1921年首次演出，在剧本中，卡雷尔·恰佩克把在罗萨姆万能机器人公司生产劳动的那些家伙取名为罗伯特（Robot），意为“不知疲倦的劳动”。该剧开始于一个用有机合成物制造人造人的工厂，那些人造人被称为“机器人”（robots）。相对现代所称的机器人，这些生物比较像赛博格和复制人，因为它们外表和人类无异，甚至有自己的思想。它们本来快乐地服务人类，但情况慢慢改变，一个对人类怀有敌意的机器人带头反抗人类，导致人类灭亡。恰佩克之后用了同一主题，以另外一种方式创作了《山椒鱼战争》，故事中的人类成了社会中的奴仆而没有灭绝。到了 1923 年，《罗梭的万能工人》已被翻译成 30 种语言，robot 一词也频繁出现在现代科幻小说和电影中，机器人的命名对科幻文学有着深远的影响。

1950 年，美国科幻小说家艾萨克·阿西莫夫（Isaac Asimov，见图 1-12）出版了科幻小说短篇集《我，机器人》，如图 1-13 所示。书中的短篇故事各自独立，却拥有一个共同的主题，探讨人类与机器人间的道德问题。这些故事结合之后，开创出阿西莫夫的机器人浩瀚虚构历史。其中机器人三定律的提出为相关小说中的机器人设定了行为准则。

图 1-12　艾萨克·阿西莫夫

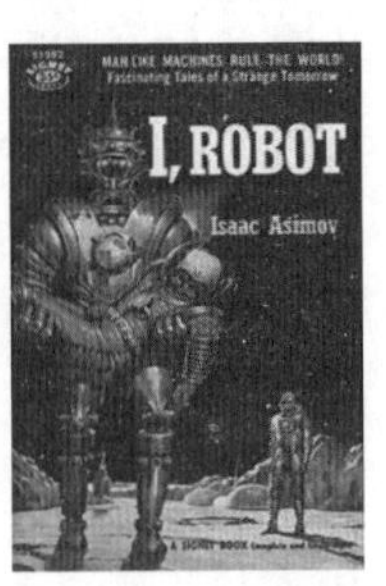

图 1-13　科幻小说《我，机器人》

机器人三定律：

（1）机器人不得伤害人类，或坐视人类受到伤害；

（2）机器人必须服从人类命令，除非命令与第一法则发生冲突；

（3）在不违背第一或第二法则之下，机器人可以保护自己。

三定律在科幻小说中大放光彩，在一些其他作者的科幻小说中的机器人也遵守这三条定律。同时，三定律也具有一定的现实意义，在三定律的基础上建立的新兴学科“机械伦理学”旨在研究人类和机械之间的关系。但是现存的机器人并没有足够的智能去分辨人类和危险等概念，因此三定律并未实际应用在机器人上面。

图 1-14　沏咖啡机器人

随着现代科技的不断发展，机器人这一概念逐步演变成现实。在现代工业的发展过程中，机器人逐渐融合了机械、电子、运动、动力、控制、传感检测、计算技术等多门学科，成为现代科技发展极为重要的组成部分。

然而，真正意义上的工业机器人的出现距离现在并没有多么久远。20 世纪五六十年代，随着机械原理和伺服理论的发展，机器人开始从模型化、概念化阶段逐渐转入实用化和工业化阶段。时至今日，机器人已经可以在各行各业发挥重要的作用，如图 1-14 所示。

1.1.2　国外工业机器人的发展历史

1952 年，美国麻省理工学院（Massachusetts Institute of Technology，MIT）成功研发出第一代数控机床（computer numerical control，CNC），并进行了与数控机床相关的控制技术及机械零部件的研究，为机器人的发展奠定了技术基础。

1954 年，美国的乔治·德沃尔提出了一个与工业机器人有关的技术方案，并注册了专利。该专利的要点在于借助伺服技术来控制机器人的各个关节，同时可以利用人手完成对机器人动作的示教，实现机器人动作的记录和再现。

1959 年，乔治·德沃尔和约瑟·恩格尔伯格发明了世界上第一台工业机器人，命名为尤尼梅特（Unimate），意思是“万能自动”，如图 1-15 所示。自从尤尼梅特出现以后，机器人的历史才真正拉开了帷幕。尤尼梅特的功能和人手臂的功能相似，在机座上安装一个大臂，大臂可以在机座上绕轴转动；大臂上又伸出一个前臂，前臂相对大臂可以伸出或缩回；前臂顶端是腕部，可绕前臂转动，进行俯仰和侧摇；腕部前面是手部（末端执行器）。尤尼梅特重达 2 t，采用液压驱动，利用磁鼓上的程序来控制运动，精确率达 1/10000 in（1 in=25.4 mm）。

图 1-15　Unimate 机器人

1961 年，尤尼梅特在美国特伦顿的通用汽车公司安装运行，如图 1-16 所示。这台工业机器人主要用于车体的零部件操作和点焊，生产汽车车门、车窗摇柄、换挡旋钮、灯具固定架等。当其他公司看到机器人能够保质保量地完成一定的工作任务时，也都开始开发、研究和制造相应的工业机器人。

1962 年，美国机械与铸造公司（American Machine and Foundry，AMF）制造出了世界上第一台圆柱坐标型工业机器人（有关圆柱坐标型机器人详见任务 2.2），命名为沃尔萨特兰（Verstran），意思是“万能搬动”，如图 1-17 所示。同年，美国机械与铸造公司制造的 6 台沃尔萨特兰机器人应用于美国坎顿的福特汽车生产厂。

1967 年，一台尤尼梅特机器人安装运行于瑞典，这是在欧洲安装运行的第一台工业机器人，如图 1-18 所示。

图 1-16　Unimate 机器人用于生产

图 1-17　Verstran 机器人

图 1-18　欧洲安装的第一台工业机器人

1968 年，美国斯坦福研究所成功研发了机器人沙基（Shakey），由此拉开了第三代机器人研发的序幕。沙基带有视觉传感器，能根据人的指令发现并抓取积木，不过控制它的计算机有一个房间那么大。沙基可以称为世界上第一台智能机器人。

此时，日本也开始进行工业机器人技术的研究。1967 年，丰田纺织自动化公司购买了第一台尤尼梅特机器人。1968 年，日本川崎重工公司引进了 Unimation 公司的工业机器人技术，并于 1969 年成功开发了川崎 -Unimate 2000 机器人，如图 1-19 所示，这是日本生产的第一台工业机器人。

1973 年，德国库卡（Kuka）公司将其使用的尤尼梅特机器人研发改造成机电驱动的 6 轴机器人，命名为助手（famulus），如图 1-20 所示，这是世界上第一台机电驱动的 6 轴机器人。

1974 年，美国辛辛那提·米拉克龙（Cincinnati Milacron）研制出第一台微处理器控制机器人——未来工具（T3）模型。它最初使用液压驱动，后来使用电动机驱动。同年，瑞典

ABB 公司研发了世界上第一台全电控式工业机器人 IRB6，如图 1–21 所示，主要应用于工件的取放和物料搬运。

1978 年，日本山梨大学（University of Yamanashi）的牧野洋发明了选择顺应性装配机器手臂（selective compliance assembly robot arm，SCARA），如图 1–22 所示。SCARA 机器人（详见任务 2.2）具有 4 个运动自由度，主要适用于物料装配和搬动。时至今日，SCARA 机器人仍然是工业生产线上常用的机器人。

图 1–19　日本生产的第一台工业机器人

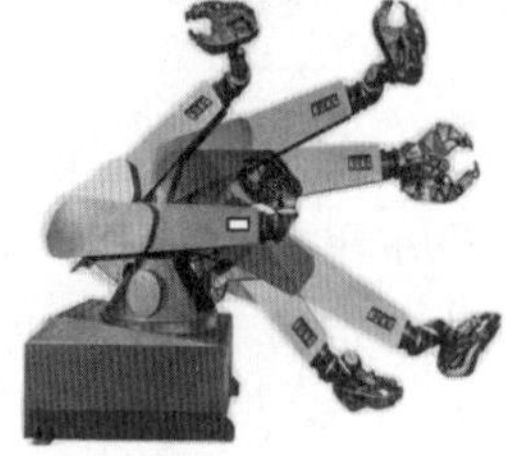
图 1–20　世界上第一台机电驱动的 6 轴机器人

图 1–21　世界上第一台全电控式工业机器人 IRB6

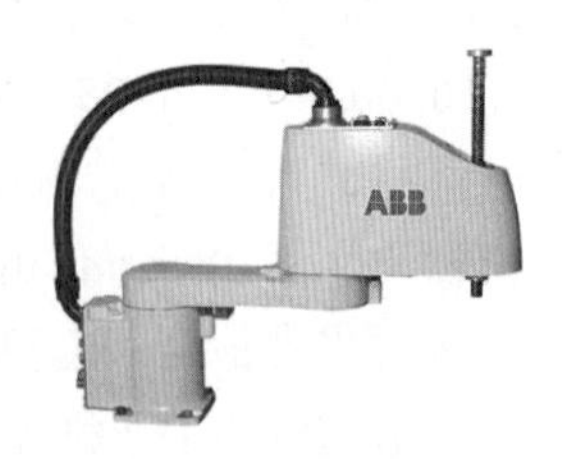

图 1–22　选择顺应性装配机器手臂（SCARA 机器人）

到了 1980 年，工业机器人在日本普及并大量应用于汽车、电子等行业，这成功推动了机器人产业的发展。日本成为当时应用工业机器人最多的国家，赢得了“机器人王国”的美称，1980 年也正式被定义为工业机器人普及的元年。

20 世纪 90 年代初期，工业机器人的生产与需求都进入了高峰期。截至 1991 年底，世界上已有 53 万台工业机器人工作在生产线上。21 世纪以来，工业机器人进入商品化和实用化阶段。2005 年，Motoman 公司推出了第一台商用的同步双臂机器人，如图 1–23 所示。

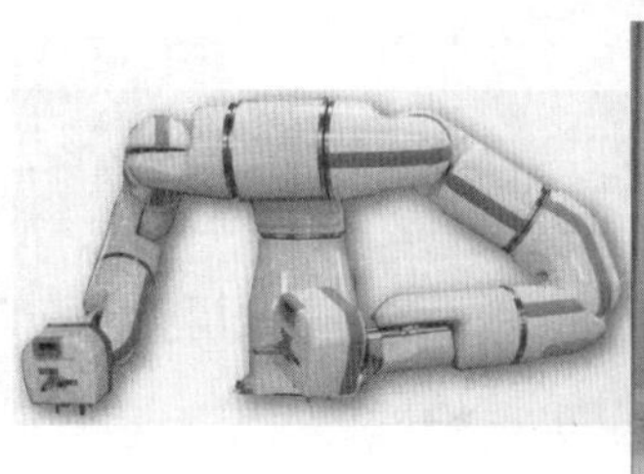
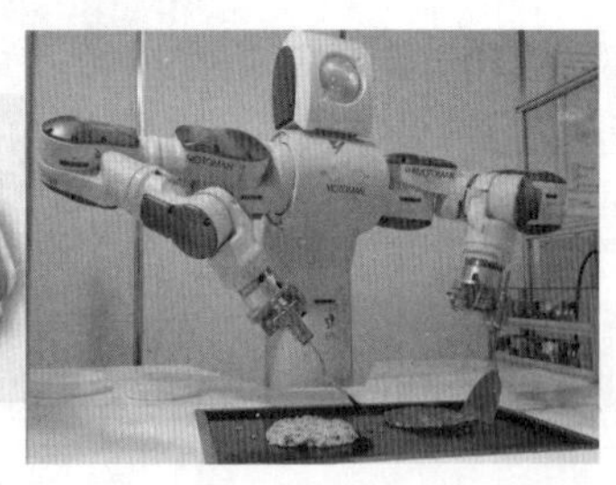

图 1–23　Motoman 双臂机器人

与此同时，工业机器人自动导引车（automated guided vehicle，AGV）出现，亚马逊仓库使用的基瓦（Kiva）机器人的长度和宽度都不到 1 m，但能顶起 1 t 的货物，如图 1–24 所示。机器人颠覆了传统的仓库运行模式，通过摄像头和货架上的条码进行准确定位，基瓦机器人每年为亚马逊节约 9 亿美元。

图 1–24　在仓库工作的 Kiva 机器人

2007至2016这十年来，机器人技术迅猛发展，瑞典ABB公司、德国库卡公司（Kuka）、日本安川电机公司（Yaskawa）和发那科（Fanuc）公司成为世界四大机器人生产商，2016年，他们在全球工业机器人中占据了50%以上的份额，在中国市场占据的份额接近60%。工业机器人在工业生产中得到越来越广泛的应用。

1.1.3 我国工业机器人的发展历史

在国内，工业机器人产业起步较晚，但增长的势头非常强劲。中国发展国产机器人的历程一波三折。20世纪70年代末80年代初，在时任中国科学院沈阳自动化研究所（以下简称沈阳自动化所）所长蒋新松教授的倡导和推动下，我国开始了在机器人研究学方面的探索和研究，在机器人控制算法和控制系统原理设计等方面取得了一定的突破。1982年4月，沈阳自动化所成功研制了我国第一台具有点位控制和速度轨迹控制的“SZJ-1”型示教再现工业机器人，如图1-25所示，开创了中国工业机器人发展的新纪元。

1986年，微机控制组合式工业机器人研制成功，开展了工业机器人核心技术、机器人通用控制器的研究。1987年2月，蒋新松被国家科学技术委员会聘为“863”计划自动化领域首席科学家，同年8月，国家科学技术委员会、中国科学院同意在沈阳自动化所设立“863”计划智能机器人主题办公室，首台自动导引车（AGV）——移动式作业机器人“先锋一号”研制成功，如图1-26所示。由于当时国内科研条件的限制，在多轴插补控制器、机器人关节减速机、驱动控制研究方面难以取得实质性的突破，同时，国内基本不具备支撑机器人产业化生产的条件，因此，这些研究只是作为前沿探索性的研究，并没有实现产业应用。

1992年，我国自主研制的自动导引车首次应用于汽车总装线并出口韩国。1993年，点焊机器人在汽车生产线投入使用。1994年是中国工业机器人产业化的元年。当年沈阳自动化所投入1500余万元买进了19台日本机器人本体，给这些机器人加装自主研制的控制器，以应用工程带动产业化发展，充分利用沈阳加工工业的优势，进行生产加工，狠抓设计和总装两头，采取“两头在内、中间在外”的路线，逐步形成产业。日本引进的机器人本体加自主研制的控制器组成的点焊机器人在金杯汽车厂首先取得了产业化的运用，如图1-27所示。

图1-25 “SZJ-1”型示教再现工业机器人

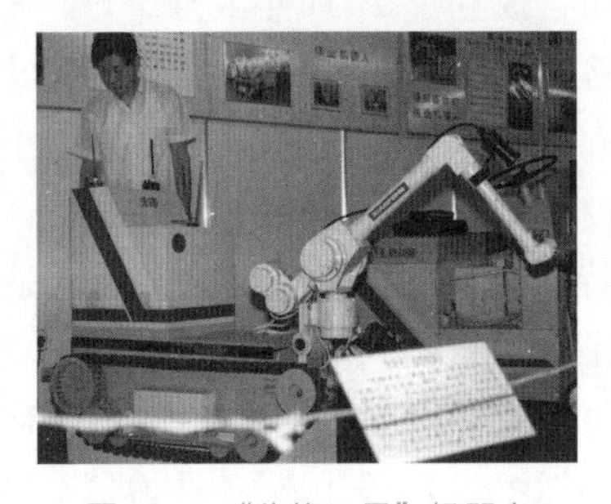

图1-26 “先锋一号”机器人

图1-27 点焊机器人在金杯汽车厂的运用

思考

工业机器人在我国的产业化运用至今已历经多年，现在国产的先进机器人能够为我们带来哪些惊喜呢？

拓展阅读

冬奥赛场上的国产机器人

一双中“腿”支撑身体，一双后“腿”蹬踏起踏器，一双前“腿”化作“双手”，控制冰壶的方向、移动、旋转速度，奋力一投，嘭！击中目标！这么准！这是谁在投掷冰壶？北京冬奥赛场上的一位特殊机器人“选手”在“冰立方”进行了冰壶投掷表演。6次击打，全部命中，网友直呼“机器人都来打冰壶了”，“冰壶运动员瑟瑟发抖”，这位“选手”是在科技部国家重点研发计划“科技冬奥”的专项支持下，由上海交通大学机械与动力工程学院教授高峰领衔，由上海交通大学和上海智能制造功能平台有限公司组成的六足冰壶机器人研究团队研发，是世界上首款模仿人蹬踏、支撑滑行、旋转冰壶的六足冰壶机器人。2018年平昌冬奥会后，国际上出现了轮式冰壶机器人，它主要通过轮子驱动前行，和人投掷冰壶的动作有所区别。但这次，咱们的六足机器人可就不一样了，前腿就像“人手”巧，抱壶转壶样样好。四腿“点冰”有支撑，后退蹬踏精准高。未来，六足冰壶机器人有望成为运动员的日常训练器材，辅助运动员决策与规划，它还可以进行投掷冰壶表演。高峰表示，冬奥会展示的科技成果，未来将逐渐走入寻常百姓家，足式机器人会有更加广泛的应用。

——摘自《追光丨国产机器人在冬奥赛场打冰壶了》
（新华网，2022年2月23日）

在技术不断革新的过程中，机器人产业从无到有，由弱变强，实现了跨越式发展，涌现出一批机器人生产制造商。下面介绍国内工业机器人的几家主要生产商。

1. 埃夫特

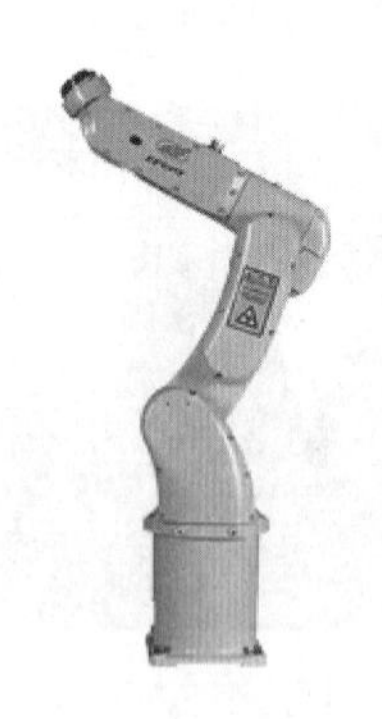
图1-28　埃夫特六轴机器人

埃夫特（EFORT）智能装备股份有限公司的前身为芜湖奇瑞装备有限责任公司，成立于2007年8月2日，是一家专门从事工业机器人、大型物流储运设备及非标自动化生产设备设计和制造的高新技术企业。该公司在意大利设有智能喷涂机器人研发中心和智能机器人应用工程中心。埃夫特6轴机器人如图1-28所示。

埃夫特智能装备股份有限公司目前是国家机器人产业集聚区内的核心企业，是中国机器人产业创新联盟和中国机器人产业联盟的发起人和副主席单位，它们研制的国内首台重载165 kg机器人载入中国企业创新纪录，荣获2012年中国国际工业博览会银奖。埃夫特机器人通过了奇瑞汽车等企业的严格考验和充分验证，现已被广泛应用到汽车及零部件行业、家电行业、卫浴行业、机床行业、机械制造行业、日化行业、食品和药品行业、钢铁行业等。

2. 新松

新松（SIASUN）公司隶属于中国科学院，是一家以机器人独有技术为核心，致力于数字化高端智能装备制造的高科技企业。新松公司的机器人产品线涵盖工业机器人、洁净（真空）

机器人、移动机器人、特种机器人及智能服务机器人五大系列，其中工业机器人产品填补了多项国内空白，实现了中国机器人产业发展史上多项第一的突破，图 1–29 为新松 6 轴机器人；洁净（真空）机器人多次打破国外技术垄断与封锁，大量替代进口机器人；移动机器人产品综合竞争优势在国际上处于领先水平，被美国通用等众多国际知名企业列为重点采购目标；特种机器人在国防重点领域得到批量应用。

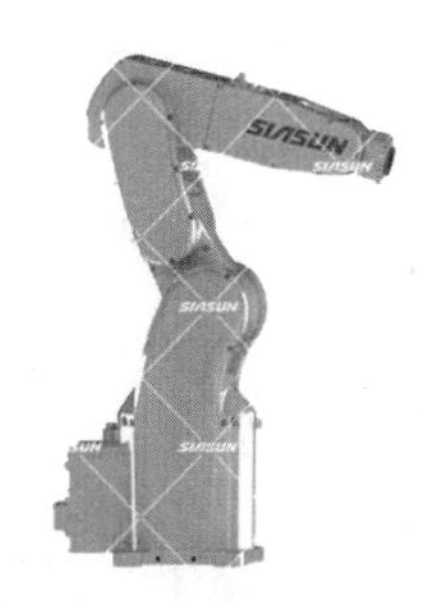

图 1–29 新松 6 轴机器人

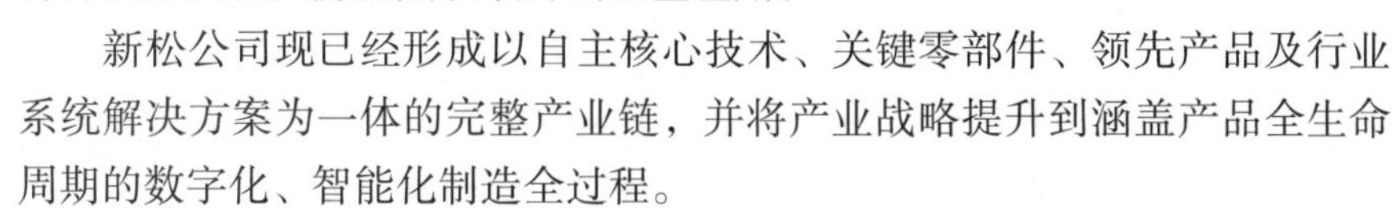

新松公司现已经形成以自主核心技术、关键零部件、领先产品及行业系统解决方案为一体的完整产业链，并将产业战略提升到涵盖产品全生命周期的数字化、智能化制造全过程。

3. 广州数控

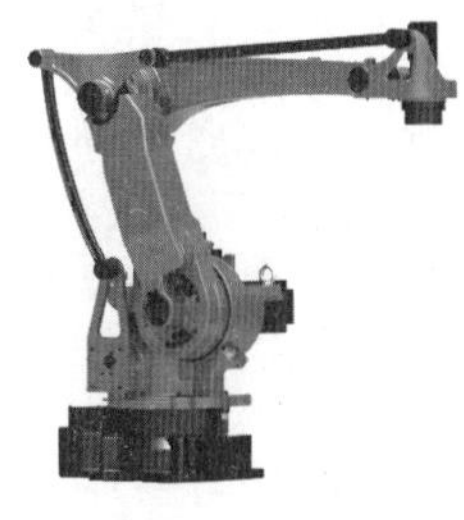
图 1–30 广州数控 6 轴机器人

广州数控（GSK）设备有限公司被誉为中国南方数控产业基地，是国内技术领先的专业成套机床数控系统供应商。广州数控公司的主营业务有数控系统、伺服驱动、伺服电机、工业机器人、精密数控注塑机研发生产、数控机床连锁营销、机床数控化工程及数控高技能人才培训。

广州数控机器人的产品负载覆盖了 3 ～ 400 kg，自由度包括 3 ～ 6 个关节，图 1–30 为广州数控 6 轴机器人。目前广州数控机器人已得到市场认可，其应用领域包括搬运、机床上下料、焊接、码垛、涂胶、打磨抛光等，涉及数控机床、五金机械、电子、家电及建材等行业。

任务小结

机器人的产生、出现到发展经历了漫长的岁月。伴随着技术的不断革新和理念的不断升级，从最初的神话传说到工业机器人的雏形——自动化手臂，再到如今在物流仓储行业不可或缺的 AGV，机器人的概念在不断变化，设计在不断创新，功能也在不断完善。与国外相比，我国的工业机器人发展起步较晚，但发展相对较快，广阔的市场应用也为工业机器人技术的发展提供了可能性。

技术工人队伍作为支撑中国创造的重要基础，对促进经济高质量发展具有不言而喻的作用。弘扬精益求精的工匠精神，塑造广大技术青年爱岗敬业、默默奉献、责任担当、诚信友善的优良作风，培养社会主义“新工科”人才队伍是我国不断探索创新，跨越发展，形成机器人相关行业核心技术，逐步追赶国际领先水平的必由之路。

任务 1.2 机器人的定义和特点

任务提出

在科技界，科学家会给每一个科技术语一个明确的定义。现代机器人问世已有几十年，对机器人该如何定义呢？接下来我们将在任务 1.2 围绕上述问题进行学习。本任务包括以下几项内容：

（1）了解国际和国内对机器人的主流定义有哪些；

（2）了解工业机器人和机器人的定义有哪些异同；

（3）根据机器人和工业机器人的主流定义，思考工业机器人应具备哪些主要的特点。

任务实施

1.2.1 机器人的定义

目前，机器人的定义仍然仁者见仁，智者见智。机器人的技术一直在发展，新的机型和新的功能也在不断涌现，根本原因主要是机器人的定义涉及了人的概念，成为一个难以回答的哲学问题。就像机器人一词最早诞生于科幻小说一样，人们对机器人充满了幻想。也许正是由于机器人定义的模糊，才给予了人们充分的想象和创造空间。

1886 年法国作家利尔亚当在他的小说《未来夏娃》中将外表像人的机器的构成要素分解为以下 4 个主要的组成部分：

（1）生命系统（平衡、步行、发声、身体摆动、感觉、表情、调节运动等）；

（2）造型解质（关节能自由运动的金属覆盖体，一种盔甲）；

（3）人造肌肉（在上述盔甲上有肉体、静脉、性别等身体的各种形态）；

（4）人造皮肤（有肤色、机理、轮廓、头发、视觉、牙齿、手爪等）。

图 1-31　服务机器人

正是基于以上 4 个主要特征，目前我们所能想到的机器人都具有类人的特征：①有头、有四肢；②能行走；③能思考、能说话。图 1-31 所示的服务机器人正是基于上述类人特征设计和制作而成的。

思考

服务机器人如何才能掌握服务所必需的技能呢？

拓展阅读

我给机器人当“教练”

我是一名服务机器人应用技术员，本科毕业于浙江大学，博士毕业于美国伦斯勒理工学院。选择这个职业的原因主要是兴趣和梦想。我一直以来对机器人很感兴趣，小时候就很喜欢 DIY 电动机器人，也参加过多次机器人比赛，后来在专业上也选择了与机器人相关的机电和控制方向。从美国伦斯勒理工学院博士毕业后，了解到目前就职的这家企业的使命是让智能机器人走进千家万户，和我的兴趣和专业很一致，所以就来到了这里，成为一名服务机器人应用技术员，从事机器人研发工作。我的工作方向是机器人的运动控制算法，比如机器人的行走和操作等。具体内容就是控制算法的理论探索和技术开发，包括文献的阅读和数学的推导，等等，然后在仿真环境中进行控制算法的实现和调试，把机器人的模型放在计算机上先进行测试，最后是机器人的调试和交付应用，把控制算法放在实际机器人上进行工程调试，实现行走操作的任务。作为这个新职业的劳动者，我认为我的工作还是很有意义的，可以通过我们的劳动，让机器人帮大家分担一些琐碎的家务，或是工作中的一些危险的劳动，让大家感受到人工智能带来的便捷和别样的温馨。

——摘自《服务机器人应用技术员：我给机器人当“教练”》（人民网，2022年5月2日）

目前国际上对于机器人的主流定义主要有以下几种。

美国机器人工业协会的定义：机器人是“一种用于移动各种材料、零件或专用装置的，通过可编程的动作来执行某种任务的，具有编程能力的多功能机械手”。这个定义叙述得很具体，更适合用于对工业机器人的定义。

在1967年日本召开的第一届机器人学术会议上，参会专家提出了两个有代表性的定义。一个是森政弘与合田周平提出的“机器人是一种具有移动性、个体性、智能性、通用性、半机械半人性、自动性、奴隶性等7个特征的柔性机器”。从这一定义出发，森政弘又提出了用自动性、智能性、个体性、半机械半人性、作业性、通用性、信息性、柔性、有限性、移动性等10个特性来表示机器人的形象。另一个定义是加藤一郎提出的，在他的定义中，满足如下3个条件的机器才可以被称为机器人：

（1）具有脑、手、脚等三要素的个体；

（2）具有非接触传感器（用眼、耳接受远方信息）和接触传感器；

（3）具有平衡觉和固有觉的传感器。

该定义强调了机器人应当模仿人类的含义，即它靠手进行作业，靠脚实现移动，由脑来完成统一指挥。非接触传感器和接触传感器相当于人的五官，使机器人能够识别外界环境，而平衡觉和固有觉则是机器人感知本身状态不可缺少的传感器。这里描述的不是工业机器人，而是自主机器人。

机器人的定义是多种多样的，它具有一定的模糊性。动物一般也具有上述这些要素，所以在把机器人理解为仿人机器的同时，也可以广义地把机器人理解为仿动物的机器，仿生机器人如图1-32所示。

图1-32 仿生机器人

日本工业机器人协会将机器人的定义分成两类：工业机器人是“一种能够执行与人体上肢（手和臂）类似动作的多功能机器”；智能机器人是“一种具有感觉和识别能力，并能控制自身行为的机器”。

英国简明牛津字典的定义如下：机器人是“貌似人的自动机，具有智力，顺从于人但不具有人格的机器”。这是一种对理想机器人的描述。到目前为止，还没有与人类在智能上相似的机器人。

国际标准化组织的定义比较全面和准确，它对机器人的定义涵盖以下内容：①机器人的动作机构具有类似于人或其他生物体某些器官（肢体、感官等）的功能；②机器人具有通用性，工作种类多样，动作程序灵活易变；③机器人具有不同程度的智能性，如记忆、感知、推理、决策、学习；④机器人具有独立性，完整的机器人系统在工作中可以不依赖人类。

我国科学家对机器人的定义如下：机器人是一种自动化的机器，所不同的是这种机器具备一些与人或生物相似的智能能力，如感知能力、规划能力、动作能力和协同能力，是一种具有高度灵活性的自动化机器。

在研究和开发在未知环境或不确定环境中作业的机器人的过程中，人们逐步认识到机器人技术的本质是感知、决策、行动和交互技术的结合。随着人们对机器人技术智能化本质认识的加深，机器人技术开始源源不断地向人类活动的各个领域渗透。结合这些领域的应用特点，人们发明了各式各样的具有感知、决策、行动和交互能力的特种机器人和各种智能机器人，如移动机器人、微机器人、水下机器人、医疗机器人、军用机器人、空中空间机器人、娱乐机器人等。对不同任务和特殊环境的适应性也是机器人与一般自动化装备的重要区别。这些机器人从外观上已远远脱离了最初仿人型机器人和工业机器人所具有的形状，更加符合不同应用领域的特殊要求，其功能和智能程度也大大增强，从而为机器人技术开辟出更加广阔的发展空间。

1.2.2 工业机器人的定义

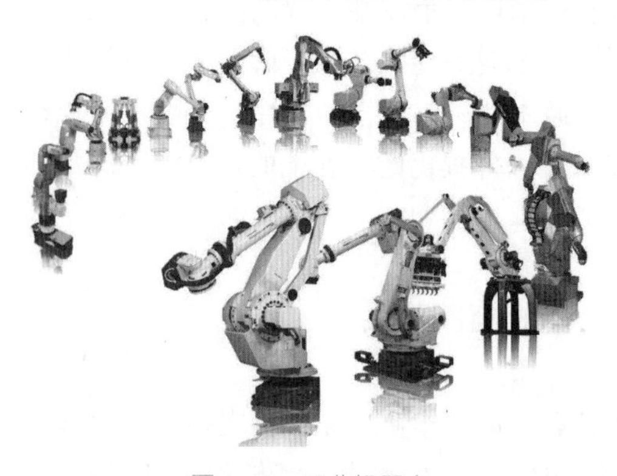

图 1–33 工业机器人

工业机器人（见图 1–33）是面向工业领域的多关节机械手或多自由度的机器装置，它能自动执行工作，是靠自身动力和控制能力来实现各种功能的一种机器。

1954 年，乔治·德沃尔最早提出了工业机器人的概念，并申请了专利（专利批准在 1961 年）。该专利的要点是借助伺服技术控制机器人的关节，利用人手对机器人进行动作示教，机器人能实现动作的记录和再现。这就是所谓的示教再现机器人，现有的机器人大多采用这种示教方式。

国际标准化组织曾于 1987 年对工业机器人给出了如下定义：工业机器人是一种具有自动控制操作和移动功能的，能够完成各种作业的可编程操作机。

我国国家标准 GB/T 12643—2013 将工业机器人定义为在工业自动化中使用的自动控制、可重复编程、多用途的操作机，可对三个或三个以上的轴进行编程，可以是固定式或移动式。

由此不难发现，工业机器人是由仿生机械结构、电动机、减速机和控制系统组成的，用于从事工业生产，能够自动执行工作指令的机械装置。它可以接受人类的指挥，也可以按照预先编排的程序运行，现代工业机器人还可以根据人工智能技术制定的原则和纲领行动。

1.2.3 工业机器人的特点

一般情况下，工业机器人应该具有以下几个特征。

1. 可编程

生产自动化的进一步发展是柔性自动化。工业机器人可随其工作环境变化的需要而再编程，因此它在小批量、多品种、具有均衡高效率的柔性制造过程中能发挥很好的作用，是柔性制造系统（flexible manufacturing system，FMS）中的一个重要组成部分。

2. 拟人化

工业机器人在机械结构上有类似人的腿部、腰部、大臂、小臂、手腕等部分，通过计算机控制。此外，智能化工业机器人还有许多类似人类的“生物传感器”，如皮肤型接触传感器、力传感器、负载传感器、视觉传感器、声觉传感器等。这些传感器提高了工业机器人对周围环境的自适应能力。

3. 通用性

除了专用工业机器人之外，一般工业机器人执行不同作业任务时具有较好的通用性，更换工业机器人末端执行器，便可执行不同的作业任务，如图 1-34 所示。

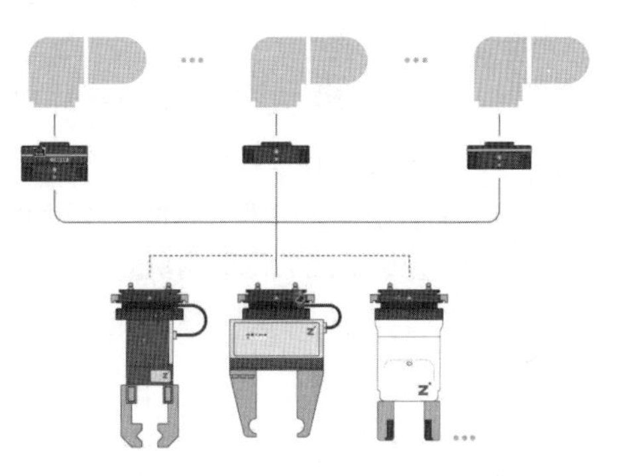

图 1-34　工业机器人末端执行器

4. 涉及的学科相当广泛

工业机器人归纳起来是机械学和微电子学的结合，即机电一体化技术。第三代智能机器人不仅具有获取外部环境信息的各种传感器，而且还具有人工智能的记忆能力、语言理解能力、图像识别能力和推理判断能力，这些都是微电子技术的应用。机器人和计算机技术的应用密切相关。因此，机器人技术的发展可以带动其他技术的发展，机器人技术的发展和应用水平也可以验证一个国家科学技术和工业技术的发展水平。

任务小结

机器人的定义随着科学技术的不断发展也在不断变化，从早期的科幻小说到目前走入生产现实再到未来人工智能的普及，每个时代，机器人的定义都会有着不同的思考方向。工业机器人是机器人中的一类分支，它是目前应用较多、涉及面较广的一类机器人，是自动执行工作的机器装置，是靠自身动力和控制能力来实现各种功能的一种机器。可编程、拟人化、通用性、涉及学科广泛是工业机器人的 4 个主要特点，而广泛的学科涉及使工业机器人与计算机、微电子等相关行业的发展息息相关。

当今时代，计算机、自动控制、人工智能、传感器、机械、电子、互联网、通信等科学技术的快速发展为机器人技术的发展提供了强大的技术支撑。机器人已经冲破工业应用领域，向更广泛的领域发展，农业机器人、矿业机器人、林业机器人、建筑机器人、家庭与社会服务机器人、科学考察机器人、军用保安机器人等各种用途的机器人层出不穷。机器人的种类越来越多，智能化程度越来越高。机器人已经驶进技术发展的快车道，快步走进人类社会的各个领域，对人类社会的进步和生产生活方式产生深远影响，机器人的大发展时代已经到来。

任务 1.3 工业机器人的全球市场

任务提出

工业机器人巨头企业主要集中在日本、美国、德国等工业发达的国家，我国在工业机器人领域的研究主体早期主要集中在各个高校和科研院所，随着我国工业机器人市场的不断发展，越来越多的企业也参与其中，并取得了不俗的成绩，国内企业开发的国产工业机器人占据的市场份额也在不断扩大。工业机器人的全球市场具体分布情况是怎样的呢？接下来我们将在任务 1.3 中围绕这一问题进行学习。本任务包括以下几项内容：

（1）了解近年来的全球工业机器人市场销量分析情况；

（2）了解近年来的中国工业机器人市场销量分析情况；

（3）理解机器人“四大家族”生产商在工业机器人市场中的重要地位，思考工业机器人“四大家族”分别具备哪些与众不同的特点。

任务实施

1.3.1 全球工业机器人的市场销售情况

图 1-35 全球工业机器人销量

全球工业机器人市场主要分布在中国、韩国、日本、美国和德国这五个国家，这五个国家占据了全球工业机器人市场的 75%。2022 年 10 月 13 日，国际机器人联合会在法兰克福发布新的全球机器人报告显示，2021 年全球工业机器人新增装机量达 517 385 台，同比增长 31%，超过新冠疫情前的 2018 年，增加幅度为 22%，如图 1-35 所示。截至 2021 年底，全球在役机器人存量达到 350 万台，创历史新高。

机器人与自动化的应用正在以惊人的速度增长，国际机器人联合会主席玛丽娜 · 比尔（Marina Bill）表示，六年内，机器人年装机量翻了一倍多。2021 年，尽管供应链中断和不同地区因素阻碍了生产，机器人在各主要应用行业仍有强劲增长。

1. 亚洲

亚洲仍是全球工业机器人最大的市场，在 2021 年所有新部署的机器人中，74% 安装在亚洲，较 2020 年的 70% 又有所增长。

中国是最大的应用市场，同比增长 51%，相当于全球其他地区安装的所有机器人的总和，在役机器人存量突破百万大关，同比增长 27%。这种高增长率也显示了中国机器人化的快速进程。

日本仅次于中国，是工业机器人第二大应用市场，2021 年装机量增长 22%，达到 47 182

台，在役机器人存量为 393 326 台，同比增长 5%。日本还是全球至关重要的机器人制造国，2021 年工业机器人出口量高达 186 102 台，创历史新高。

韩国的工业机器人年装机量排在中国、日本、美国之后，为全球第四位。2021 年安装机器人 31 083 台，同比增长 2%，这是继连续四年下跌后首次回升。其机器人在役存量为 366 227 台，同比增长 7%。工业机器人 2021 年的装机量排名如图 1–36 所示。

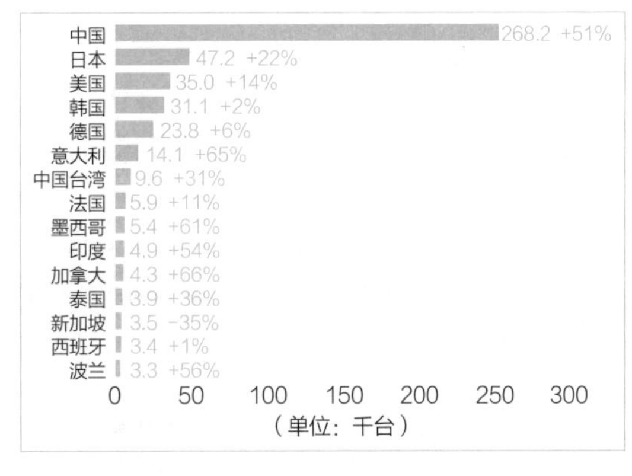

图 1–36 2021 年工业机器人年装机量全球排名前 15 的国家（地区）

2. 欧洲

2021 年欧洲的工业机器人装机量增长 24%，为 84 302 台，创历史新纪录。其中，汽车行业的需求量平稳，而来自一般工业的应用上升 51%。德国是全球机器人五大市场之一，占欧洲总装机量的 28%，意大利和法国分别以 17% 和 7% 的占比紧随其后。

2021 年德国工业机器人装机量为 23 777 台，同比增长 6%，这是德国的历史第二高纪录，仅次于 2018 年的 26 723 台。2018 年由于汽车行业的大幅投资而拉动应用迅猛增长。2021 年机器人在役存量为 245 908 台，同比增长 7%。德国工业机器人出口增长 41%，达到 22 870 台，超过疫情前的水平。

意大利是欧洲第二大工业机器人市场，仅次于德国。2016 至 2021 的主要增长动力是一般工业的应用，年平均增长率为 8%。2021 年，意大利机器人的在役存量为 89 330 台，同比增长 14%。

2021 年，法国的工业机器人市场在年装机量和在役存量方面均在欧洲排名第三，位于德国和意大利之后。机器人安装量增加了 11%，达到 5 945 台。机器人的在役存量为 49 312 台，比上一年增加了 10%。

相比之下，英国的工业机器人安装量下降 7%，下降至 2 054 台。2021 年的机器人在役存量为 24 445 台，同比增长 6%，还不到德国保有量的十分之一。其中汽车行业的装机量减少了 42%，仅为 507 台。

3. 美洲

2021 年，美洲地区安装了 50 712 台工业机器人，比 2020 年增加了 31%，从 2020 年疫情导致的下滑中明显回升。2021 年也是美洲机器人安装量第二次超过 5 万台，第一次为 2018 年的 55 212 台。

2021 年，美国的新装机数量增加了 14%，达到 34 987 台，超过了 2019 年的 33 378 台的水平，但仍远低于 2018 年的峰值 40 373 台。汽车行业仍然是第一大应用行业，2021 年的装机量为 9 782 台。然而，从 2016 开始，连续五年汽车行业的需求一直在下降，2021 的安装量与 2020 年相比下降了 7%。2021 年金属和机械行业的机器人装机量激增 66%，达到 3 814 台，使得该行业位列机器人市场需求第二位。塑料和化工行业在 2021 年新安装了 3 466 台机器人，同比增长 30%。食品和饮料行业新增机器人超过 25%，达到 3 402 台的新高峰。新冠疫情期间，机器人行业提供的卫生领域的解决方案需求不断增长。

1.3.2 中国工业机器人的市场销售情况

国家统计局公布的数据显示，2021 年中国工业机器人产量达 36.6 万台，同比增长 54.4%，如图 1–37 所示。自 2016 年国家统计局开始统计工业机器人产量以来，中国工业机器人的产量一直呈现正增长趋势。

中国工业机器人新增部署量排名全球第一，工业机器人密度仍有较大发展空间。2020 年，中国工业机器人新增数量位列全球第一，新增 16.8 万台，远超第二名的日本（3.9 万台），如图 1–38 所示。

图 1–37 中国工业机器人产量及增速

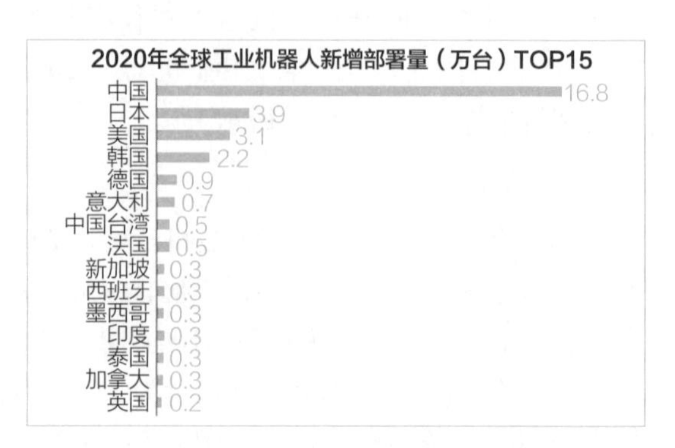

图 1–38 2020 年全球工业机器人新增部署量

另一方面，2020 年世界工业机器人密度为 126 台 / 万名工人，较 2015 年的 66 台 / 万名工人有了很大的发展，如图 1–39 所示，其中中国工业机器人密度为 246 台 / 万名工人，位列全球第九，约为世界平均水平的两倍。另一方面，中国机器人的密度和韩国、新加坡、日本、德国等国家仍有差距，未来仍有较大发展空间。

就中国而言，2020 年，电气电子设备和器材制造连续五年成为中国工业机器人应用市场的首要应用行业，2020 年销量接近 6.4 万台，同比增长 50.2%，占中国市场总销量的 37.0%，其次是汽车制造业，占比为 16.2%，但已经连续三年下滑，如图 1–40 所示。这主要是由于汽车、计算机、通信等领域的产品产量大、标准化程度高，制造装配通过流水线生产，因此十分适合使用工业机器人进行重复的作业。但随着其他行业开始向自动化、智能化转型，未来中国工业机器人在其他应用领域的应用量将逐渐增加。

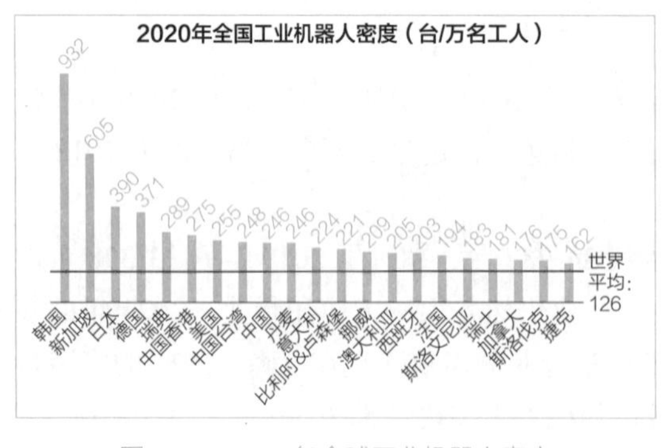

图 1–39 2020 年全球工业机器人密度

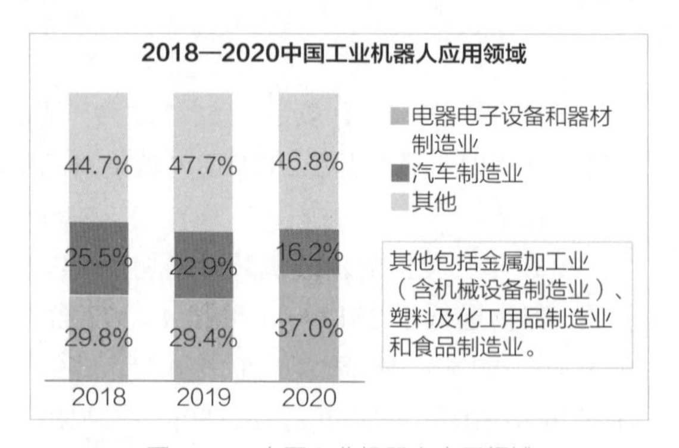

图 1–40 中国工业机器人应用领域

提示 机器人正从传统的汽车制造业向其他行业不断拓展。

拓展阅读

多种应用于核电领域的智能机器人亮相

核电站内部结构复杂，检查维修难度高，科研人员围绕核电现场设备检测维修等需求，研发出服务于核电站现场的特种机器人，有效提高了核电工程与维护的智能化水平。中国广核集团副总经理庞松涛介绍道："（一些区域）人是不可达的，那么里面环境的观察，甚至一些处理只能靠机器人，我们现在也在开发相关的特种作业机器人，这种特种作业包括特殊救护机器人，此外管道清洗机器人，压力容器无损检测机器人，水下焊接机器人等机器人均已投入应用。"

——摘自《多种应用于核电领域的智能机器人亮相》（学习强国，2020年10月14日）

天眼查数据显示，截至2022年3月2日，中国工业机器人相关企业数量超过11.4万家，中国工业机器人新增相关企业数量及同比增速如图1-41所示。除了2014年，2012年至2019年，中国工业机器人新增企业增速一直处于低位，直到2020年疫情暴发，近两年工业机器人新增企业数量增长显著。

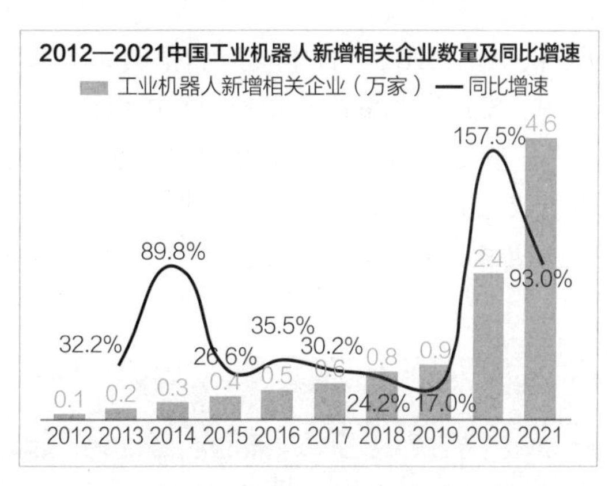

图1-41 中国工业机器人新增相关企业数量及同比增速

从地域分布来看，如图1-42所示，江苏、广东、山东三大省份相关企业数量较多，而这三个省份正好是第二产业增加值省份的TOP3。因此可能是第二产业的需求催生了工业机器人产业，也可能是产业集群促进产业的衍生。

如图1-43所示，2021年中国工业机器人融资金额达182.0亿元，同比增长37.0%，2016年至2021年年复合增长率达49.4%。另一方面，2016年至2021年中国工业机器人的融资数量先增后降，工业机器人领域的投资逐渐聚焦头部企业。

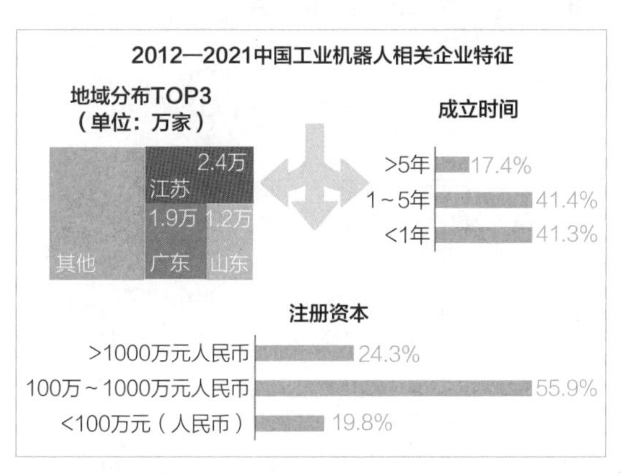

图1-42 中国工业机器人相关企业特征

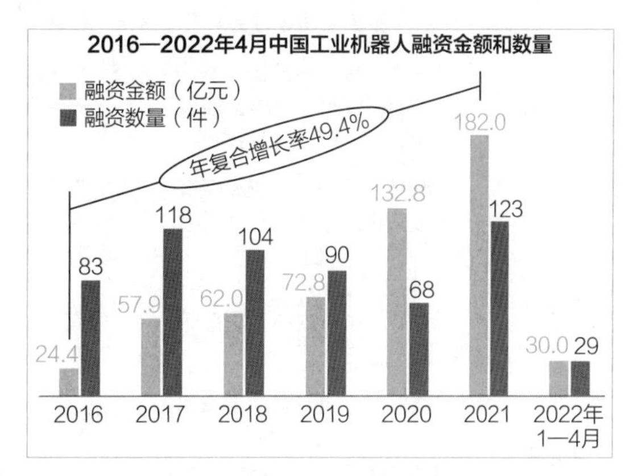

图1-43 中国工业机器人融资金额和数量

1.3.3 四大家族在工业机器人市场中的表现

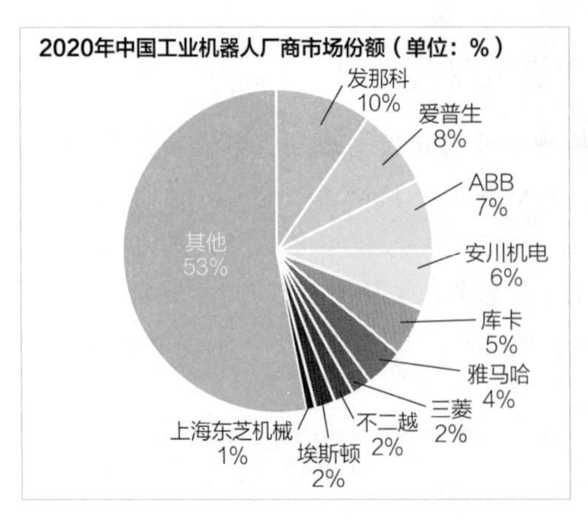

图 1-44 2020 年中国工业机器人厂商市场份额

毫无疑问，我国是工业机器人消费大国。虽然我国我已经成为世界第一的机器人市场，但产业大而不强，我国工业机器人市场目前仍以外资品牌机器人为主。从企业来看，ABB、发那科（Fanuc）、库卡（Kuka）和安川电机（Yaskawa）这四家企业作为工业机器人的“四大家族”、全球主要的工业机器人供货商，在中国也占据了将近 30% 的市场份额，其中发那科（Fanuc）的销售占比最高，达到 10%，如图 1-44 所示。

近年来，虽然国内自主品牌竞争力有明显提升，但在技术实力（尤其是核心零部件）和国际知名度上和国外品牌还有一定差距。日本发那科、瑞士 ABB、日本安川和德国库卡这“四大家族”在市场上仍然占据绝对优势。随着 ABB、安川等外资巨头竞相加码中国市场，传统机器人厂商、科技巨头、制造业巨头等纷纷入局，核心零部件、智能装置等关键技术攻关取得突破，国产机器人替代进程进一步加快，市场或将步入“短兵相接”时代。

四家主要工业机器人生产商的对比如表 1-1 所示。

表 1-1 四家主要工业机器人生产商的对比

对比项	厂家			
	ABB	Kuka	Fanuc	Yaskawa
国家	瑞士	德国	日本	
外观	旧系列为深橙色，新系列为灰白色	以橙色为主，少量系列为银灰色间杂黑色	以亮黄色为主，少量系列为银灰色、绿色	以蓝色为主，少量系列为灰白色
本体	中规中矩，定制化少，实用至上	时尚、活泼、厚重，流线感强	精致、工业感强	简单、工业感强
控制器	X86 架构，VxWorks 系统负责机器人任务规划、外部通信、参数配置等任务	X86 架构，VxWorks + Windows 系统	与自己公司的数控系统拥有统一的控制平台	基于自有伺服控制与运动控制器开发，简单实用
示教器	FlexPendant 示教器，采用 Arm 4-WinCE 方案，通过 TCP/IP 与主控制器通信	SmartPAD 示教器运行在主控制器上，操作简便	按键多，略显复杂	
技术特点	控制技术先进，工艺包完备，专业严谨，实用至上，整体性强	功能软件化，工艺包齐全，新技术应用多，精度高，大负载性能好	上下游集成度高，拥有数控系统的技术优势，精度高，整体性好	负载大、稳定性高，简单实用
主要应用领域	汽车、3C、饮料、医疗等	汽车工业、金属加工	汽车、电子电气、金属加工	汽车、电子电气、食品、机械加工
集成特点	支持多种工业总线，易集成，货期长，价格贵。学习资料丰富，其离线编程软件 RobotStudio 功能丰富	支持通用工业总线，易于二次开发，易集成，精度高	自身集成度高，支持常用工业总线，精度高，技术资料相对封闭。其离线编程软件 RobotGuide 功能强大	性价比高，在国内应用得早

在“四大家族”中，ABB、发那科和安川采取自上而下的发展路径，初期深耕零部件领域，后期向机器人本体及下游集成应用领域扩展；其中ABB运动控制技术在业内领先，发那科以数控系统起家，安川专注于伺服和变频器。库卡则采取自下而上的发展路径，由焊接设备起家，以下游的汽车领域系统集成为切入口，而后到本体制造，再到后期的控制器、伺服电机自制，形成逆向产业链一体化布局模式，“四大家族”的业务模式如表 1-2 所示。

表 1-2 “四大家族”业务模式

公司	国家	开始生产机器人时间	核心领域	核心优势	产品布局
ABB	瑞士	1969	自动化技术、运动控制系统	最早研发电机，运动控制和自动化结合较好	控制器、伺服电机、本体、系统集成
发那科	日本	1974	数控系统、数控机床、机器人	数控系统全球垄断性市场份额	控制器、伺服电机、本体、系统集成
安川	日本	1977	伺服电机、变频器和运动控制技术	伺服电机和变频器等运动控制产品龙头	控制器、伺服电机、本体、系统集成
库卡	德国	1971	机器人本体、系统集成	本体材料及工艺创新	控制器、本体、系统集成

可喜的是，随着我国在机器人领域的快速发展，我国自主品牌工业机器人市场份额也在逐步提升，与外资品牌机器人的差距在逐步缩小。如图 1-45 所示，2019 年我国自主品牌工业机器人在市场总销量中的比重为 31.25%，比 2018 年提高了 3.37 个百分点。未来随着工业机器人核心零部件在减速器、控制器及伺服系统等领域取得的技术突破，国产化率将逐渐提高。

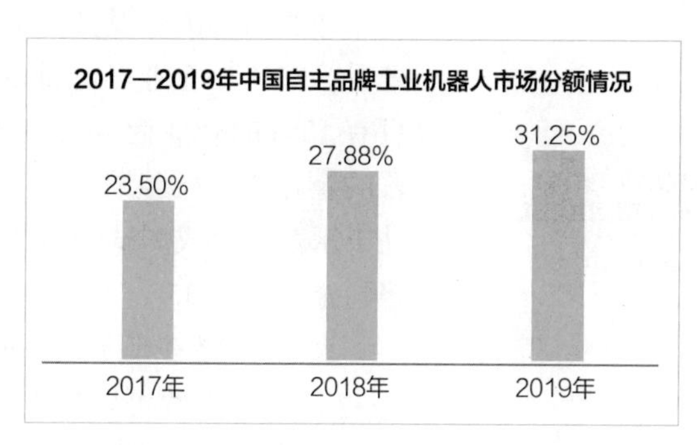

图 1-45 我国自主工业机器人品牌市场份额

任务小结

综合来看，国内工业机器人行业将显著受益于制造业升级带来的长期需求增长，叠加下游逐步拓宽的新型应用领域带来更大的成长空间，国产替代市场空间广阔。“四大家族”引领自上而下和自下而上的独到发展模式，通过外延并购的方式快速获得核心技术，提升产品竞争力。国内主要工业机器人供应商积极借鉴“四大家族”的发展模式和技术引进方式，同时发挥自身优势，与海外巨头错位竞争，国产替代的进程有望加速。

任务 1.4 工业机器人的未来应用及发展趋势

任务提出

人工智能不仅改变着我们的生活方式，也向着更广阔的工业领域渗透，改变我们的生产方式。目前已在应用阶段的人工智能在算法上并没有本质区别，产品的差异往往体现在应用场景的明确程度和工程化能力上。目前制造业人工智能应用场景有哪些热点？未来会发生怎样的变化？

近年来，国家大力发展智能制造，工业机器人产业发展取得国家层面的战略重视。2021 年 12 月，工信部发布《“十四五”机器人产业发展规划》，提出重点推进工业机器人等产品的研制及应用，提高性能、质量和安全性，推动产品高端化、智能化发展，同时开展工业机器人创新产品发展行动，完善工业机器人行业规范条件，加大实施和采信力度。得益于利好政策，工业机器人行业的未来发展将呈现什么样的趋势呢？未来的工业机器人又会有着哪些新的应用场景？接下来我们将在任务 1.4 中围绕这一问题进行学习。本任务包括以下几项内容：

（1）探索工业机器人在未来有哪些新的应用增长点；

（2）分析工业机器人在未来的发展趋势会有哪些新的变化。

任务实施

1.4.1 工业机器人的未来应用

行业相关调查报告显示，从人工智能应用阶段来看，87% 的企业已经部署或计划部署人工智能，只有 13% 的企业尚未规划。在已经部署或计划部署的企业中，已经取得可见成果的企业占比 18%，处于示范项目或测试阶段的企业占比 34%，计划部署的企业占比 35%，如图 1-46 所示。

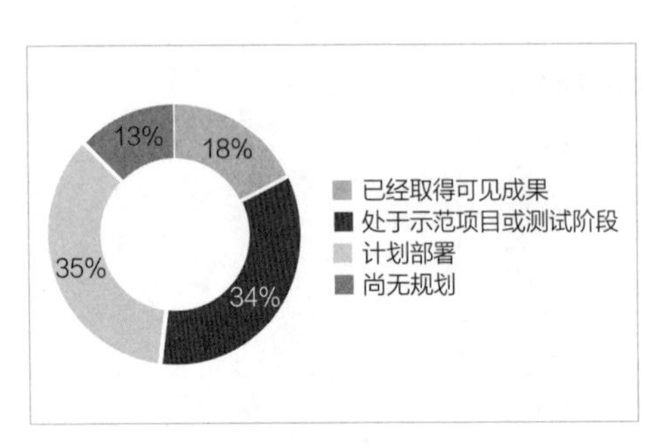

图 1-46 制造企业人工智能应用所处阶段及项目进展情况

人工智能在制造业的应用场景众多，如图 1-47 所示，大致可以分为智能生产、产品和服务、企业运营管理、供应链以及业务模式决策五个领域。51% 的企业已经部署或计划部署智能生产相关场景的应用，25% 的企业将部署产品和服务相关场景的应用。

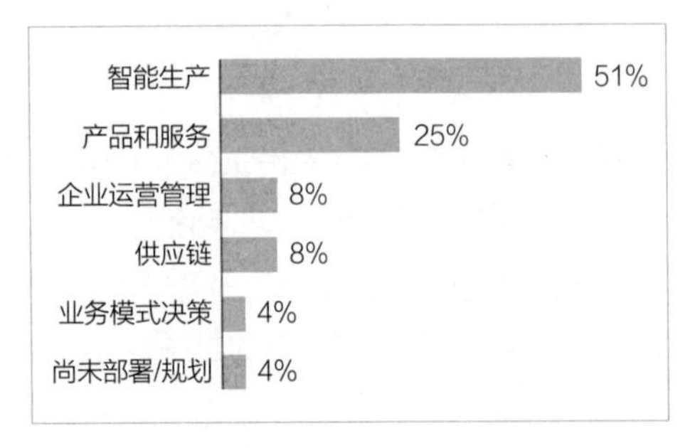

图 1-47 企业人工智能部署重点

在智能生产领域，目前应用比较多的场景是自动化生产工厂、订单管理和自动化生产过程。未来将有更多人工智能技术用于产品质量监控和缺陷管理，如图 1-48 所示。这在很大程度上受益于机器视觉技术的进步。机器视觉工具利用机器学习算法，经过少量图像样本训练，可以在精密产品上以远超人类视觉的分辨率发现微小缺陷。产品质量提升还可以通过工艺优化实现，人工智能对关键工艺步骤的数据进行感知分析，并依此实施优化，提升良品率。这些应用可以为那些生产昂贵产品、对产品质量要求高的企业创造可观的经济价值。

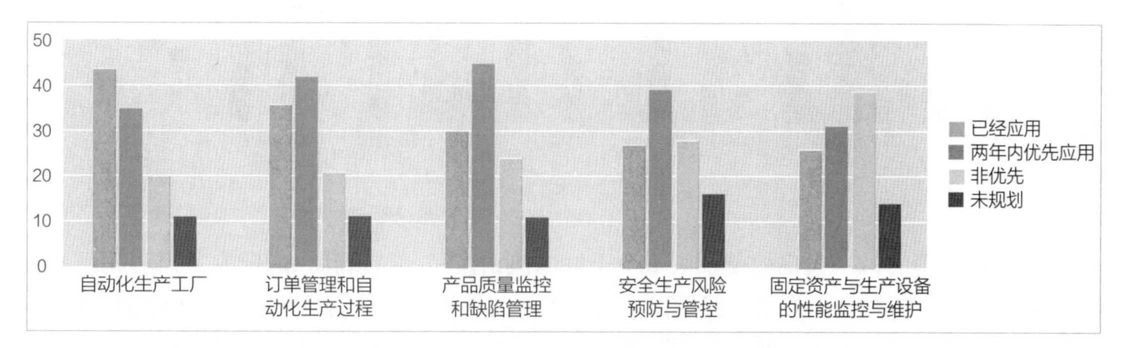

图 1-48 企业在智能生产领域的人工智能应用场景

如图 1-49 所示，在产品与服务领域目前已经在应用人工智能技术的企业较少，但计划在两年内优先部署的企业数量明显增加，特别是在缩短产品设计周期、个性化客户体验等应用场景。

制造企业面临着既要提升产品性能、降低能耗，又要缩短设计周期的双重挑战。生成式产品设计是目前比较受欢迎的利用人工智能缩短设计周期的应用。它根据既定目标和约束，利用算法探索各种可能的设计解决方案。

人工智能在提升产品客户体验、客户需求洞察和提高营销效率等方面同样具有很大潜力，因为制造业企业不仅需要了解发生在工厂里的事件，更要了解产品出厂后的生命旅程。以用户体验（安全性）为例，iPhone X 使用了安全性更高的 Face ID，Face ID 是通过人脸识别技术进行的生物特征认证。苹果公司表示，Touch ID 指纹识别被破解的概率是五万分之一，Face ID 面部识别被破解的概率为一百万分之一，Face ID 面部识别的安全性整整提升了 20 倍。

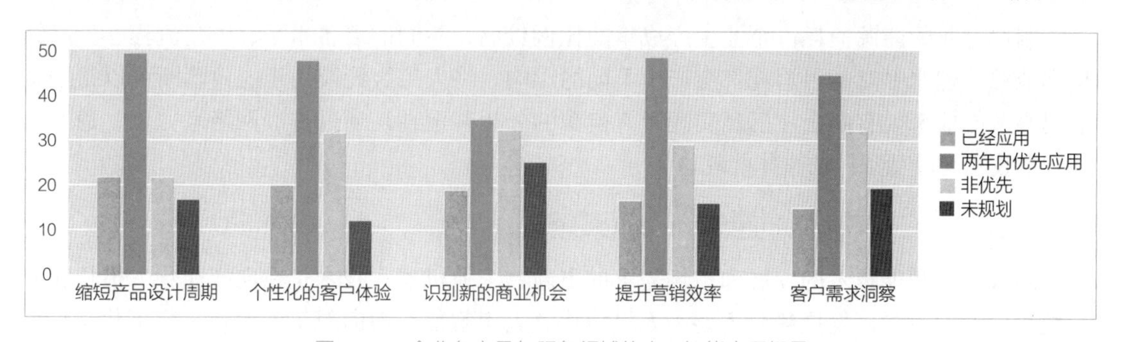

图 1-49 企业在产品与服务领域的人工智能应用场景

在供应链领域，配送管理和需求管理与预测是目前制造企业应用人工智能提升供应链效率的主要应用场景，如图 1-50 所示。在未来，物流服务、需求预测、资产与设备管理等相关应用场景将快速增长。

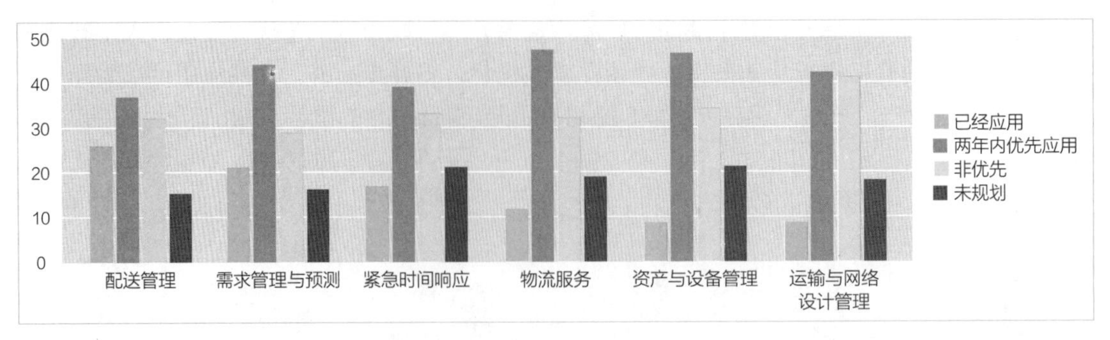

图 1-50　企业在供应链领域的人工智能应用场景

供应链管理的另一大挑战是预测下个季度的热销产品，从而让供应链专家们对库存、人员以及物流能力进行合理规划，甚至在人们购买之前将货物提前储存在临近销售点的仓库内。利用人工智能可以对消费趋势进行更好地规划，它们可以整合诸如内部的销售数据、消费者记录、竞争情报、趋势分析和社交媒体偏好等数据以对消费行为和消费习惯进行画像。

企业在运营管理领域，目前比较多的应用场景是财务管理，如图 1-51 所示。未来人工智能在能源管理和人力资源管理方面的应用将显著增长。

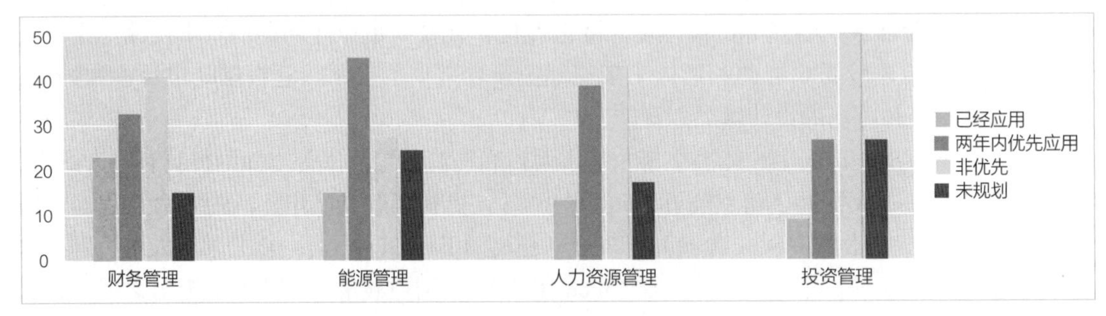

图 1-51　企业在运营管理领域的人工智能应用场景

制造企业的能源消耗占企业生产成本的比例较高，不同的装备水平、工艺流程、产品结构和能源管理水平对能源消耗都会产生不同的影响。将人工智能应用于能效诊断可以帮助企业提高节能效率。有的企业已经实现所有能源的分析和消耗均通过神经网络来完成，通过人工智能技术来降低工厂的整体能耗。

1.4.2　工业机器人的未来发展趋势

随着人工智能技术的发展和市场需求的更新，工业机器人技术正在向智能化、模块化和系统化的方向发展，发展趋势主要为人机协作、人工智能、面向新工业用户、数字化、小型化等方面。

1. 人机协作

人机协作是工业机器人发展的趋势，同时也是增长的驱动力。人们需要以零星或是间歇的工作方式与机器人进行紧密合作，如图 1-52 所示。所以安全共存变得越来越重要，协作机器人有着高度的灵活性和适应性，它们不仅可以适应环境的变化，还能不知疲倦地工作。

图 1-52　人机协作机器人

2. 人工智能

人工智能（AI）将会对下一代的工业机器人产生重大影响。机器人工业协会声称人工智能将会让机器人变得更加自主，并与人类携手合作。我国近年来密切关注的趋势就是AI机器人和机器视觉的融合，如图1–53所示。

图1–53　AI视觉识别场景应用

3. 新工业用户

不仅是汽车行业，很多的新兴行业也在使用工业机器人。现在使用工业机器人的行业还包括生命科学、食品和消费品、塑料和橡胶以及电子产品。相信随着机器人变得更加灵巧和更加的安全，它们会对更多行业的新用户越来越有吸引力。如图1–54所示的机器人正在进行悬挂仓库取料。

图1–54　悬挂仓库取料

4. 数字化

数字化也正在产生着影响，作为工业4.0的一部分，连接工业机器人在数字制造生态系统中占据主要的地位，如图1–55所示。数字化可以在整个价值链中实现制造商和分销商之间的横向协作，这种协作可以更好地提升客户体验，在提高制造效率的同时还能提高工程效率，这就可以在产品之间灵活切换以更快地推出新的产品。

图1–55　机器人的数字化

5. 更小更轻的机器人

随着更多尖端技术被添加到工业机器人之中，工业机器人将会变得更小更轻，甚至于更加灵活，比如说虚拟现实和人工智能。更轻更小的机器人不断涌现，如图 1-56 所示的小型化的机器人甚至可以在硬币的边缘行走。

图 1-56 可以站在硬币侧边缘的遥控步行机器人

当前，诸如扫地机器人、医疗机器人等更加亲民的服务机器人正走进千家万户。数据显示，2021 年全球扫地机器人市场规模达 53 亿美元，同比增长 18%。其中中国扫地机器人市场超百亿，达 108 亿元人民币，同比增长 22.2%，中国超越美国成为全球最大市场，零售额占全球的 32%，同比增长 3 个百分点。

目前看来，我国工业机器人发展的核心点还是量的提升，不同的是，前期以整体市场的量的提升为主线，而在量的目标达成之后的下半场，将以优质企业、优质产品量的提升为主线。如何扩充产能，特别是扩充六轴及以上工业机器人的产量，将成为未来各工业机器人厂商能否脱颖而出成为具有国际竞争力的龙头企业的关键。

思考

机器人是如何在潜移默化中改变我们的生活的？

拓展阅读

智慧物业有了新安保

春节期间，物业管理往往缺人手，怎么办？记者获悉，在日前举办的第三届广州国际智慧物业博览会上，由广州高新兴机器人团队展出的“安防巡逻机器人”引人注目。除了日常人脸识别、人体检测、口罩检测等功能外，它还能智能识别各类异常情况，例如小区基础设施的情况：下水道积水、井盖缺失、施工检测、废弃物违法堆放等，异常数据依托 4G/5G 网络上传至机器人云端平台，由监控中心在线判断，并通过多种呈现方式推送警情，给出了有效升级公共服务，增强安全属性，降低安保成本的解决方案。工作人员介绍道，他们自研了全栈式机器人云边端一体化平台，打造了 F-M-A-X 四大机器人产品矩阵——能全面覆盖室内到室外、封闭空间到开放道路、低速到高速、简单到复杂，有人到无人的全场景——对不同的物业结构、园区环境以及管理需求，都能组合并演化出完善的安保解决方案。

巡逻机器人综合采用人工智能、物联网、云计算、大数据、5G 通信等技术，集成了环境感知、动态决策、行为控制和报警装置的多功能智能装备。它们具备自主感知、自主行走、自主保护、自主识别等能力，可帮助人类完成基础性、重复性、危险性的安保工作。

——摘自《春节物管缺人？巡逻机器人让智慧物业有了新安保！》
（新华网，2023 年 1 月 5 日）

任务小结

随着新技术的不断迭代，诸如 5G 等新技术正把机器人从“设备”改造得更像“人”，而这又将带来新的科技变革。工业机器人与服务机器人之间的边界在未来可能也会变得日益模糊。也许用在流水线上的机器人也可以用在医疗服务中。无论是工作还是生活，机器人都将给我们带来新的美好享受。总之，“这个行业的发展需要想象力。”

展望我国工业机器人发展前景，在市场和政策的双重利好下，国内机器人市场迅速升温，机器人产业可谓迅猛发展。在多种因素的影响下，工业机器人产业的发展速度将再次提高，步入历史上的第二个繁荣发展期，这一个发展期或许比第一次浪潮还更加剧烈。

项目总结

本项目结合古今中外的神话传说和历史上关于机器人的一些原型讲述了机器人的由来和发展历史，并阐述了为机器人设定的行为准则——机器人三定律，参考了美国、日本和我国国家标准等定义，结合国内的主流观点，对机器人的定义和特点进行了探讨。本项目叙述了我国和全球的工业机器人的销售市场情况，并对工业机器人业内举足轻重的“四大家族”在市场中的表现进行了分析，指明了我国工业机器人技术领域发展的现状。项目还对工业机器人的未来应用场景以及未来的发展趋势进行了推理和预测。

项目拓展

一、选择题

1. robot 一词最初的含义是（　　）。

A. 代替人工作的机器

B. 不知疲倦的劳动

C. 用人的手制造的工人

D. 工人

2. 机器人三定律的提出者是（ ）。

A. 卡列尔·恰佩克

B. 阿西莫夫

C. 摩尔

D. 阿勒加扎利

3.《罗萨姆的万能机器人》是谁写的（ ）。

A. 卡雷尔·恰佩克

B. 阿西摩夫

C. 爱迪生

D. 爱因斯坦

4. 赢得“机器人王国”美誉的是以下哪个国家（ ）。

A. 美国

B. 中国

C. 德国

D. 日本

5. 工业机器人的概念最早提出于（ ）。

A. 1960 年

B. 1955 年

C. 1954 年

D. 1958 年

6. 机器人“四大家族”中，（ ）的运动控制技术在业内领先。

A. ABB

B. 发那科

C. 库卡

D. 安川

7. 2005 年，（ ）公司推出了第一台商用的同步双臂机器人。

A. 库卡

B. ABB

C. Motoman

D. 安川

8. AGV 的含义是（ ）。

A. 自动导航汽车

B. 工业机器人

C. 码垛机器人

D. 喷涂机器人

9. 摩尔设计的能行走的机器人“安德罗丁”是以（ ）为驱动力工作的。

A. 电力　　B. 蒸汽

C. 太阳能　　D. 风能

10. 未来将有更多人工智能技术用于产品质量监控，这在很大程度受益于（　　）的进步。

A. 机器人手爪

B. 机器视觉技术

C. 机器人循迹技术

D. 机器人编程技术

二、判断题

1. 除了专门设计的专用的工业机器人外，一般工业机器人在执行不同的作业任务时具有较好的通用性。

(A) 正确　　(B) 错误

2. 机器人完全具有人一样的思维能力。

(A) 正确　　(B) 错误

3. 工作过程中的所有机器人系统必须依赖于人类。

(A) 正确　　(B) 错误

4. 机器人的定义仍然时仁者见仁，智者见智，没有一个统一的意见。

(A) 正确　　(B) 错误

5. 工业机器人的研究涉及的学科很少，与电子学无关。

(A) 正确　　(B) 错误

6. 机器人一定是人形的。

(A) 正确　　(B) 错误

7. 全球机器人市场主要分布在中国、英国、日本、美国和德国这五个国家。

(A) 正确　　(B) 错误

8. 对于机器人来说，非接触传感器和接触传感器相当于人的五官。

(A) 正确　　(B) 错误

9. 工业机器人技术是机械学和微电子学相结合的一门学科。

(A) 正确　　(B) 错误

10. 按总安装量计算，英国是欧洲最大的机器人市场。

(A) 正确　　(B) 错误

三、填空题

1. 世界上第一台工业机器人诞生于________年，其名称为____________。

2. ____________是机器人中的一类分支，它是目前应用最多、涉及面最广的一类机器人。

3. ____________、____________、____________、涉及学科广泛是工业机器人的4个主要特点。

4. 我国是工业机器人消费大国，已经成为世界第____________机器人市场。

5. ____________、____________、____________、____________被称为工业机器人的“四大家族”。

6. 我国最早关于机器人概念的文字记载出现在三千多年前____________时期的小故事。

7. 人们需要以零星或是间歇的工作方式与机器人进行紧密合作，这种工作方式称之为____________。

8.《三国志》中蜀汉丞相诸葛亮发明了类似机器人的运输工具________、________。

9. ____________的提出，为相关小说中的机器人设定了行为准则。

10. ____________的成功研发，为机器人的开发奠定了技术基础。

四、简答题

1. 机器人三定律的内容是什么？

2. 为什么 1980 年被正式定义为工业机器人普及的元年？

3. 请简述三家以上国产工业机器人的主要厂家。

4. 国际标准化组织（ISO）对机器人的定义是什么？

5. 当前我国工业机器人发展的核心点是什么？

项目 2

工业机器人及驱动方式分类

项目概述

虽然工业机器人的基本结构具有共性，但不同品牌的工业机器人组成形式和应用场景都各有不同，由此也衍生出拓扑结构、坐标系等不同的方法，可以让我们从不同的角度对工业机器人进行区分，以便使用户更加清楚不同机器人的特点。与此同时，不同工业机器人在传动方式、驱动方式、工作空间、适应领域方面的差异也是选择时需要统筹考虑的因素。

本项目的学习内容主要包括工业机器人拓扑结构的分类、工业机器人坐标系的分类、工业机器人的传动方式和工业机器人的驱动方式。

项目目标

知识目标

1. 理解工业机器人按照拓扑结构分类的方法，掌握串联机器人、并联机器人、混联机器人的工作特点。
2. 理解工业机器人按照坐标系分类的方法，掌握直角、圆柱、球、关节、平面关节等多种不同的坐标系机器人的工作范围和自由度构成。
3. 理解电动、液压、气动三种工业机器人驱动方式的异同，掌握不同驱动方式之间的优点和缺点。
4. 理解旋转、直线两种不同的工业机器人传动方式的特点，了解齿轮系、传送带、减速器等机械组件在工业机器人传动过程中的具体作用。

能力目标

1. 能够结合工业机器人的构成形式对串联、并联和混联三种拓扑结构进行区分，能够根据不同的工作场合选择合适的工业机器人拓扑结构。
2. 能够掌握不同工业机器人坐标系的运行工作规律，能够在工业机器人编程的过程中根据轨迹的运行规律选择合适的工业机器人坐标系。
3. 能够分辨电动、液压、气动三种不同驱动方式的工作特点，能够根据不同的工作状况，选择合适的驱动方式。
4. 能够正确分辨不同传动结构的传动运行规律，能够根据工业机器人系统的运行条件和工作方案选择合适的传动机构。

素质目标

1. 具有明辨是非的能力，强化根据不同类型精准分类的意识。
2. 通过项目学习，培养独立思考的精神以及对新技术的探索精神。
3. 通过拓展阅读领略尖端科技融合重构的强大魅力，感悟国产先进医疗机器人的迅猛发展。

知识导图

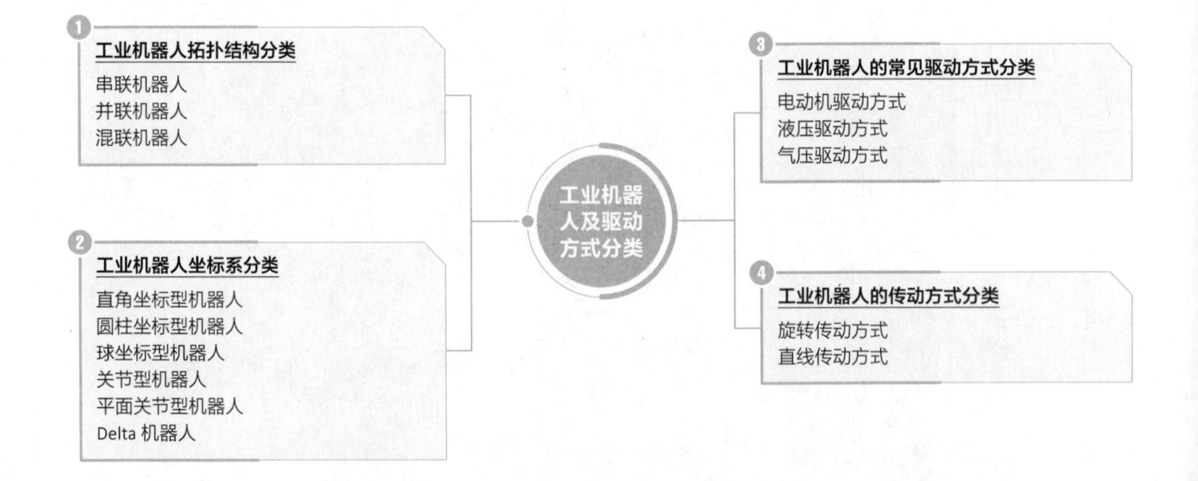

任务 2.1 工业机器人拓扑结构分类

任务提出

在机器人结构设计过程中，拓扑结构类型综合与类型优选的设计（简称为拓扑结构设计或拓扑方案设计）阶段是最具有原始创新性的设计阶段。根据工业机器人机械结构对应的运动链的拓扑结构，可以将工业机器人结构分为串联结构、并联结构和混联结构。3 种不同的拓扑结构之间的结构形式、特点、应用等方面有哪些不同点呢？接下来我们将在任务 2.1 中围绕这一问题进行学习。本任务包括以下几项内容：

（1）理解串联机器人的构成形式，掌握串联机器人的工作特点；

（2）理解并联机器人的构成形式，掌握并联机器人的工作特点；

（3）理解混联机器人与串联机器人、并联机器人之间的联系，理解混联机器人的适用场合。

任务实施

2.1.1 串联机器人

当各连杆组成开式机构链时，所获得的机器人结构称为串联结构，如 ABB IRB1410、安川 MH6 型工业机器人。串联机器人如图 2-1 所示，它由底座、末端执行器和一系列的连杆和关节构成。它的连杆和关节常常被设计成可以提供独立平移和指定方向的结构。当前工业机器人大多数采用串联结构。因此，如果是由一系列连杆和关节组成的机器人，就可以定义为串联机器人。

图 2-1 串联机器人

串联机器人的自由度较并联机器人多。要使串联机器人成为运动的机构，就需要更多的驱动器。一般来说，串联机器人每个连杆上都要安装驱动器，通过减速器来驱动下一个连杆。后续连杆的驱动器和减速器变成前面驱动系统的负载。因此，前端连杆强度和驱动功率要大，这导致了这种结构的能量效率不高。但其末端构件的运动与并联机器人中任何构件的运动相比，更为任意和复杂，有时甚至可绕过障碍到达一定的位置。采用计算机控制系统，串联机器人可实现复杂的空间作业运动。串联机器人具有结构简单、成本低、控制简单、运动空间大等优点，有一些已经具备快速、高精度、多功能化等特点。

图 2-2 串联机器人在生产线上工作

经过近 50 年的发展，串联机器人技术已经较为成熟。工业领域中，串联机器人的数量较多，应用范围也较广，如喷漆、装配、搬运、焊接。在生产线上，多台焊接机器人协同工作，各司其职，相互配合，可以高效地完成工作，如图 2-2 所示。此外，串联机器人还可以应用在海洋开发、太空探测、精密仪器研发等新领域。

2.1.2 并联机器人

并联机器人，可以定义为动平台和定平台通过至少两个独立的运动链相连接，机构具有两个或两个以上自由度，且以并联方式驱动的一种闭环机构，如图 2-3 所示。

图 2-3　并联机器人

这种机器人属于多关节型机器人，利用类似的机械结构可以使机器人运动，或者使平台运动，也可以使其中一个机械手运动。名称中的“并联”是指其末端效应器是由数个独立的连杆及线性致动器连结到本身，而且各连杆可以独立运作。知名度较高的并联式机械手是飞行模拟器中用六个线性致动器驱动的史都华平台（Stewart platform），如图 2-4 所示，其名称是为了纪念最早开发及使用此机械的工程师。

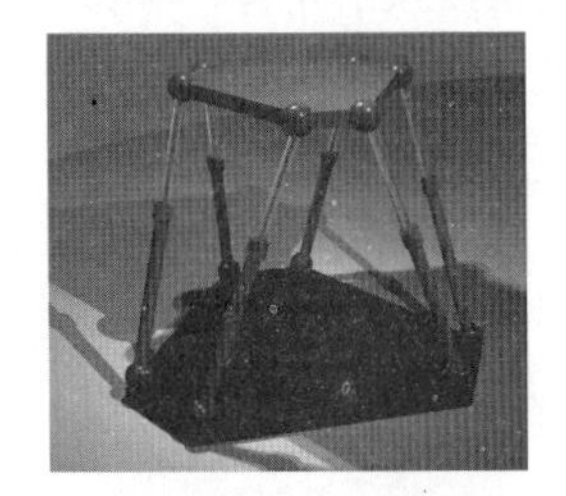

图 2-4　史都华平台

1965 年，德国人斯图尔特（Stewart）发明了六自由度并联机构，并作为飞行模拟器用于训练飞行员。1978 年，澳大利亚著名机构学教授亨特（Hunt）首次提出把六自由度并联机构作为机器人操作器，由此拉开并联机器人研究的序幕，但在随后的近 10 年里，并联机器人研究似乎停滞不前。直到 20 世纪 80 年代末 90 年代初，并联机器人才引起了广泛关注，成为国际研究的热点。并联机器人实例如图 2-5 所示。

图 2-5　并联机器人实例

并联机器人的设计方式会使运动链较短、较简单，如图 2-6 所示。相较于串联机器人，此结构的刚性较强，出现不需要的运动的概率较小。各运动链因为最终连到同一个工件，其位置误差可以互相平均，不会像串联机器人出现误差累计的情形。和串联式机器人类似，每一个致动器仍然可以有其运动的自由度，不过因为其他运动链的影响，其枢纽的轴外挠性会受到限制。并联式机械手有封闭回路的刚性，让整个并联式机械手的刚性比个别元件要强，相反的，串联机器人的手的刚性比个别元件要弱。

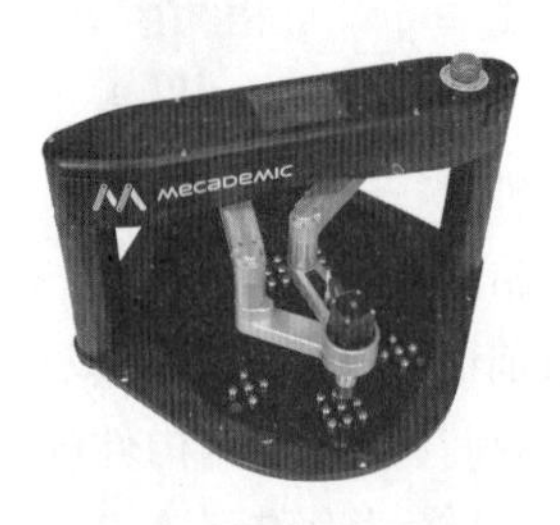

图 2-6　并联机器人

由于并联机器人的结构组成所限，其特点呈现为以下几点：

（1）无累积误差，精度较高；

（2）驱动装置可置于定平台上或接近定平台的位置，这样运动部分重量轻，速度高，动态响应好；

（3）结构紧凑，刚性强，承载能力大；

（4）完全对称的并联机构具有较好的各向同性；

（5）工作空间较小。

根据这些特点，并联机器人在需要高刚度、高精度或者大载荷而无须很大工作空间的领域内得到了广泛应用。例如，飞行模拟器、车辆模拟器、工件加工、光子学 / 光导纤维对正、微操作机器人、力传感器、军事领域中的潜艇、坦克驾驶运动模拟器，下一代战斗机的矢量喷管、潜艇及空间飞行器的对接装置、姿态控制器、生物医学工程中的细胞操作机器人，其功能可以实现细胞的注射和分割、进行微外科手术（见图 2-7）、完成大型射电天文望远镜的姿态调整等。

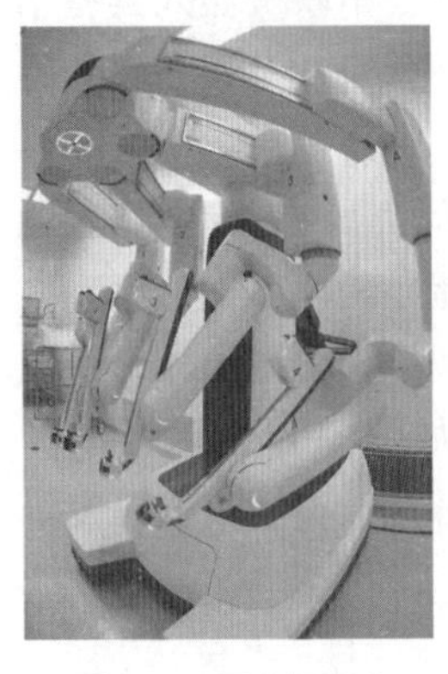

图 2-7　手术机器人

随着技术的发展和产品质量的提升等多方面因素影响，并联机器人在以下场景中的应用也越来越盛行。

（1）在有限空间内高速、高精度的定位，如印制电路板的组装；

（2）装在较大但较慢的串联机器人末端效应器上的微致动器；

（3）高速 / 高精度铣床。

2.1.3 混联机器人

串联机器人需在各关节上设置驱动装置，各动臂的运动惯量较大，因而不宜实现高速或超高速操作。并联机构与串联机构的悬臂梁相比，刚度大，而且结构稳定，没有串联误差积累和放大，从而精度高。并联机构的驱动装置安放在机架或者接近机架的位置，减小了运动负荷，机器人的运动部分重量轻、速度高、动态性能好，容易取得运动学逆解。但目前的并联机构普遍存在工作空间小、结构尺寸偏大、传动环节过多等缺陷，影响了其运用。将串联和并联有机结合起来的机构，即为混联结构机器人。混联机构兼有并联机构刚度大和串联机构工作空间大的优点，在结构上常有以下 3 种形式。

（1）并联机构通过其他机构串联而成。此类混联机器人在基于串联机构的某个关节或杆件以并联机构替换，DOF 混联雕刻机布局如图 2-8 所示。例如，在传统的串联机器人的执行端插入并联机构，此类混联机器人属于最常见的类型。

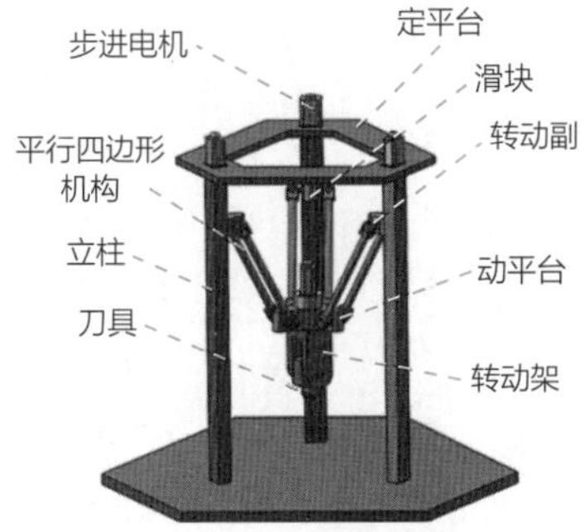

图 2-8　DOF 混联雕刻机布局

（2）并联机构直接串联在一起。这类混联机器人是将多个并联机构按照串联机器人的设计思路进行结构设计。例如，将具有多个相同或不同自由度的并联机构通过转动副或移动副等其他运动副的形式串联在一起，如图 2-9 所示。此类机器人往往用于构造柔性机器人。

（3）在并联机构的支链中采用不同的结构。这类混联机器人是对并联机构的支链进行变形，尤其是替换或嵌入其他的并联机构。例如，将具有多个相同或不同自由度的并联机构作为并联机器人的某一个或多个支链，如图 2-10 所示。

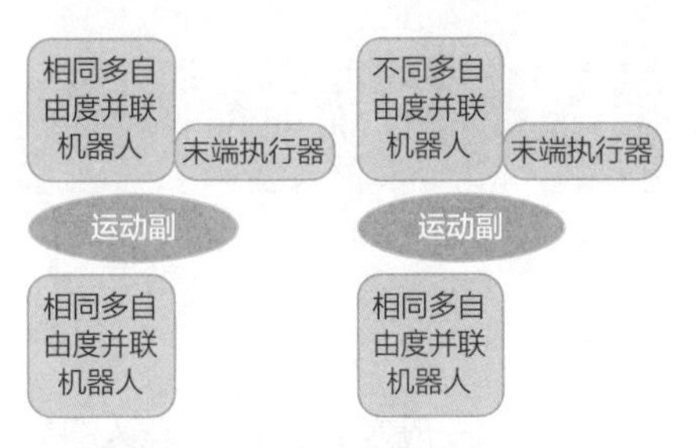

图 2-9　并联机构直接串联在一起

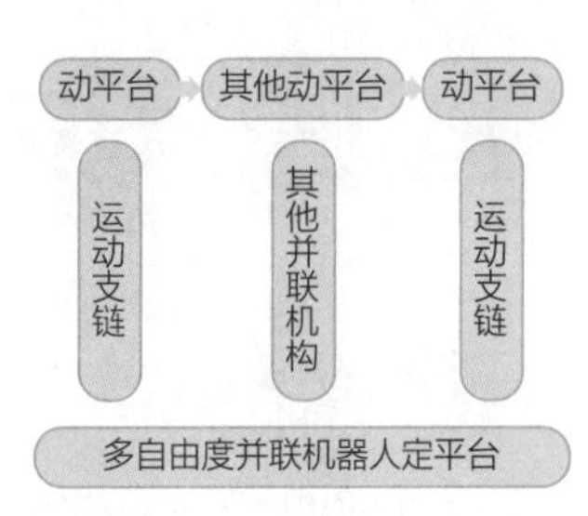

图 2-10　在并联机构的支链中采用不同的结构

混联机构既有并联机构刚度大的优点，又有串联机构工作空间大的优点，能充分发挥串、并联机构各自的优点，进一步扩大机器人的应用范围，提高机器人的性能。在混联装备机器人中，勃肯特 BKT-PD、BKT-HD 系列混联机器人（见图 2-11）是基于并联机构单元的模块化设计的成功典范。

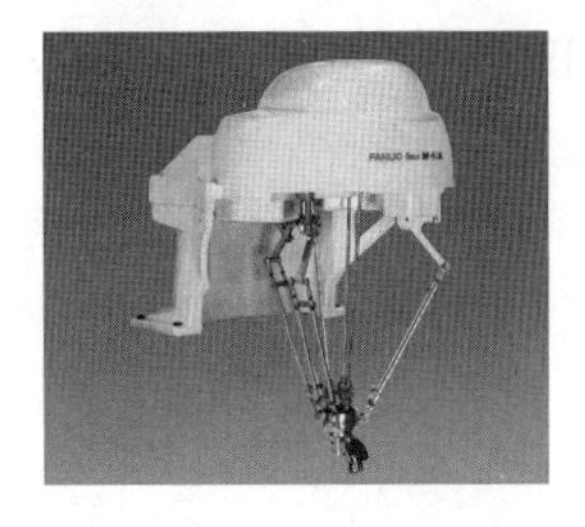

图 2-11　勃肯特 BKT-PD、BKT-HD 系列混联机器人

任务小结

根据拓扑结构的不同可以将工业机器人分为串联、并联和混联三种不同的类型。串联和并联主要可以通过工业机器人的独立运动链的个数进行区分。混联机器人是串联和并联机器人的有机结合。简而言之，串联机器人有着更加灵活的运动姿态，相同大小的工业机器人使用串联结构时，工作空间相对较大；而并联机器人工作空间相对较小，但是运行位置的误差累计偏向会被平均化，各个不同运动链之间能够相互补偿，精度较高。串联机器人和并联机器人两者的特点互相补充，适用于不同的工作领域，它们的特点比较如表 2–1 所示。

表 2–1　不同拓扑结构工业机器人的特点比较

序号	比较项目	并联机器人	串联机器人
1	工作空间	小	大
2	正运动学	难	容易
3	逆运动学	容易	难
4	正静力学	容易	难
5	逆静力学	难	容易
6	位置误差	平均化	积累
7	力误差	积累	平均化
8	最大出力	所有驱动力综合	受最小驱动器力限制
9	刚度	高	低
10	动力学	非常复杂	复杂
11	惯量	小	大

任务 2.2　工业机器人坐标系分类

任务提出

在工业机器人的应用领域中，装配、码垛、喷涂、焊接、机械加工以及一般的手工业对机器人的负载能力、关节数量以及工作空间容量的要求也是不同的，由此衍生出不同坐标系下的工业机器人，用以满足不同的工作场景。机器人的结构形式多种多样，典型机器人的运动特征用其坐标特性来描述。根据结构特征的不同，常见的机器人按照坐标系分类有直角坐标型机器人、圆柱坐标型机器人、球坐标型机器人、关节型机器人 4 种，除此之外，还有一些演化出的工业机器人形态，如平面关节型机器人、Delta 机器人等。这些不同坐标系下的工业机器人分别具有哪些特点呢？接下来我们将在任务 2.2 中围绕这一问题进行学习。本任务包括以下几项内容：

（1）了解工业机器人在坐标系下的分类原则，掌握不同工业机器人的坐标系分类方法；

（2）理解直角、圆柱、球、关节、平面关节、Delta 等不同类型机器人的运行规律和工作特点，理解不同坐标系工业机器人的适用场合；

（3）理解不同坐标系下工业机器人机械结构的构成形式以及结构上的相同与差异。

任务实施

2.2.1 直角坐标型机器人

直角坐标型机器人（3P）以直线运动轴为主，其三个主轴控制权是线性的（即它们沿直线运动而不是旋转运动），且处于彼此垂直的直角状态。三个滑动关节对应于上下、前后、左右方向的移动手腕，其结构如图 2–12 所示。

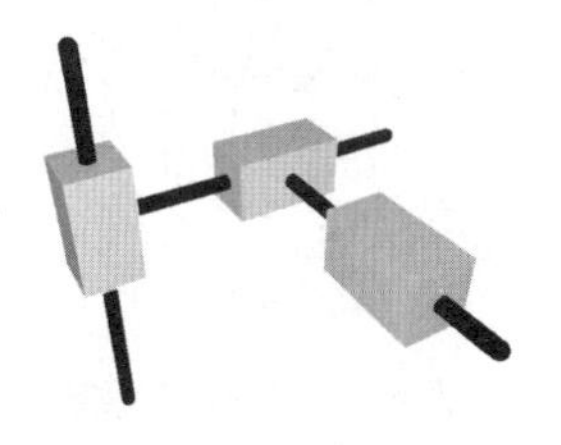

图 2–12 直角坐标型机器人结构示意图

直角坐标型机器人又叫笛卡尔坐标机器人，以 *XYZ* 直角坐标系统为基本数学模型，最基本的笛卡尔坐标机器人的手臂具有三个滑动关节，且轴线按照直角坐标配置。直角坐标型机器人多以伺服电动机或步进电动机驱动的单轴机械臂为基本工作单元，以滚珠丝杠、同步传动带、齿轮齿条等常用的传动方式架构起来，使各运动自由度之间形成空间直角关系，能够实现自动控制且可重复编程，如图 2–13 所示。

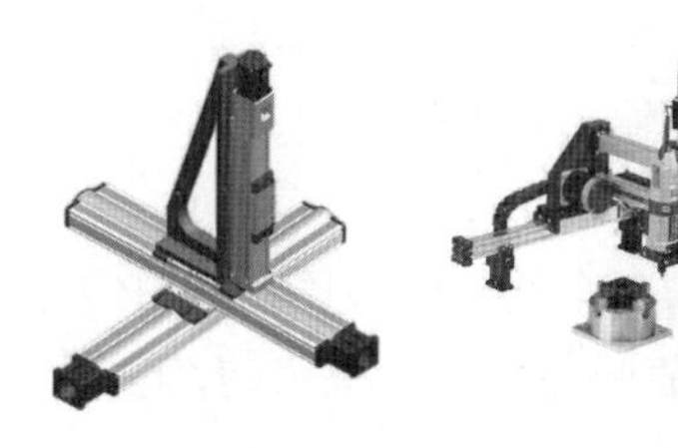

图 2–13 直角坐标型机器人

直角坐标型机器人结构简单，定位精度高，空间轨迹易于求解，但其动作范围相对较小，设备的空间利用率较低。它主要具有如下特点。

（1）形式多样：可以任意组合成各种样式，形成两轴到六轴的不同结构形式。

（2）超大行程：单根最大长度是 6 米，但可以将多根方便地级连成超大行程。

（3）负载能力强：通常能够达到 200 公斤，但采用多根多滑块结构时，其负载能力可增加到数吨。

（4）高动态特性：轻负载时其最高运行速度每秒 8 米，加速度每秒 5 米。

（5）高精度：重复定位精度可以达到 0.01 mm ～ 0.05 mm。

（6）扩展能力强：可以方便地改变结构或通过编程根据应用进行扩展。

（7）简单经济：编程简单，易于维修，使其具有非常好的经济性。

（8）寿命长：直角坐标型机器人的寿命一般是 10 年以上，维护好可达 40 年。

（9）应用范围广：可以方便地装配多种形式和尺寸的手爪，可以胜任许多常见的工作，如焊接、切割、搬运、上下料、包装、码垛、检测、探伤、分类、装配、贴标、喷码、打码和喷涂等任务。

一个典型的 3D 直角坐标型机器人如图 2–14 所示，它由 *X* 轴、*Y* 轴、*Z* 轴及驱动电机组成。此外，一个完整的机器人系统还需要控制系统和手抓。

图 2–14 3D 直角坐标型机器人

2.2.2 圆柱坐标型机器人

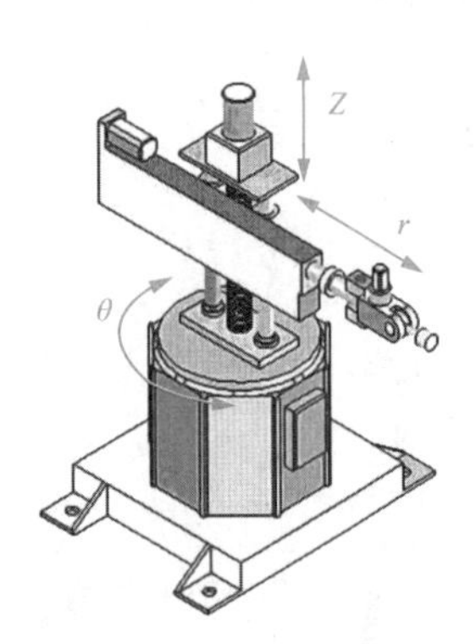

图 2-15 圆柱坐标型机器人及其运动空间

圆柱坐标型机器人（R2P）通过两个移动和一个转动来实现手部空间位置的改变，主要的结构是环绕基底主体做轴承旋转执行动作，其上方有两个可直线滑动的手臂沿着水平方向运动和仰俯角垂直方向运动控制，另外一个所能涵盖的体积为围绕圆柱形旋转一周，所以手臂的端点能扫过两个圆柱间的所有点。其主体具有 3 个自由度：腰部转动、升降运动、手臂伸缩运动。其运动空间如图 2-15 所示。

（1）手臂可伸缩（沿 r 方向）。

（2）滑动架（托板）可沿柱上下移动（Z 轴方向）。

（3）水平臂和滑动架组合件可作为基座上的一个整体而旋转（绕 Z 轴）。

一般旋转时不允许旋转 360°，因为液压、电气或气动联结机构或连线对机构存在约束。此外，根据机械上的要求，其伸出长度有最小值和最大值，如图 2-16 所示。所以，此机器人总的体积或工作包络范围就是图中的圆柱体。

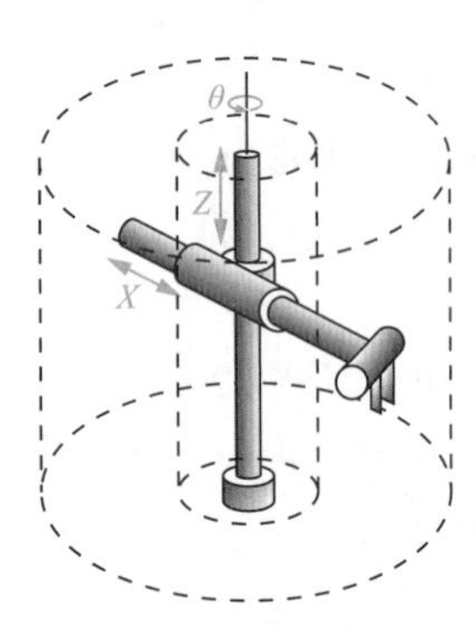

图 2-16 圆柱坐标型机器人工作包络范围

圆柱坐标型机器人主要有如下优点：控制精度较高，控制较简单，结构紧凑；机器人可以绕中心轴旋转一个角，工作范围可以扩大，且计算简单；直线部分可采用液压驱动，可输出较大的动力；能够伸入腔式机器内部。

对比直角坐标形式，在垂直和径向的两个往复运动可以采用伸缩套筒式结构，在腰部转动时可以把手臂缩回去，从而减小转动惯量，改善力学负载。

圆柱坐标型机器人的主要缺点是：由于机身结构的原因，手臂可以到达的空间受到限制，不能到达近立柱或近地面的空间，减小了机器人的工作范围，直线驱动部分难以密封、防尘；后臂工作时，手臂后端会碰到工作范围内的其他物体，同时结构也较为庞大。

2.2.3 球坐标型机器人

球坐标型机器人（2RP）采用球坐标系，用一个滑动关节和两个旋转关节来确定部件的位置，用一个附加的旋转关节确定部件的姿态。这种机器人可以绕中心轴旋转，中心支架附近的工作范围大，两个转动驱动装置容易密封，覆盖工作空间较大。但该坐标复杂，难以控制，且直线驱动装置仍存在密封及工作死区的问题。球坐标型机器人的工作范围如图 2-17 所示。

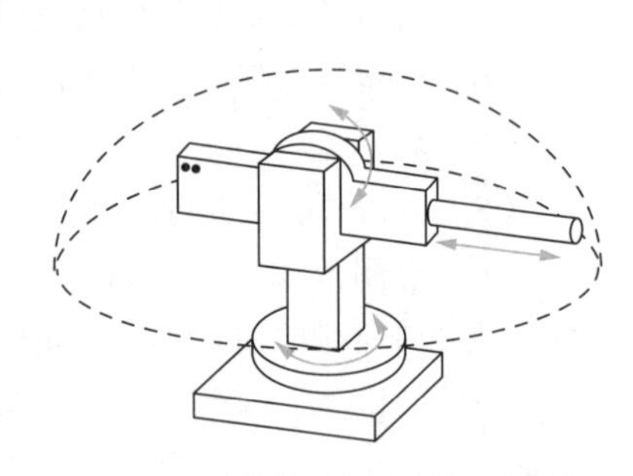
图 2-17 球坐标型机器人的工作范围

球坐标型机器人的机械手能够做前后伸缩移动、在垂直平面上摆动以及绕底座在水平面上转动，如图 2-18 所示。著名的尤尼梅特（Unimate）机器人就是这种类型的机器人。其特点是结构紧凑，所占空间体积小于直角坐标型和圆柱坐标型机器人，但仍大于关节型机器人。

球坐标型机器人的优点：本体所占空间体积小，结构紧凑，中心支架附近的工作范围大，伸缩关节的线位移恒定，动作灵活，具有很高的可达性，可以轻易避障和伸入狭窄弯曲的管道作业，对多种作业都有良好的适应性。

它的缺点在于运动学模型复杂，轨迹求解较难，转动关节在末端执行器上的线位移分辨率难以控制，高精度控制难度大。

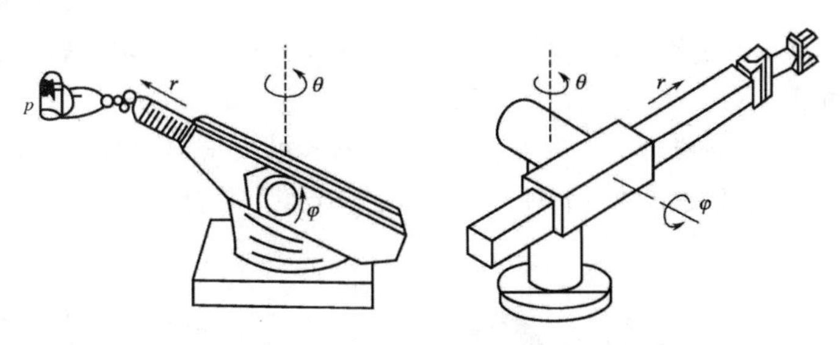

图 2-18　球坐标型机器人的运动示意图

2.2.4　关节型机器人

关节型机器人（3R）也称关节手臂机器人或关节机械手臂，它基于人的手臂原理构建，是当今工业领域中较常见的工业机器人形态之一，如图 2-19 所示。它具有三个以上的转动轴，其中一个连杆是装在基座上的，能绕基座旋转，另外两个连杆的运动形态就如同铰链间的两个工件，能做相对的转动，它在水平和垂直方向都有转动轴，适用于诸多工业领域的机械自动化作业。

关节型机器人根据结构有不同的分类，其中 6 轴串联机器人是使用较多的关节型机器人，广泛应用于焊接、涂胶、装配、码垛等领域，其特点如下：

（1）工作空间大；

（2）运动分析较容易；

（3）可避免驱动轴之间的耦合效应；

（4）各轴必须独立控制，并且需搭配传感器以提高机构运动时的精准度。

关节型机器人的关节全都是旋转的，类似于人的手臂，是工业机器人中最常见的结构，非常灵活的结构使其即便在有障碍物的情况下，也能够到达加工过程中的任何位置和方向。它的工作范围较为复杂，如图 2-20 所示。

图 2-19　关节型机器人

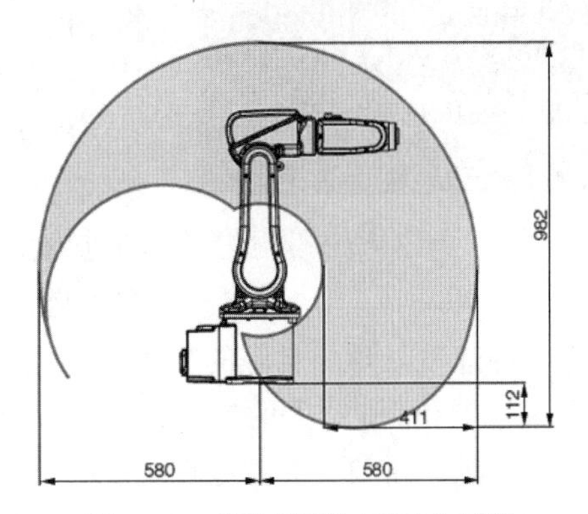

图 2-20　关节型机器人的工作范围

关节型机器人已广泛应用于代替人完成装配、货物搬运、电弧焊接、喷漆、点焊接等作业，成为使用较为广泛的机器人。后续内容将重点围绕该类工业机器人展开阐述。

2.2.5 平面关节型机器人

这种机器人可看作是关节型机器人的特例，它只有平行的肩关节和肘关节，关节轴线共面。如 SCARA 机器人由两个并联的旋转关节组成，可以让机器人在水平面上运动，此外，再用一个附加的滑动关节做垂直运动。SCARA 机器人常用于装配作业，最显著的特点是它们在 x 轴或 y 轴上的运动具有较大的柔性，而沿 z 轴具有很强的刚性，所以，它具有选择性的柔性，其结构模型如图 2–21 所示。

相较于传统的关节型机器人，平面关节型机器人的反应会比较快，安装座需要的占地面积较小，因此安装方式较简单，且不容发生安装障碍。平面关节型机器人的工作空间如图 2–22 所示。

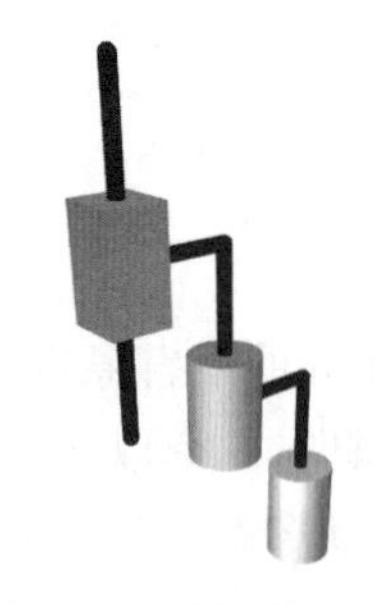

图 2–21 平面关节型机器人结构模型

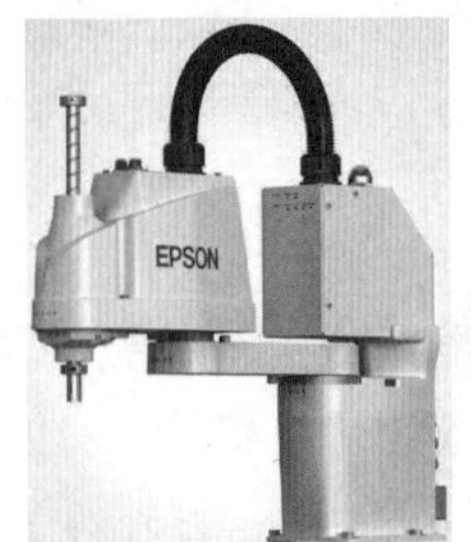

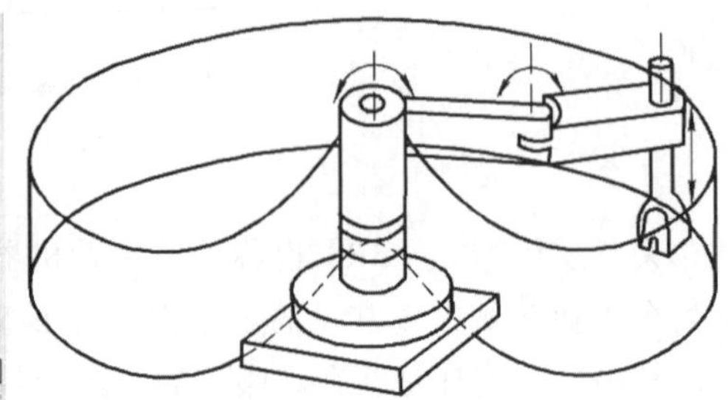

图 2–22 平面关节型机器人及工作空间

平面关节型机器人的优点：结构复杂性较小，在水平方向有顺应性，速度快、精度高、柔性好等特点。

它的缺点是在垂直方向具有很大的刚性。

但在实际操作中，选用该机器人主要不是由于它所具有的这种特殊柔顺性质，而是因为它更能简单地实现二维平面上的动作，因而平面关节型机器人在装配作业中被普遍采用。

2.2.6 Delta 机器人

图 2–23 Delta 机器人在拾取和摆放物品

Delta（德尔塔）机器人属于高速、轻载的并联机器人，由三个并联的伺服轴确定末端执行器的空间位置，实现目标物体的运输、加工等操作，是典型的并联机器人结构。如图 2–23 所示的 Delta 机器人正在进行拾取和摆放的作业。

Delta 机器人是在 1980 年代初期由瑞士洛桑联邦理工学院的雷蒙・克拉威教授所带领的团队所发明的。他们在参观巧克力工厂后，团队的一名成员希望开发一款机器人，实现在巧克力上放置果仁糖。开发这种新型机器人的目的是要以非常快的速度处理小且轻的物体，这也是当时产业的需求之一。瑞士公司 Demaurex 在 1987 年购买了 Delta 机器人的专利，开始制造用在包装产业的 Delta 机器人。因为在 Delta 机器人上的贡献，雷蒙・克拉威在 1999 年获得了金机器人奖。ABB 在 1999 年开始贩售 Delta 机器人 FlexPicker。在 1999 年底，西克斯帕克也开始贩售 Delta 机器人。哈佛大学微机器人实验室的研究员在 2017 年时进行 Delta 机器人的微型化研究，利用压电效应将机器人缩小到 15 mm × 15 mm × 20 mm，重 0.43 g，可以在 7 mm^3 的空间内搬运 1.3 g 的物体，精度至 5 μm，速度为 0.45 m/s，加速度为 215 m/s^2，重复作业时，频率可以达到 75 Hz。可携型绘图 Delta 机器人如图 2−24 所示。

Delta 机器人是典型的空间并联机构，如图 2−25 所示，由静平台、电动机、旋转轴、主动臂、从动臂、动平台等组成。没有旋转轴的 Delta 机器人为 3 自由度并联机构，有旋转轴的 Delta 机器人为 4 自由度并联机构。

图 2−24　可携型绘图 Delta 机器人

图 2−25　并联机构的 Delta 机器人

Delta 机器人具有高刚度、高负载（惯性比）等优点，但工作空间相对较小、结构较为复杂。这正好同串联机器人形成互补，从而扩大了机器人的应用范围，广泛应用于需要高刚度、高精度或者高载荷而无需很大工作空间的场合，在包装行业、医疗行业以及制药行业都有很好的应用。由于其刚性大，Delta 机器人也可以用在手术中。除此之外，无尘室中针对电子零件的高精度组装、制作触觉技术的控制器、3D 打印的作业过程等场景中也出现了 Delta 机器人的身影。

说明　随着新技术的不断融合，机器人还可以通过远程方式实现异地协同操作。

拓展阅读

基层 5G 远程机器人介入手术成功实施

2021 年 10 月 23 日下午，由内蒙古抗癌协会肿瘤介入治疗专业委员会、内蒙古自治区肿瘤医院、赤峰松山医院共同主办的“5G+ 机器人远程介入手术暨肿瘤介入学科建设高峰论坛”在内蒙古自治区肿瘤医院、赤峰松山医院两地同时举办。

在两个医院的合作下，全国首台 5G+ 机器人远程介入手术在内蒙古自治区成功完成了一台肝脏穿刺活检手术。引人关注的是，两地专家团队所借力的 5G 远程介入手术可视系统成为本次手术关注的焦点。

它由远程专家指导系统、进针规划系统、CT 导引系统、导航机器人系统、5G 远程网络、远程音视频辅助系统等组成。是一个名副其实的 5G 时代的手术临床综合辅助系统，基于 CT 影像技术的先进的机器人导航系统在肿瘤介入领域正在让临床精准诊疗变得“易学易用”，这标志着中国临床肿瘤介入学科已经迈入 5G 时代。

——摘自《国内首例！基层 5G 远程机器人介入手术成功实施》

（腾讯网，2021 年 10 月 28 日）

任务小结

根据工业机器人坐标系的不同可以将工业机器人分为直角坐标型机器人、圆柱坐标型机器人、球坐标型机器人、关节型机器人四大类。而在实际生产应用中，还有一种平面关节型机器人和并联式机器人的特例——Delta 机器人。直角坐标型机器人拥有最简单的变形和控制方程。它的直线运动轴相互垂直，使得运动的规划和计算变得简单，且主运动轴之间不存在耦合，控制方程被大大简化。有转动关节的机器人结构更紧凑和高效，但控制难度加大。选择机器人结构时要考虑其运动、结构特点及任务需求。例如，当需要实现精确的垂直直线运动时，选择一个简单的棱柱垂直关节轴的机器人更合适，而不必选择需要协调控制两个或三个转动关节的机器人。不同坐标系的工业机器人特点如表 2–2 所示。

表 2–2 不同坐标系的工业机器人特点

序号	机器人名称	典型特征
1	直角坐标型机器人	机器人的手臂按照直角坐标形式配置，即通过三个相互垂直轴线上的移动来改变手部的空间位置
2	圆柱坐标型机器人	机器人的手臂按照圆柱坐标形式配置，即通过两个移动和一个转动来实现手部空间位置的改变
3	球坐标型机器人	机器人的手臂按照球坐标形式配置，其手臂的运动由一个直线运动和两个转动组成
4	关节坐标型机器人	机器人的手臂按照类似人的腰部及手臂形式配置，其运动由前、后的俯仰及立柱的回转构成
5	平面关节型机器人	机器人的手臂在 x 轴、y 轴有顺应性，但在 z 轴具有刚性，是关节型坐标机器人的一种特例
6	Delta 机器人	用平行四边形让末端效应器平台的移动维持原移动，只能在 x 轴、y 轴或 z 轴移动，没有转动

任务 2.3 工业机器人的常见驱动方式分类

任务提出

驱动系统在机器人中的作用相当于人体的肌肉，通过移动或转动连杆来改变机器人的构型。驱动器必须具有足够的功率对连杆进行加速或减速并带动负载，同时，驱动器自身必须轻便、经济、精确、灵敏、可靠且便于维护。工业机器人的驱动方式按动力源分为电动机驱动、液压驱动和气压驱动三大类，也可根据需要由这三种基本类型组合成复合式的驱动系统。那么这三类基本驱动系统各自的特点分别是什么样的？接下来我们将在任务 2.3 中围绕这一问题进行学习。本任务包括以下几项内容：

（1）理解电动、液压、气动三种驱动方式驱动装置的工作原理；

（2）掌握电动、液压、气动三种驱动方式的典型驱动部件和功能特点；

（3）理解电动、液压、气动三种驱动方式各自的适用场合。

任务实施

2.3.1 电动机驱动方式

图 2-26 伺服电动机

电动驱动系统利用各种电动机产生力矩和力，即由电能产生动能，直接或间接地驱动机器人各关节动作，伺服电动机如图 2-26 所示。电动驱动方式控制精度高，能精确定位，反应灵敏，可实现高速、高精度的连续轨迹控制，适用于中小负载，要求具有较高的位置控制精度，速度较高的机器人。伺服电动机具有较高的可靠性和稳定性，并且具有较大的短时过载能力，如 AC 伺服喷涂机器人、点焊机器人、弧焊机器人、装配机器人等。

1. 永磁式直流电动机

图 2-27 永磁直流电动机

永磁式直流电动机有很多不同的类型。低成本的永磁电动机使用陶瓷（铁基）磁铁，玩具机器人和非专业机器人经常应用这种电动机，如图 2-27 所示。无铁心的转子式电动机通常被用在小机器人上，它有圆柱形和圆盘形两种结构。这种电动机有很多优点，比如电感系数很低，摩擦很小且没有嵌齿转矩。其中圆盘形电枢式电动机总体尺寸较小，同时有很多换向节，可以产生具有低转矩的平稳输出。无铁心电枢式电动机的缺点在于热容量很低，因为其质量小同时传热的通道受到限制，在高功率工作负荷下，它们有严格的工作循环间隙限制以及被动空气散热需求，直流有刷电动机换向时有火花，对环境的防爆性能较差。

2. 无刷电动机

早在 1917 年，博尔格（Boiiger）就提出了用整流管代替有刷直流电动机的机械电刷的想法。1955 年，美国哈里森（Harrison）等人申请了用晶体管换向线路代替有刷直流电动机机械电刷的专利，标志着现代无刷电动机的诞生。

无刷电动机使用光学或者磁场传感器以及电子换向电路来代替石墨电刷以及铜条式换向器，可以瞬间放电，减小摩擦，降低换向器的磨损。无刷电动机包括无刷直流电动机与交流伺服电动机等。无刷直流电动机利用霍尔传感器感应到电动机转子所在位置，然后改变换流器（inverter）中功率晶体管的顺序，产生旋转磁场，并与转子的磁铁相互作用，使电动机顺时/逆时转动。无刷电动机在低成本的条件下表现突出，主要归功于其降低了电动机的复杂性。但是，其使用的电动机控制器要比有刷电动机的控制器更复杂，成本也更高。

图 2-28 80BLDC 系列直流无刷电动机

交流伺服电动机在工业机器人中应用最广，实现了位置、速度和力矩的闭环控制，其精度由编码器的精度决定，80BLDC 系列直流无刷电动机如图 2-28 所示。交流伺服电动机具有反应迅速、速度不受负载影响、加减速快、精度高等优点。不仅高速性能好，一般额定转速能达到 2 000 ～ 3 000 转，而且低速运行平稳。其抗过载能力强，能承受三倍于额定转矩的负载，对有瞬间负载波动和要求快速启动的场合特别适用。比如科尔摩根 AKM 伺服电动机在实现 Kuka KRAgilus 系列紧凑型机器人的高动态性和精度方面发挥着重要作用。

3. 步进电动机

图 2-29　步进电动机结构

步进电动机是直流无刷电动机的一种，它具有如齿轮状突起（小齿），并且互相契合的定子和转子，以一定角度逐步转动的电动机。1923 年，詹姆斯 · 维尔 · 弗伦奇（James Weir French）发明三相可变磁阻型电动机，这是步进电动机的前身。步进电动机的特征是采用开回路控制处理，不需要运转量传感器或编码器，并且切换电流触发器的是脉冲信号，不需要位置检出和速度检出的回授装置，所以步进电动机可正确地依照比例随脉冲信号转动，达成精确的位置控制和速度控制，且稳定性佳。步进电动机结构如图 2-29 所示。

步进电动机是将电脉冲信号变换为相应的角位移或直线位移的机器。它输出的角位移或线位移量与输入的脉冲数成正比，转速与脉冲频率成正比。在负载能力的范围内，这些关系不因电源电压、负载大小、环境条件的波动而变化，误差不会长期积累，但由于其控制精度受步距角限制，调速范围相对较小，高负载或高速度时容易失步，低速运行时会产生步进运行，一般只应用于小型或简易型机器人中。一些诸如台式胶水分配机器人之类的简单小型机器人通常就使用步进电动机，步进电动机及驱动器如图 2-30 所示。

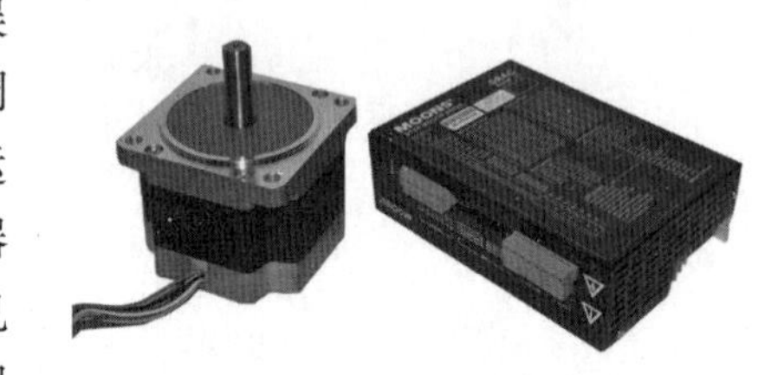

图 2-30　步进电动机及驱动器

步进电动机只需要通过脉波信号的操作，即可简单实现高精度的定位，并使工作物在目标位置高精度地停止。间歇动作是步进器输出的最佳方式。当应用需要电动机不间断运行时，步进电动机会降低效率和扭矩。从成本的角度来看，步进电动机通常比伺服电动机便宜得多。

综合来看，电动机驱动具有如下的优点。

（1）精确度高：伺服电动机作为动力源，由滚珠丝杠和同步皮带等组成结构简单而效率很高的传动机构。它的重复精度误差是 0.01%。

（2）节省能源：可将工作循环中的减速阶段释放的能量转换为电能再次利用，从而降低运行成本，连接的电力设备仅是液压驱动所需电力设备的 25%。

（3）精密控制：根据设定参数实现精确控制，在高精度传感器、计量装置、计算机技术的支持下，能够大大超过其他控制方式能达到的控制精度。

（4）改善环保水平：由于使用能源种类的减少以及性能的优化，污染源减少了，噪声降低了，可以改善工厂的环保水平。

（5）节约成本：采用电动机驱动可以降低使用液压油的成本，还无须对液压油冷却，大幅度降低了冷却水的成本。

电动机驱动也有如下的一些缺点。

（1）直线电动机的耗电量大，尤其在高荷载、高加速度运动时。

（2）发热量大，电动机动子是高发热部件，安装位置不利于自然散热。

（3）电气安装存在一定的安全隐患，需要使用大功率驱动时，电动机的尺寸和重量往往相对较大。

2.3.2 液压驱动方式

液压驱动是使用液体作为工作介质来传递能量和进行控制的驱动方式。液压驱动的特点是转矩与惯量比较大，即单位重量的输出功率高。液压驱动还具有不需要其他动力就能连续维持的特点。液压驱动在机器人中的应用以移动机器人，尤其是重载机器人为主。它用小型驱动器即可产生较大的转矩（力）。在移动机器人中，使用液压驱动的主要缺点是需要准备液压源，如果使用液压缸作为直线驱动器，那么实现直线驱动就十分简单。液压系统的特点是能以简单方式放大力和扭矩的倍数，并且与输入输出间的距离无关，不需要机械齿轮和杠杆连接，方法是变更两个连通缸中任何一个的有效面积或变更泵和马达中的任何一个实际排量（ml/r）。液压系统的结构示意如图 2-31 所示。

在机器人领域，液压驱动器曾经广泛地应用于固定型工业机器人中，但是出于维护等角度的考虑，已经逐渐被电气驱动器所代替，目前，在移动式带电布线作业机器人、水下作业机器人、娱乐机器人中仍在应用液压驱动器。

液压伺服系统主要由液压源、液压驱动器、伺服阀、伺服放大器、位置传感器和控制器等组成，如图 2-32 所示。通过这些元器件可以组成反馈控制系统驱动负载。液压源产生一定的压力，通过伺服阀控制液压的压力和流量，从而驱动液压驱动器。位置指令与位置传感器的差被放大后得到的电气信号输入伺服阀中驱动液压驱动器，直到偏差变为 0 为止。若位置传感器与位置指令相同，则停止运动。伺服阀是液压伺服系统中不可缺少的元件，它的作用主要是把电信号变换为液压驱动力，常用于需要响应速度快、负载大的场合。有时也选用较为廉价的电磁比例阀，但是它的控制性稍差。

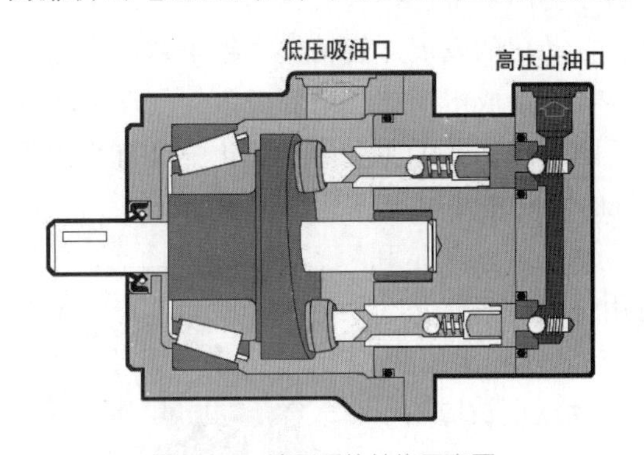

图 2-31 液压系统结构示意图

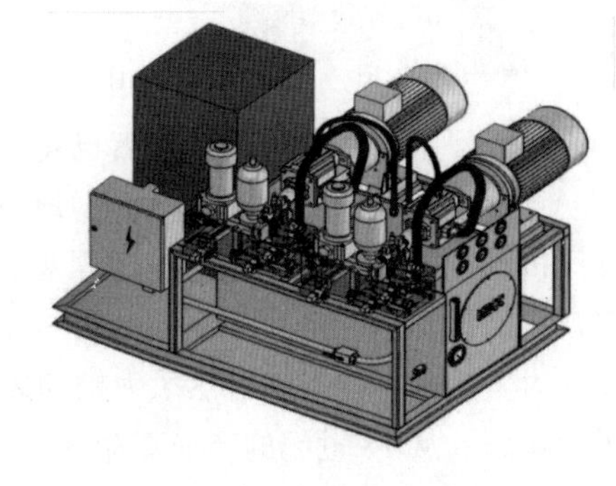
图 2-32 液压伺服系统

液压驱动具有如下优点：

（1）液压传动能在运行中实行无级调速，调速方便且调速范围比较大，可达 100 ∶ 1 ～ 2 000 ∶ 1。

（2）在同等功率的情况下，液压传动装置的体积小，重量轻，惯性小，结构紧凑（液压马达的重量只有同功率电动机重量的 10% ～ 20%），而且能传递较大的力或转矩。

（3）液压传动工作比较平稳，反应快、冲击小、能高速启动、制动和换向。液压传动装置的换向频率，回转运动每分钟可达 500 次，往复直线运动可达 400 ～ 1 000 次。

（4）液压传动装置的控制、调节比较简单，操纵比较方便、省力，易于实现自动化，与电气控制配合使用，能实现复杂的顺序运动和远程控制。

（5）液压传动装置易于实现过载保护，系统超负载时，油液会经过溢流阀流回油箱。由于采用油液作为工作介质，它能自行润滑，所以寿命长。

（6）液压传动易于实现系列化、标准化、通用化，易于设计、制造和推广使用。

（7）液压传动易于实现回转、直线运动，且元件排列布置灵活。

（8）液压传动中，由于功率损失所产生的热量可由流动着的油液带走，所以可避免在系统某些局部位置产生过高的温度。

液压驱动的不足之处：

（1）油液的黏度会随着温度变化而变化，影响系统的工作性能，且油温过高时容易引起燃烧爆炸。

（2）液体的泄漏难以克服，要求液压元件有较高的精度和质量，故造价较高。

（3）需要相应的供油系统，尤其是电液伺服系统要求严格的滤油装置，否则会引起故障。

2.3.3 气压驱动方式

图 2-33 气动元件阀门

气压驱动是指以压缩空气为动力源来驱动和控制各种机械设备以实现生产过程机械化和自动化的一种技术。随着工业机械化、自动化的发展，气动技术越来越广泛地应用于各个领域。气动技术是以空气压缩机为动力源，以压缩空气为工作介质，进行能量传递或信号传递的工程技术。它是实现各种生产控制、自动控制的重要手段。在人类追求与自然界和谐共处的时代，研究并大力发展气压传动，对于全球环境的改善与资源保护有着相当特殊的意义。随着工业机械化和自动化的发展，气动技术越来越广泛地应用于各个领域。特别是成本低廉、结构简单的气动自动装置已得到了广泛的应用，在工业企业自动化中具有非常重要的地位。常见的气动元件阀门如图 2-33 所示。

气压传动的应用历史非常悠久。早在公元前，埃及人就开始利用风箱产生压缩空气用于助燃。后来，人们懂得用空气作为工作介质传递动力做功，例如利用自然风力推动风车、带动水车提水灌溉、利用风能航海。从 18 世纪的产业革命开始，气压传动逐渐被应用于各类行业中，如矿山用的风钻、火车的刹车装置、汽车的自动开关门等。而气压传动在一般工业中的自动化、省力化应用则是近些年的事情，采用气动刹车的 CCT 制动器如图 2-34 所示。

图 2-34 采用气动刹车的 CCT 制动器

如今，世界各国都把气压传动作为一种低成本的工业自动化手段应用于工业领域。自 20 世纪 60 年代以来，随着工业机械化和自动化的发展，气动技术越来越广泛地应用于各个领域里。如今，气压传动元件的发展速度已超过了液压元件，气压传动已成为一个独立的专门技术领域。

在气压传动系统中，根据气动元件和装置的不同功能，可将气压传动系统分成以下四个组成部分。

1. 气源装置

气源装置将原动机提供的机械能转变为气体的压力能，为系统提供压缩空气。它主要由空气压缩机构成，还配有储气罐、气源净化装置等附属设备，便携式空气压缩机如图 2-35 所示。

图 2-35 便携式空气压缩机

在气动技术中，气源净化装置一般包括空气过滤器（F）、减压阀（R）和油雾器（L）。三种气源处理元件组装在一起称为气源三联件（见图 2-36），常用来给进入气动仪表的气源进行净化过滤和减压至仪表供给的额定气源压力，相当于电路中电源变压器的功能。

空气过滤减压阀设计轻巧，安装方便，因此，它与气动变送器，气动调节器等产品安装在一起配套使用。若将空气过滤器和减压阀设计成一个整体，就可以被称为二联件。气源处理三联件包括空气减压阀、过滤器、油雾器，减压阀可对气源进行稳压，使气源处于恒定状态，可减小因气源气压突变时对阀门或执行器等硬件的损伤。过滤器用于对气源的清洁，可过滤压缩空气中的水分，避免水分随气体进入装置。油雾器可对机体运动部件进行润滑，可以对不方便加润滑油的部件进行润滑，大大延长机体的使用寿命。

图 2-36 气源三联件

安装注意事项：

（1）安装时请注意清洗连接管道及接头，避免将脏物带入气路；

（2）安装时请注意气体流动方向与本体上箭头所指方向是否一致，注意接管及接头牙型是否正确，气流方向示意如图 2-37 所示；

图 2-37 气流方向示意图

（3）固定过滤器、调压阀（调压过滤器）给油器时，将固定支架的凸槽与本体上凹槽匹配，再用固定片及螺丝锁紧即可；

（4）固定单独使用的调压阀、调压过滤器时，旋转固定环使之锁紧附带的专用固定片即可。

其他注意事项：

（1）部分零件使用 PC 材质，禁止接近或在有机剂环境中使用，PC 杯清洗请用中性清洗剂；

（2）使用压力请勿超过其使用范围；

（3）当出口风量明显减少时，应及时更换滤芯，常见的空气滤芯如图 2-38 所示。

图 2-38 空气滤芯

2. 执行元件

执行元件的作用是能量转换，把压缩空气的压力转换成工作装置的机械能。它的主要形式有气缸输出直线往复式机械能、摆动气缸和气马达分别输出回转摆动式和旋转式的机械能。对于以真空压力为动力源的系统，采用真空吸盘以完成各种吸吊作业。

（1）气缸。

气缸是气压传动中的主要执行元件，在基本结构上分为单作用式和双作用式两种。单作用式的压缩空气从一端进入气缸，使活塞向前运动，靠另一端的弹簧力或自重等使活塞回到原来位置。双作用式气缸活塞的往复运动均由压缩空气推动。气缸由前端盖、后端盖、活塞、

图 2-39　SU 系列标准气缸

气缸筒、活塞杆等构成。气缸一般用 0.5 ～ 0.7 MPa 的压缩空气作为动力源，行程从数毫米到数百毫米，输出推力从数十千克到数十吨。随着应用范围的扩大，不断出现新结构的气缸，如带行程控制的气缸、气液进给缸、气液分阶进给缸、具有往复和回转 90° 两种运动方式的气缸等，它们在机械自动化和机器人等方面得到了广泛的应用。无给油气缸和小型轻量化气缸也在研制之中。SU 系列标准气缸如图 2-39 所示。

（2）气动马达。

气动马达分为摆动式和回转式两类，前者实现有限回转运动，后者实现连续回转运动。摆动式气动马达有叶片式和螺杆式两种。螺杆式气动马达利用螺杆将活塞的直线运动变为回转运动。它与叶片式相比，体积稍大，但密闭性能很好。摆动马达是依靠装在轴上的销轴来传递扭矩的，在停止回转时有很大的惯性作用在轴心上，即使调节缓冲装置也不能消除这种作用，因此需要利用油液缓冲，或设置外部缓冲装置。回转式气动马达可以实现无级调速，只要控制气体流量就可以调节功率和转速。它还具有过载保护作用，过载时马达只降低转速或者停转，但不会超过额定转矩。回转式气动马达常见的有叶片式和活塞式两种。活塞式比叶片式转矩大，但叶片式转速高；叶片式的叶片与定子间的密封比较困难，因而低速时效率不高，可用以驱动大型阀的开闭机构。活塞式气动马达用以驱动齿轮齿条带动负荷运动。气动马达的原理及外观如图 2-40 所示。

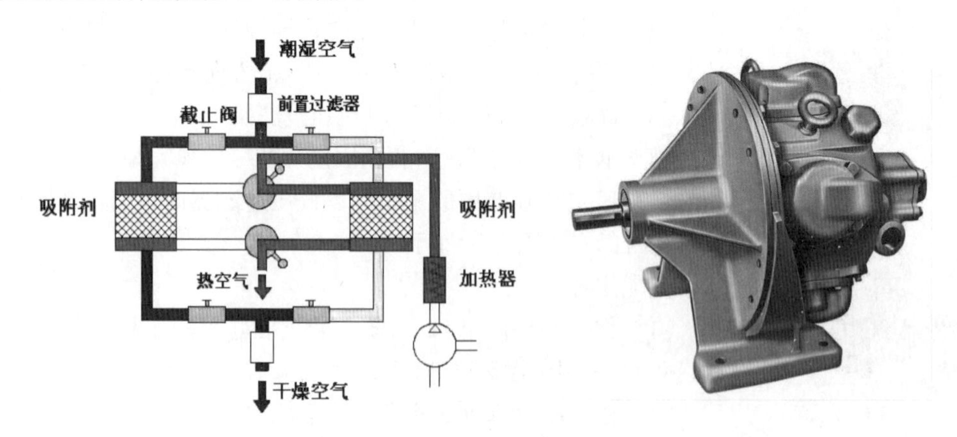

图 2-40　气动马达原理及外观图

3. 控制元件

气动控制元件就是用来控制和调节压缩空气的压力、流量和方向的阀类，使气动执行元件获得要求的力、动作速度或改变运动方向，并按规定的程序自动工作，如图 2-41 所示。

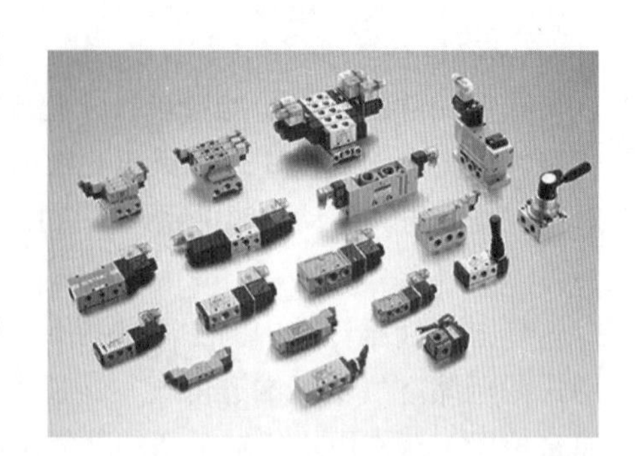

图 2-41　气动控制元件

根据完成功能不同，控制元件种类分为很多种。气压传动系统中一般包括压力、流量、方向和逻辑等四大类控制元件。

（1）气动控制元件的特性。

控制阀包括阀芯、阀体、操作控制机构。控制阀的结构特性是通过操作调节机构带动阀芯在阀体内运动，从而控制气体的通断、压力、流量，阀体和阀芯结构如图 2–42 所示。

（2）气动控制元件的分类。

气动控制元件按功能可分为压力控制阀、方向控制阀（见图 2–43）、流量控制阀、逻辑控制阀等；按控制方式可分为开关控制阀、连续控制阀；按结构可分为截止控制阀、滑柱式控制阀。

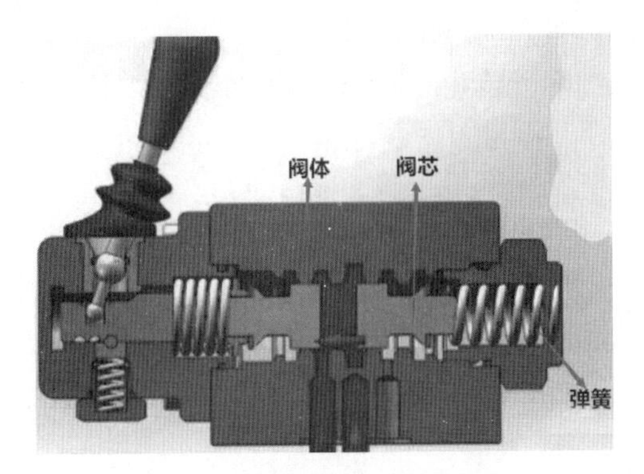

图 2–42　阀体和阀芯结构

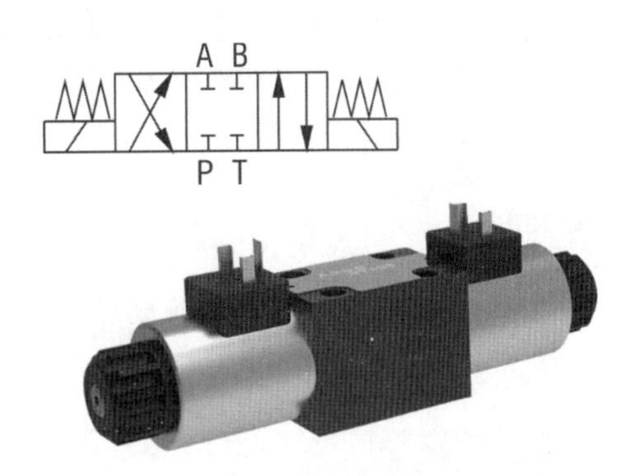

图 2–43　方向控制阀原理和外形结构图

（3）方向控制阀的分类。

方向控制阀按用途可分为两大类：单向阀和换向阀。

根据阀芯结构不同，单向阀可分为球阀式和锥阀式两种。

换向阀按结构分有转阀式和滑阀式；按阀芯工作位置数分有二位、三位和多位等；按进出口通道数分有二通、三通、四通和五通等；按操纵和控制方式分为手动、机动、电动、液动和电液动等；按安装方式分有管式、板式和法兰式等。

4. 辅助元件

辅助元件是用于元件内部润滑、排气噪声、元件间的连接以及信号转换、显示、放大、检测等所需的各种气动元件，如油雾器、消声器、管件及管接头、转换器、显示器、传感器等。

气压驱动具有速度快、系统结构简单、维修方便、价格低等优点。但是对于气压装置的工作压强低，不易精确定位，一般仅用于工业机器人末端执行器的驱动。气动手爪、旋转气缸和气动吸盘作为末端执行器可用于中、小负荷的工件抓取和装配。气动吸盘和机器人手爪如图 2–44 所示。

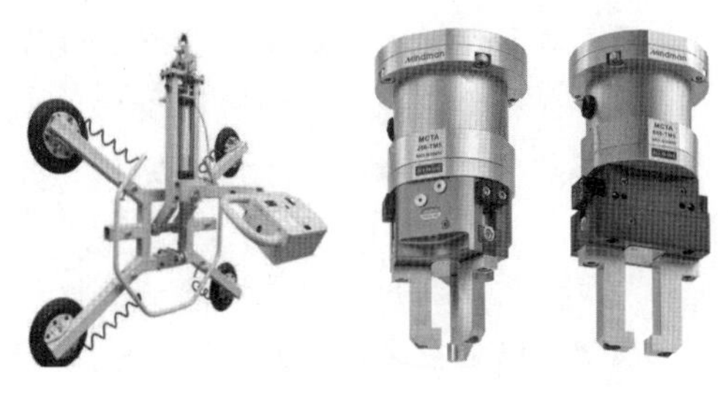

图 2–44　气动吸盘和气动机器人手爪

气压传动具有如下优点。

（1）空气来源方便，用后直接排出，无污染。

（2）空气黏度小，气体在传输中摩擦力较小，故可以集中供气和远距离输送。

（3）气压传动系统对工作环境适应性好。特别是在易燃、易爆、多尘埃、强磁、辐射、振动等恶劣工作环境工作时，安全可靠性优于液压、电子和电气系统。

（4）气压传动动作迅速、反应快、调节方便，可利用气压信号实现自动控制。

（5）气压传动元件结构简单、成本低且寿命长，过载能自动保护。易于标准化、系列化和通用化。

气压传动具有如下缺点。

（1）工作速度稳定性较差。

（2）工作压力较低（0.3 ～ 1 MPa），输出力或转矩较小。

（3）空气净化处理较复杂。气源中的杂质及水蒸气必须净化处理。

（4）因空气黏度小，润滑性差，需要设置单独的润滑装置。

（5）有较大的排气噪声。

伴随着机器人技术的持续发展，机器人还有哪些新型的驱动方式在不断涌现？

拓展阅读

机器人的微波直接驱动

不需要携带任何电器件，可以灵活地工作在其他驱动方式尚不能胜任的某些特殊场合（比如封闭、非透明结构体内部），这是哈尔滨工业大学（威海）机器人研究所软体机器人实验室于近日研制成功的微波驱动机器人的两大特色。该机器人首创性地直接利用微波驱动，从而为机器人驱控提供了一种全新的方式。上述研究成果于近日刊发在国际期刊《尖端科学》上。

微波是指频率在 300 MHz ～ 300 GHz 之间的电磁波。相比于磁场、光、超声和湿度等无线致动方式，微波可无损耗地穿透某些非透明障碍物，例如水泥、陶瓷、塑料等。同时，利用相控阵技术，微波也可实现非机械快速转向与聚焦。

哈工大团队利用角锥喇叭天线发射的频率为 2.47 GHz、功率为 700 W 的微波对机器人进行驱动，并实现了多个驱动器联合运动的定量控制。同时，他们也提出了一种基于导线和形状记忆合金弹簧的伸缩致动器，并基于此设计了一种四足爬行机器人。该机器人长 15 mm、重量仅为 0.42 g，展示了微波致动机器人在小型化、轻量化方面的优势。

他们还利用 4 组伸缩致动器模拟植物的感性运动，黄色的导线如同植物的花蕊，当微波照射在这些“花蕊”上时，“花朵”的 4 片花瓣就会打开；当没有微波时，花瓣则会全部闭合，显示了微波在集群驱动方面的优势。

——摘自《我研究人员首创用微波直接驱动机器人》

（新华网，2022 年 9 月 19 日）

任务小结

工业机器人根据驱动方式的不同可以分为电动机驱动、液压驱动和气压驱动三种不同的类型。早期的工业机器人选用的是液压驱动器，后来电动机驱动式机器人逐渐增多。工业机器人可以采用单一驱动方式，也可以采用混合驱动。例如，有些喷涂机器人、重载点焊机器人和搬运机器人采用电液伺服驱动系统，不仅具有点位控制和连续轨迹控制功能，而且具有防爆性能。三种工业机器人常用驱动方式的特点如表 2–3 所示。

表 2–3　三种工业机器人常用驱动方式的特点

序号	项目	液压驱动系统	气压驱动系统	电气驱动系统
1	输出功率	很大，压力范围为 50 ～ 140 N/cm^2	大，压力范围为 48 ～ 60 N/cm^2，最大可达 100 N/cm^2	范围较大，介于前两者之间
2	控制性能	利用液体的不可压缩性，控制精度较高，输出功率大，可无级调速，反应灵敏，可实现连续轨迹控制	气体压缩性大，精度低，阻尼效果差，低速不易控制，难以实现高速、高精度的连续轨迹控制	控制精度高，功率较大，能精确定位，反应灵敏，可实现高速、高精度的连续轨迹控制，伺服特性好，控制系统复杂
3	响应速度	很高	较高	很高
4	结构性能及体积	结构适当，执行机构可以标准化、模拟化，易实现直接驱动。功率 / 质量比大，体积小，结构紧凑，密封问题较大	结构适当，执行机构可标准化、模拟化，易实现直接驱动。功率 / 质量比大，体积小，结构紧凑，密封问题较小。	伺服电动机易于标准化，结构性能好，噪声低，电动机一般配置减速装置，除直驱电动机外，难以直接驱动，结构紧凑，无密封问题
5	安全性	防爆性能较好，用液压油作为传动介质，在一定条件下有火灾危险	防爆性能好，高于 1 000 kPa（约 10 个大气压）时应注意设备的抗压性	设备自身无爆炸和火灾危险，直流有刷电动机换向时有火花，对环境的防爆性能较差
6	对环境的影响	液压系统易漏油，对环境有污染	排气时有噪声	无
7	在工业机器人中应用范围	适用于重载、低速驱动，电液伺服系统适用于喷涂机器人、点焊机器人和托运机器人	适用于中小负载驱动、精度要求较低的有线点位程序控制机器人，如冲压机器人本体的气动平衡及装配机器人气动夹具	适用于中小负载、要求具有较高的位置控制精度和轨迹控制精度、速度较高的机器人，如 AC 伺服喷涂机器人、点焊机器人、弧焊机器人、装配机器人等
8	效率与成本	效率中等（0.3 ～ 0.6）；液压元件成本较高	效率低（0.15 ～ 0.2）；气源方便，结构简单，成本低	效率较高（0.5 左右）；成本高
9	维修及使用	方便，但油液对环境温度有一定要求	方便	较复杂

任务 2.4 工业机器人的传动方式分类

工业机器人的传动装置与一般机械传动装置选用和计算的方法大致相同。但工业机器人的传动系统要求结构紧凑、重量轻、转动惯量和体积小，能够最大限度降低传动间隙，提高其运动和位置精度。较常见的工业机器人传动方式主要有旋转传动方式和直线传动方式两种。这两种不同的传动方式各自的特点是什么？常见的传动元件分别包括哪些？接下来我们将在任务 2.4 中围绕这一问题进行学习。本任务包括以下几项内容：

（1）掌握典型的旋转传动方式及工作原理；

（2）理解典型的直线传动方式及工作特点；

（3）掌握不同传动装置在工业机器人传动系统中的作用。

任务实施

2.4.1 旋转传动方式

多数普通交、直流电动机和伺服电动机都能够直接产生旋转运动，但其输出力矩比所需要的力矩小，转速比所需要的转速高。因此，需要采用各种传动装置把较高的转速转换成较低的转速，并获得较大的力矩。有时也采用直线液压缸或直线气缸作为驱动方式，这就需要把直线运动转换成旋转运动。这种运动的传递和转换必须高效率地完成，并且不能有损于机器人系统所需要的特性，特别是定位精度、重复精度和可靠性。下面介绍几种常见的旋转传动方式。

1. 齿轮传动

齿轮是轮缘上有齿能连续啮合传递运动和动力的机械零件，齿轮依靠齿的啮合传递扭矩。齿轮通过与其他齿状机械零件（如另一齿轮、齿条、蜗杆）传动，传动方式是啮合传动，可实现改变转速与扭矩、改变运动方向和改变运动形式等功能。由于传动效率高、传动比准确、功率范围大等优点，齿轮机构在工业产品中广泛应用，其设计与制造水平会直接影响工业产品的品质。齿轮传动是机械传动中应用最广的一种传动形式。

图 2-45　齿轮链传动

齿轮轮齿相互啮合，其中一个齿轮会带动另一个齿轮转动来传送动力。将两个齿轮分开后，也可以应用链条、履带、皮带来带动两边的齿轮而传送动力。齿轮一般由轮齿、齿槽、端面、法面、齿顶圆、齿根圆、基圆和分度圆组成。

齿轮链是由两个或两个以上的齿轮组成的传动机构，它不但可以传递运动角位移和角速度，还可以传递力和力矩。齿轮链传动如图 2-45 所示。

相对于其他的传动装置，拥有定传动比的齿轮在一些精密机械（如工业机器人系统、精确传动比的手表等）中有很大的优势。在驱动装置和从动装置相临近情况下，齿轮传动相对于其他传动方式的优势在于能够减少所需零件数目，不足之处在于齿轮的加工制造较昂贵，有润滑要求。齿轮的种类繁多，根据齿轮轴的相对位置，可以分为平行轴、相交轴和交错轴三种类型。平行轴齿轮包括正齿轮、斜齿轮、内齿轮、齿条及斜齿条等。相交轴齿轮有直齿锥齿轮、弧齿锥齿轮、零度齿锥齿轮等。交错轴齿轮有交错轴斜齿齿轮、蜗杆蜗轮、准双曲面齿轮等。按传动比分类，有定传动比的圆形齿轮机构（圆柱、圆锥）和变传动比的非圆齿轮机构（椭圆齿轮）。以轮轴相对位置的齿轮分类如表 2–4 所示。

表 2–4　以轮轴相对位置的齿轮分类

相对位置	种类	说明	效率 /%
平行轴	正齿轮	圆柱齿轮，易于加工，使用最广泛	98.0 ～ 99.5
	齿条	节圆直径无限大的正齿轮	
	内齿轮	轮齿在圆环内侧的齿轮	
	斜齿齿轮	齿线为螺旋线的圆柱齿轮，比正齿轮强度高且运转平稳，被广泛使用。传动时产生轴向推力	
	斜齿齿条	与斜齿齿轮相啮合的条状齿轮	
	人字齿轮	由齿线为左旋及右旋的两个斜齿齿轮组合而成的齿轮。不产生轴向推力	
相交轴	直齿锥齿轮	齿线与节锥线的母线一致的锥齿轮，比较容易制造，应用广泛	98.0 ～ 99.0
	弧齿锥齿轮	齿线为曲线，带有螺旋角。虽然制作难度稍大，但由于强度高，噪声低，应用广泛	
	零度齿锥齿轮	螺旋角接近零度的曲线齿锥齿轮	
交错轴	交错轴斜齿轮	只适用于轻负荷情况	70.0 ～ 95.0
	圆柱蜗杆蜗轮	运转平静，传动比大，具备自锁功能，可以防止负荷过大时产生反转	30.0 ～ 90.0

齿轮传动比：

传动比 = 从动轮齿数 / 主动轮齿数 = 主动轮转速 / 从动轮转速

$i=z_2/z_1=n_1/n_2$

两个齿轮为外啮合齿轮机构时，转动的方向会相反；为内啮合齿轮机构时，转动的方向会相同，内啮合齿轮如图 2–46 所示。

图 2–46　内啮合齿轮

2. 行星齿轮

行星齿轮是齿轮结构的一种，通常由一个或者多个外部齿轮围绕着一个中心齿轮旋转，就像行星绕着太阳公转一样，因而得名。除此之外，行星齿轮在最外部通常还有一个外齿圈，用来贴合行星齿轮绕行的轨迹。

行星齿轮通常可以分为简单行星齿轮和复杂行星齿轮。简单行星齿轮分别有一个太阳齿轮、一个外齿圈、一个行星齿轮和一个行星架。复杂行星齿轮通常指既包含行星轮系又包含太阳轮系的齿轮系。复杂行星齿轮相对于简单行星齿轮有高减速比、高扭矩的特点。通常来说，行星齿轮的各个轴是互相平行的，但是也有一些行星齿轮（如卷笔刀），其齿轮轴之间各成一定的角度，使用多个螺旋锥齿轮。常见的行星轮系如图 2–47 所示。

如图 2-48 为一个用行星齿轮来提升转速的例子。行星架是扭矩的输入方。太阳轴是扭矩的输出方。最外侧为固定的外齿圈。太阳轴和行星架上的深色部分显示行星架和太阳轴在同一时间段内转过的角度。从图中明显可以看出，太阳轴的转速快于行星架的转速。

图 2-47　行星轮系

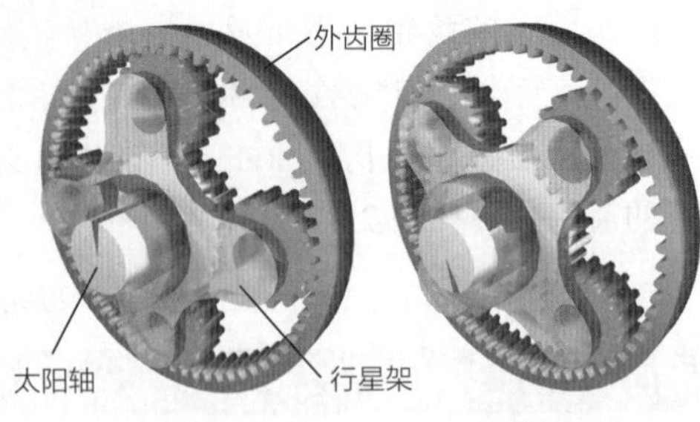

图 2-48　行星齿轮提升转速示意图

图 2-49　古希腊的安提基特拉机械（主碎片）

最早的差速行星齿轮是制造于公元前 87 年的古希腊的安提基特拉机械，如图 2-49 所示。该装置极为精密，它是古希腊人用来计算年历，显示行星及月球运动轨迹的仪器，其先进性在其制成后千年间无人超越。该装置在 1901 年于安迪基西拉岛被发现，但直至近一个世纪后人们才发现其中的秘密。该装置目前藏于雅典国家考古博物馆。该装置安装在一个大约 340 mm × 180 mm × 90 mm 的木盒中，内含 30 个铜质齿轮。最大的齿轮有 223 齿，直径约 140 mm。

14 世纪英国数学家理查德（Richard of Wallingford）利用行星齿轮建造了一个天文钟。1588 年，意大利军事工程师阿戈斯蒂诺拉梅利（Agostino Ramelli）发明了一种转动的书架，通过一个竖直放置的大型滚筒和二级行星齿轮结构来方便人们摆放书籍，如图 2-50 所示。

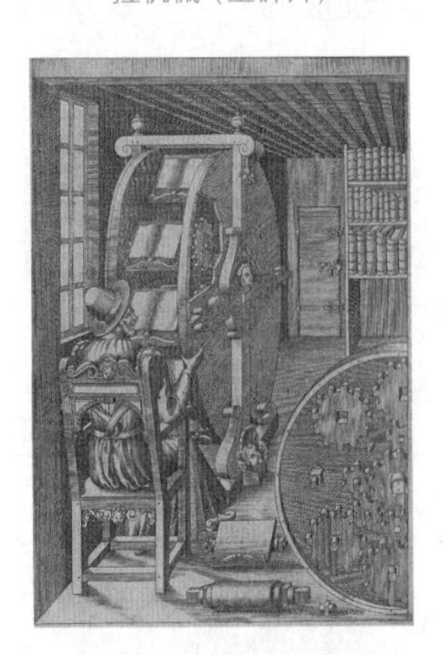

图 2-50　1588 年阿戈斯蒂诺拉梅利设计的转动书架

行星齿轮虽然结构相对复杂，但是具有如下优点：

（1）行星齿轮承载能力大，体积小，纯扭矩传动，工作平稳，而且可以多个行星齿轮互相搭配作用；

（2）由于行星齿轮是纯扭矩传动，它有着出色的传动效率。每一级齿轮传动之间的效率损失只有 3%。基于如此高的传动效率，行星齿轮能够保证相当高的动力输出 / 输入比；

（3）由于行星齿轮中每个外部齿轮分配到的动力是相等的，所以行星齿轮的动力输出非常平稳，也常用于各种大型机械和车辆的变速箱中。

与此同时，行星齿轮还具有以下两项缺点：

（1）行星齿轮机械结构较为复杂，对制造工艺有一定的要求；

（2）行星齿轮的效率随着传动比的增加而显著下降，但是这个特点恰好可以用于减速齿轮。

3. 谐波减速器

谐波减速器是一种靠波发生器装配柔性轴承使柔性齿轮产生可控弹性变形，并与刚性齿轮相啮合来传递运动和动力的齿轮传动。它利用柔性齿轮产生可控制的弹性变形波，引起刚轮与柔轮的齿间相对错齿来传递动力和运动。这种传动与一般的齿轮传递具有本质上的差别，在啮合理论、集合计算和结构设计方面具有特殊性。谐波减速器主要由三个基本构件组成：带有内齿圈的刚性齿轮（刚轮）、带有外齿圈的柔性齿轮（柔轮）、波发生器。谐波减速器的外观和结构图如图 2−51 所示。

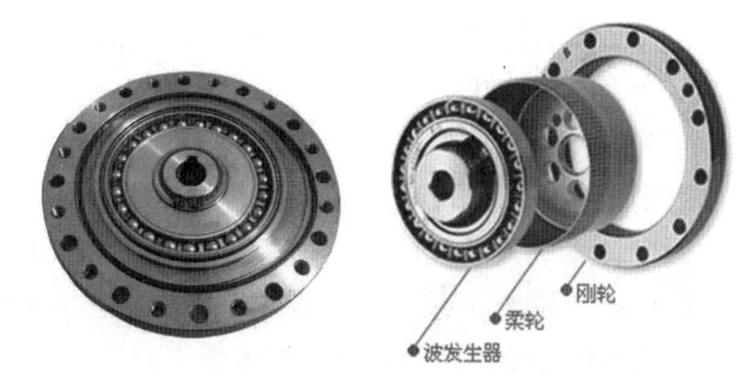

图 2−51　谐波减速器的外观和结构图

波发生器是一个杆状部件，其两端装有滚动轴承构成滚轮，与柔轮的内壁相互压紧。柔轮是一种可产生较大弹性形变的薄壁齿轮，其内孔直径略小于波发生器的长轴。波发生器是使柔轮产生可控弹性变形的构件。当波发生器装入柔轮后，迫使柔轮的剖面由原先的圆形变成椭圆形，其长轴两端附近的齿与刚轮的齿完全啮合，而短轴两端附近的齿则与刚轮完全脱开。其他区段的齿处于啮合和脱离的过渡状态。当波发生器连续转动时，柔轮的变形不断改变，使柔轮与刚轮的啮合状态也不断改变，啮合状态有啮入、啮合、啮出、脱开、再啮入，周而复始地进行，从而实现柔轮相对刚轮沿波发生器以相反方向缓慢旋转。固定刚轮时，由电机带动波发生器转动，柔轮作为从动轮，输出转动，带动负载运动。在传动过程中，波发生器转一周，柔轮上某点变形的循环次数称为波数，以 n 表示。常用的波发生器有双波和三波两种。双波传动的柔轮应力较小，结构比较简单，易于获得大的传动比，故应用较为广泛。

谐波齿轮传动的柔轮和刚轮的齿距相同，但齿数不等，通常刚轮与柔轮的齿数差等于波数，即

$$z_2-z_1=n$$

上面公式中的 z_2、z_1 分别为刚轮与柔轮的齿数。

当刚轮固定、发生器主动、柔轮从动时，谐波齿轮传动的传动比为

$$i=-z_1/(z_2-z_1)$$

双波传动中，$z_2-z_1=2$，柔轮齿数很多。上面公式中的负号表示柔轮的转向与波发生器的转向相反。由此可看出，谐波减速器可获得很大的传动比。

谐波齿轮具有如下优点。

（1）结构简单，零件少，体积小，重量轻，与传动比相当的普通减速器比较，其零件约减少 50%，体积和重量均减少 1/3 以上。

（2）传动比大，传动比范围广，单级谐波减速器传动比可在 50 ～ 300 之间，双级谐波减速器传动比可在 3 000 ～ 60 000 之间，复波谐波减速器传动比可在 100 ～ 140 000 之间。

（3）由于同时啮合的齿数多，齿面相对滑动速度低，使其承载能力高，传动平稳且精度高，噪声低。

（4）谐波齿轮传动的回差较小，齿侧间隙可以调整，甚至可实现零侧隙传动。

（5）在采用如电磁波发生器或圆盘波发生器等结构时，可获得较小转动惯量。

（6）谐波齿轮传动还可以向密封空间传递运动和动力，采用密封柔轮谐波传动减速装置，可以驱动工作在高真空、有腐蚀性及其他有害介质空间的机构。

（7）传动效率较高，在传动比很大的情况下，仍具有较高的效率。

（8）同轴性好。

谐波齿轮减速器的应用范围比较广阔，在航空、航天、能源、航海、造船、仿生机械、常用军械、机床、仪表、电子设备、矿山冶金、交通运输、起重机械、石油化工机械、纺织机械、农业机械以及医疗器械等方面得到广泛的应用，特别是在高动态性能的伺服系统中，采用谐波齿轮传动更能显示出其优越性。它传递的功率从几十瓦到几十千瓦不等，但大功率的谐波齿轮传动多用于短期工作场合。

4. RV 减速器

RV 减速器的传动装置采用的是一种新型的二级封闭行星轮系，是在摆线针轮传动基础上发展起来的一种新型传动装置，它不仅克服了一般摆线针轮传动的缺点，而且具有体积小、重量轻、传动比范围大、寿命长、精度保持稳定、效率高及传动平稳等一系列优点，日益受到国内外的广泛关注，在机器人领域占有主导地位。RV 减速器与机器人中常用的谐波减速器相比，具有较高的疲劳强度、刚度和寿命，而且回差精度稳定，不像谐波减速器那样随着使用时间增长，运动精度显著降低，因此，世界上许多高精度机器人传动装置都采用 RV 减速器。

如图 2-52 所示，RV 减速器由渐开线圆柱齿传输线行星减速机构（第 1 级）和摆线针轮行星减速机构（第 2 级）两部分组成，包括输入轴、行星轮、曲柄轴、摆线轮、针齿、输出轴和针齿壳等结构。

图 2-52　RV 减速器

（1）输入轴。输入轴又称为渐开线中心轮，用来传递输入功率，且与行星轮互相啮合。

（2）行星轮。与曲柄轴紧固连接，均匀分布在一个圆周上，起到功率分流的作用，将输入轴输入的功率分流传递给摆线轮行星机构。

（3）曲柄轴。曲柄轴是摆线轮的旋转轴。它的一端与行星轮相连接，另一端与支撑圆盘相连接。曲柄轴既可以带动摆线轮产生公转，也可以使摆线轮产生自转。

（4）摆线轮。为了在传动结构中实现径向力的平衡，一般要在曲柄轴上安装两个完全相同的摆线轮，且两摆线轮的偏心位置相互呈 180°。

（5）针齿。多个针齿安装于针轮上，与针齿壳紧固连接在一起，统称为针轮壳。

（6）输出轴。输出轴是减速器与外界从动工作机构相连接的传动轴，输出运动或动力。

RV 减速器的工作原理：

RV 减速器由两级减速组成，如图 2-53 所示。

（1）第一级减速。

伺服电机的旋转经由输入花键的齿轮传动到行星齿轮，从而使速度得到减慢。如果输入花键的齿轮顺时针方向旋转，那么行星齿轮在公转的同时还有逆时针方向自转，而直接与行星齿轮相连接的曲柄轴也以相同速度进行旋转，作为摆线针轮传动部分的输入。所以说，伺服电机的旋转运动由输入花键的齿轮传递给行星轮，进行第一级减速。

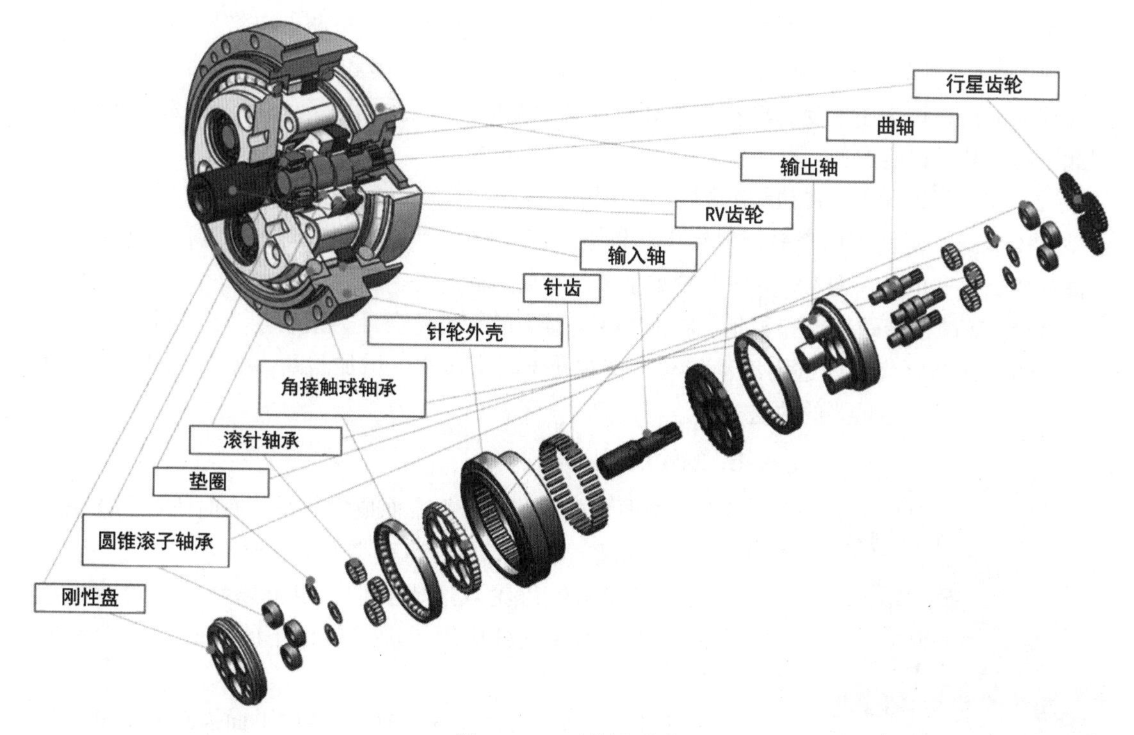

图 2-53　RV 减速器结构

（2）第二级减速。

由于两个 RV 齿轮被固定在曲柄轴的偏心部位，所以当曲柄轴旋转时，带动两个相距 180° 的 RV 齿轮做偏心运动。

此时 RV 齿轮绕其轴线公转的同时，由于 RV 齿轮在公转过程中会受到固定于针齿壳上的针齿的作用力而形成与 RV 齿轮公转方向相反的力矩，于是形成反向自转，即顺时针转动。此时 RV 齿轮轮齿会与所有的针齿进行啮合。当曲柄轴完整地旋转一周，RV 齿轮会旋转一个针齿的间距。

运动的输出通过两个曲柄轴使 RV 轮齿轮与刚性盘构成平行四边形的等角速度输出机构，将摆线轮的转动等速传递给刚性盘及输出盘。这样完成了第二级减速。总减速比等于一级减速比乘以第二级减速比。

RV 减速器具有如下优点：

（1）传动比范围大；

（2）扭转刚度大，输出机构即为两端支承的行星架，用行星架左端的刚性大圆盘输出，大圆盘与工作机构用螺栓联结，其扭转刚度远大于一般摆线针轮行星减速器的输出机构。在额定转矩下，弹性回差小；

（3）只要设计合理，保证制造装配精度，就可获得高精度和小间隙回差；

（4）传动效率高；

（5）传递同样转矩与功率时的体积小（或者说单位体积的承载能力大），RV 减速器第一级用了三个行星轮，第二级摆线针轮为硬齿面多齿啮合，这本身就决定了它可以用小的体积传递大的转矩，又加上在结构设计中，将传动机构置于行星架的支承主轴承内，使轴向尺寸大大缩小，所有上述因素使传动总体积大为减小。

由于结构复杂，滑动摩擦的传动特性也造成 RV 减速器具有如下两点缺陷：

（1）RV 减速器中绝大多数传动机构是滚动传动，但是针齿和针齿壳之间是例外，其实际表现为滑动摩擦为主，受力磨损情况和滑动轴承类似，滑动轴承主要适用工况是高速轻载，因此限制了其承载能力；

（2）在实际工况中，RV 减速器需要反复精确定位，也就是不断启动和刹车，为了保持一定精度不衰减，延长使用寿命，对针齿和针齿壳以及针齿销的加工精度、材料和工艺都有相当高的要求。这也是精密 RV 减速器较难生产的重要原因之一。

综合 RV 减速器的优点和不足，将 RV 减速器中的针齿轮设计为滚动传动。使用推力滚齿的设计方法，将针齿轮改进为滚动传动，将有利于减小体积，增加载荷，提高使用精度，延长使用寿命，这将是重要的改进方向。

5. 蜗轮蜗杆

图 2-54　蜗轮蜗杆

涡轮蜗杆是由蜗轮和蜗杆组合而成的轮系。有时蜗杆会指蜗杆本身，有时会指整个轮系，蜗轮也有类似的情形。

涡轮蜗杆和其他齿轮减速机类似，也可以降低转速或是产生较大的力矩。涡轮蜗杆应用了简单机械中的螺旋，如图 2-54 所示。

由蜗杆和蜗轮组成的传动机构尺寸会比平面齿轮组成的机构要小很多，而且输入轴和输出轴会互相垂直。若是单线蜗杆，蜗杆旋转 360 度，蜗轮只会前进一格。因此不管蜗杆的大小如何（先不考虑实际的工程限制），减速比为蜗轮齿数 ∶ 1。假设单线蜗杆配合 20 齿的蜗轮，其减速比为 20 ∶ 1。若是齿轮组成的传动机构，12 齿的小齿轮要配合 240 齿的大齿轮才会有 20 ∶ 1 的减速。因此若齿轮的径节（DP）不变，考虑 240 齿的大齿轮和 20 齿的蜗轮体积差异，蜗杆传动机构会比齿轮传动机构要小很多。

蜗杆传动是在空间交错的两轴间传递运动和动力的一种传动机构，它由蜗杆和蜗轮组成，两轴线交错的夹角可为任意值，但常用 90°。

根据蜗杆的不同形状，蜗杆传动可以分为圆柱蜗杆传动、环面蜗杆传动和锥蜗杆传动，其中圆柱蜗杆传动应用较广，圆柱蜗杆如图 2-55 所示。

由于蜗轮蜗杆紧凑的结构和较大的传动比，低音提琴等乐器的调音也可以通过蜗轮蜗杆来进行，如图 2-56 所示。

图 2-55　圆柱蜗杆

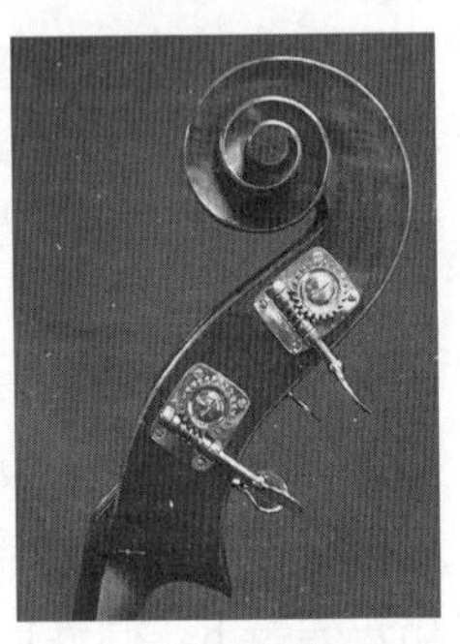

图 2-56　提琴中的蜗轮蜗杆结构

6. 轴承

轴承是承托转轴或直线运动轴的机件部分，在机械中起到支撑旋转体或直线来回运动体的作用。当其他机件在轴上彼此产生相对运动时，用来保持轴的中心位置及控制该运动的机件，就称之为轴承，如图 2-57 所示。其英文复数词 bearings 又译为滚珠，滚珠也正是轴承的绝大部分结构，它与转轴互相滚动使得转轴转动时产生的摩擦力减至最低。

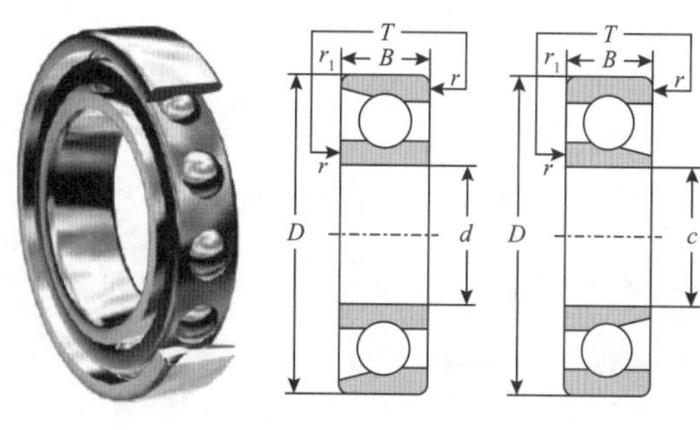

图 2-57 轴承

早期的直线运动轴承形式，就是在撬板下放置一排木杆。虽然还没有明确的证据，这个技术或许可以追溯到修建卡夫拉金字塔的时候。现代直线运动轴承使用的是同一种工作原理，只不过有时用球代替滚子。最早的滑动和滚动体轴承是木制的，也有使用陶瓷、蓝宝石或者玻璃的，钢、铜、其他金属、塑料（比如尼龙、胶木）也被普遍使用。在发展过程中，不同种类轴承不断涌现，按照相对运动的接触形式，轴承可以分为轴套、微型轴承、宝石轴承、液态轴承、磁浮轴承、挠性轴承等，如表 2-5 所示。

表 2-5 轴承相对运动接触形式分类

类型	摩擦	速度	寿命	备注
轴套	滑动摩擦，摩擦系数 0.05 ～ 0.35	低～极高	低～极高（取决于应用环境和润滑）	应用广泛，摩擦阻力大，寿命可以比滚动轴承长或短
微型轴承	滚动摩擦，摩擦系数 0.005 ～ 0.125	中～高（需要冷却）	中～高（取决于润滑，往往需要维护）	应用广泛
宝石轴承	摩擦系数低	低	高（需要维护）	主要用于在低负载、高精密的工作，如钟表。其体积可以非常小
液态轴承	液体被强制注入两个面之间，并使轴承的边缘保持密封，摩擦力非常小	非常高	在某些应用中几乎无限。在某些情况下，可能在启动，停止时卡住。通常情况下可以忽略维护	可以处理非常大的负荷，低摩擦
磁浮轴承	无接触面，速度为 0 时，摩擦力为 0。但运动时会产生涡流损耗。如果是静态磁场，可以忽略摩擦力	无实际的限制	不明确，免维护	有源磁力轴承需要相当大的电能
挠性轴承	受弯曲和压迫的运动，摩擦系数很低	非常高	取决于材料和应用的应变性能。通常免维护	范围有限，无背隙，非常平滑

支承元件，主要功能是支撑机械旋转体，用以降低设备在传动过程中的机械载荷摩擦系数。对机器人的运转平稳性、重复定位精度、动作精确度以及工作的可靠性等关键性能指标具有重要影响。

内圈和外圈都有滚道（沟）起导轮作用，限制滚动体侧面移动，同时也起到了增大滚动体与圈的接触面，降低接触应力。滚动体在轴承内通常借助保持架均匀地排列在两个套圈之间做滚动运动，不同系列的轴承有着不同的尺寸，如图 2-58 所示。

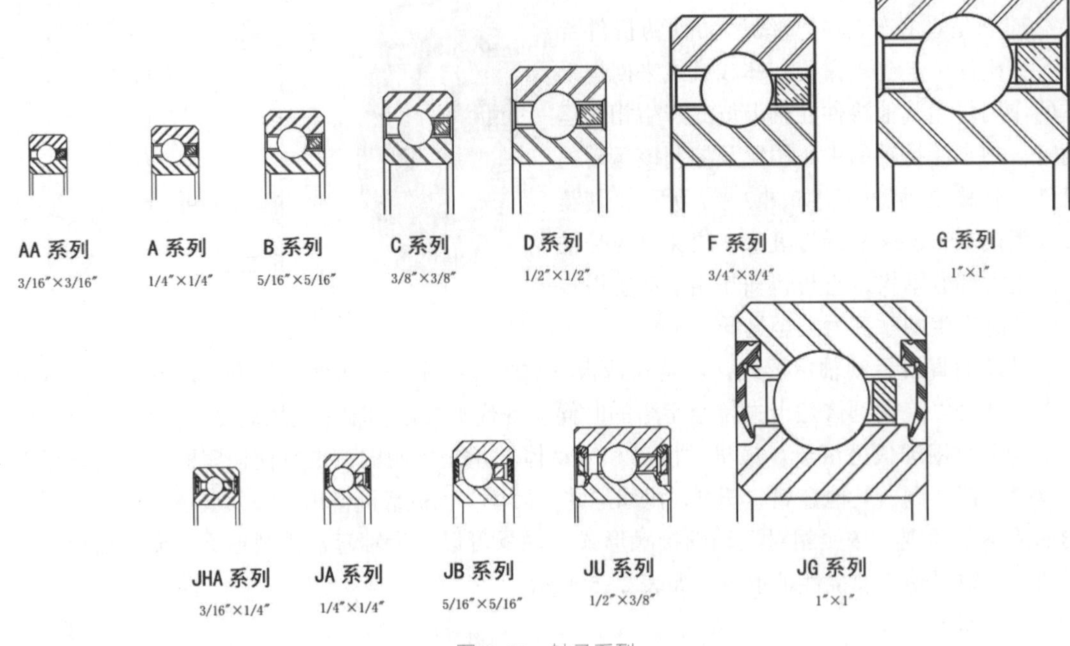

图 2–58　轴承系列

横截面尺寸被设计为固定值，不随内径尺寸增大而增大的轴承称为等截面薄壁轴承，它广泛应用于工业机器人之中，等截面薄壁轴承如图 2–59 所示。

图 2–59　等截面薄壁轴承

7. 同步带

同步带，也称齿形带、正时带、无滑差带等。与常见的普通 V 带、平带等带传动方式相似，同步带是一种挠性传动形式。V 带、平带等传统带传动方式完全依赖摩擦力传递力，其不可避免地有相对滑动，会导致其实际减速比高于理论减速比，且会随载荷变化而变化，无法精确地传导运动。与之不同，同步带的工作面具有齿形，与带轮的齿槽做啮合传动，同步带的抗拉层承受负载以保持其节线长度不变，故带与带轮间没有相对滑动，主、从动轮间可以保持同步传动。由于其主要依赖齿面正压力传递力，故其带轮尺寸、中心距可以减小，传动比可达 10 : 1，传动效率可达 99.5%，带速可达 50 m/s。由于同步带的这些特征，它不仅可以用来传递运动、功率，也常用于伺服机构中，进行机构的定位，同步带的传动结构如图 2–60 所示。

图 2–60　同步带的传动结构示意图

同步带往往应用于较小的机器人的传动机构和一些大机器人的轴上。如选择柔顺机器人（SCARA 家族）常用皮带作为传动 / 减速元件。其功能大致和带传动相同，但具有连续驱动的能力。机器人上使用的同步带如图 2–61 所示。

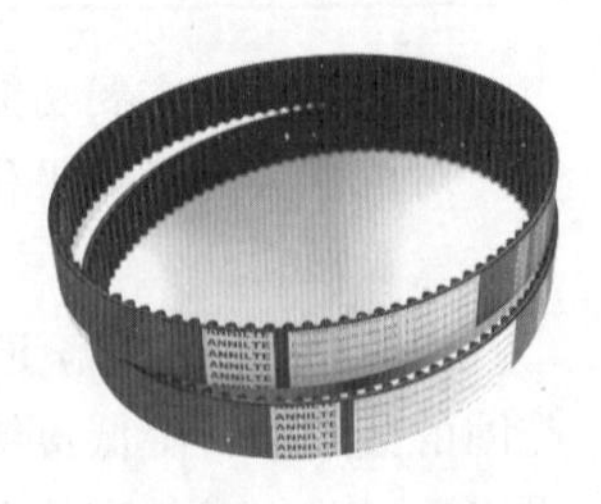

图 2–61　同步带

同步带的尺寸规格参数包括带的节距，带齿的参数，带长、带宽、带高等。其中，带的节距与齿轮相似，大致可分为周节制、模数制和特殊节距三大类。周节制是以英制节距 Pb 为基准，分为从

MXL 到 XXH 七种，如表 2-6 所示。

表 2-6 GB/T 11616—2013 中同步带的节距

节距种类	节距 /in	节距 /mm
MXL	0.080	2.032
XXL	0.125	3.175
XL	0.200	5.080
L	0.375	9.525
H	0.500	12.700
XH	0.875	22.225
XXH	1.250	31.750

工作时，同步带相当于柔软的齿轮，张紧力被惰轮或轴距的调整所控制。在伺服系统中，如果输出轴的位置采用码盘测量，则输入传动的同步皮带可以放在伺服环外面，这对系统的定位精度和重复性不会有影响，重复精度可以达到 1 mm 以内。

同步带传动具有如下特点：

（1）传动准确，工作时无滑动，具有恒定的传动比；

（2）传动平稳，具有缓冲、减振能力，噪声低；

（3）传动效率高，可达 98%，节能效果明显；

（4）传动护保养方便，不需润滑，维护费用低；

（5）传动比范围大，一般可达到 10 ：1（多级皮带传动有时会被用来产生大的传动比，最高可达到 100：1），线速度可达 50 m/s，具有较大的功率传递范围，可达几瓦到几百千瓦；

（6）可用于长距离传动，中心距可达 10 m 以上。但是长皮带的弹性和质量可能导致驱动不稳定，从而缩短机器人的稳定时间。

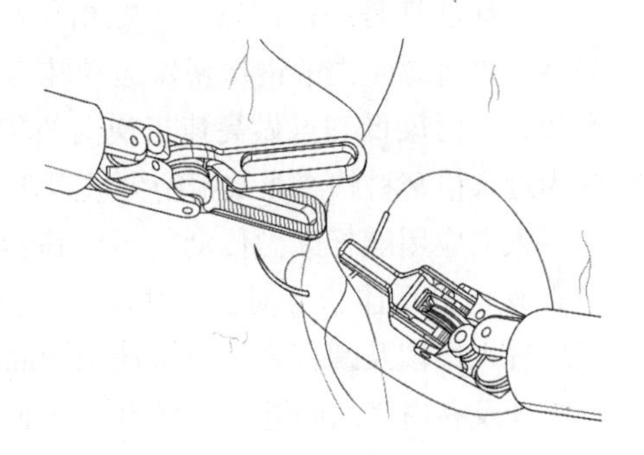

图 2-62 德思特手术机器人

8. 缆绳

使用缆绳传动可以使驱动器布置在机器人机座附近，从而提高动力学效率，多用于多关节柔性手爪。如手术机器人德思特，它的第 3 ～ 8 个电动机布置在第二连杆中，通过钢缆及滑轮将运动传递到末端，如图 2-62 所示。

为了能对不同外形的物体实施抓取，并使物体表面受力比较均匀，手爪需要增加柔性。如图 2-63 所示为多关节柔性手和传动结构，手指由多个关节串联而成。手指传动结构由牵引钢丝绳及摩擦滚轮组成，每个手指由两根钢丝绳牵引。一侧为紧握，另一侧为放松。驱动源可采用电动机驱动或液压、气动元件驱动。柔性手可抓取凹凸不平的外形，并使物体受力较为均匀。

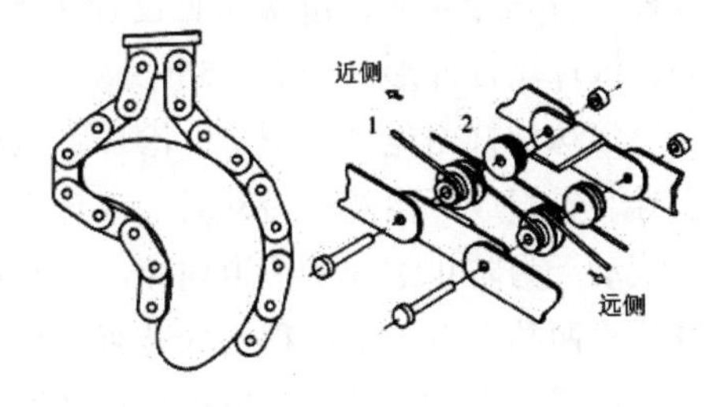

图 2-63 多关节柔性手和传动结构

2.4.2 直线传动方式

从任务 2.2 中可以了解到，直角坐标型、圆柱坐标型、球坐标型、平面关节型工业机器人中都采用了直线运动机构。直线运动可以直接由气缸、液压缸和活塞产生，也可以采用齿轮齿条、丝杠、螺母等传动元件把旋转运动转换成直线运动。

1. 齿轮齿条传动

齿条是与齿轮配合，用于传动的一种机械零件，可以分为直齿齿条和斜齿齿条，分别与直齿圆柱齿轮和斜齿圆柱齿轮配对使用。齿轮齿条传动是齿轮与齿条配合的传动方式。当齿轮主动时，可以将旋转运动变成直线运动；当齿条主动时，可以将直线运动变成旋转运动。齿轮齿条传动可以应用在升降机、轨道系统、汽车转向系统、机床和执行器的进给机构等领域。

齿条相当于分度圆无穷大的圆柱齿轮，这时，齿轮的分度圆、齿顶圆和齿根圆都变成了直线，齿轮就变成了齿条。齿条的齿廓为直线（对齿面而言则为平面），而非像齿轮一样为渐开线。齿廓的倾斜角称为齿形角，标准值为 20°。齿条主要参数有齿槽宽、齿高、齿厚、齿根圆半径等。齿条的齿厚与槽宽相等。

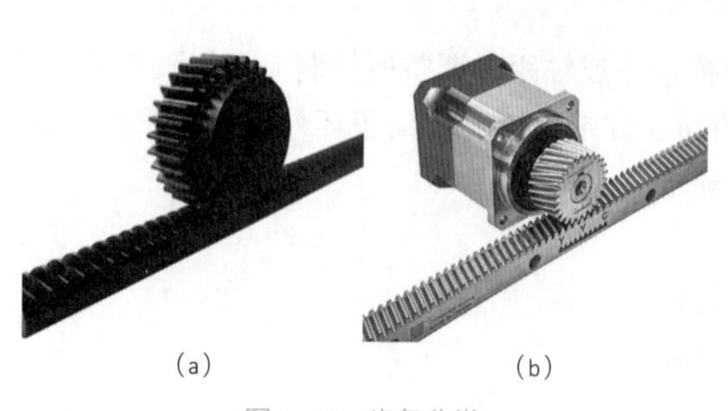
(a)　　(b)

图 2-64　齿条分类

(a) 直齿齿条；(b) 斜齿齿条

齿轮齿条传动是将齿轮的回转运动转变为齿条的往复直线运动或将齿条的往复直线运动转变为齿轮的回转运动。齿条分为直齿齿条和斜齿齿条，如图 2-64 所示。

2. 滚珠丝杠

滚珠丝杠是一种钢珠介于螺帽与螺杆之间做运动，将传统螺杆的滑动接触转换成滚动接触然后再将螺帽内的钢珠回转运动转为直线运动的传动机械组件。滚珠丝杠具有定位精度高、寿命长、污染低和可做高速正逆向的传动及变换传动等特性，因具有上述特性，滚珠丝杠已成为近来精密科技产业及精密机械产业的定位及测量系统上的重要零组件之一。

人们应用螺杆来做传动的历史其实不算很长，传统上的螺杆一直有定位不佳、易损害的情况。直到 1898 年人们首次尝试将钢珠置入螺帽及螺杆之间以滚动摩擦取代滑动摩擦，来改善其定位不佳及易损害的问题。1940 年，人们将滚珠丝杠置于汽车转向装置上，是滚珠丝杠应用上的巨大革命，并逐渐取代传统艾克姆螺杆。直到近年来，滚珠丝杠已成为产业界使用最广的零组件之一，滚珠丝杠外形如图 2-65 所示。

图 2-65　滚珠丝杠外形

滚珠丝杠由丝杠、螺母、滚珠、滚珠回程引导装置组成。当丝杠转动时，滚珠沿螺纹滚道滚动。为防止滚珠从滚道内掉出，在螺母的螺旋槽两端设有滚珠回程引导装置，如反向器和挡珠器，它们与螺旋滚道组成循环回路。滚珠丝杠结构如图 2-66 所示。

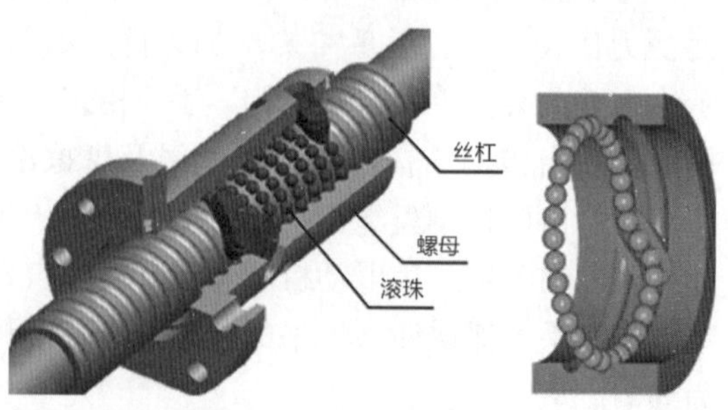

图 2-66　滚珠丝杠结构

其传动过程中具有以下特点。

（1）摩擦损失小、传动效率高。

由于滚珠丝杠副的丝杠轴与丝杠螺母之间有很多滚珠在做滚动运动，所以滚珠丝杠副能得到较高的运动效率。与过去的滑动丝杠副相比，驱动力矩达到 1/3 以下，即达到同样运动结果所需的动力为使用滑动丝杠副的 1/3，在省电方面很有帮助。

（2）精度高。

滚珠丝杠副一般是用世界较高水平的机械设备连贯生产出来的，特别是在研削、组装、检查各工序的工厂环境方面，对温度、湿度进行了严格的控制，完善的品质管理体制使精度得以充分保证。

（3）可以实现精确的微进给。

滚珠丝杠副由于是利用滚珠运动，所以启动力矩较小，不会出现滑动运动那样的爬行现象，能保证实现精确的微进给。

（4）轴向刚度高。

可以给滚珠丝杠加预压力，由于预压力可使轴向间隙达到负值，进而得到较高的刚性（滚珠丝杠内通过给滚珠加预压力，在实际用于机械装置时，由于滚珠的斥力可使丝母部的刚性增强）。

（5）不能自锁，具有传动的可逆性。

任务小结

工业机器人的驱动源通过传动部件来驱动关节的移动或转动，从而实现机身、手臂和手腕的运动。因此，传动部件是构成工业机器人的重要部件。而根据传动类型的不同，传动部件可以分为两大类：直线传动机构和旋转传动机构。齿轮、减速器、轴承、同步带和缆绳传动是工业机器人旋转传动的主要形式，而齿条和滚珠丝杠则可以将旋转传动转变为直线运动，构成工业机器人直线传动的基础。

采用旋转传动机构可以将电机的驱动源输出的较高转速转换成较低转速，并获得较大的力矩，而直线传动则可以将驱动机构的旋转运动转变为直线运动，用于直角坐标型机器人的 x、y、z 方向上的驱动，圆柱坐标结构的径向驱动和垂直升降驱动以及球坐标结构的径向伸缩驱动。旋转传动和直线传动都是在工业机器人的运动中相互补充、共同协作的，设计人员需要根据机器人的实际运行工况和运动类型进行合理的选择。

项目总结

本项目从工业机器人的拓扑结构、坐标系、驱动方式、传动方式几个角度对工业机器人进行了不同维度的分类，描述了工业机器人的不同拓扑结构，分析了直角坐标、圆柱坐标、球坐标、关节坐标四种不同类型机器人的工作特点，并对关节型机器人和并联机器人中的两种特例——SCARA 和 Delta 两种机器人进行了剖析。通过电动、液压、气动三种驱动方式和旋转、直线两种传动方式的介绍，明确了工业机器人驱动和传动结构的常见组成以及运动规律，为进行工业机器人的驱动和传动系统的选型提供了方向。项目对不同拓扑结构、坐标系、驱动方式和传动方式之间进行了内部比较，解读了各自的特点和差异。

项目拓展

一、选择题

1. 当各连杆组成开式机构链时，所获得的机器人结构称为（　　）结构。

A. 串联　　B. 并联

C. 混联　　D. 顺序

2. 三个主轴控制权是线性且处于彼此垂直的直角状态的机器人称之为（　　）机器人。

A. 直角坐标型　　B. 圆柱坐标型

C. 球坐标型　　D. 关节坐标型

3. 由于液压、电气或气动联结机构存在约束，圆柱坐标型机器人的旋转关节一般不允许超过（　　）。

A. 90°　　B. 180°　　C. 270°　　D. 360°

4.（　　）机器人常用于装配作业，最显著的特点是它们在 xy 平面上的运动具有较大的柔性，而沿 z 轴具有很强的刚性。

A. 直角坐标型　　B. 圆柱坐标型

C. SCARA　　D. 关节坐标型

5.（　　）方式控制精度高，能精确定位，反应灵敏，可实现高速、高精度的连续轨迹控制，适用于中小负载，要求具有较高的位置控制精度，速度较高的机器人。

A. 液压驱动　　B. 电动驱动

C. 气压驱动　　D. 机械驱动

6.（　　）将原动机提供的机械能转变为气体的压力能，为系统提供压缩空气。

A. 气源装置　　B. 气滤装置

C. 调压装置　　D. 油雾装置

7.（　　）具有速度快、系统结构简单、维修方便、价格低等优点。

A. 液压驱动　　B. 电动驱动

C. 气压驱动　　D. 机械驱动

8. 由于两个 RV 齿轮被固定在曲柄轴的偏心部位，所以当曲柄轴旋转时，带动两个相距（　　）的 RV 齿轮做偏心运动。

A. 90°　　B. 180°　　C. 270°　　D. 360°

9.（　　）是承托转轴或直线运动轴的机件部分，在机械中起到支撑旋转体或直线来回运动体的作用。

A. 轴承　　B. 齿轮

C. 减速器　　D. 同步带

10. 由于滚珠丝杠副的丝杠轴与丝杠螺母之间有很多滚珠在做滚动运动，所以能得到较高的（　　）。

A. 轴向力矩　　B. 运动效率

C. 周向力矩　　D. 径向力矩

二、判断题

1. 串联机器人的自由度较并联机器人高。

(A) 正确　　　　　　(B) 错误

2. 串联机器人前端连杆强度和驱动功率较大，能量效率较高。

(A) 正确　　　　　　(B) 错误

3. 并联机器人在需要高刚度、高精度或者大载荷而无需很大工作空间的领域内得到了广泛应用。

(A) 正确　　　　　　(B) 错误

4. 直角坐标型机器人结构简单，定位精度高，空间轨迹易于求解，其动作范围相对较大。

(A) 正确　　　　　　(B) 错误

5. 关节型机器人的关节全都是旋转的，类似于人的手臂，是工业机器人中最常见的结构。

(A) 正确　　　　　　(B) 错误

6. 伺服电动机具有较高的可靠性和稳定性，并且具有较大的短时过载能力。

(A) 正确　　　　　　(B) 错误

7. 在同等功率的情况下，液压传动装置的体积小，重量轻，惯性小，结构紧凑。

(A) 正确　　　　　　(B) 错误

8. 控制元件起到能量转换的作用，把压缩空气的压力能转换成工作装置的机械能。

(A) 正确　　　　　　(B) 错误

9. 行星齿轮的优点在于承载能力大、体积小、纯扭矩传动、工作平稳，而且可以多个行星齿轮互相搭配作用。

(A) 正确　　　　　　(B) 错误

10. 谐波减速器是一种靠波发生器装配上柔性轴承使柔性齿轮产生可控弹性变形，并与刚性齿轮相啮合来传递运动和动力的齿轮传动。

(A) 正确　　　　　　(B) 错误

三、填空题

1. 相较于串联机器人，并联机器人的刚性__________。

2. 将__________和__________有机结合起来的机构，即为混联结构机器人。

3. 用平行四边形让末端效应器平台的移动维持原移动，只能在 x 轴、y 轴或 z 轴移动，没有转动的并联机器人称之为__________机器人。

4. __________只需要通过脉波信号的操作，即可简单实现高精度的定位，并使工作物在目标位置高精度地停止。

5. __________是使用液体作为工作介质来传递能量和进行控制的驱动方式。

6. __________是指以压缩空气为动力源来驱动和控制各种机械设备以实现生产过程机械化和自动化的一种技术。

7. 在气动技术中，气源净化装置一般包括__________、__________和__________。三种气源处理元件组装在一起称为气源三联件。

8. __________用来对压缩空气的压力、流量和流动方向调节和控制，使系统执行机构按功能要求的程序和性能工作。

9. 由于传动效率高、传动比准确、功率范围大等优点，____________在工业产品中广泛应用。

10. 行星轮系通常由____________、____________、____________、____________四个主要部分组成。

四、简答题

1. 请简述串联机器人和并联机器人各自的工作特点。

2. 工业机器人按坐标系可以分为哪几种类别?

3. 气压传动具有哪些优点?

4. 滚珠丝杠主要由哪些结构组成?

5. 电动机驱动具有哪些缺点?

项目 3

工业机器人的技术参数和运动原理

03

项目概述

在一般机器人的应用中，人们感兴趣的是末端执行器相对于参考坐标系的几何空间描述，也就是机器人动力学的问题，即研究机器人手臂末端执行器位置和姿态与关节变量之间的关系。工业机器人运动学分析过程中涉及一些数学方面的知识，运用数学语言来描述机器人的运动，需要将工业机器人的位置、姿态、各关节间的相对位置关系用数学关系式来表达，其中就涉及坐标变换。

本项目的学习内容主要包括工业机器人技术参数、工业机器人的位姿描述与坐标变换、工业机器人运动学基础和工业机器人动力学基础。

项目目标

知识目标

1. 理解工业机器人各技术参数的含义，掌握相应技术参数在选择合适机器人手臂方面发挥的主要作用。
2. 理解工业机器人简图绘制的方法和要求。
3. 了解工业机器人位置姿态的描述原则，理解工业机器人坐标变换的方法。
4. 理解工业机器人正运动学和逆运动学的定义与求解方法。
5. 了解拉格朗日法在工业机器人动力学分析中的应用。

能力目标

1. 能够领会工业机器人常用技术参数的含义及其对工业机器人的影响。
2. 能够准确识读和绘制标准图形符号表达的机器人运动简图。
3. 能够运用工业机器人位姿描述和坐标变换进行工业机器人的运动轨迹规划。
4. 能够根据已知各关节的类型，相邻关节之间的尺寸和相对运动量的大小确定工业机器人末端执行器在固定坐标系中的位姿；能够根据已知机器人的杆件几何参数和末端执行器相对固定坐标系的位姿确定关节变量的大小。
5. 能够按照建立动力学方程的步骤，进行工业机器人动力学分析。

素质目标

1. 通过学习工业机器人系统操作员国家职业技能标准颁布案例，思考职业前景。
2. 通过项目的学习，探究机器人参数和运动原理对于机器人执行效果的重要影响。
3. 通过拓展阅读感受机器人在翻锅和火候控制上的精益求精，感受中国烹饪文化的博大精深。

知识导图

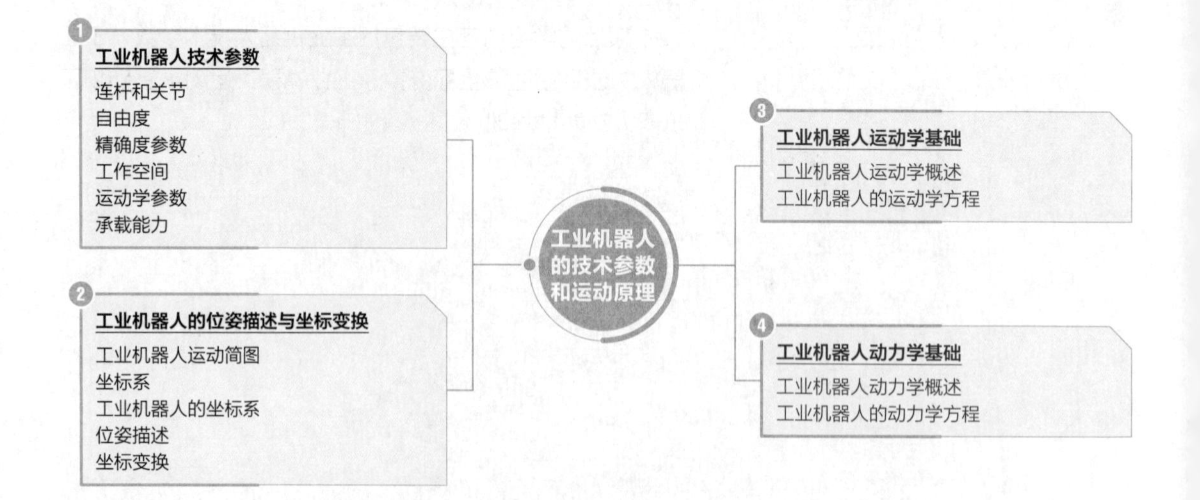

任务 3.1 工业机器人技术参数

任务提出

技术参数是不同工业机器人之间差距的直接表现形式，不同的机器人技术参数特点不同，对应着不同的应用范围。工业机器人是高精密的现代机械设备，参数众多，工业机器人是否适用，需要按一定的依据来判断，这些依据就是工业机器人的技术参数，常见的工业机器人技术参数和概念包括连杆和关节、自由度、精确度参数、工作空间、运动学参数、承载能力等。这些工业机器人的常用技术参数的含义是什么？它对于工业机器人有哪些主要的影响呢？接下来我们将在任务 3.1 中围绕这一问题进行学习。本任务包括以下几项内容：

（1）了解工业机器人常见技术参数的定义；

（2）理解工业机器人的技术参数是否满足需求，判断所选工业机器人是否合适；

（3）理解不同技术参数对于工业机器人性能的主要影响。

任务实施

3.1.1 连杆和关节

1. 连杆

连杆指机器人手臂上被相邻两关节分开的刚性杆件，其两端分别与主动和从动构件连接以传递运动和力，连杆如图 3−1 所示。

图 3−1 连杆

设计工业机器人时关注的重点是弯曲和扭转时的连杆刚度。为了提供所需刚度，机器人的连杆常设计成梁或壳（单体壳）结构。壳式结构拥有质量低、强度 / 质量比高的特点，但是价格昂贵，制造较难。梁式连杆的成本往往更低。

为了减小惯性载荷，特殊实用材料和几何学都被用于减少连杆的质量。比如将碳和玻璃纤维合成物用于加速度高的机器人（喷涂机器人），使得该机器人轻量化。另外因旋转的关节产生的线加速随着其与轴的距离的增加而增加，所以减小与关节相连的连杆的横断截面积和壁厚，就能减小相关的惯性负载。

2. 关节

在机器人机构中，两个相邻连杆之间有一个公共的轴线。两杆之间允许沿该轴线相对移动或绕该轴线相对转动，构成一个运动副，也称为关节。机器人关节的种类决定了机器人的运动自由度。移动关节、转动关节、球面关节和虎克铰关节是机器人机构中经常使用的 4 种关节类型。

移动关节：用字母 P 表示，它允许两个相邻连杆沿关节轴线相对移动，这种关节具有 1 个自由度，如图 3−2 所示。

转动关节：用字母 R 表示，它允许两个相邻连杆绕关节轴线相对转动，这种关节具有 1 个自由度，如图 3-3 所示。

球面关节：用字母 S 表示，它允许两个连杆之间有 3 个独立的相对转动，这种关节具有 3 个自由度，如图 3-4 所示。

虎克铰关节：用字母 T 表示，它允许两个连杆之间有 2 个相对转动，这种关节具有 2 个自由度，如图 3-5 所示。

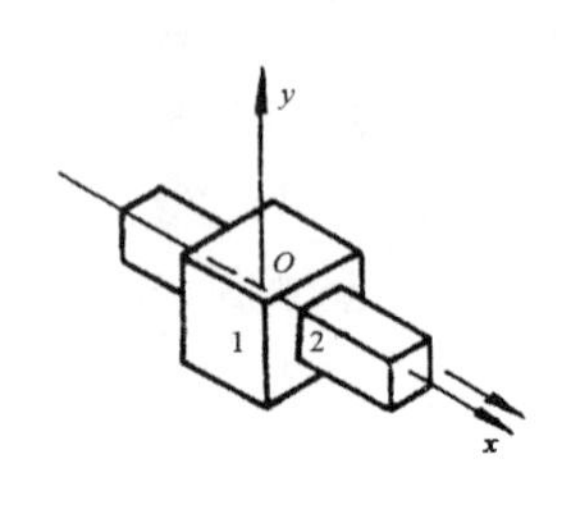

图 3-2　移动关节

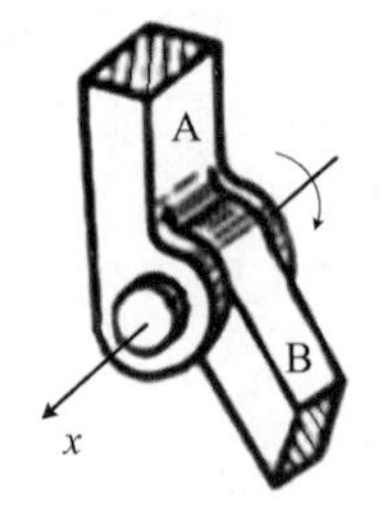

图 3-3　转动关节

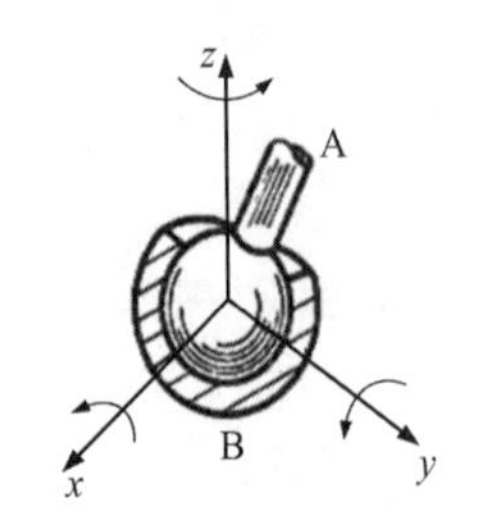

图 3-4　球面关节

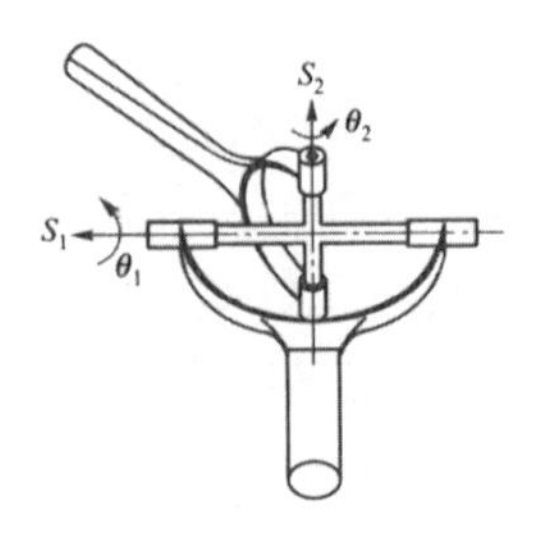

图 3-5　虎克铰关节

3.1.2　自由度

自由度指的是力学系统中独立坐标的个数。力学系统由一组坐标来描述。比如一个质点在三维空间中的运动，在笛卡尔坐标系中，由 x、y、z 三个坐标来描述；或者在球坐标系中，由 a、b、c 三个坐标描述，一般而言，平面系统中，N 个质点组成的力学系统由 $3N$ 个坐标来描述。但力学系统中常常存在着各种约束，使得这 $3N$ 个坐标并不都是独立的。对于 N 个质点组成的力学系统，若存在 m 个完整约束，则系统的自由度减为 $S=3N-m$。

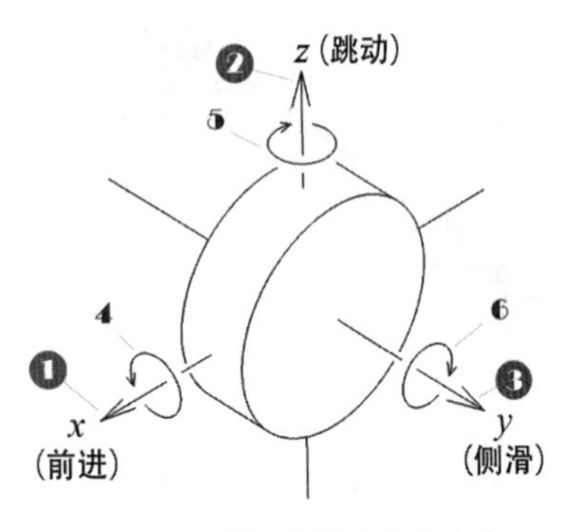

图 3-6　三维空间的六个自由度

比如，在平面中运动的一个质点，其自由度为 2。又或是，在空间中的两个质点，中间以线连接。所以其自由度 $S=3\times2-1=5$。三维空间中物体的运动最多可以有 6 个自由度，即在笛卡尔坐标系中沿着三个轴线方向的移动以及绕三个坐标轴的转动，如图 3-6 所示。

描述系统的坐标可以自由选取，但独立坐标的个数总是一定的（即自由度是固定的）。在不考虑虚约束、复合铰链以及局部自由度的情况下，可以使用一个简单的计算空间中机构自由度的公式来计算：

$$f=6N-(5p_5+4p_4+3p_3+2p_2+p_1)$$

上面公式中，f 表示自由度，N 表示构件个数，p_i 表示 i 级副的个数，括号中指的是各种运动副引入的约束个数的和。

机器人常用的自由度通常不超过 5 ～ 6 个，末端执行器的自由度一般不包括在内。目前，用于焊接和涂装作业的机器人多为 6 自由度，而搬运、码垛和装配机器人多为 4～6 个自由度。

除了工业机器人外，自由度对所有的机构都具有普遍意义。对于一个典型的工业机器人来讲，由于机器人本体大都是开式的运动链，而且每个关节位置都由一个独立的变量定义，因此关节数目等于自由度数目。但是也有例外，例如平行四边形连杆机构，尽管它有三个可以运动的杆件，但它仍然只有一个自由度；还有冗余自由度机器人，它拥有多于自由度数目的关节数。

3.1.3 精确度参数

机器人的精确度参数反映了机器人的定位能力，是设计、选择、应用机器人时必须考虑的问题。机器人的主要精度参数有定位精度、重复定位精度、分辨率等。

1. 定位精度和重复定位精度

定位精度是指机器人手部实际到达位置与目标位置之间的差异。即机器人末端参考点实际到达的位置与所需要到达的理想位置之间的差距，差距越小，精度越高。该指标对于非重复型的任务非常重要，与机器人制造工艺、驱动器的分辨率和反馈装置有关。典型的工业机器人精度范围从具有低级计算机模型的非标定执行器的 ±10 mm，到精确的机械工具执行器的 ±0.01 mm。

重复定位精度指在相同的运动位置命令下，机器人连续若干次运动轨迹之间的误差度量。作为操作者，人们对工业机器人的一个基础期望就是能够准确运动到示教点（示教点是机器人运动实际达到的点），然后关节位置传感器读取关节角并存储。当命令机器人返回这个空间点时，每个关节都移动到已存储的关节角的位置。当制造商在确定机器人返回示教点的精度时，就是在确定机器人的重复定位精度。如果机器人重复执行某位置的给定指令，它每次走过的距离并不相同，而是在一平均值附近变化，该平均值代表精度，而变化的幅度代表重复定位精度。工业机器人定位精度和重复定位精度的典型情况如图 3-7 所示。

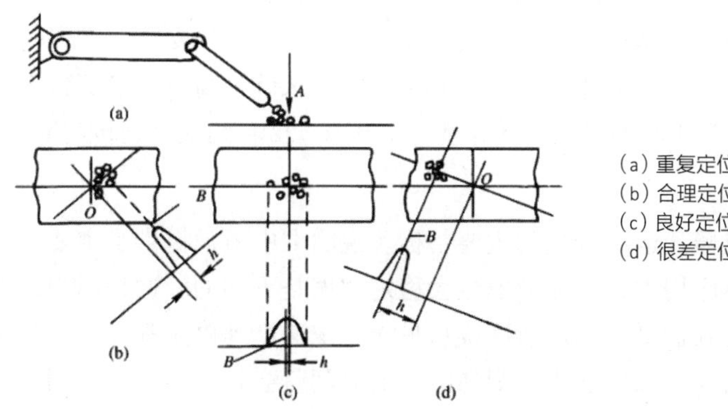

（a）重复定位精度的测量；
（b）合理定位精度，良好重复定位精度；
（c）良好定位精度，很差重复定位精度；
（d）很差定位精度，良好重复定位精度

图 3-7 工业机器人定位精度和重复定位精度的典型情况

2. 分辨率

分辨率指机器人的每根轴能够实现的最小移动距离或最小转动角度。工业机器人的定位精度和重复定位精度与分辨率不一定直接相关。一台机器人的运动精度是指命令设定的运动位置与该设备执行此命令后能够达到的运动位置之间的差距，分辨率则反映了实际需要的运动位置和命令所能够设定的位置之间的差距。

3.1.4 工作空间

工作空间（也称工作范围、工作区域），是指机器人手臂末端或手腕中心所能到达的所有点的集合。因为末端操作器的尺寸和形状是多种多样的，为了真实反映机器人的特征参数，这里是指不安装末端操作器时的工作区域。工作范围的形状和大小是十分重要的，机器人在执行作业时可能会因为存在手部不能到达的作业死区而不能完成任务。如图 3-8 和图 3-9 所示分别为 PUMA 机器人和 A4020 机器人的工作空间。

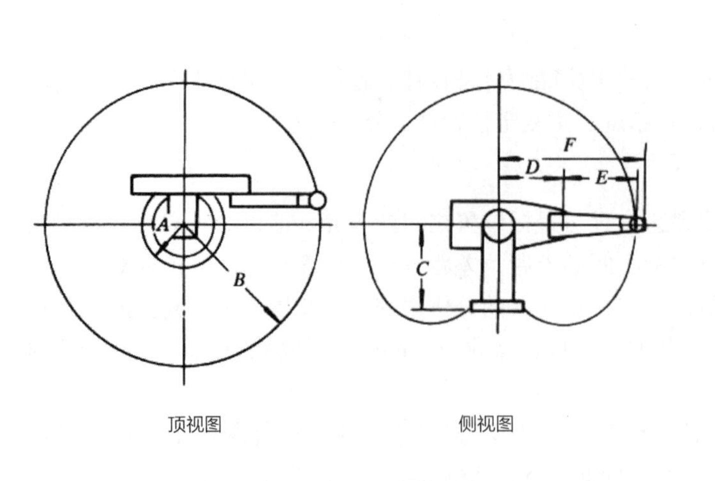

图 3-8　PUMA 机器人工作空间

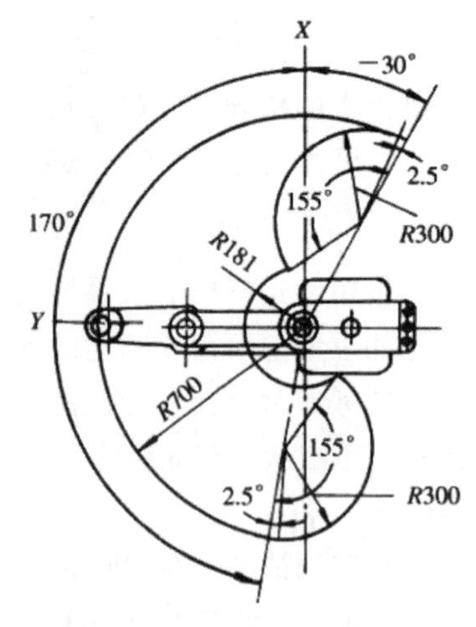

图 3-9　A4020 机器人工作范围

3.1.5　运动学参数

1. 最大工作速度

生产机器人的厂家不同，机器人的最大工作速度的含义也不同，有的厂家指工业机器人主要自由度上最大的稳定速度，有的厂家指手臂末端最大的合成速度，对此通常都会在技术参数中加以说明。最大工作速度越快，其工作效率就越高，但是，就要花费更多的时间加速或减速，或者对工业机器人的最大加速率或最大减速率的要求就更高。以发那科小型高速机器人 R-1000iA/80F 为例，其 J1 轴的最大旋转速度为 170°/s，J2 轴的最大旋转速度为 140°/s。

2. 加速度

速度和加速度是表明机器人运动特性的主要指标。说明书中通常提供了主要运动自由度的最大稳定速度，但在实际应用中，单纯考虑最大稳定速度是不够的。这是因为，由于驱动器输出功率的限制，从启动到达最大稳定速度或从最大稳定速度到停止都需要一定时间。如果最大稳定速度高，允许的极限加速度小，则加减速的时间就会长一些，对应用而言的有效速度就要低一些；反之，如果最大稳定速度低，允许的极限加速度大，则加减速的时间就会短一些，这有利于有效速度的提高。但如果加速或减速过快，有可能引起定位时超调或振荡加剧，使得到达目标位置后需要等待振荡衰减的时间增加，则也可能使有效速度反而降低。所以，考虑机器人运动特性时，除了注意最大稳定速度外，还应注意其最大允许的加减速度。

3.1.6　承载能力

承载能力是指机器人在工作范围内的任何位姿上所能承受的最大质量。承载能力不仅取决于负载的质量，而且还与机器人运行的速度和加速度的大小和方向有关。为了安全起见，承载能力这一技术指标是指高速运行时的承载能力。通常承载能力不仅指负载，而且还包括了机器人末端操作器的质量。三菱装配机器人不带电动手爪和带电动手爪时的承载能力分别如图 3-10 和图 3-11 所示。

机器人有效负载的大小除受到驱动器功率的限制外，还受到杆件材料极限应力的限制，因而它又和环境条件（如地心引力）、运动参数（如运动速度、加速度以及它们的方向）有关。

如国际空间站上的加拿大的机械臂的额定可搬运质量为15 000 kg，在运动速度较低时能达到30 000 kg。然而，这种负荷能力只是在太空中失重条件下才有可能达到，在地球上，该机械臂本身的质量高达450 kg，它连自重引起的臂杆变形都无法承受，更谈不上搬运了。

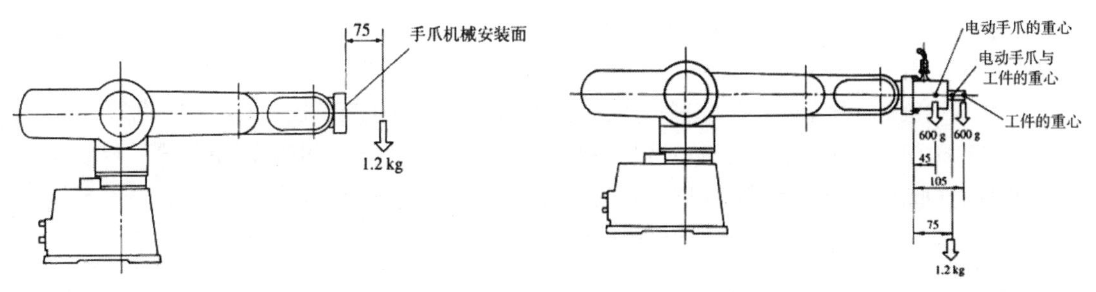

图3–10　三菱装配机器人不带电动手爪时的承载能力　　图3–11　三菱装配机器人带电动手爪时的承载能力

说明　掌握工业机器人技术参数是进行工业机器人编程的基础。

拓展阅读

工业机器人系统操作员国家职业技能标准颁布

记者获悉，人力资源和社会保障部日前分别与工业和信息化部、公安部联合颁布工业机器人系统操作员、网络与信息安全管理员两个国家职业技能标准。其中，网络与信息安全管理员职业属于《中华人民共和国职业分类大典（2015年版）》第四大类“社会生产服务和生活服务人员”，工业机器人系统操作员职业属于第六大类“生产制造及有关人员”。

此次颁布的国家职业技能标准中，工业机器人系统操作员、供应链管理师、电子竞技运营师和物联网安装调试员4个新职业的国家职业技能标准系首次颁布。工业机器人系统操作员是指使用示教器、操作面板等人机交互设备及相关机械工具，对工业机器人、工业机器人工作站或系统进行装配、编程、调试、工艺参数更改、工装夹具更换及其他辅助作业的人员。

人力资源和社会保障部相关负责人表示，这些国家职业技能标准，是结合我国当前职业岗位分布情况及技能需求，紧贴相关行业和技术水平未来发展要求，对服务业和生产制造业等领域从业人员理论知识和技能要求提出的综合性水平规定，是开展职业教育培训和人才技能鉴定评价的基本依据，对促进相关领域从业人员素质提升、相关产业升级、行业发展将产生深远影响。

——摘自《人力资源和社会保障部颁布20个国家职业技能标准》
（学习强国，2021年1月6日）

任务小结

工业机器人技术参数是机器人制造商在产品供货时所提供的技术数据。不同的机器人，它的技术参数也并不一样。工业机器人的技术参数反映了机器人可胜任的工作，具有的最高操作性能等情况，是设计、应用机器人必须考虑的问题。

技术参数是不同工业机器人之间差距的直接表现形式，不同的机器人技术参数特点不同，对应了不同的应用范围。由于工业机器人的高精密性，其参数众多，这就需要机器人的工程技术人员熟练掌握各技术参数代表的不同性能特点，结合实际的工业机器人使用工作情况，综合考虑技术参数的各种要求，从而满足工业机器人的实际使用需要。

任务 3.2 工业机器人的位姿描述与坐标变换

任务提出

工业机器人的位姿指位置和姿态。运动学研究的问题是机器人手部在空间的位姿、运动与各个关节的位姿以及运动之间的关系，而动力学研究的问题是这些运动和作用力之间的关系。机器人的结构可以看成一个由一系列关节连接起来的连杆在空间组成的多刚体系统，因此，也属于空间几何学问题。

在对机器人的位姿进行分析时，首先要建立机器人的位姿与运动的数学描述。采用坐标系来描述机器人的位姿参数，可以把机器人机构的空间几何学问题归结成易于理解的代数形式问题，用代数的方法进行计算、证明，从而达到最终解决几何问题的目的。在进行工业机器人位姿描述和坐标变换时，需要建立工业机器人各关节的坐标系，为了简化工业机器人的绘制，可绘制工业机器人的运动简图，进而通过在运动简图上建立坐标系并进行运动学计算。接下来我们将在任务 3.2 中围绕工业机器人的位姿描述与坐标变换进行学习。本任务包括以下几项内容：

（1）掌握工业机器人运动简图的绘制；

（2）理解工业机器人坐标系的建立与机器人坐标系的配置；

（3）理解工业机器人位姿描述与坐标变换的方法。

任务实施

3.2.1 工业机器人运动简图

为简化绘制机器人，将机器人的运动形式用标准的图形符号进行表示，这便是机器人运动简图。工业机器人的机械机构由机座、手臂与末端执行器等组成。这些机构通常由一系列连杆、关节或其他形式的运动副所组成。每个机构都有若干自由度，可采用运动简图表示这些机构的运动形式，工业机器人运动功能图形符号如表 3-1 所示。

表 3-1 工业机器人运动功能图形符号

序号	名称	图片	图形符号	
			正视图	侧视图
1	移动副	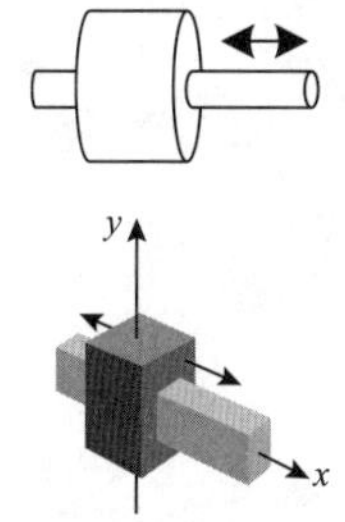	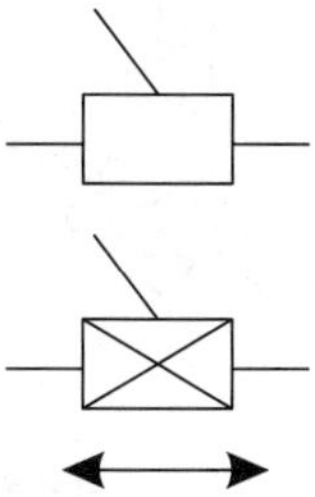	
2	回转副	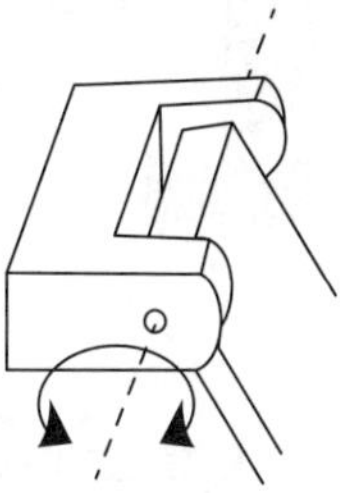 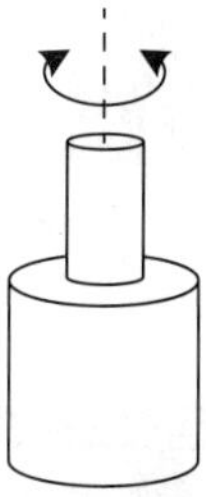	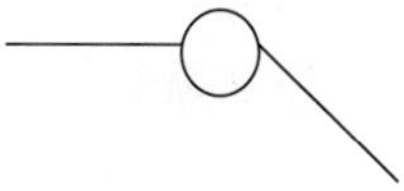 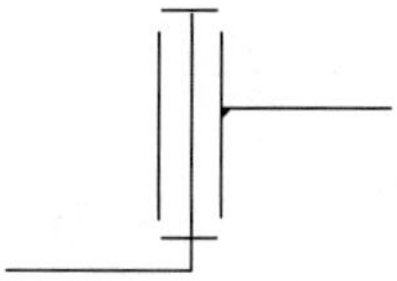	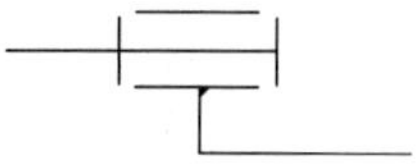
3	螺旋副		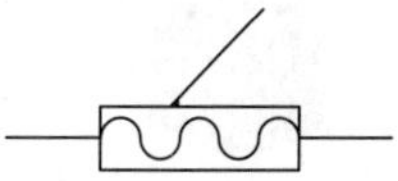	—
4	球面副		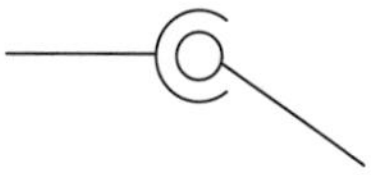	—
5	末端执行器		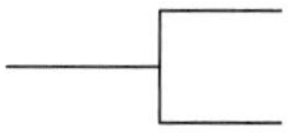	—
6	基座		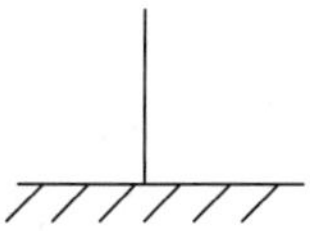	—

各种类型工业机器人的结构图及运动功能简图如表 3-2 所示。

表 3-2 工业机器人结构图及运动功能简图

工业机器人结构图				工业机器人运动功能简图
序号	名称	主视图	侧视图	
1	直角坐标型机器人	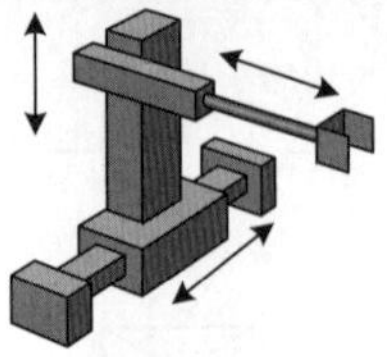	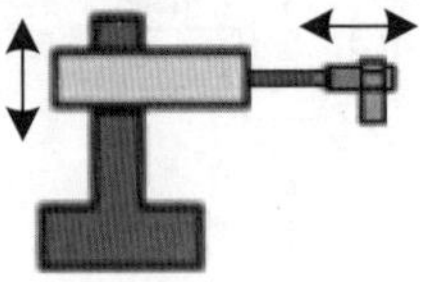	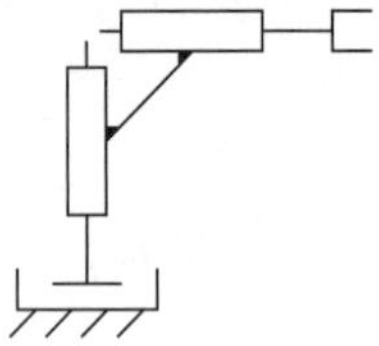
2	圆柱坐标型机器人		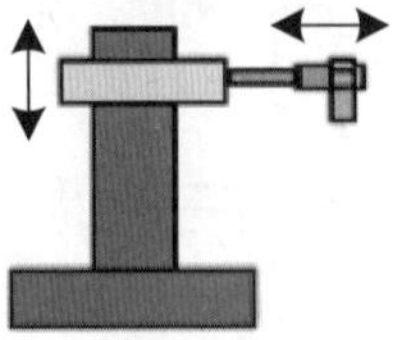	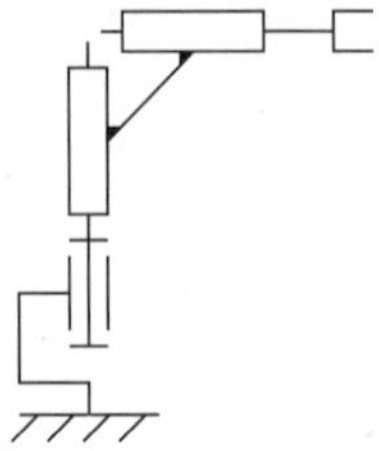
3	球坐标型机器人	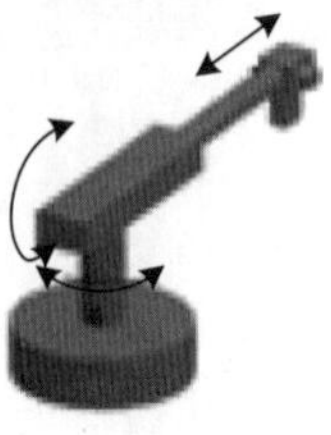	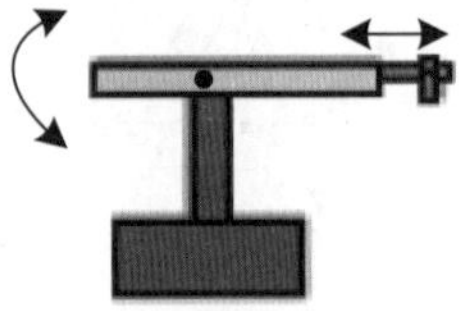	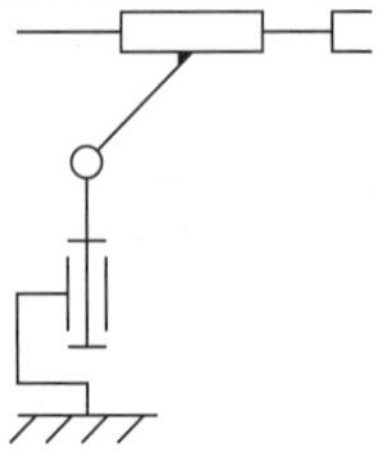
4	关节坐标型机器人	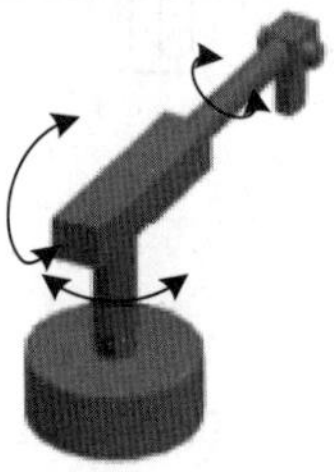		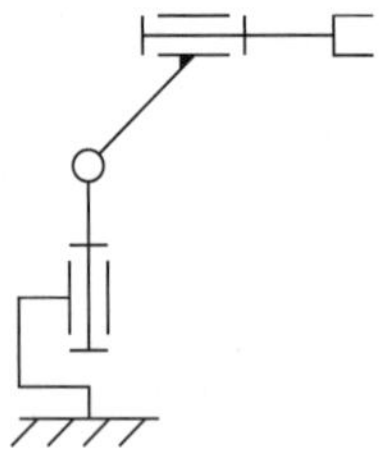

3.2.2 坐标系

1. 直角坐标系

早在 1637 年以前，法国数学家、解析几何的创始人笛卡尔受到了经纬度的启发建立了平面直角坐标系。地理上的经纬度是以赤道和本初子午线为标准的，这两条线从局部上可以看成是平面内互相垂直的两条直线。所以笛卡尔的方法是在平面内画两条互相垂直的数轴，其中水平的数轴叫 x 轴（或横轴），取向右为正方向，竖直的数轴叫 y 轴（或纵轴），取向上为正方向，它们的交点是原点，这个平面叫坐标平面，像这样在平面内画两条互相垂直的数轴就组成了平面直角坐标系。

为了沟通空间图形与数的研究，我们需要建立空间的点与有序数组之间的联系，为此我们通过在平面直角坐标系的基础上进行延伸，引进空间直角坐标系来实现。过定点 O，画三条互相垂直的数轴，它们都以 O 为原点且一般具有相同的长度单位。这三条轴分别叫做 x 轴（横轴）、y 轴（纵轴）、z 轴（竖轴），统称坐标轴。通常把 x 轴和 y 轴配置在水平面上，而 z 轴则是铅垂线；它们的正方向要符合右手规则，即以右手握住 z 轴，当右手的四指从正向 x 轴以 $90°$ 角度转向正向 y 轴时，大拇指的指向就是 z 轴的正向，这样的三条坐标轴就组成了一个空间直角坐标系（见图 3−12），点 O 叫做坐标原点。

直角坐标系的 x 轴、y 轴与 z 轴必须相互垂直。包含 z 轴的直线称为 z 线。在三维空间里，当我们设定了 x 轴、y 轴的位置与方向的同时，我们也设定了 z 线的方向。可是，我们仍旧必须选择，在 z 线以原点为共同点的两条半线中，哪一条半线的点的坐标是正值的，哪一条是负值的？据此区分的两种不同的坐标系统，称为右手坐标系与左手坐标系。右手坐标系又称为标准坐标系或正值坐标系。右手坐标系这一名词是由右手定则而来的。先将右手的手掌与手指伸直，然后将中指指向往手掌的掌面，与食指呈直角关系。再将大拇指伸开，与中指、食指都呈直角关系。则大拇指、食指与中指分别表示了右手坐标系的 x 轴、y 轴与 z 轴。同样地，用左手也可以表示出左手坐标系，如图 3−13 所示。

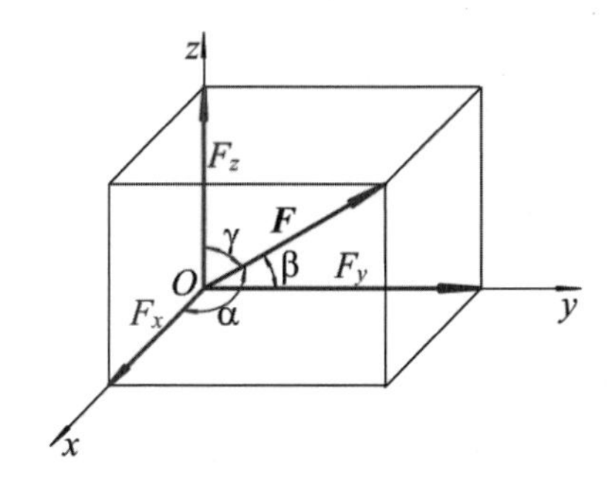

图 3−12 空间直角坐标系

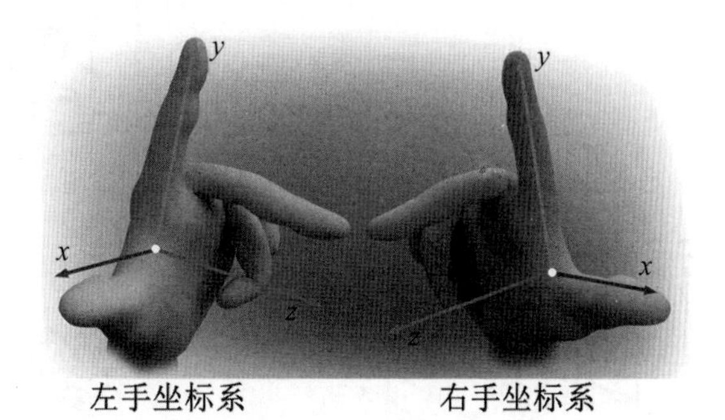

图 3−13 笛卡尔左 / 右手坐标系

2. 圆柱坐标系

圆柱坐标系是一种三维坐标系统。它在二维极坐标系的基础上向 z 轴进行延伸，添加的第三个坐标 z 专门用来表示 P 点离 xy 平面的高低。按照国际标准化组织建立的约定（ISO 31−11），径向距离、方位角、高度，分别标记为 $(\rho、\varphi、z)$，圆柱坐标系如图 3−14 所示。

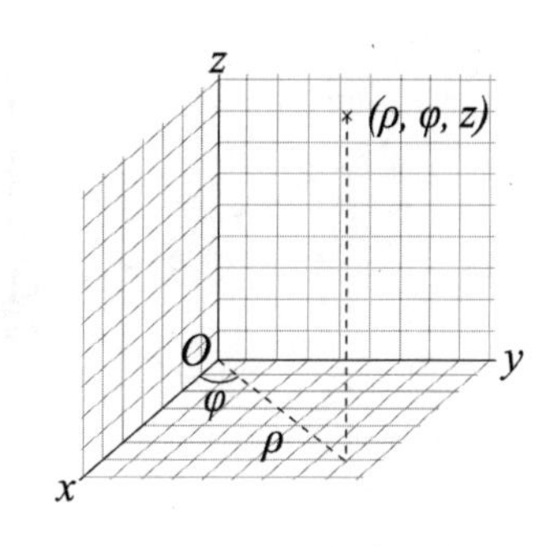

图 3−14 圆柱坐标系

圆柱坐标系的记号并不统一。ISO 标准推荐 $(\rho、\varphi、z)$，这里的 ρ 是径向距离，φ 是方位角，而 z 是高度。但是，径向距离也常表示为 r 或 s，方位角也常表示为 θ 或 t，高度坐标也常表示为 h 或 x（如果圆柱轴被认为是水平的）。

3. 球面坐标系

球坐标系是一种利用球坐标 $(r、\theta、\varphi)$ 表示一个点 P 在三维空间的位置的三维坐标系。右图显示了球坐标的几何意义：原点与点 P 之间的径向距离是 r，原点到点 P 的连线与正 z 轴之间的极角是 φ，以及原点到点 P 的连线在 xy 平面的投影线，与正 x 轴之间的方位角是 θ。它可以被视为极坐标系的三维推广，球面坐标系如图 3−15 所示。

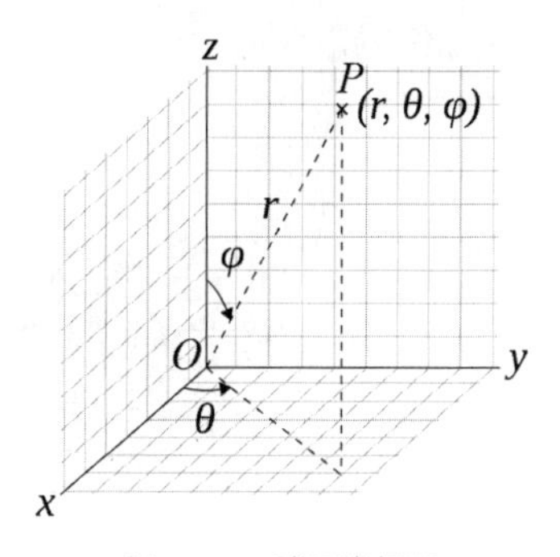

图 3−15 球面坐标系

3.2.3　工业机器人的坐标系

工业机器人的运动实质是根据不同作业内容和轨迹的要求，在各种坐标系下的运动。为了精确地描述各个连杆或物体之间的位置和姿态关系，首先定义一个固定的坐标系，并以它作为参考坐标系，所有静止或运动的物体就可以统一在同一个参考坐标系中进行比较。该坐标系统通常被称为世界坐标系（大地坐标系）。基于此共同的坐标系描述机器人自身及其周围物体，是机器人在三维空间中工作的基础。通常，对每个物体或连杆都定义一个本体坐标系，又称局部坐标系，每个物体与附着在该物体上的本体坐标系是相对静止固定的。

工业机器人的坐标系主要包括基坐标系、关节坐标系、工件坐标系、工具坐标系、大地坐标系及用户坐标系等，如图 3-16 所示。

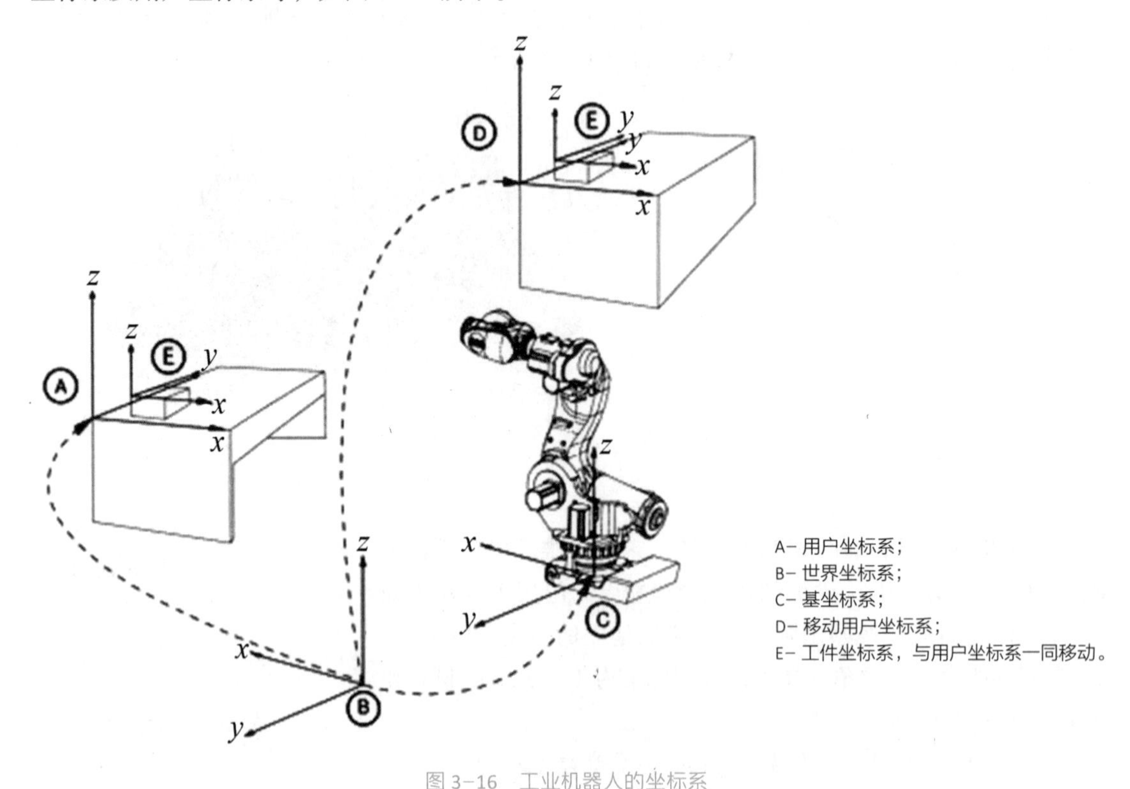

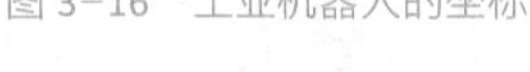

图 3-16　工业机器人的坐标系

1. 基坐标系

基坐标系位于机器人机座，在机器人基座中有相应的零点，如图 3-17 所示。它是最便于机器人从一个位置移动到另一个位置的坐标系。使用基坐标系的优点是固定安装的机器人的移动具有可预测性。

图 3-17　工业机器人的基坐标系

2. 关节坐标系

关节坐标系是设定在机器人关节上的坐标系。关节坐标系中，机器人的位置和姿态以各关节底座侧的关节坐标系为基准而确定。设定关节坐标系时，机器人的各轴分别运动，关节坐标系下各轴的运动方向如图 3-18 所示。

3. 工件坐标系

机器人工件坐标系是由工件原点与坐标方位组成的。机器人支持多个工件坐标系，可以根据当前工作状态进行变换。当外部夹具被更换，重新定义工件坐标系后，可以不更改程序，直接运行。通过重新定义工件坐标系，可以简便地让一个程序适合多台机器人。

如图 3-19 所示，可以通过三点法对工件坐标系进行定义，点 X_1 与点 X_2 连线组成 x 轴，通过点 Y_1 向 x 轴作的垂直线为 y 轴。

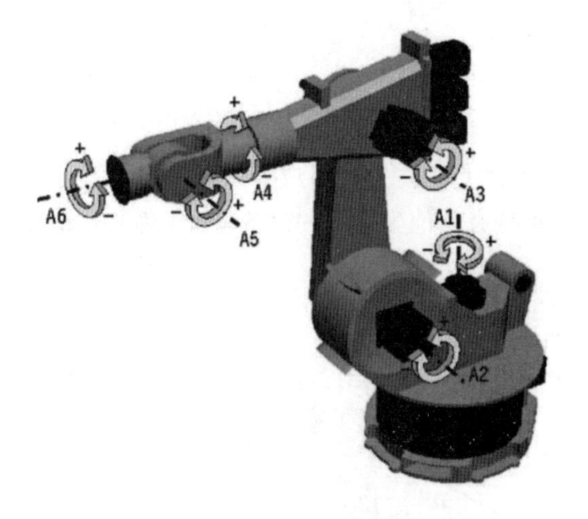

图 3-18 工业机器人的关节坐标系

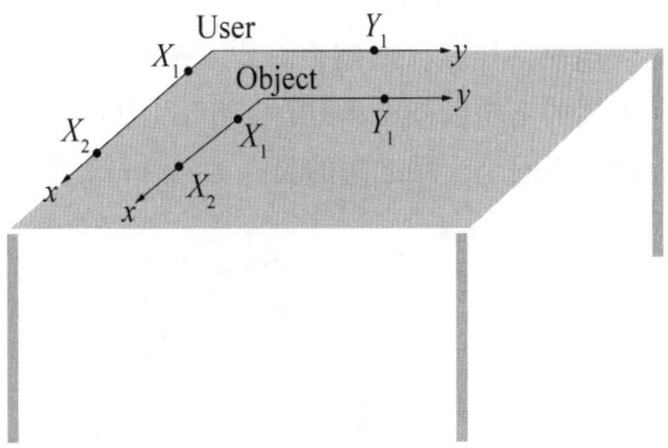

图 3-19 工件坐标系定义

4. 工具坐标系

工业机器人工具的坐标系是由工具中心点（tool center point，TCP）和坐标方位共同组成的。工业机器人的程序支持多个 TCP，它可以根据当前的工作状态进行随机变换，工具坐标系如图 3-20 所示。

未定义工具坐标系时，将由机械接口坐标系来替代该坐标系。工具坐标系由工具中心点的位置（x，y，z）和工具的姿势（w，p，r）构成。工具中心点的位置，通过相对机械接口坐标系的工具中心点的坐标值 x、y、z 来定义。工具的姿势，通过机械接口坐标系的 X 轴、Y 轴、Z 轴周围的回转角 w、p、r 来定义。工具中心点用来对位置数据的位置进行示教。在进行工具的姿势控制时，需要用到工具姿势。

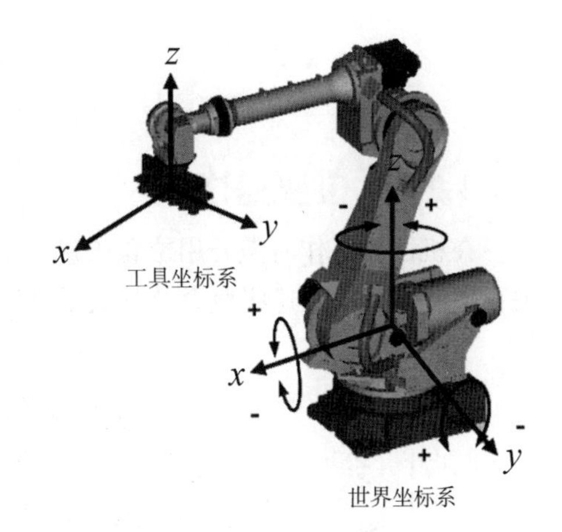

图 3-20 工具坐标系

5. 大地坐标系

大地坐标系即世界坐标系，它是系统的绝对坐标系，如图 3-21 所示。在没有建立用户坐标系之前，画面上所有点的坐标都是以该坐标系的原点来确定各自的位置的。大地坐标系是大地测量中以参考椭球面为基准面建立起来的坐标系。大地坐标系有助于处理若干个机器人或有外轴移动的机器人。在默认情况下，大地坐标系与基坐标系一致。

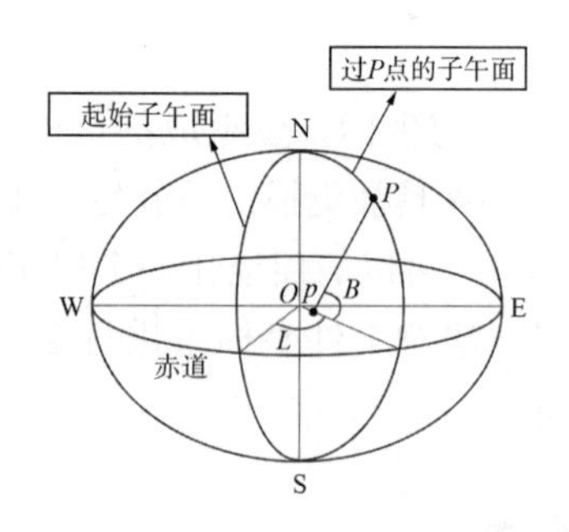

图 3-21　大地坐标系

6. 用户坐标系

用户坐标系，即用户自定义坐标系。在每个工作台上建立一个用户坐标系，机器人可以和不同的工作台或夹具配合工作。用户坐标系在表示持有其他坐标系的设备（如工件）时非常有用。不同坐标系之间的关系如图 3-22 所示。

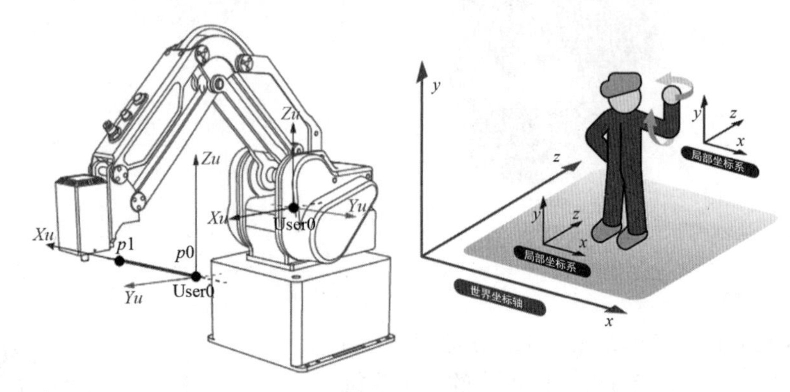

图 3-22　不同坐标系之间的关系

3.2.4　位姿描述

在机器人工作时需要用位置矢量、平面等概念来描述物体（如零件、工具或机械手）间的关系。首先来建立这些概念及其表示方法。

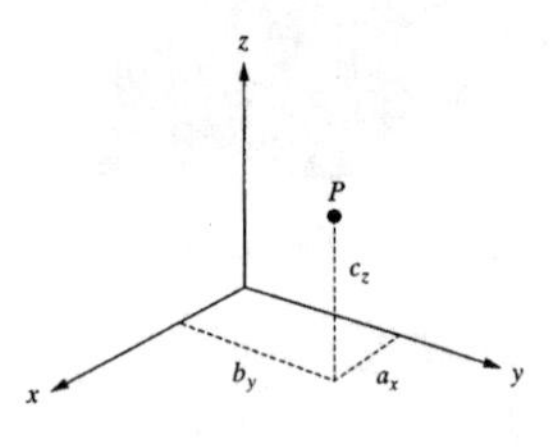

图 3-23　点的位置描述

1. 点的位置描述

点 P 的位置可以用它相对于参考坐标系的三个坐标来表示。下面公式子中的 a_x、b_y、c_z 是参考坐标系中表示该点的坐标。可以看出，点的位置的表示比较简单，一旦建立了坐标系，就能用一个 3×1 的位置矢量矩阵对坐标系中的任意一点进行位置描述。点的位置描述如图 3-23 所示。

相对于参考坐标系的三个坐标：$P=a_x i+b_y j+c_z k$

参考坐标系中表示该点的坐标：a_x,b_y,c_z

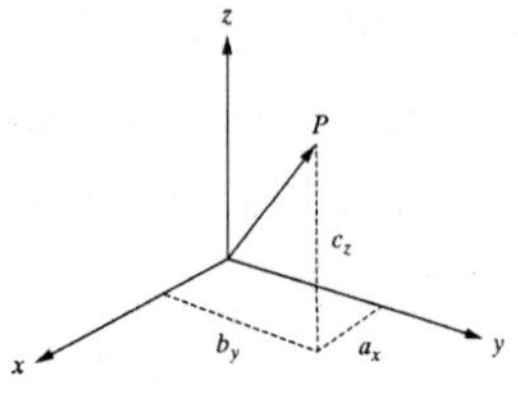

图 3-24　空间向量

2. 空间向量的表示

向量是有大小和方向的量。向量由起始点 A 和终止点 B 的坐标来表示，如式子中的 $\bar{P}_{AB}$，是两点坐标的差，空间向量如图 3-24 所示。

向量起始于点 A，终止于点 B。

$$\overline{P}_{AB}=(B_x-A_x)i+(B_y-A_y)j+(B_z-A_z)k$$

特殊情况下，如果一个向量起始于原点，即 A 在原点，则可以表示为下面的式子：

$$\overline{P}=a_xi+b_yj+c_zk$$

使用矩阵形式表示为：

$$\overline{P}=\begin{bmatrix}a_x\\b_y\\c_z\end{bmatrix}$$

3. 空间向量的基本运算

向量的基本运算包括加法、减法和与实数的积。用图形法更好理解向量的运算。向量的加法运用三角形法则计算，例如，$\overrightarrow{AB}+\overrightarrow{BC}=\overrightarrow{AC}$，如图 3–25 所示。

相反向量表示与 $\vec{a}$ 长度相等、方向相反的向量，记作 $-\vec{a}$。

向量的减法用相反向量和加法的定义计算，如图 3–26 所示。

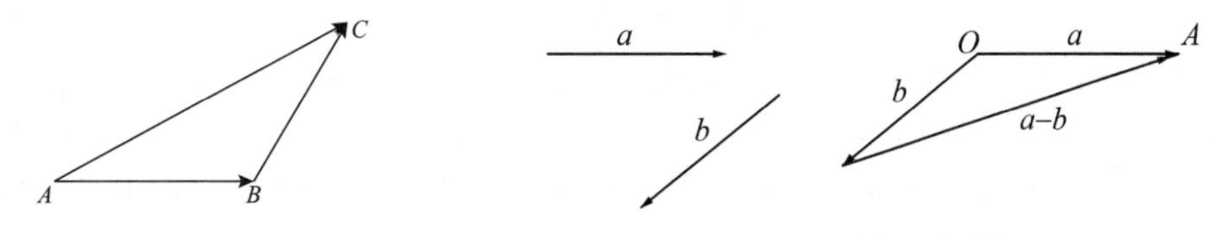

图 3–25 向量的加法　　图 3–26 向量的减法

与实数的积表示长度放大 $|a|$ 倍，若 $a<0$ 则反向。

4. 坐标系的表示

一个中心位于参考坐标系原点的坐标系由三个向量表示，通常这三个向量相互垂直，称为单位向量。如图 3–27 所示，n 为法向向量，o 为指向向量，a 为接近向量。

每一个单位向量都由它们所在的参考坐标系的三个分量表示。

$$F=\begin{bmatrix}n_x & o_x & a_x\\n_y & o_y & a_y\\n_z & o_z & a_z\end{bmatrix}$$

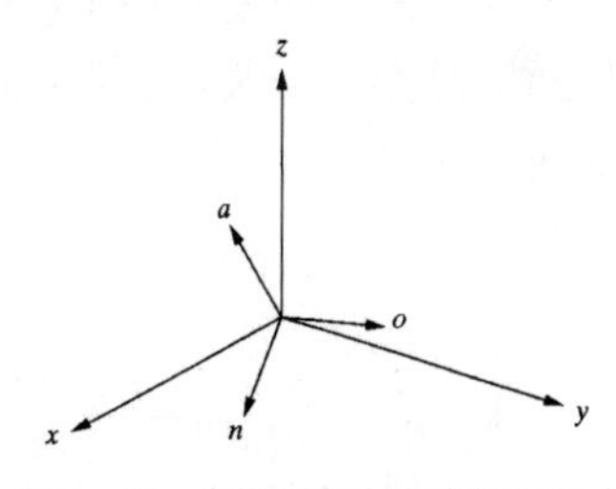

图 3–27 坐标系在参考坐标系原点的表示

如果一个坐标系不在固定参考坐标系的原点（实际上也包括在原点的情况），那么该坐标系的原点相对于参考坐标系的位置也必须表示出来。在该坐标系原点与参考坐标系原点之间作一个向量 P 来表示该坐标系的位置。这样，这个坐标系就可以由三个表示方向的单位向量以及第四个位置向量来表示。在 $\vec{n},\vec{o},\vec{a}$ 之外引入向量 P，如图 3–28 所示。

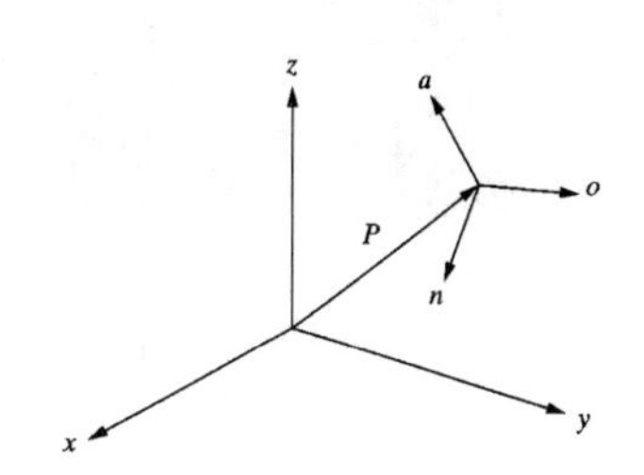

图 3–28 不在固定参考坐标系原点的坐标系表示

矩阵表示为 F，从竖向看，前三个向量表示该坐标系的三个单位向量的方向，而第四个向量表示该坐标系原点相对于参考坐标系的位置。与单位向量不同，向量 P 的长度十分重要，因而使用的比例因子为 1。

$$F=\begin{bmatrix} n_x & o_x & a_x & p_x \\ n_y & o_y & a_y & p_y \\ n_z & o_z & a_z & p_z \\ 0 & 0 & 0 & 1 \end{bmatrix}$$

5. 刚体的表示

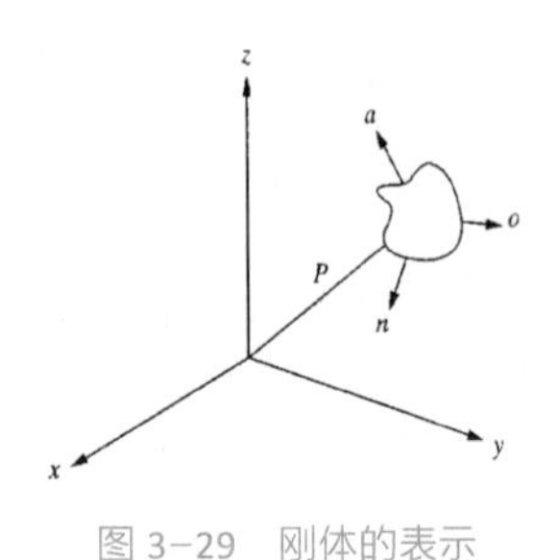

图 3-29　刚体的表示

空间中的一个点只有三个自由度，它只能沿三条坐标轴移动。而在空间的一个刚体不仅可以沿着 x、y、z 三轴移动，而且还可绕三个轴转动，所以刚体有六个自由度。因此，要全面地定义空间物体的位置和姿态，只需要用 6 条独立的信息来描述。三个向量 $\vec{n},\vec{o},\vec{a}$ 相互垂直，每个单位向量的长度必须为 1，如图 3-29 所示。

$$F_{\text{object}}=\begin{bmatrix} n_x & o_x & a_x & p_x \\ n_y & o_y & a_y & p_y \\ n_z & o_z & a_z & p_z \\ 0 & 0 & 0 & 1 \end{bmatrix}$$

排除矩阵中最后一行的比例因子，表达式中给出了 12 条信息，其中 9 条为姿态信息，3 条为位置信息。所以该表达式是冗余的，在该表达式中必定存在一定的约束条件将上述信息个数限制为 6。因此，需要用 6 个约束方程将 12 条信息减少到 6 条信息。这些约束条件来自目前尚未利用的已知的坐标系特性。

6. 刚体姿态的其他表示方法

（1）RPY 角。

RPY 角是描述船舶在海中航行时姿态的一种方法，如图 3-30 所示。

（2）ZXZ 欧拉角。

在三维空间里的一个参考系，任何坐标系的取向，都可以用三个欧拉角来表现。三个欧拉角的静态定义为：α 是 x 轴与交点线的夹角，β 是 z 轴与 Z 轴的夹角，γ 是交点线与 X 轴的夹角，如图 3-31 所示。欧拉角来源于天文学，比较复杂，我们不做深入研究。

图 3-30　RPY 角

R（z，α）：Roll，翻滚；P（y，β）：Pitch，俯仰；Y（x，γ）：Yaw，偏航

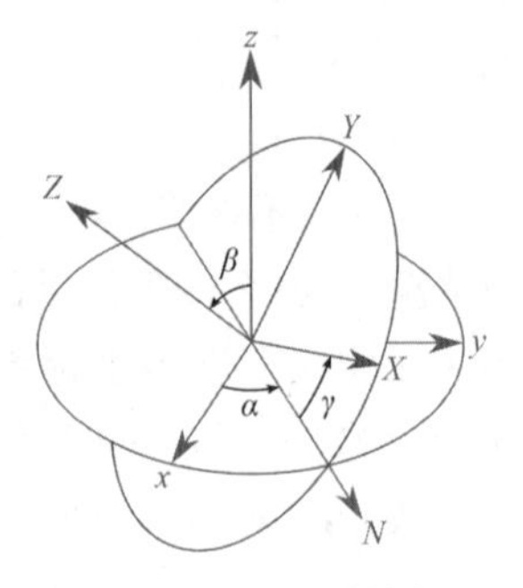

图 3-31　ZXZ 欧拉角

7. 刚体上位置点的直角坐标描述

3×1 的位置矢量 ^{A}P 表示 P 点的位置矢量。

$$^{A}P=\begin{bmatrix}p_x\\p_y\\p_z\end{bmatrix}$$

位姿就是一个物体的位置和姿态，比如人在走动的过程中位姿是不断变化的。我们相对物体进行运动学分析，首先对其位姿抽象出数学模型。那么刚体在空间的位姿，必须根据刚体中任一点的空间位置和刚体绕该点转动时的角度来确定，各占 3 个自由度，所以刚体在空间中有六个自由度，刚体上位姿描述如图 3–32 所示。

8. 刚体姿态的直角坐标描述

工业机器人的机构可以看成一个由一系列连接的连杆组成的多刚体系统。

在三维空间中，若给定了连杆上某一点的位置和连杆的姿态，则这个连杆在空间中的位姿也就确定了，如图 3–33 所示。

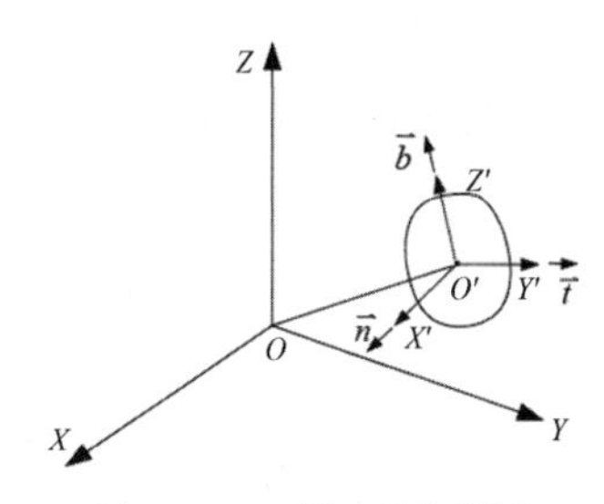

图 3–32　刚体上位姿描述

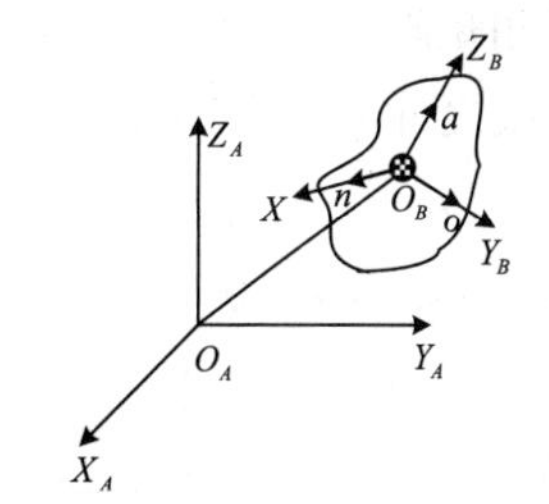

图 3–33　连杆上某一点的位置姿态确定

3.2.5　坐标变换

1. 矩阵计算法则概述

1850 年西尔维斯特首先使用了矩阵这个词。1855 年，英国数学家凯莱创立了矩阵理论，到二十世纪，矩阵理论已成为一个独立的数学分支，出现了矩阵方程论、矩阵分解论、广义逆矩阵等矩阵的现代理论。由于许多线性或非线性问题都可以转化为对矩阵的讨论，所以它在物理、化学、经济、工程以及现代科技的许多领域都有着广泛的应用。

（1）矩阵的定义。

由 $m\times n$ 个数 a_{ij}（i=1，2，…，m；j=1，2，…，n）排成的一个 m 行 n 列的矩形表称为一个 $m\times n$ 矩阵，记作：

$$A_{m\times n}=\begin{bmatrix}a_{11}&a_{12}&\cdots&a_{1n}\\a_{21}&a_{22}&\cdots&a_{2n}\\\cdots&\cdots&\cdots&\cdots\\a_{m1}&a_{m2}&\cdots&a_{mn}\end{bmatrix}$$

（2）部分特殊矩阵。

零矩阵：所有元素均为 0 的矩阵称为零矩阵，记为 O。

$$O_{2\times2}=\begin{bmatrix}0&0\\0&0\end{bmatrix}\quad O_{2\times3}=\begin{bmatrix}0&0&0\\0&0&0\end{bmatrix}\quad O_{3\times3}=\begin{bmatrix}0&0&0\\0&0&0\\0&0&0\end{bmatrix}$$

方阵：若矩阵 A 的行数与列数都等于 n，则称 A 为 n 阶矩阵，或称为 n 阶方阵。

$$A_{2\times2}=\begin{bmatrix}1&2\\3&4\end{bmatrix}\quad B_{3\times3}=\begin{bmatrix}2&5&3\\1&2&2\\7&4&4\end{bmatrix}$$

（3）行矩阵与列矩阵。

只有一行的矩阵称为行矩阵，只有一列的矩阵称为列矩阵，也可以用小写黑体字母 α、β、γ 表示。

$$\alpha=(1,2,3,4)\quad \beta=\begin{bmatrix}5\\2\\7\end{bmatrix}$$

（4）对角矩阵。

主对角线之外的元素皆为 0 的矩阵被称为对角矩阵，如下形式的 n 阶矩阵称为对角矩阵。

$$\Lambda=\begin{bmatrix}a_{11}&0&\cdots&0\\0&a_{22}&\cdots&0\\\cdots&\cdots&\cdots&\cdots\\0&0&\cdots&a_{nn}\end{bmatrix}$$

记为：Λ=diag（a_{11}，a_{22}，$\cdots$，a_{nn}）

例如：$diag(1,2,3)=\begin{bmatrix}1&0&0\\0&2&0\\0&0&3\end{bmatrix}\quad diag(2,1,3,4)=\begin{bmatrix}2&0&0&0\\0&1&0&0\\0&0&3&0\\0&0&0&4\end{bmatrix}$

（5）数量矩阵。

数量矩阵就是对角线上元素都是同一个数值，其余元素都是零，如下形式的 n 阶矩阵称为数量矩阵。

$$A=\begin{bmatrix}a&0&\cdots&0\\0&a&\cdots&0\\\cdots&\cdots&\cdots&\cdots\\0&0&\cdots&a\end{bmatrix}$$

数量矩阵是特殊的对角矩阵 $a_{11}=a_{22}=\cdots=a_{nn}$

例如：$\begin{bmatrix}2&0&0\\0&2&0\\0&0&2\end{bmatrix}\quad\begin{bmatrix}8&0&0&0\\0&8&0&0\\0&0&8&0\\0&0&0&8\end{bmatrix}$

（6）单位矩阵。

有一种矩阵起着特殊的作用，如同数的乘法中的1，这种矩阵被称为单位矩阵。它是一个方阵，从左上角到右下角的对角线（称为主对角线）上的元素均为1。除此以外全都为0。如下形式的 n 阶矩阵称为单位矩阵，记为 I 或 E。

$$I=\begin{bmatrix}1 & 0 & \cdots & 0\\0 & 1 & \cdots & 0\\\cdots & \cdots & \cdots & \cdots\\0 & 0 & \cdots & 1\end{bmatrix}$$

单位矩阵是特殊的数量矩阵：$a_{11}=a_{22}=\cdots=a_{nn}=a=1$。

例如：$I_3=E_3=\begin{bmatrix}1 & 0 & 0\\0 & 1 & 0\\0 & 0 & 1\end{bmatrix}\quad I_4=E_4=\begin{bmatrix}1 & 0 & 0 & 0\\0 & 1 & 0 & 0\\0 & 0 & 1 & 0\\0 & 0 & 0 & 1\end{bmatrix}$

（7）三角矩阵。

三角矩阵是方形矩阵的一种，因其非零系数的排列呈三角形状而得名。三角矩阵分上三角矩阵和下三角矩阵两种。上三角矩阵的对角线左下方的系数全部为零，下三角矩阵的对角线右上方的系数全部为零。

如下形式的 n 阶矩阵称为上三角形矩阵。

$$A=\begin{bmatrix}a_{11} & a_{12} & \cdots & a_{1n}\\0 & a_{22} & \cdots & a_{2n}\\\cdots & \cdots & \cdots & \cdots\\0 & 0 & \cdots & a_{nn}\end{bmatrix}$$

如下形式的 n 阶矩阵称为下三角形矩阵。

$$B=\begin{bmatrix}b_{11} & 0 & \cdots & 0\\b_{21} & b_{22} & \cdots & 0\\\cdots & \cdots & \cdots & \cdots\\b_{n1} & b_{n2} & \cdots & b_{nn}\end{bmatrix}$$

例如：$A=\begin{bmatrix}1 & 2 & 3\\0 & 4 & 7\\0 & 0 & 6\end{bmatrix}\quad B=\begin{bmatrix}1 & 0 & 0 & 0\\5 & 5 & 0 & 0\\4 & 6 & 6 & 0\\3 & 2 & 4 & 3\end{bmatrix}$

（8）对称矩阵。

如果 n 阶矩阵 A 满足 $A^T=A$（即 $a_{ij}=a_{ji}$），则称 A 为对称矩阵。

$$A=\begin{bmatrix}a_{11} & a_{12} & \cdots & a_{1n}\\a_{12} & a_{22} & \cdots & a_{2n}\\\cdots & \cdots & \cdots & \cdots\\a_{1n} & a_{2n} & \cdots & a_{nn}\end{bmatrix}$$

例如：$\begin{bmatrix}1&2&3\\2&5&8\\3&8&6\end{bmatrix}$ $\begin{bmatrix}2&3&8&6\\3&7&4&2\\8&4&9&7\\6&2&7&10\end{bmatrix}$

（9）矩阵的加法、减法。

同型矩阵：两个矩阵的行相同，列相同。

例如：$A=\begin{bmatrix}1&2&3\\4&5&6\end{bmatrix}$ $B=\begin{bmatrix}5&8&6\\2&5&3\end{bmatrix}$为同型矩阵。

$A=\begin{bmatrix}1&2&3&9\\4&5&6&8\end{bmatrix}$ $B=\begin{bmatrix}5&8&6\\2&5&3\end{bmatrix}$为不同型矩阵。

只有同型矩阵才能相加减，其加法与减法法则为同型矩阵对应元素相加减。

设 A 与 B 为两个 $m\times n$ 矩阵。

$$A=\begin{bmatrix}a_{11}&a_{12}&\cdots&a_{1n}\\a_{21}&a_{22}&\cdots&a_{2n}\\\cdots&\cdots&\cdots&\cdots\\a_{m1}&a_{m2}&\cdots&a_{mn}\end{bmatrix}\quad B=\begin{bmatrix}b_{11}&b_{12}&\cdots&b_{1n}\\b_{21}&b_{22}&\cdots&b_{2n}\\\cdots&\cdots&\cdots&\cdots\\b_{m1}&b_{m2}&\cdots&b_{mn}\end{bmatrix}$$

$$A\pm B=\begin{bmatrix}a_{11}\pm b_{11}&a_{12}\pm b_{12}&\cdots&a_{1n}\pm b_{1n}\\a_{21}\pm b_{21}&a_{22}\pm b_{22}&\cdots&a_{2n}\pm b_{2n}\\\cdots&\cdots&\cdots&\cdots\\a_{m1}\pm b_{m1}&a_{m2}\pm b_{m2}&\cdots&a_{mn}\pm b_{mn}\end{bmatrix}$$

例：设 $A=\begin{bmatrix}1&2\\3&4\end{bmatrix}$ $B=\begin{bmatrix}5&6\\7&8\end{bmatrix}$求 A+B=?。

解：$A+B=\begin{bmatrix}1&2\\3&4\end{bmatrix}+\begin{bmatrix}5&6\\7&8\end{bmatrix}=\begin{bmatrix}1+5&2+6\\3+7&4+8\end{bmatrix}=\begin{bmatrix}6&8\\10&12\end{bmatrix}$

（10）矩阵的数乘。

数乘矩阵如对于矩阵 $\{a_{ij}\}$，与数 K 数乘就是 $\{Ka_{ij}\}$，就是矩阵与数的乘法运算，将每一个数都乘以 K。例如，给定矩阵 $A=\begin{bmatrix}a_{11}&a_{12}&\cdots&a_{1n}\\a_{21}&a_{22}&\cdots&a_{2n}\\\cdots&\cdots&\cdots&\cdots\\a_{m1}&a_{m2}&\cdots&a_{mn}\end{bmatrix}$，则 $kA=\begin{bmatrix}ka_{11}&ka_{12}&\cdots&ka_{1n}\\ka_{21}&ka_{22}&\cdots&ka_{2n}\\\cdots&\cdots&\cdots&\cdots\\ka_{m1}&ka_{m2}&\cdots&ka_{mn}\end{bmatrix}$

例：设 $B=\begin{bmatrix}1&0&-3\\4&5&2\\0&-2&1\end{bmatrix}$，求 $3B$ 的值。

$$3B=\begin{bmatrix}3\times1&3\times0&3\times(-3)\\3\times4&3\times5&3\times2\\3\times0&3\times(-2)&3\times1\end{bmatrix}=\begin{bmatrix}3&0&-9\\12&15&6\\0&-6&3\end{bmatrix}$$

（11）矩阵的乘法。

矩阵相乘最重要的方法是一般矩阵乘积。它只有在第一个矩阵的列数（column）和第二个矩阵的行数（row）相同时才有意义。一般单指矩阵乘积时，指的是一般矩阵乘积。一个 $m \times n$ 的矩阵就是 $m \times n$ 个数排成 m 行 n 列的一个数阵。

不是任意两个矩阵乘积 AB 都有意义，两个矩阵乘积 AB 有意义的条件是：左边的矩阵 A 的列数与右边的矩阵 B 的行数相等，即 $A_{m\times s}B_{t\times n}$ 有意义的条件是 $s=t$，并 $A_{m\times s}B_{s\times n}=C_{m\times n}$。

例：$A=\begin{bmatrix}1 & 3 & 4\\5 & 7 & 2\end{bmatrix}$　$B=\begin{bmatrix}1 & 2\\2 & 5\end{bmatrix}$，则 AB 无意义。

$C=\begin{bmatrix}1 & 5 & 8\\5 & 7 & 2\end{bmatrix}$　$D=\begin{bmatrix}1 & 2 & 9\\2 & 5 & 2\\7 & 6 & 4\end{bmatrix}$，则 CD 有意义，且 CD 是 2×3 的矩阵。

矩阵的乘法定义如下。

$$AB=\begin{bmatrix}a_{11} & a_{12} & \cdots & a_{1s}\\a_{21} & a_{22} & \cdots & a_{2s}\\\cdots & \cdots & \cdots & \cdots\\a_{i1} & a_{i2} & \cdots & a_{is}\\\cdots & \cdots & \cdots & \cdots\\a_{m1} & a_{m2} & \cdots & a_{ms}\end{bmatrix}\begin{bmatrix}b_{11} & b_{12} & \cdots & b_{1j} & \cdots & b_{1n}\\b_{21} & b_{22} & \cdots & b_{2j} & \cdots & b_{2n}\\\cdots & \cdots & \cdots & \cdots & \cdots & \cdots\\b_{s1} & b_{s2} & \cdots & b_{sj} & \cdots & b_{sn}\end{bmatrix}=\begin{bmatrix}c_{11} & c_{12} & \cdots & c_{1n}\\c_{21} & c_{22} & \cdots & c_{2n}\\\cdots & \cdots & \cdots & \cdots\\c_{m1} & c_{m2} & \cdots & c_{mn}\end{bmatrix}$$

其中，$c_{ij}=a_{i1}b_{1j}+a_{i2}b_{2j}+\cdots+a_{is}b_{sj}$（$i$=1，2，⋯，$m$；$j$=1，2，⋯，$n$）

2. 坐标平移变换

一个坐标系或者一个物体在空间中以不变的姿态运动，那么该运动就是纯平移。一个点的平移可以分解成沿着不同轴向的平移的组合。

已知点 P 在 j 坐标系的坐标，平移 j 至 i，求点 P 在 i 坐标系的坐标，如图 3-34 所示。

$$\overrightarrow{O_iP}=\overrightarrow{O_iO_j}+\overrightarrow{O_jP}\quad {}^{i}P={}^{Oj}_{i}P+{}^{j}P$$

沿着不同轴向的组合平移：

$${}^{Oj}_{i}P=\begin{bmatrix}\sum\Delta x\\0\\0\end{bmatrix}+\begin{bmatrix}0\\\sum\Delta y\\0\end{bmatrix}+\begin{bmatrix}0\\0\\\sum\Delta z\end{bmatrix}=\begin{bmatrix}\sum\Delta x\\\sum\Delta y\\\sum\Delta z\end{bmatrix}$$

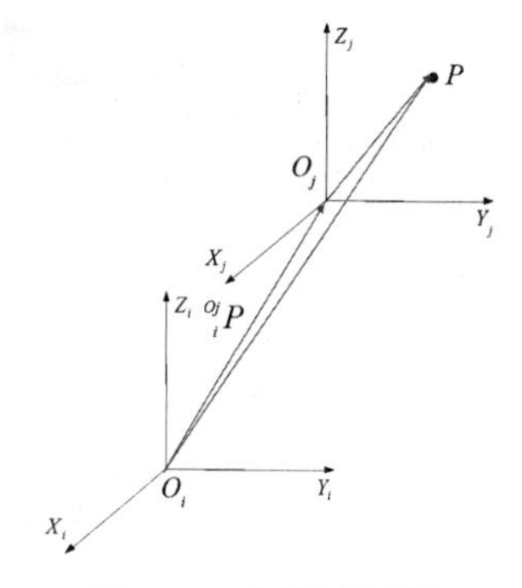

图 3-34　坐标系的平移

如图 3-35 所示，比如在直角坐标型机器人中，想由坐标 1 平移到坐标 3，执行时先沿着 x 轴负方向移到坐标 2 的位置，再沿着 y 的方向平移至坐标 3 的位置。

例题：如图 3-36 所示，已知 ${}^{j}P=[-5\ \ 6\ \ 7]^T$，求 P 点在 i 坐标系中的坐标。

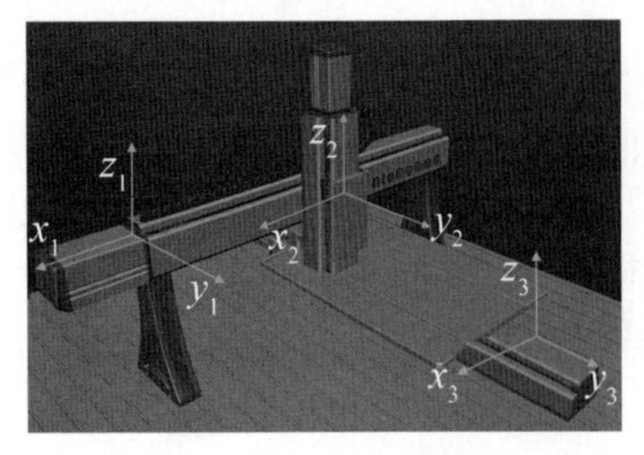

图 3–35　直角坐标型机器人的平移

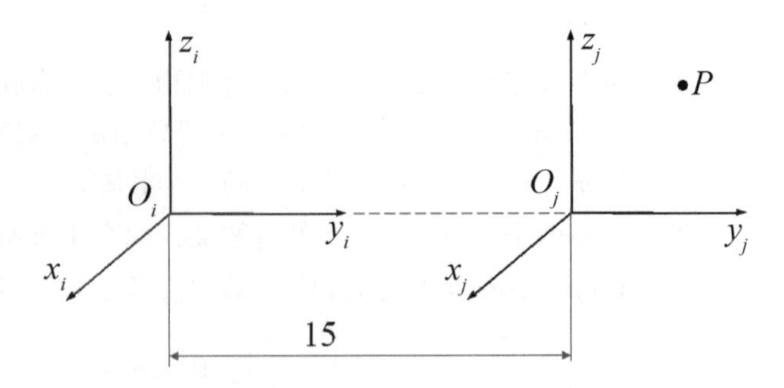

图 3–36　坐标系平移习题

解答：

$${}^{i}P={}^{j}P+{}^{Oj}_{i}P=\begin{bmatrix}-5 & 6 & 7\end{bmatrix}^{T}+\begin{bmatrix}0 & 15 & 0\end{bmatrix}^{T}=\begin{bmatrix}-5 & 21 & 7\end{bmatrix}^{T}$$

3. 坐标旋转（坐标系原点相同）

坐标系 j 由坐标系 i 旋转而成，已知点 P 在 j 坐标系的坐标：${}^{j}P=[x_j \quad y_j \quad z_j]^T$

求点 P 在 i 坐标系的坐标：${}^{i}P=[x_i \quad y_i \quad z_i]^T$。坐标旋转的示意如图 3–37 所示。为了解决坐标旋转的变换问题，需要对坐标进行正交分解，如图 3–38 所示。

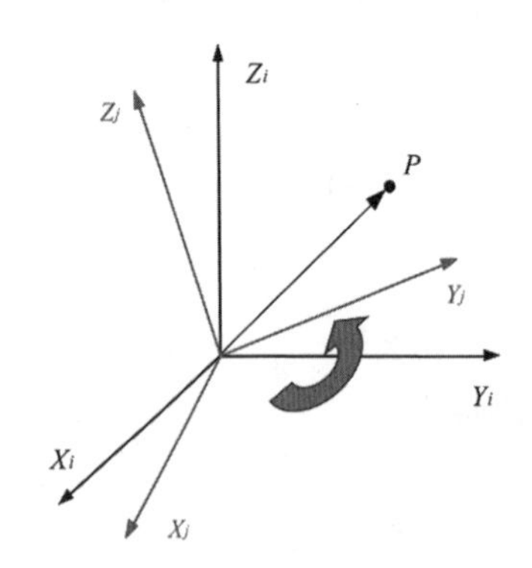

图 3–37　坐标旋转

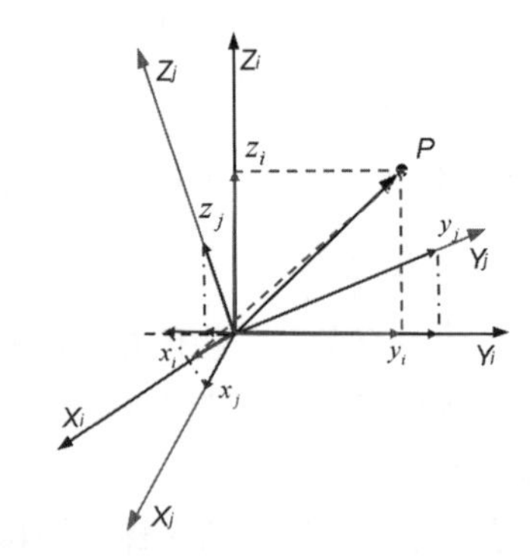

图 3–38　正交分解

$${}^{i}P=\begin{cases}x_i=x_j\cos(\angle X_i,X_j)+y_j\cos(\angle X_i,Y_j)+z_j\cos(\angle X_i,Z_j)\\ y_i=x_j\cos(\angle Y_i,X_j)+y_j\cos(\angle Y_i,Y_j)+z_j\cos(\angle Y_i,Z_j)\\ z_i=x_j\cos(\angle Z_i,X_j)+y_j\cos(\angle Z_i,Y_j)+z_j\cos(\angle Z_i,Z_j)\end{cases}$$

$${}^{i}P=\begin{bmatrix}\cos(\angle X_i,X_j) & \cos(\angle X_i,Y_j) & \cos(\angle X_i,Z_j)\\ \cos(\angle Y_i,X_j) & \cos(\angle Y_i,Y_j) & \cos(\angle Y_i,Z_j)\\ \cos(\angle Z_i,X_j) & \cos(\angle Z_i,Y_j) & \cos(\angle Z_i,Z_j)\end{bmatrix}\begin{bmatrix}x_j\\ y_j\\ z_j\end{bmatrix}$$

表示成矩阵的形式有：矩阵 R 乘以原来 P 的坐标 = 变换后 P 的坐标，我们称 R 为姿态矢量矩阵，又称旋转矩阵。

$${}^{O'}_{O}R=\begin{bmatrix}\cos(\angle X'X) & \cos(\angle Y'X) & \cos(\angle Z'X)\\ \cos(\angle X'Y) & \cos(\angle Y'Y) & \cos(\angle Z'Y)\\ \cos(\angle X'Z) & \cos(\angle Y'Z) & \cos(\angle Z'Z)\end{bmatrix}$$

如果只绕一个坐标轴旋转，其转动矩阵如下：

（1）绕 X 轴旋转，如图 3-39 所示：

旋转矩阵为

$$ {}_i^jR(X_i,\theta)=\begin{bmatrix}1 & 0 & 0\\ 0 & \cos\theta & -\sin\theta\\ 0 & \sin\theta & \cos\theta\end{bmatrix} $$

（2）绕 Y 轴旋转，如图 3-40 所示：

旋转矩阵为

$$ {}_i^jR(Y_i,\theta)=\begin{bmatrix}\cos\theta & 0 & \sin\theta\\ 0 & 1 & 0\\ -\sin\theta & 0 & \cos\theta\end{bmatrix} $$

（3）绕 Z 轴旋转，如图 3-41 所示：

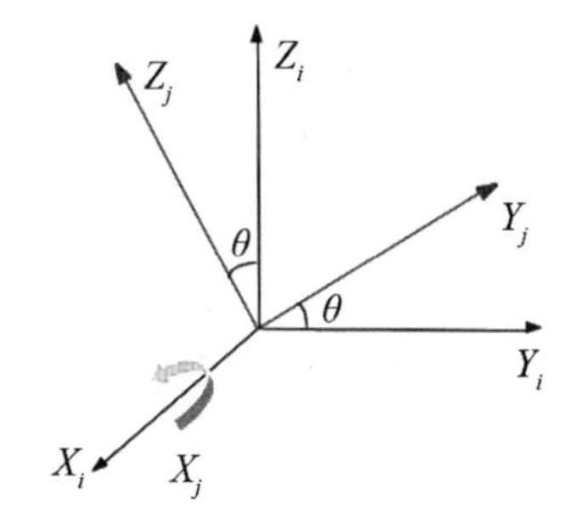

图 3-39　绕 X 轴旋转

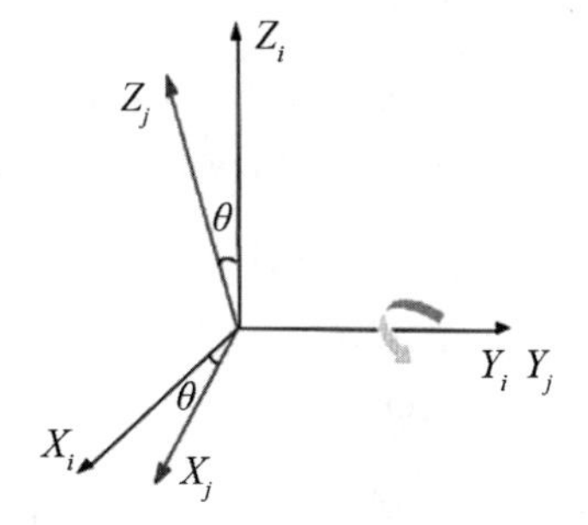

图 3-40　绕 Y 轴旋转

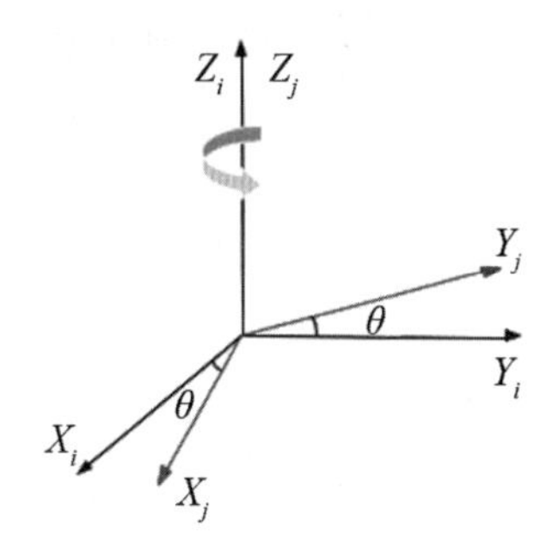

图 3-41　绕 Z 轴旋转

旋转矩阵为

$$ {}_i^jR(Z_i,\theta)=\begin{bmatrix}\cos\theta & -\sin\theta & 0\\ \sin\theta & \cos\theta & 0\\ 0 & 0 & 1\end{bmatrix} $$

思考

单独绕一个坐标系旋转的旋转矩阵，是否存在哪些规律可以帮助我们记忆？

对比单独绕 X、Y、Z 其中一个轴单独旋转的三组旋转矩阵，其特点可以总结归纳如下：

（1）主对角线上有一个元素为 1，其余均为转角的余弦 / 正弦；

（2）绕轴转动的次序与元素 1 所在的行、列号对应；

（3）元素 1 所在的行、列均为 1，其他元素均为 0；

（4）从元素 1 所在行起，自上而下，先出现的正弦为负，后出现的为正，反之亦然。

4. 绕多个坐标轴旋转的转动矩阵

（1）绕固定坐标系旋转，如图 3-42 所示。

$$ {}_i^jR(\alpha,\theta)=R(Z,\theta)R(X,\alpha) $$

$$\text{坐标系}\ (X_i,Y_i,Z_i) \to \text{坐标系}\ (X_m,Y_m,Z_m) \to \text{坐标系}\ (X_j,Y_j,Z_j)$$

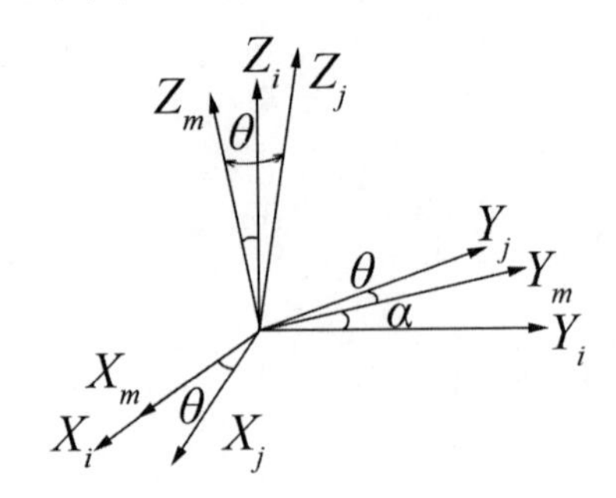

图 3-42　绕多个坐标轴旋转

$$ {}_i^jR(\alpha,\theta)=\begin{bmatrix}\cos\theta & -\sin\theta & 0\\ \sin\theta & \cos\theta & 0\\ 0 & 0 & 1\end{bmatrix}\begin{bmatrix}1 & 0 & 0\\ 0 & \cos\alpha & -\sin\alpha\\ 0 & \sin\alpha & \cos\alpha\end{bmatrix}=\begin{bmatrix}\cos\theta & -\sin\theta\cos\alpha & \sin\theta\sin\alpha\\ \sin\theta & \cos\theta\cos\alpha & -\cos\theta\sin\alpha\\ 0 & \sin\alpha & \cos\alpha\end{bmatrix}$$

（2）绕运动坐标系旋转，如图 3-43 所示。

$$\text{坐标系}(X_i,Y_i,Z_i) \to \text{坐标系}(X_m,Y_m,Z_m) \to \text{坐标系}(X_j,Y_j,Z_j)$$

$$R(Z_i,\varphi) \to R(Y_i,\theta) \to R(Z_i,\phi) \to {}_i^jR(\varphi,\theta,\phi)=R(Z,\varphi)R(Y,\theta)R(Z,\phi)$$

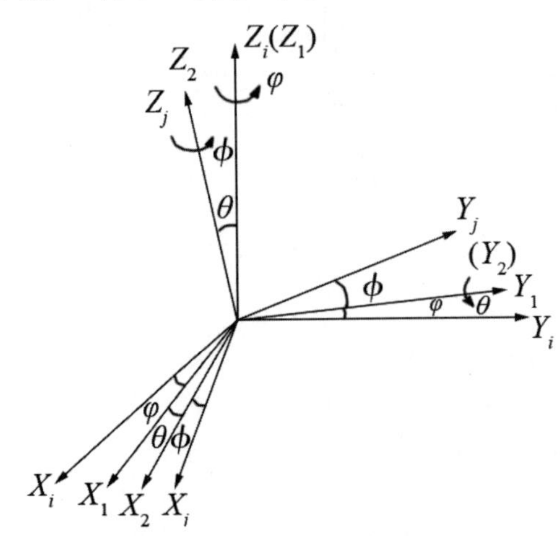

图 3-43　绕运动坐标系旋转

$$ {}_i^jR(\varphi,\theta,\phi)=\begin{bmatrix}\cos\varphi & -\sin\varphi & 0\\ \sin\varphi & \cos\varphi & 0\\ 0 & 0 & 1\end{bmatrix}\begin{bmatrix}\cos\theta & 0 & \sin\theta\\ 0 & 1 & 0\\ -\sin\theta & 0 & \cos\theta\end{bmatrix}\begin{bmatrix}\cos\phi & -\sin\phi & 0\\ \sin\phi & \cos\phi & 0\\ 0 & 0 & 1\end{bmatrix}$$

$$=\begin{bmatrix}\cos\varphi\cos\theta\cos\phi-\sin\varphi\sin\phi & -\cos\varphi\cos\theta\sin\phi-\sin\varphi\cos\phi & \cos\varphi\sin\theta\\ \sin\varphi\cos\theta\cos\phi+\cos\varphi\sin\phi & -\sin\varphi\cos\theta\sin\phi+\cos\varphi\cos\phi & \sin\varphi\sin\theta\\ \sin\theta\sin\phi & \sin\theta\sin\phi & \cos\theta\end{bmatrix}$$

注意：多个旋转矩阵连乘时，次序不同则含义不同。

（1）绕新的动坐标轴依次转动时，每个旋转矩阵要从左往右乘，即旋转矩阵的相乘顺序与转动次序相同；

（2）绕旧的固定坐标轴依次转动时，每个旋转矩阵要从右往左乘，即旋转矩阵的相乘顺序与转动次序相反。

5. 坐标综合变换

（1）先旋转，后平移，如图 3-44 所示。

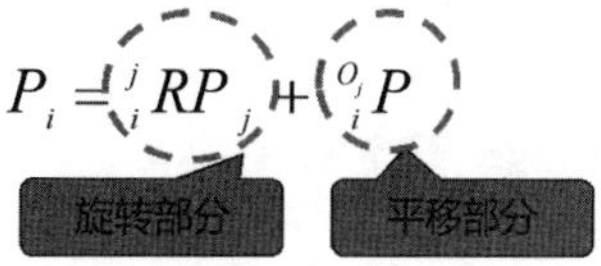

I（旋转）：c 与 j 原点重合，c 与 i 姿态相同。

$$P_c = {}^j_cRP_j = {}^j_iRP_j$$

II（平移）：c 与 i 原点重合。

$$P_i = P_c + {}^{O_c}_iP = {}^j_iRP_j + {}^{O_j}_iP$$

$$P_i = {}^j_iRP_j + {}^{O_j}_iP$$

旋转部分　平移部分

图 3-44　先旋转后平移的坐标变换

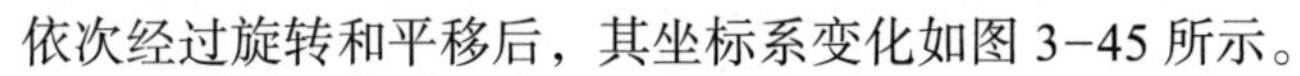

依次经过旋转和平移后，其坐标系变化如图 3-45 所示。

（2）先平移，后旋转，其坐标系变化如图 3-46 所示。

I（平移）：c 与 i 原点重合，c 与 j 姿态相同。

$$P_c = {}^{O_j}_cP + P_j \qquad P_c = {}^{O_j}_cP + P_j \neq {}^{O_j}_iP + P_j$$

II（旋转）：c 与 i 姿态相同。

$$P_i = {}^c_iRP_c = {}^j_iR({}^{O_j}_cP + P_j) = {}^c_iR\,{}^{O_j}_cP + {}^j_iRP_j$$
$$= {}^{O_j}_iP + {}^j_iRP_j$$

例题：已知坐标系 B 初始位姿与 A 重合，首先 B 相对于坐标系 A 的 Z 轴转 30°，再沿 A 的 X 轴移动 10 个单位，并沿 A 的 Y 轴移动 5 个单位。假设点 P 在坐标系 B 的描述为 P^B=[3，7，0]^T，求它在坐标系 A 中的描述 P^A，如图 3-47 所示。

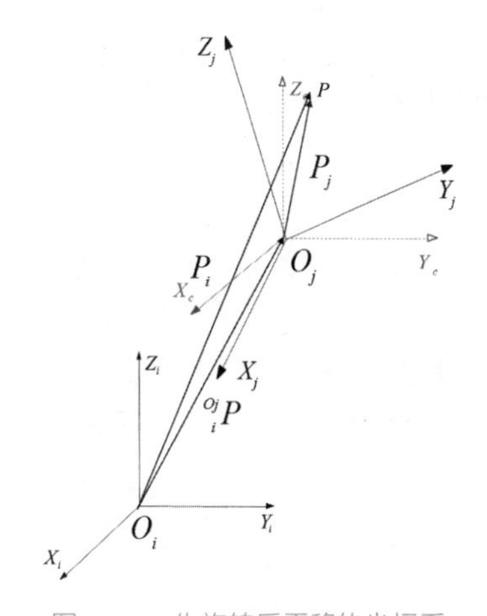

图 3-45　先旋转后平移的坐标系变化

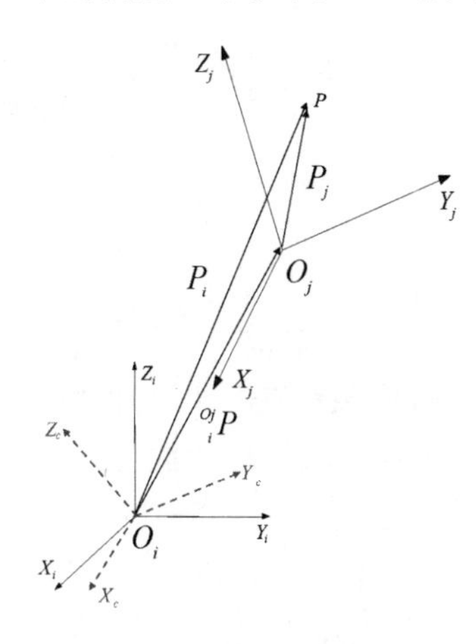

图 3-46　先平移后旋转的坐标系变化

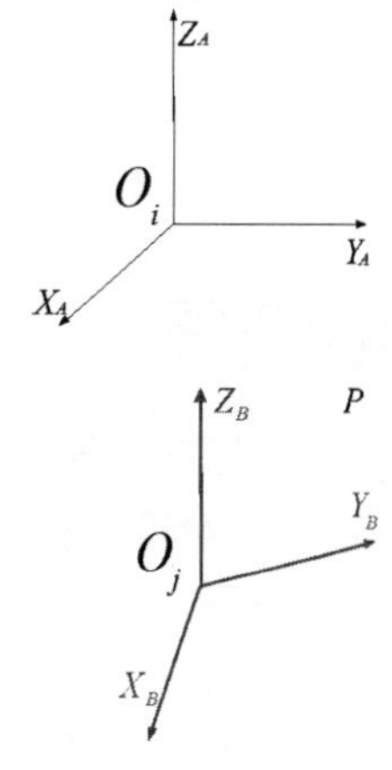

图 3-47　坐标综合变换例题图

解答过程如下：

$$P^A = {}^B_ARP^B + {}^{O_B}_AP = R(Z_A,30)P^B + P(X_A,10) + P(Y_A,5)$$

$$= \begin{bmatrix} \cos 30° & -\sin 30° & 0 \\ \sin 30° & \cos 30° & 0 \\ 0 & 0 & 1 \end{bmatrix} \begin{bmatrix} 3 \\ 7 \\ 0 \end{bmatrix} + \begin{bmatrix} 10 \\ 0 \\ 0 \end{bmatrix} + \begin{bmatrix} 0 \\ 5 \\ 0 \end{bmatrix}$$

$$= \begin{bmatrix} 9.098 \\ 12.562 \\ 0 \end{bmatrix}$$

提示 机器人良好的位姿控制是进行精准作业的基础和保证。

拓展阅读

国内首个无针注射机器人发布

近日，同济大学电子与信息工程学院副教授齐鹏团队发布了一款自主智能无针疫苗注射机器人，该机器人基于世界领先的人体三维模型识别算法及自适应机器人技术，结合机电一体化无针注射器设计，是国内首次发布无针注射机器人完整技术验证方案。

无针注射其实并不是全新的概念，在此之前，就已经有胰岛素的无针注射器出现了。这样的无针注射仍然存在着一个问题：需要人操控，如果没有对准好注射位置，就容易注射失败。此次齐鹏团队所开发的全自动无针头疫苗注射机器人，在传统的需要人来操控的无针注射基础上，加入了医疗机器人的元素，使得注射这一过程真正实现了自动化。

该自动疫苗注射机器人可以通过机器视觉，自动识别人身上指定的疫苗注射位置，定位到需要扎针的肌肉部分；同时，多自由度的机械臂自适应地完成柔性自动化操作；然后，机器人的无针注射部分，能够通过高压的水柱，把药液注射到肌肉中，完成疫苗注射过程。

——摘自《几乎无痛 打疫苗不用针？国内首个无针注射机器人发布》
（中央广播电视总台上海总站，2022 年 1 月 24 日）

任务小结

在分析工业机器人运动时，我们需要首先知道工业机器人的位姿是如何描述的、坐标是如何变换的，这是工业机器人运动轨迹规划的前提。工业机器人运动简图既简化了工业机器人图形绘制的工作量，也对各运动功能图形进行了标准化的设计。

工业机器人是由一个个关节连接起来的多刚体，每个关节均由伺服驱动单元组成，每个单元的运动都会影响工业机器人末端执行器的位置与姿态。为了分析与描述工业机器人的运动情况，研究各关节运动对工业机器人位置与姿态的影响，需要用标准的语言来描述工业机器人在工作空间中的位姿，这就是工业机器人坐标系产生的主要原因。

任务 3.3 工业机器人运动学基础

任务提出

在一般机器人应用问题上，人们感兴趣的是末端执行器相对于参考坐标系的空间几何描述，也就是机器人运动学的问题，即研究机器人手臂末端执行器位置和姿态与关节坐标之间的关系。工业机器人运动学的总体思想是：首先给定每个关节指定坐标系，然后确定从一个关节到下一个关节进行变化的步骤，这体现在两个相邻参考坐标系之间的变化，将所有变化结合起来，就确定了末端关节与基座之间的总变化，从而建立运动学方程。工业机器人运动学分析又主要分为正运动学和逆运动学两种，这两种运动学分析各有什么异同呢？接下来我们将在任务 3.3 中围绕这一问题进行学习。本任务包括以下几项内容：

（1）了解工业机器人正运动学和逆运动学的主要定义；

（2）理解工业机器人正运动学的模型建立和计算求解方法；

（3）理解工业机器人逆运动学的模型建立和计算求解方法。

任务实施

3.3.1 工业机器人运动学概述

机器人运动学涉及机器人相对于固定坐标系运动几何学关系的分析和研究，而与产生运动所需的力或力矩无关。因此，机器人运动学主要涉及机器人空间位移作为时间函数的解析说明，特别是机器人末端执行器的位置和姿态与关节变量之间的关系。

机器人，特别是具有代表性的关节型机器人，实质上是由一系列关节连接而成的空间连杆开式链机构。机器人的运动学可用一个开环关节链来建模，此链由数个刚体（杆件）以驱动器驱动的转动或移动关节串联而成。开环关节链的一端固定在基座上，另一端是自由的，安装着工具，用以操作物体或完成装配作业。关节的相对运动导致杆件的运动，使末端执行器定位到被操作物体的方位上。在很多机器人应用问题中，人们感兴趣的是末端执行器相对于固定参考系的空间描述。

机器人运动学的基本问题可归纳如下。

（1）对于一个给定的机器人，已知杆件几何参数和关节角矢量，求机器人末端执行器相对参考坐标系的位置和姿态。这类问题称为正向运动学问题（也叫运行学正解或 Where 问题），如图 3-48 所示。机器人示教时，机器人控制器逐点进行运动学正解运算。

图 3-48 正向运动学（示教）

（2）已知机器人杆件的几何参数，给定了机器人末端执行器相对参考坐标系的期望位置和姿态，求机器人各关节角矢量，即机器人各关节要如何运动才能达到这个预期的位姿？如能达到，那么机器人由几种不同形态可满足同样的条件？这类问题称为逆向运动学问题（也叫运动学逆解或 How

问题)，如图 3-49 所示。机器人再现时，机器人控制器逐点进行运动学逆解运算，并将角矢量分解到各个关节。

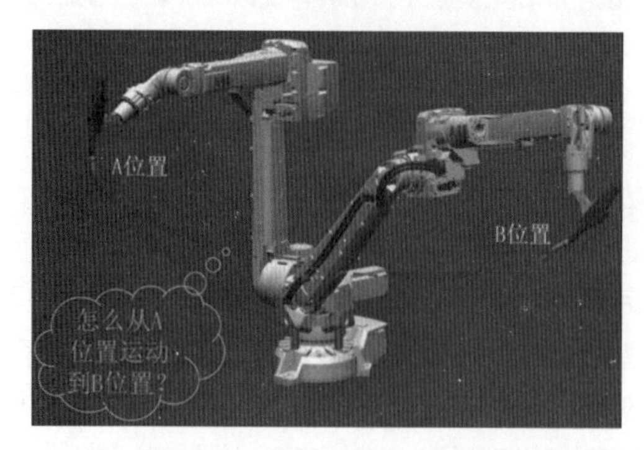

图 3-49　逆向运动学问题（再现）

由于机器人手臂的独立变量是关节变量，但作业通常是用固定坐标系来描述的，所以常常碰到的是上述的第二个问题。1955 年，德纳维（Denavit）和哈登贝格（Hardenberg）曾提出了一种矩阵代数方法，用于描述机器人手臂杆件相对固定参考坐标系的空间几何关系。他们使用 4×4 齐次变换矩阵来描述两个相邻的机械刚性构件间的空间几何关系，把正向运动学问题简化为寻求等价 4×4 齐次变换矩阵，此矩阵把手臂坐标系的空间位移与参考坐标系联系起来，并且该矩阵还可用于推导手臂运动的动力学方面逆向运动学问题，可采用如矩阵代数、迭代或几何方法来解决。

3.3.2　工业机器人的运动学方程

机器人运动学包括两类基本问题：正运动学和逆运动学。正运动学是根据各关节变量计算机器人末端相对于基坐标系的位姿，逆运动学是根据机器人末端的位姿计算相应的各关节变量，两类问题之间的关系如图 3-50 所示。

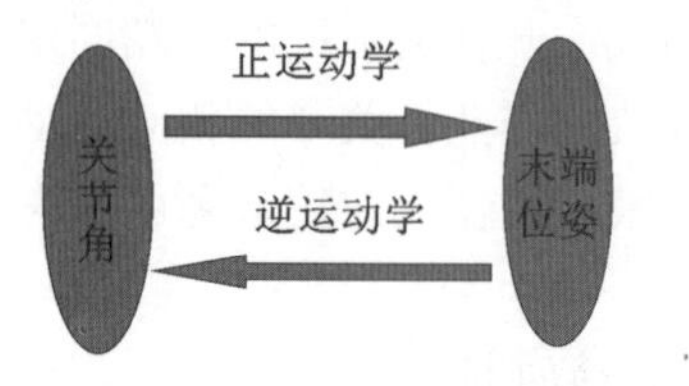

图 3-50　正运动学和逆运动学之间的关系

1. 工业机器人的正运动学计算

首先是运动模型的建立。要知道，机器人机构运动学的描述都进行了一系列的理想化假设。构成机构的连杆，假设是严格的刚体，其表面无论是位置还是形状在几何上都是理想的。相应地，这些刚体由关节连接在一起，关节也具有理想化的表面，其接触无间隙。通过其运动学方程，机器人可以用它自己各关节的详细参数，比如旋转关节转过的角度和滑动关节移动的距离，来定义一个机械任意组成部分的位置。要做到这点，我们需要用一系列的线条来描述机器人。

一旦确定了机器人各个关节的关节坐标，机器人末端的位姿也就随之确定。因此，由机器人的关节空间到机器人的末端笛卡尔空间之间的映射，是一种单映射关系。机器人的正向运动学描述的就是机器人的关节空间到机器人的末端笛卡尔空间之间的映射关系。

对于具有 n 个自由度的串联结构工业机器人，各个连杆坐标系之间属于联体坐标关系。若各个连杆的 D−1 矩阵分别为 A_1，则机器人末端的位置和姿态为：$T=A_1A_2A_3\cdots\cdots A_n$。

根据 D−H 表示法，确定了相邻连杆坐标系 $\{i\}$ 与 $\{i-1\}$ 的齐次变换矩阵，最后根据正向运动学方程，如图 3−51 所示，写出机器人的总变换矩阵。

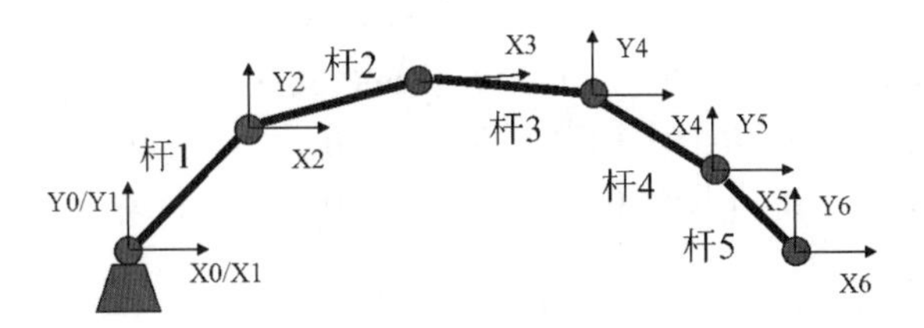

图 3−51　正向运动学方程

$$
{}^6_0T = {}^1_0T\cdot{}^2_1T\cdot{}^3_2T\cdot{}^4_3T\cdot{}^5_4T\cdot{}^6_5T
$$

$$
= {}^1_0T(q_1)\cdot{}^2_1T(q_2)\cdot{}^3_2T(q_3)\cdot{}^4_3T(q_4)\cdot{}^5_4T(q_5)\cdot{}^6_5T(q_6)
$$

$$
= \begin{bmatrix} & {}^6_0R & & {}^6_0P \\ & & & \\ 0 & 0 & 0 & 1 \end{bmatrix}
$$

例题：某机器人有 2 个关节，分别位于 O_A，O_B 点，机械手中心为 O_C 点，如图 3−52 所示。这三个点分别为三个坐标系的原点，调整机器人各关节使得末端操作器最终到达指定位置（末端操作器沿 Z 轴发生平移），其中 l_1=100, l_2=50, θ_1=45°, θ_2=−30°，求机械手末端操作器的位姿（求末端操作器的坐标及与 X 轴的夹角）。

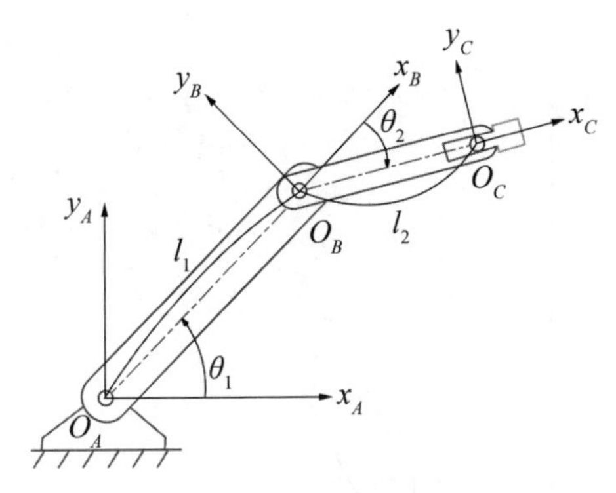

图 3−52　例题附图

解法 1：

第一种解法运用几何关系直接求解末端坐标。由题可知，SCARA 机器人为平面关节型机器人，两个关节轴线相互平行。图中末端操作器与 X 轴的夹角也是 X_C 与 X_A 的夹角：

45°−30° ＝ 15°

$$
x_{O_C} = l_1\cos\theta_1 + l_2\cos(\theta_1+\theta_2) = 100\times\frac{\sqrt{2}}{2} + 50\times(\frac{\sqrt{6}}{4}+\frac{\sqrt{2}}{4}) = 25\frac{\sqrt{6}}{2} + 125\frac{\sqrt{2}}{2}
$$

$$
y_{O_C} = l_1\sin\theta_1 + l_2\sin(\theta_1+\theta_2) = 100\times\frac{\sqrt{2}}{2} - 50\times(\frac{\sqrt{6}}{4}-\frac{\sqrt{2}}{4}) = 25\frac{\sqrt{6}}{2} + 75\frac{\sqrt{2}}{2}
$$

解法 2：

第二种解法是利用 DH 建模的方法建立坐标系，写出参数，通过矩阵相乘得到最终变换矩阵。

$$T = \mathrm{Rot}(z_A,\theta_1)\mathrm{Trans}(l_1,0,0)\mathrm{Rot}(z_B,\theta_2)\mathrm{Trans}(l_2,0,0)$$

$$=\begin{bmatrix}\cos45^\circ & -\sin45^\circ & 0 & 0\\ \sin45^\circ & \cos45^\circ & 0 & 0\\ 0 & 0 & 1 & 0\\ 0 & 0 & 0 & 1\end{bmatrix}\begin{bmatrix}1 & 0 & 0 & 100\\ 0 & 1 & 0 & 0\\ 0 & 0 & 1 & 0\\ 0 & 0 & 0 & 1\end{bmatrix}\begin{bmatrix}\cos(-30^\circ) & -\sin(-30^\circ) & 0 & 0\\ \sin(-30^\circ) & \cos(-30^\circ) & 0 & 0\\ 0 & 0 & 1 & 0\\ 0 & 0 & 0 & 1\end{bmatrix}\begin{bmatrix}1 & 0 & 0 & 50\\ 0 & 1 & 0 & 0\\ 0 & 0 & 1 & 0\\ 0 & 0 & 0 & 1\end{bmatrix}$$

$$=\begin{bmatrix}\frac{\sqrt{6}}{4}+\frac{\sqrt{2}}{4} & \frac{\sqrt{2}}{4}-\frac{\sqrt{6}}{4} & 0 & 25\frac{\sqrt{6}}{2}+125\frac{\sqrt{2}}{2}\\ \frac{\sqrt{6}}{4}-\frac{\sqrt{2}}{4} & \frac{\sqrt{2}}{4}+\frac{\sqrt{6}}{4} & 0 & 25\frac{\sqrt{6}}{2}+75\frac{\sqrt{2}}{2}\\ 0 & 0 & 1 & 0\\ 0 & 0 & 0 & 1\end{bmatrix}$$

2. 工业机器人的逆运动学计算

逆运动学是机器人运动规划和轨迹控制的基础；对于串联机器人，正运动学的解是唯一的，而逆运动学存在多种解或无解。

例题：某个机器人有 3 个关节，分别位于 O_A，O_B，O_C 点，机械手中心为 O_D 点，如图 3-53 所示。调整机器人各关节使得末端操作器最终到达指定位置（未沿 z 轴发生平移），坐标系 $\{A\}$ 中点 O_D 坐标为（$\frac{9}{2}\sqrt{3}$，12，0），其中 l_1=5, l_2=5, l_3=4, θ_4=30°，求机械手各个关节的角度 θ_1、θ_2、θ_3。

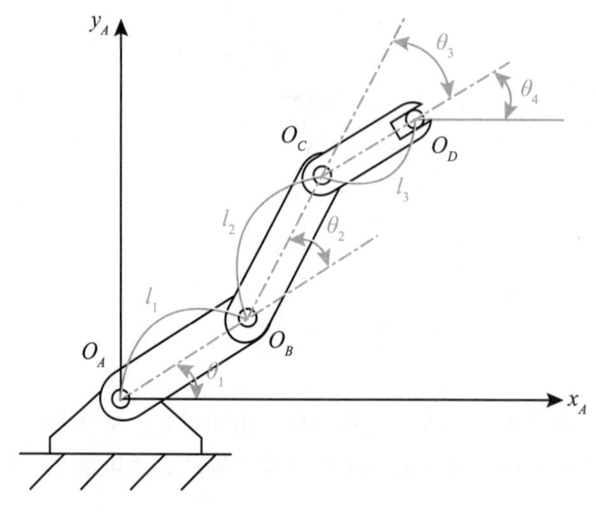

图 3-53　例题附图

技巧：在实际应用中遇到逆运动学问题时可以对机器人进行抽象，例如 SCARA 机器人俯视可以抽象为两关节，如图 3-54 所示。

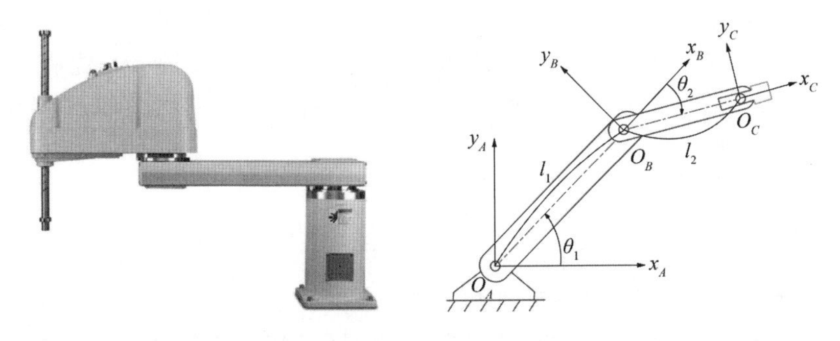

图 3-54　俯视可以抽象为两关节的 SCARA 机器人

由题可知，第三关节的坐标可由末端执行器的坐标求得

$$x_{O_c}=\frac{9}{2}\sqrt{3}-4\cos 30°=\frac{5}{2}\sqrt{3}$$

$$y_{O_c}=\frac{19}{2}-4\sin 30°=\frac{15}{2}$$

故 O_C 点到坐标系 $\{A\}$ 原点 O_A 的距离为

$$l_{O_C}{}^2=x_{O_C}^2+y_{O_C}^2=\left(\frac{5}{2}\sqrt{3}\right)^2+\left(\frac{15}{2}\right)^2=75\text{，且}$$

$$\begin{aligned}l_{O_2}^2&=l_1^2+l_2^2-2\times l_1\times l_2\times\cos(\pi-\theta_2)\\&=l_1^2+l_2^2-2\times l_1\times l_2\times(-\cos\theta_2)=50+50\cos\theta_2\end{aligned}\Rightarrow\theta_2=\pm60°$$

又因为 $X_{O_C}=l_1\cos\theta_1+l_2\cos(\theta_1+\theta_2)$，根据加法定理可知：

$$\frac{5}{2}\sqrt{3}=5\cos\theta_1+5(\cos\theta_1\cos\theta_2-\sin\theta_1\sin\theta_2)\cos\theta_2=\frac{1}{2}$$

当 θ_2=60° 时，根据三角函数的合成定理可知：

$$\frac{5}{2}\sqrt{3}=\frac{15}{2}\cos\theta_1-\frac{5\sqrt{3}}{2}\sin\theta_1=\sqrt{\left(\frac{15}{2}\right)^2+\left(\frac{-5\sqrt{3}}{2}\right)^2}\cos(\theta_1-\alpha)$$

则：$\alpha=\tan^{-1}\left(\frac{-1}{\sqrt{3}}\right)=-30°$

$\cos(\theta_1-\alpha)=\frac{1}{2}$，$\theta_1-\alpha=\pm60°$，故 $\theta_1=\pm60°+\alpha$，$\theta_1=30°$ 或 $\theta_1=-90°$（舍去）

又因 $\theta_1+\theta_2+\theta_3=30°$，所以 $\theta_3=-30°$

当时 $\theta_2=-60°$ 时，同理可得 $\theta_1=90°$，$\theta_3=0°$。

总结逆运动学求解的一般方法，总的说来可以分为两步：首先是求出整体的变换矩阵；然后用变换矩阵方程求出相应关节的关节变量。

$${}_0^nT(q_1,q_2,\cdots,q_n)={}_0^1T(q_1)\cdots{}_{n-1}^{\ n}T(q_n)=\begin{bmatrix}n_x&o_x&a_x&p_x\\n_y&o_y&a_y&p_y\\n_z&o_z&a_z&p_z\\0&0&0&1\end{bmatrix}$$

实际应用中，要考虑关节的活动范围，因为某些解是无法实现的。一般在避免碰撞的前提下，遵循“最短行程”原则，即每个关节的移动量为最小的解，选择最优解。同时典型机器人的前三关节大，后三关节小，考虑工业机器人连杆尺寸的差异，遵循“多移动小关节，少移动大关节”的原则。

任务小结

机器人运动学的分析包括两个基本问题。

（1）对一个给定的机器人，已知杆件集合参数和关节变量，求末端执行器相对于给定坐标系的位置和姿态。给定坐标系以固定在大地上的笛卡尔坐标系作为机器人的固定坐标系。

（2）已知机器人杆件的几何参数，给定末端执行器相对于固定（或基座）坐标系的位置和姿态，确定关节变量的大小。

机器人运动学中的一个基本工具是机器人的运动学方程。这些非线性方程用于将关节参数映射到机器人系统的配置。运动学方程也适用于骨骼的生物力学和关节角色的计算机动画。在正向运动学中使用机器人的运动学方程可以根据关节参数的指定值计算末端执行器的位置。计算实现末端执行器指定位置的关节参数的逆过程称为逆运动学。通过二关节型机器人和三关节型机器人的模型，依次对工业机器人正运动学和逆运动学的求解方法进行了了解。除此之外，机器人运动学还涉及运动规划、奇异点避免、冗余和避免碰撞的发生。

任务 3.4　工业机器人动力学基础

任务提出

机器人动力学是对机器人机构的力和运动之间关系与平衡进行研究的学科。机器人动力学是复杂的动力学系统，对处理物体的动态响应取决于机器人动力学模型和控制算法，主要研究动力学正向问题和动力学逆向问题两个方面，需要采用严密的系统方法来分析机器人动力学特性。现代机械向高速、精密、重载方向发展，机器人动力学问题显得特别重要，已经成为直接影响机械产品性能的关键问题。工业机器人动力学的模型是如何建立的呢？接下来我们将在任务 3.4 中围绕这一问题进行学习。本任务包括以下几项内容：

（1）熟悉工业机器人动力学的基本概念；

（2）理解工业机器人动力学模型的具体含义；

（3）能够描述工业机器人动力学的基本问题。

任务实施

3.4.1　工业机器人动力学概述

机器人的动力学主要研究的是物体的运动与受力之间的关系，并联机器人动力学分析模型如图 3–55 所示。机器人动力学方程是机器人机械系统的运动方程，它表示机器人各关节的关节位置、关节速度、关节加速度与各关节执行器驱动力或力矩之间的关系。

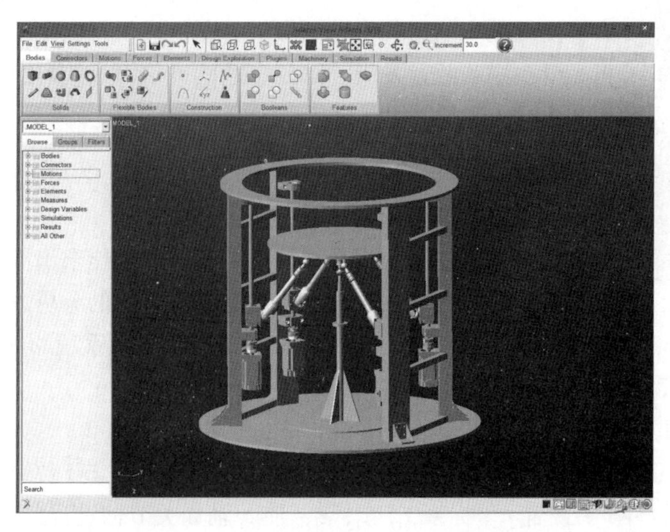

图 3–55　并联机器人动力学分析模型

机器人的动力学有两个相反的问题：一是已知机器人各关节执行器的驱动力或力矩，求解机器人各关节的位置、速度、加速度，这是动力学正向问题；二是已知各关节的位置、速度、加速度，求各关节所需的力或力矩，这是动力学逆向问题。

机器人的动力学正向问题主要用于机器人的运动仿真。例如在涉及机器人时，需根据连杆质量、运动学和动力学参数、传动机构特征及负载大小进行动态仿真，从而决定机器人的结构参数和传动方案，验算设计方案的合理性和可行性，以及结构优化的程度；在机器人离线编程时，为了估计机器人高速运动引起的动载荷和路径偏差，要进行路径控制仿真和动态模型仿真。

研究机器人动力学逆向问题的目的是对机器人的运动进行有效的实时控制，以实现预期的轨迹运动，并达到良好的动态性能和最优指标。由于机器人是个复杂的动力学系统，由多个连杆和关节组成，具有多个输入和输出，存在着错综复杂的耦合关系和严重的非线性关系，所以动力学的实时计算很复杂，在实际控制时需要作一些简化假设。

3.4.2　工业机器人的动力学方程

工业机器人是由多个连杆和多个关节组成的一个非线性（一个系统中输出不与其输入成简单比例关系）的复杂的动力学系统，具有多个输入和多个输出。因此要分析机器人的动力学特性，必须采用非常系统的方法，目前可采用的分析方法很多，包括拉格朗日（Lagrange）法、牛顿 – 欧拉（Newton–Euler）法、高斯（Gauss）法、凯恩（Kane）法、旋量对偶数法和罗伯逊 – 魏登堡（Roberson–WitTenburg）法等。

在上述这些方法当中，拉格朗日法不仅能以最简单的形式（由于可以不考虑杆件之间的相互作用力）建立非常复杂的系统动力学方程，且方程的物理意义比较明确，便于理解工业机器人动力学的，成为机器人动力学分析的代表性方法。

1. 拉格朗日法

图 3-56　拉格朗日

拉格朗日（见图 3-56）在数学、力学和天文学三个学科领域中都有历史性的贡献，其中尤以数学方面的成就最为突出。他在所著的《分析力学》中吸收并发展了欧拉、达朗贝尔等人的研究成果，使用数学分析解决质点和质点系（包括刚体、流体）的力学问题。

2. 拉格朗日函数及方程

（1）拉格朗日函数。

拉格朗日法是根据全部杆件的动能和势能求出拉格朗日函数，再代入拉格朗日方程式中，导出机械运动方程式的分析方法。拉格朗日函数 L（又称拉格朗日算子）通常表达成一个机械系统的动能 E_k 和势能 E_p 之差，即：$L=E_k-E_p$，式中 E_k 为系统动能，E_p 为系统势能。

（2）拉格朗日方程。

如图 3-57 所示为具有 n 个自由度的工业机器人系统简图，关节 i 位于于杆件 $i-1$ 和杆件 i 的连接部位。在杆件 i 上设置 i 坐标系 x_i，y_i，z_i，使 z_i 轴和关节轴重合。

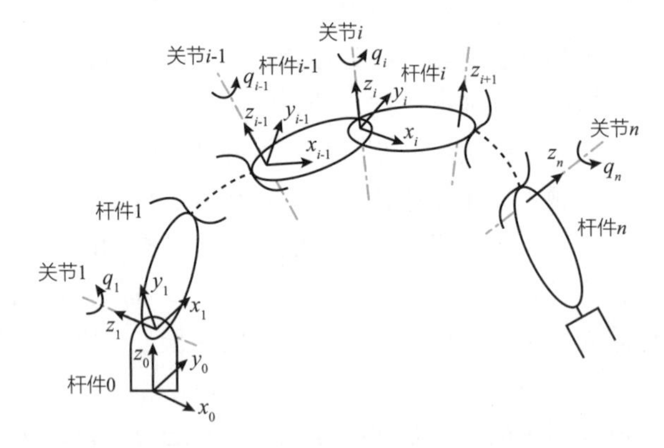

图 3-57　具有 n 个自由度的工业机器人系统简图

该系统的拉格朗日方程为

$$F_i=\frac{\mathrm{d}}{\mathrm{d}t}\left(\frac{\partial L}{\partial \dot{q}_i}\right)-\frac{\partial L}{\partial q_i}\quad (i=1,\ 2,\ \cdots,\ n)$$

式中，L 为拉格朗日函数；n 为连杆数目；F_i 称为关节 i 的广义驱动力；q_i 是使系统具有完全确定位置的广义关节变量，$\dot{q}_i$ 是相应的广义关节速度。根据物理知识可知，势能和广义关节速度 $\dot{q}_i$ 没关系，所以该式也可以简化为

$$F_i=\frac{\mathrm{d}}{\mathrm{d}t}\left(\frac{\partial E_k}{\partial \dot{q}_i}\right)-\frac{\partial E_k}{\partial q_i}+\frac{\partial E_p}{\partial q_i}\quad (i=1,\ 2,\ \cdots,\ n)$$

3. 建立动力学方程的步骤

（1）选取坐标系，选定独立的广义关节变量 q_i（$i=1$，2，…，n）。

（2）选定相应的关节上的广义力 F_i；当 q_i 是位移变量时，则 F_i 为力；当 q_i 是角度变量时，则 F_i 为力矩。

（3）求出工业机器人各构件的动能和势能。

（4）构造拉格朗日函数。

（5）代入拉格朗日方程求得工业机器人系统的动力学方程。

任务小结

随着机器人技术的不断发展，国内外学者在机器人动力学建模方法已做了大量的研究工作，机器人动力学建模的一般步骤：采用变换矩阵，从机器人各杆的位置入手，应用某种力学原理，得出机器人动力学模型。其中拉格朗日方法是常用的方法之一，然而对复杂的多自由度机器人机构来说，建立并求解相应的拉格朗日方程并非易事，建立部件或系统的运动方程时，有许多计算机无法代替的、繁杂的人工计算工作，费时费力且容易出错。机器人动力学模型直接关系到机器人控制、动态特性和动力优化等问题的研究，一个好的动力学模型不仅要求推导方便、结构形式简单、便于理论分析，而且要程式化强，便于计算机编程和计算。

机器人动力学的研究是所有类型机器人发展过程中不可逾越的环节，也是形成机器人终极产品性能评价指标的科学依据。以往机器人的发展已经表明，多体系统动力学是机器人研发中不可或缺的基础力学理论。随着新型传动与驱动机构以及智能与软物质材料的出现，可以预计，柔性化、软性化、可变化、微型化和控制智能化将成为未来机器人发展的重要方向，使机器人的各种动作更接近生物体的仿生体，因此，以仿生为主要特征的刚柔耦合、柔软体和变形机器人对任务和环境的适应性强，其快速发展在一定程度上将促进机器人研究的步伐，同时，这种趋势和需求也将使得机器人动力学和控制研究面临重大挑战。

说明 机器人的动力学分析对于工业机器人的运动规律和执行效果有着直接影响，进行机器人动力学的深入研究和优化对提升工业机器人的工作性能十分重要。

拓展阅读

让机器人学会翻锅和火候控制

中国烹饪文化博大精深，煎、炒、烹、炸、煮……这些工艺都能由机器人完成吗？上海交通大学机械与动力工程学院机器人研究所博导、副研究员闫维新很自信地回答：能！中餐烹饪机器人设计的关键是锅具运动和火候控制，尤其是锅具运动，它是烹饪机器人的核心。通过对厨师灶上动作的深入研究，他与合作者提炼出了锅具的各种标准化运动，如“晃锅”可分解为圆周、直线运动的组合。在此基础上，他们开展了锅具运动学、动力学仿真分析与优化设计。

在晃、颠、划、翻、推、拉、扬、淋等各种锅具运动中，机器人最难模仿的是“大翻”。这道工艺是为了对食材进行均匀加热，厨师操作锅具做近似抛物线的变速运动，让食材上抛、翻转、下落。闫维新研究后认为，“大翻”标准化运动的最优化指标是“物料出锅瞬时速度矢量差最小”。经过仿真函数分析，他让锅具机器人在两个自由度运动的条件下，在计算机软件中实现了“大翻”效果——物料既能出锅飞行并翻转，落点又不会在锅外。完成仿真分析后，研究团队开展了大量验证实验，证明锅具机器人能高效复现厨师的翻锅动作。火候控制方面，闫维新为烹饪机器人开发了双压强火力控制系统和火候视觉模块。通过火候模糊随动控制，双压强火力控制系统与火候视觉模块协同运行，让菜肴出品稳定性强、色泽和口感保持一致。

——摘自《机器人炒菜煮砂锅？北京冬奥会智慧餐厅的这项技术成“网红”！》（中青在线，2022年1月22日）

项目总结

本项目从工业机器人技术参数、位姿描述与坐标变换、机器人运动学基础、机器人动力学基础等方面介绍了工业机器人的技术参数和运动原理，分析了自由度、精确度、工作空间、承载能力等工业机器人常见技术参数的含义，引入了位姿描述和坐标变换的定义和方法，讲解了工业机器人元器件图形识读和运动简图的绘制，通过工业机器人涉及的几何向量，特别是矩阵及其运算的导入，更加清晰地认识了工业机器人作为一个复杂系统，其运动学和动力学方程需要通过矩阵法数学理论来计算和描述，实现了工业机器人运动、变换、映射与矩阵运算的有效连接。

项目拓展

一、选择题

1. 设计工业机器人时关注的重点是弯曲和扭转时的连杆（　）。

A. 硬度　　B. 刚度　　C. 强度　　D. 韧性

2. 移动关节可用字母（　）表示，转动关节可用字母（　）表示。

A. P、R　　B. P、S　　C. R、S　　D. R、T

3.（　）指机器人每根轴能够实现的最小移动距离或最小转动角度。

A. 定位精度　　B. 重复定位精度　　C. 工作空间　　D. 分辨率

4. 以下符号中哪种代表移动副（　）？

A. 　　B. 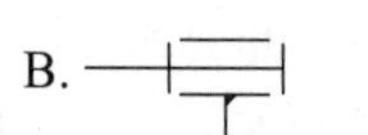　　C. 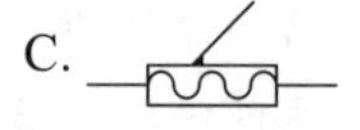　　D. 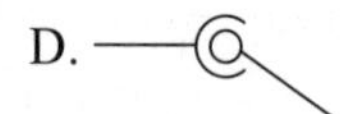

5. 以下符号中哪种代表关节型坐标机器人（　）？

A. 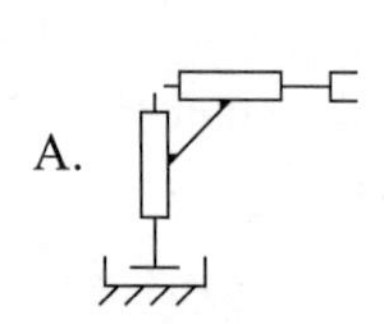　　B. 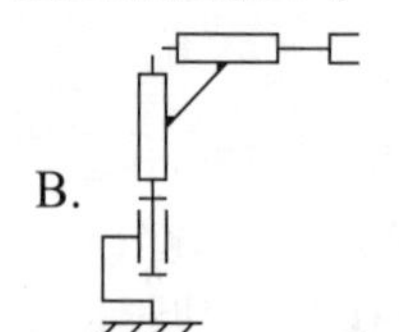　　C. 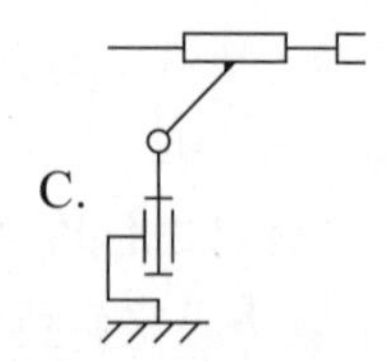　　D. 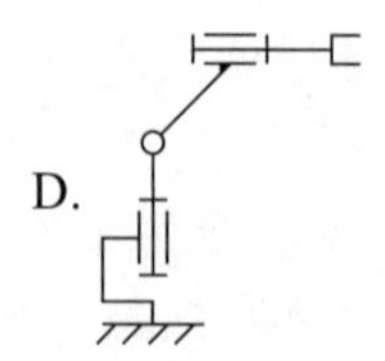

6. 通过重新定义（　），可以简便地实现一个程序适合多台机器人。

A. 基坐标系　　B. 关节坐标系　　C. 工件坐标系　　D. 工具坐标系

7. 空间中的一个点只有三个自由度，它只能沿三条坐标轴移动。而在空间的一个刚体不仅可以沿着 x、y、z 三轴移动，而且还可绕三个轴转动，所以刚体有（　）自由度。

A. 3 个　　B. 4 个　　C. 5 个　　D. 6 个

8. 一坐标系或者一个物体在空间中以不变的姿态运动，那么该运动就是（　）。

A. 纯平移　　B. 纯转动

C. 先平移后转动　　D. 先转动后平移

9. 绕新的动坐标轴依次转动时，每个旋转矩阵要（　）乘，即旋转矩阵的相乘顺序与转动次序（　）。

A. 从左往右、相反　　B. 从右往左、相反

C. 从左往右、相同　　D. 从右往左、相同

10.（　）是指机器人手臂末端或手腕中心所能到达的所有点的集合。

A. 分辨率　　B. 工作空间　　C. 自由度　　D. 承载能力

二、判断题

1. 旋转的关节产生的线加速随着其与轴的距离的增加而减小。

（A）正确　　（B）错误

2. 定位精度是指机器人手部实际到达位置与目标位置之间的差异。

（A）正确　　（B）错误

3. 承载能力是指机器人在工作范围内的任何位姿上所能承受的最大质量。

（A）正确　　（B）错误

4. 为简化绘制机器人，将机器人的运动形式用标准的图形符号进行表示，这便是机器人运动简图。

（A）正确　　（B）错误

5. 设定在机器人关节中的坐标系称为基坐标系。

（A）正确　　（B）错误

6. 在默认情况下，大地坐标系与基坐标系一致。

（A）正确　　（B）错误

7. 如果一个坐标系不在固定参考坐标系的原点，那么该坐标系的原点相对于参考坐标系的位置无须表示出来。

（A）正确　　（B）错误

8. 正向运动学计算比较难，逆运动学计算比较简单。

（A）正确　　（B）错误

9. 如果想要将机器人的手放在一个期望的位姿，就必须知道机器人的每一个连杆的长度和关节的角度，才能将机器人的手定位在所期望的位姿，这就叫做逆运动学分析。

（A）正确　　（B）错误

10. 假设有一个构型已知的机器人，即它的所有连杆长度和关节角度都是已知的，那么计算该机器人手的位姿就称为逆运动学分析。

（A）正确　　（B）错误

三、填空题

1. 两杆之间允许沿该轴线相对移动或绕该轴线相对转动，构成一个运动副，也称为________。

2. ______________指的是力学系统的独立坐标的个数。

3. ______________指在相同的运动位置命令下，机器人连续若干次运动轨迹之间的误差度量。

4. ____________和____________是表明机器人运动特性的主要指标。

5. 工业机器人的位姿指 ____________和____________。

6. 工业机器人的坐标系主要包括____________、____________、____________、____________、____________及____________等。

7. 逆运动学是机器人运动规划和轨迹控制的基础。对于串联机器人，正运动学的解是______，而逆运动学存在____________。

8. 一般在避免碰撞的前提下，遵循____________原则，即每个关节的移动量为最小的解，选择最优解。

9. 机器人的动力学____________主要用于机器人的运动仿真。

10. 研究机器人动力学____________的目的是对机器人的运动进行有效的实时控制，以实现预期的轨迹运动，并达到良好的动态性能和最优指标。

四、简答题

1. 已知坐标系 A 初始位姿与 B 重合，首先 A 相对于坐标系 B 的 z 轴转 30 度，再沿 B 的 x 轴移动 10 个单位，再相对于 A 的 y 轴转 60 度，并沿 A 的 z 轴移动 5 个单位。假设点 P 在坐标系 A 的描述为 P^A=[12，0，4]^T，求它在坐标系 B 中的描述 P^B。

2. 描述工业机器人运动学的两类问题。

3. 描述工业机器人动力学的两类问题。

4. 工业机器人的定位精度和重复定位精度有什么不同?

项目 4

工业机器人传感技术

04

项目概述

工业机器人的传感技术包括传感与感知，这就相当于人类的神经感知系统。利用传感器不仅可以感知外部条件，还可以实现自身内部部件间的沟通。工业机器人通过各传感器之间的协调工作，将其内部信息和环境信息从信号转换为自身或者其他设备能理解和沟通的数据信息。工业机器人的传感与感知有利于保证机器人工作的稳定性和可靠性，与机器人控制系统组成机器人的核心。

本项目的学习内容主要包括工业机器人传感器的特点与分类、传感器的性能指标、工业机器人的内部传感器和外部传感器以及多传感器系统。

项目目标

知识目标

1. 理解工业机器人传感器的特点与分类标准，熟悉获取各种传感器信号的传感器类型。
2. 掌握传感器的性能指标类型及各种传感器的含义。
3. 掌握相对式编码器、绝对式编码器的工作原理。
4. 掌握接触式传感器和非接触式传感器的工作原理。
5. 熟悉常用外部传感器的类型及工作原理。

能力目标

1. 能够根据所需传感器信号选用适当的传感器类型。
2. 能够识别传感器的各项性能指标。
3. 能够描述相对式编码器和绝对式编码器的不同工作原理。
4. 能够根据工作原理的不同，区分接触式传感器和非接触式传感器。
5. 能够描述常用外部传感器类型及其工作原理。

素质目标

1. 培养求根溯源的精神，明晰我国历史悠久的陶瓷在电子产品高性能小型化中所起到的重要推动作用。
2. 通过项目学习，培养统筹全局的意识，明确不同传感器在传感器系统中的重要作用，树立团结合作的精神。
3. 通过拓展阅读感受传感器在国产空间站上发挥的重大作用，领略大国重器的魅力。

知识导图

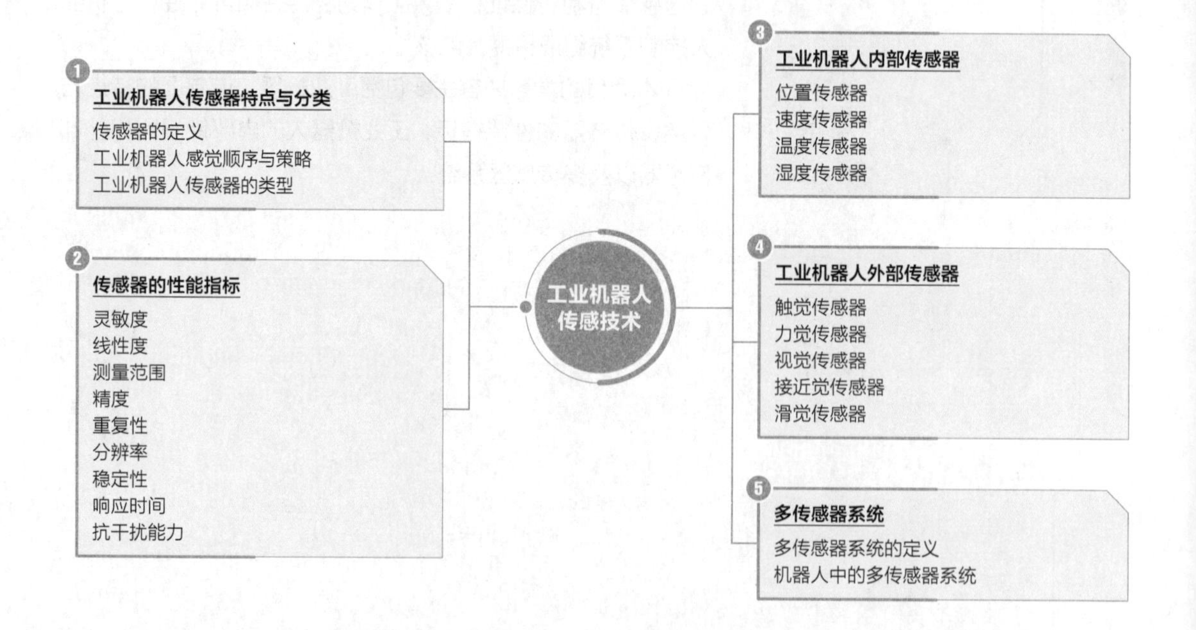

任务 4.1 工业机器人传感器特点与分类

任务提出

人们为了从外界获取信息，必须借助于视、听、触、味与嗅五种基本感观。但在研究自然现象、规律时或在生产活动中，单靠人们自身的感觉器官，就远远不够了。传感器是人类五官的延长，又被称为电五官，可以获取大量人类感官无法直接获取的信息。机器人感知是指把相关特性或相关物体的特性转化为机器人执行某项功能时所需要的信息。这些物体特征主要有几何的、机械的、光学的、声音的、材料的、电气的、磁性的、放射性的及化学的等。为了实现外界信息的获取和相关特性的转化，传感器需要具有哪些特点呢？接下来我们将在任务 4.1 中围绕这一问题进行学习。本任务包括以下几项内容：

（1）了解工业机器人传感器的功能定义；

（2）理解工业机器人传感器的主要分类方式；

（3）了解工业机器人传感器处理外界信号的主要流程和步骤。

任务实施

4.1.1 传感器的定义

广义地说，传感器是一种能把物理量或化学量转变成便于利用的电信号的器件。国际电工委员会（International Electrotechnical Committee，IEC）的定义为：传感器是测量系统中的一种前置部件，它将输入变量转换成可供测量的信号。传感器是用于侦测环境中所发生的事件或变化，并将此信息传送至其他电子设备（如中央处理器）的装置，通常由敏感元件和转换元件组成。机器人传感器使机器人可以灵活地响应其周围环境。机器人可以借助传感器看到并感觉到，这将使它们能够执行更复杂的任务。传感器的组成如图 4-1 所示。

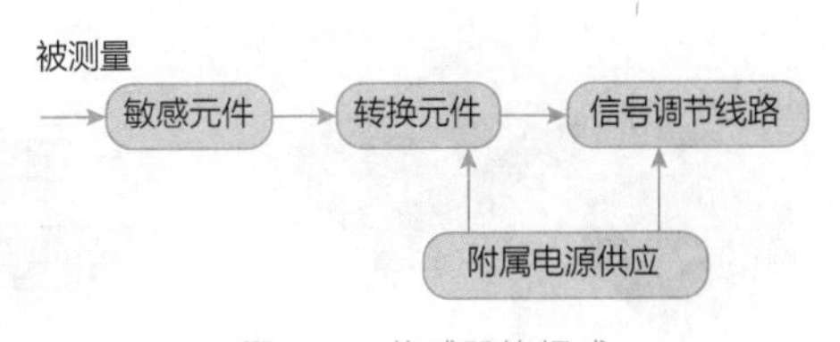

图 4-1 传感器的组成

国家标准 GB/T 7665—2005 对传感器的定义是：能感受被测量并按照一定的规律转换成可用输出信号的器件或装置，通常由敏感元件和转换元件组成。根据这个定义，传感器的作用是将一种能量转换成另一种能量形式，所以不少学者也用换能器（transducer）来表示传感器（sensor）。在工业机器人中，传感器像人类的五官那样赋予机器人触觉、视觉和位置觉等感觉，它是机器人获取信息的主要途径与手段。传感器的工作过程是：通过对某一物理量（如压力、温度、光照度、声强等）敏感的元件感受到被测量，然后将该信号按一定规律转换成便于利用的电信号进行输出。

4.1.2 工业机器人感觉顺序与策略

机器人感觉顺序分两步进行，如图 4-2 所示。

（1）变换——通过硬件把相关目标特性转换为信号。

（2）处理——把获取的信号变换为规划及执行某个机器人功能所需要的信息，包括预处理和解释两个阶段。在预处理阶段，一般通过硬件来改善信息。在解释阶段，一般通过软件对改善了的信息进行分析，并提取所需信息。

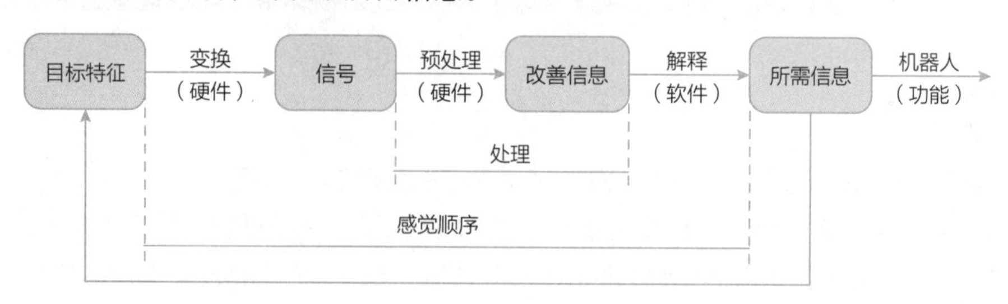

图 4-2　机器人的感觉顺序

以电视摄像机或数 / 模转换器为例，物体的表面反射经传感器变换为一组数字化电压值的二维数组，这些电压值是与电视摄像机接收到的光强成正比的。预处理器（如滤波器）用来降低信号噪声，解释器（计算机程序）用来分析与处理数据，并确定该物体的同一性、位置和完整性。

反馈环节表明，如果所获得的信息不适用，那么这种信息可以被反馈以修正和重复该感觉的顺序，直至得到所需要的信息为止。

4.1.3　工业机器人传感器的类型

机器人传感器跟踪机器人的健康状况及其周围环境，并将电子信号发送到机器人的控制器。机器人需要传感器来自我监控。机器人需要有关其身体和部位的位置和运动的知识，以便监视其行为。按其采集信息的位置，一般可分为内部和外部两类传感器。

内部传感器帮助机器人了解自身状态，具体检测的对象有关节的线位移、角位移等几何量，速度、角速度、加速度等运动量，还有马达扭矩等物理量。其中常见的加速度传感器如图 4-3 所示。

图 4-3　加速度传感器　　图 4-4　测力传感器

外部传感器检测机器人所处环境、外部物体状态或机器人与外部物体的关系，帮助机器人了解周边环境，通常跟目标识别、作业安全等因素有关。一些特殊领域应用的机器人还可能需要具有温度、湿度、压力、滑动量、化学性质等感觉能力方面的传感器。常见的测力传感器如图 4-4 所示。

传统的工业机器人仅采用内部传感器，用于对机器人的运动、位置及姿态进行精确控制。外部传感器使得机器人对外部环境具有一定程度的适应能力，从而表现出一定程度的智能性。工业机器人传感器的类型和分类如图 4-5 和表 4-1 所示。

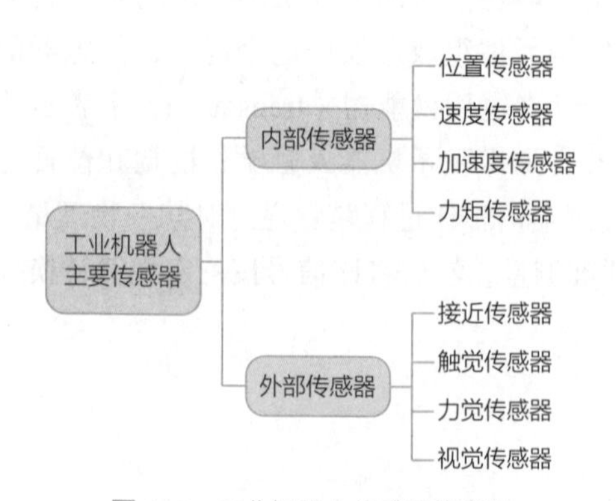

图 4-5　工业机器人传感器的类型

表 4-1 工业机器人传感器的分类

内部传感器	用途	机器人的精确控制
	检测的信息	位置、角速度、速度、加速度、姿态、方向等
	所用传感器	微动开关、光电开关、差动变压器、编码器、电位计、旋转变压器、测速发电机、加速度计、陀螺仪、倾角传感器、力/扭矩传感器
外部传感器	用途	了解工件在环境或机器人在环境中的状态，灵活、有效地操作工件
	检测的信息	工件和环境：形状、位置、范围、质量、姿态、运动、速度等；机器人和环境：位置、速度、加速度、姿态等；对工件的操作：非接触（间隔、位置、姿态等）、接触（障碍检测、碰撞检测等）、触觉（接触觉、压觉、滑觉）、夹持力等
	所用的传感器	视觉传感器、光学测距传感器、超声测距传感器、触觉传感器、电容传感器、电磁感应传感器、限位传感器、压敏导电橡胶、弹性体加应变片等

思考

工业机器人传感器如此繁多，为了配合工业机器人的工作，诸多传感器是如何实现高性能和小型化的呢？

拓展阅读

先进陶瓷——电子产品高性能小型化的重要推动者

陶瓷材料坚硬、耐热，具有很强的耐腐蚀性，同时还不导电。陶瓷硬度的关键在于煅烧过程：煅烧前，粉末颗粒相互独立；通过高温加热，粉末彼此结合为一体，颗粒之间的间隙变小或消失，当颗粒以非常致密的状态结合在一起时，就构成了高硬度的陶瓷。另外，与构成金属和有机材料的原子相比，陶瓷材料中原子之间的结合力更为强大。正因为如此，陶瓷材料具备了耐热和耐腐蚀等特性。

我们日常生活中所熟知的陶瓷，通常是传统陶瓷（陶瓷器），是由粉末塑形并烧制而成的。作为原料的粉末，大致可分为天然原料与人工原料两类，前者是将天然矿物粉碎后直接使用，后者是从天然原料中提取出特定成分的高纯度粉末，或者是人工合成的化合物。

先进陶瓷可以说是传统陶瓷的衍生品。先进陶瓷制品是用人工原料制造的。高纯度的超细人工原料颗粒均匀，组成也可以按照需求自由配比。采用精确的化学计量和新型制备技术制成的先进陶瓷，可以弥补传统陶瓷的缺陷，增加新的功能。

先进陶瓷在力学、声、光、电、热、生物等很多方面都具有优异的特性（例如高强高硬、半导体、压电、磁性、超导、生物相容等），广泛应用于电子、航空航天、生物医学等各个领域。

——摘自《每日科技名词 | 先进陶瓷》
（学习强国，2022 年 6 月 17 日）

任务小结

信息处理技术取得的进展以及微处理器和计算机技术的高速发展，都需要在传感器的开发方面有相应的进展。微处理器现在已经在测量和控制系统中得到了广泛的应用。随着这些系统能力的增强，作为信息采集系统的前端单元，传感器的作用越来越重要。传感器已成为自动化系统和机器人技术中的关键部件，作为系统中的一个结构组成，其重要性变得越来越明显。给工业机器人装备什么样的传感器，对这些传感器有什么要求，这些是设计机器人感觉系统时遇到的首要问题。选择机器人传感器应当取决于机器人的工作需要和应用特点，因此要根据检测对象、具体的使用环境选择合适的传感器，并采取适当的措施，减小环境因素产生的影响。

任务 4.2 传感器的性能指标

任务提出

要进行一个具体的测量工作，首先要考虑采用何种原理的传感器，这需要分析多方面的因素之后才能确定。因为，即使是测量同一物理量，也有多种原理的传感器可供选用，哪一种原理的传感器更为合适，则需要根据被测量的特点和传感器的使用条件考虑以下的一些具体问题：量程的大小；被测位置对传感器体积的要求；测量方式是接触式还是非接触式；信号的引出方法是有线或是非接触测量；传感器的来源是国产还是进口或是自行研制，价格能否承受。在考虑上述问题之后就能确定选用何种类型的传感器，然后就要考虑传感器的具体性能指标。在评价或选择传感器的时候，需要关注传感器的哪些性能指标呢？接下来我们将在任务 4.2 中围绕这一问题进行学习。本任务包括以下几项内容：

（1）了解工业机器人传感器性能指标的种类。

（2）理解工业机器人传感器不同性能指标的定义。

（3）掌握工业机器人传感器性能指标选型的方法。

任务实施

4.2.1 灵敏度

灵敏度是传感器性能指标中的一个重要指标，是指传感器在稳态下输出变化值与输入变化值之比，可用公式 $K=\mathrm{d}y/\mathrm{d}x$ 表示，如图 4-6 所示。如果传感器的输入输出关系是条直线，则 K 是常数，K 的大小等于该直线的斜率。

如图 4-7 所示，如果传感器的输入输出关系是曲线，则 K 不是常数，我们可用曲线上某一点的斜率表示传感器在该点的灵敏度。斜率越大，灵敏度越高。我们也可以理解为如果输入很小，输出很大，传感器灵敏度就高，反之，如果输入很大，输出很小，灵敏度就低。一般来说，传感器的灵敏度越大越好，这样可以使传感器的输出信号精确度更高、线性程度更好。但是过高的灵敏度有时会导致传感器的输出稳定性下降，所以应该根据机器人的要求选择大小适中的传感器灵敏度。

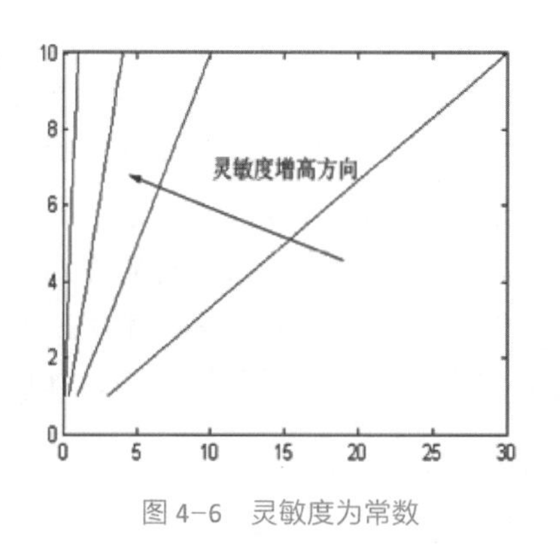

图 4-6 灵敏度为常数

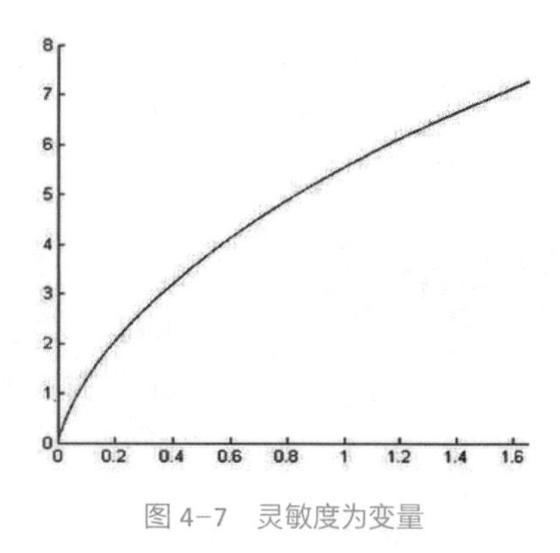
图 4-7 灵敏度为变量

通常，在传感器的线性范围内，传感器的灵敏度越高越好。因为只有灵敏度高时，与被测量变化对应的输出信号的值才比较大，有利于信号处理。但要注意的是，传感器的灵敏度越高，与被测量无关的外界噪声也更容易混入，也会被放大系统放大，影响测量精度。因此，要求传感器本身应具有较高的信噪比，尽量减少从外界引入的干扰信号。

传感器的灵敏度是有方向性的。当被测量是单向量，而且对其方向性要求较高时，则应选择其他方向灵敏度小的传感器；如果被测量是多维向量，则要求传感器的交叉灵敏度越小越好。

4.2.2 线性度

线性度反映传感器输出信号与输入信号之间的线性程度。假设传感器的输出信号为 y，输入信号为 x，则 y 与 x 的关系可表示为 $y=bx$，若 b 为常数，或者近似为常数，则传感器的线性度较高；如果是一个变化较大的量，则传感器的线性度较差。机器人控制系统应该选用线性度较高的传感器。实际上，只有在少数情况下，传感器的输出和输入才呈线性关系。这时，我们一般近似地把传感器的输出和输入看成是线性关系（见图 4-8）。常用的线性化方法有割线法、最小二乘法、最小误差法等。

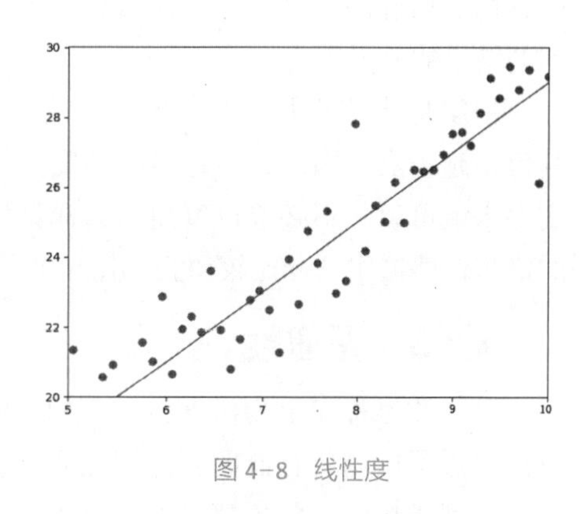
图 4-8 线性度

线性范围：传感器的线性范围是指输出与输入成正比的范围。理论上讲，在此范围内，灵敏度保持定值。传感器的线性范围越宽，则其量程越大，并且能保证一定的测量精度。在选择传感器时，当传感器的种类确定以后首先要看其量程是否满足要求。

但实际上，任何传感器都不能保证绝对的线性，其线性度也是相对的。当所要求测量精度比较低时，在一定的范围内，可将非线性误差较小的传感器近似看作线性的，这会给测量带来极大的方便。

4.2.3 测量范围

GB/T 2900.77—2008 中对测量范围进行了相关定义：测量范围，也称为工作范围，是指测量仪器的误差处于规定的极限范围内的被测量的示值范围。在这一规定的测量范围内使用，

图 4-9　三坐标测量仪

测量仪器的示值误差必处在允许极限内；而若超出测量范围使用，示值误差就将超出允许极限。换言之，测量范围就是在正常工作条件下，能确保测量仪器规定准确度的被测量值的范围。

一般要求传感器的测量范围必须覆盖机器人有关被测量的工作范围。如果无法达到这一要求，可以设法选用某种转换装置，但这样会引入某种误差，使传感器的测量精度受到一定影响。三坐标测量仪是常见的点位测量仪器之一，使用三坐标测量仪时需要确保测量对象位于其最大测量范围之内，如图 4-9 所示。

4.2.4　精度

传感器精度的算法一般是：精度 = 允许最大误差的绝对值 / 满程测量范围 ×100%。

计算的结果不是单次测量的误差值，而是最大误差的绝对值与满程测量范围之比。任何测量过程总不可避免出现测量误差，误差大，说明测量结果离真值远，精度低；反之，误差小，精度高，任何测量结果都只能是要素真值的近似值。精度是指传感器的测量输出值与实际被测量值之间的误差。在机器人系统设计中，应该根据系统的工作精度要求选择合适的传感器精度。

如图 4-10 所示，让我们试着想象一下对靶心飞镖的测量。由于飞镖位于中心，因此它们是准确的。由于结果彼此接近，因此它们是精确的。精度是指在实验中重复测量同一个物质时，得到的结果的差异程度。

图 4-10　靶心飞镖精度的测量

精度是传感器的一个重要的性能指标。传感器的精度越高，其价格越昂贵，因此，传感器的精度只要满足整个测量系统的精度要求就可以，不必选得过高。这样就可以在满足同一测量目的的诸多传感器中选择比较便宜和简单的传感器。

4.2.5　重复性

重复性也称作重测信度，是在相同测量条件下进行的同一测量的连续测量结果之间的一致性接近程度。传感器的测量误差越小，重复性就好。对于多数传感器来说，重复性指标都优于精度指标，这些传感器的精度不一定很高，但只要温度、湿度、受力条件和其他参数不变，传感器的测量结果也不会有较大的变化。同样，对于传感器的重复性也应考虑使用条件和测试方法的问题。对于示教再现型机器人，传感器的重复性至关重要，它直接关系到机器人能否准确再现示教轨迹。

重复性和精度的概念到底有什么相同和区别呢？我们以下面的例子来说明。想象一下多次击中靶心，如图 4-11 所示。多次投掷飞镖后，我们会看到落点靠近中心，但它们不一定彼此靠近，这与重复性有关。如果结果接近所需的确切值，则它们是精确的。不同的结果不必彼此接近，没有任何测量是完美的，所有测量都存在一些与之相关的误差。

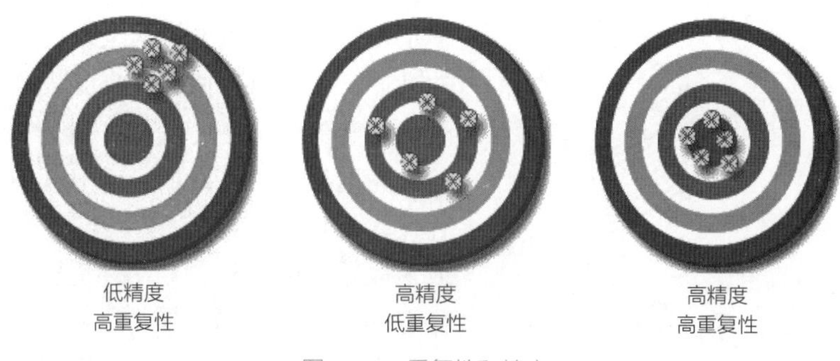

图 4-11 重复性和精度

4.2.6 分辨率

传感器的分辨率是指传感器可感受到的被测量的最小变化的能力。也就是说，如果输入量从某一非零值缓慢地变化。当输入变化值未超过某一数值时，传感器的输出不会发生变化，即传感器对此输入量的变化是分辨不出来的。只有当输入量的变化超过分辨率时，其输出才会发生变化。影视和图片资料中测量或显示系统对细节的分辨能力使我们可以产生对于分辨率最直观的认识，不同分辨率下的图像显示如图 4-12 所示。

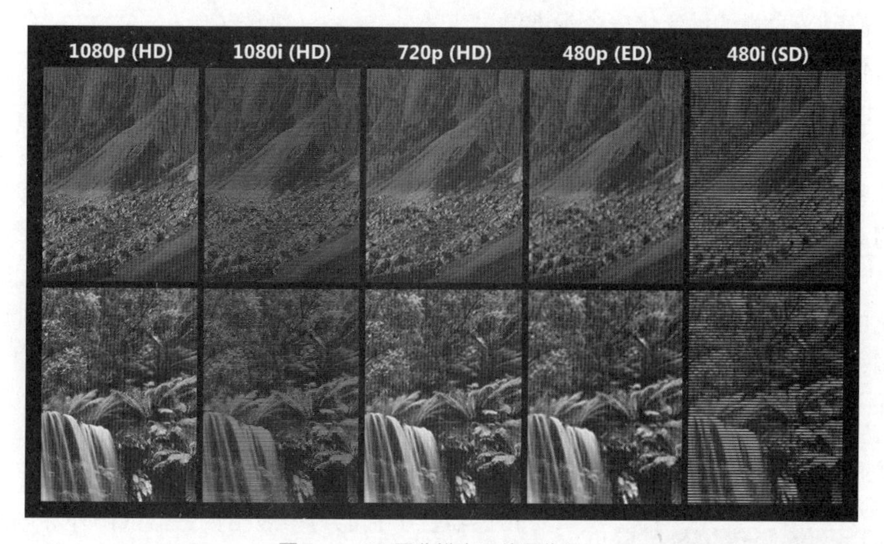

图 4-12 不同分辨率下的图像显示

通常传感器在满量程范围内各点的分辨率并不相同，因此常用满量程中能使输出量产生阶跃变化的输入量中的最大变化值作为衡量分辨率的指标。上述指标若用满量程的百分比表示，则称为分辨率。分辨率与传感器的稳定性有负相关性。

4.2.7 稳定性

传感器使用一段时间后，其性能保持不变的能力称为稳定性。影响传感器长期稳定性的因素除传感器本身结构外，主要是传感器的使用环境。因此，要使传感器具有良好的稳定性，传感器必须要有较强的环境适应能力。对于测量仪器，尤其是基准、测量标准或某些实物量具，稳定性是重要的计量性能之一，示值的稳定是保证量值准确的基础。测量仪器产生不稳定的因素很多，主要是元器件的老化，零部件的磨损以及使用、贮存、维护工作不仔细等所致。测量仪器进行的周期检定或校准，就是对其稳定性的一种考核。稳定性也是科学合理地

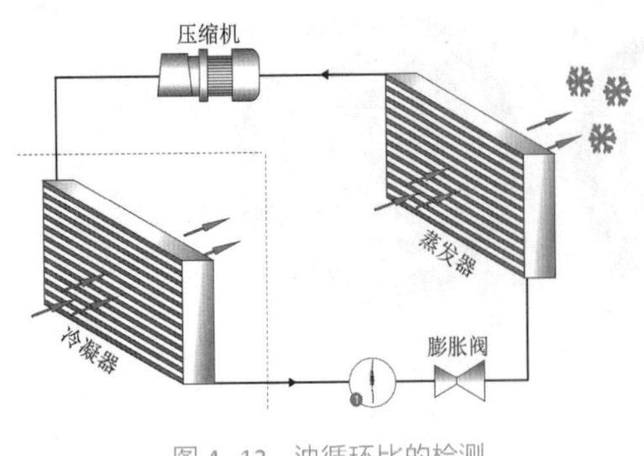

图 4-13　油循环比的检测

确定检定周期的重要依据之一。如图 4-13 所示，油循环比检测过程中，在保证较高测量精度的同时，还需要确保测量装置的稳定性。

在选择传感器之前，应对其使用环境进行调查，并根据具体的使用环境选择合适的传感器，或采取适当的措施，减小环境的影响。传感器的稳定性有定量指标，在超过使用期后，在使用前应重新进行标定，以确定传感器的性能是否发生变化。在某些要求传感器能长期使用而又不能轻易更换或标定的场合，所选用的传感器稳定性要求更严格，要能够经受住长时间的考验。

4.2.8　响应时间

响应时间也叫反应时间，指的是一个系统或者是一个电路元件从接收输入控制信号到输出处理结果之间，所需花费的时间。传感器的响应时间，通常被定义为测试量变化一个步进值后或从空载到负载发生一个步进值的变化时，传感器达到最终数值 90% 所需要的时间，是传感器的动态性能指标，如图 4-14 所示。

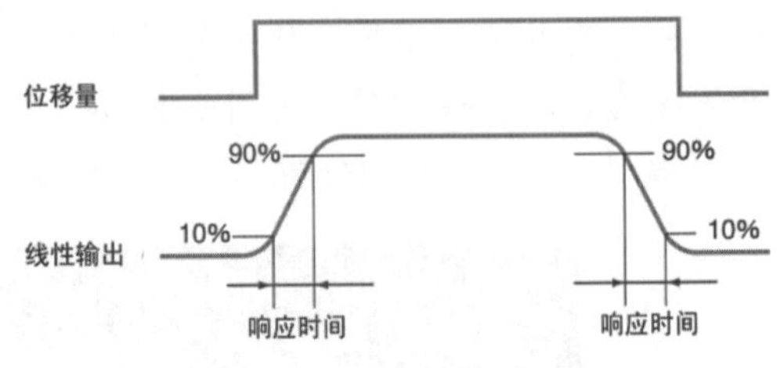

图 4-14　传感器的响应时间

在某些传感器中，输出信号在达到某一稳定值以前会发生短时间的振荡。传感器输出信号的振荡对于机器人控制系统来说非常不利，它有时可能会造成一个虚设位置，影响机器人的控制精度和工作精度。所以传感器的响应时间越短越好。响应时间的计算应当以输入信号起始变化的时刻为始点，以输出信号达到稳定值的时刻为终点。实际上，还需要规定一个稳定值范围，只要输出信号的变化不再超出此范围，即可认为它已经达到了稳定值。对于具体系统设计，还应规定响应时间的容许上限。

4.2.9　抗干扰能力

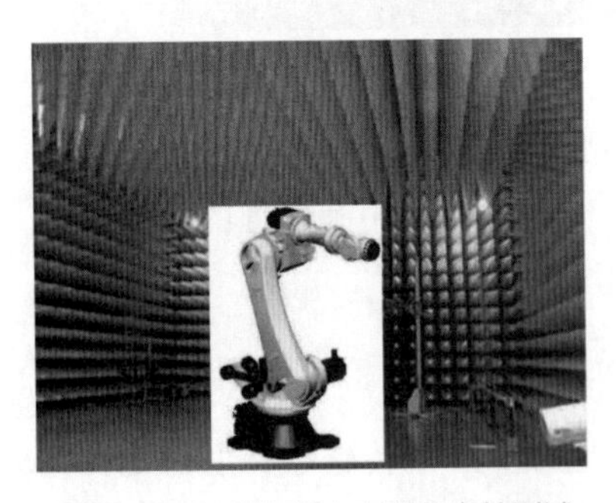
图 4-15　工业机器人电磁兼容性测试

传感器抗干扰能力一般指传感器抵御外界电磁干扰的能力，工业机器人电磁兼容性测试如图 4-15 所示。机器人的工作环境是多种多样的，在有些情况下可能相当恶劣，因此对于机器人使用的传感器必须考虑其抗干扰能力。由于传感器输出信号的稳定是控制系统稳定工作的前提，为防止机器人系统的意外动作或发生故障，设计传感器系统时必须采用可靠性设计技术。通常抗干扰能力是通过单位时间内发生故障的概率来定义的，因此它是一个统计指标。

目前常见的抗干扰的技术有如下几种：

1. 屏蔽技术

用低电阻材料或高磁导率材料制成容器，将需要防护的部分包起来。这种防静电或电磁感应所采取的措施称为“屏蔽”。屏蔽的目的是隔断场的耦合通道，既抑制各种场的干扰。屏蔽可分为静电屏蔽、磁屏蔽和电磁屏蔽。

2. 导电涂料

采用导电涂料作为塑料机箱或塑料部件的电磁屏蔽涂层。这种导电涂料稀释后可喷涂、刷涂，屏蔽效率高，耐性好、附着力强，在形状复杂的物体表面同样可以获得优良的屏蔽效果。

3. 接地技术

接地技术分为两类：一类接地称为保护接地，可以保证人员和设备的安全；另一类接地称为屏蔽接地，采用屏蔽层接地，能起到良好的抗干扰作用。

4. 铁氧体抑制元件

铁氧体抑制元件应安装在尽可能接近干扰源的地方，这样可防止噪声耦合到其他地方。在使用空间允许的情况下，选择尽量长、尽量厚和内径尽量小的铁氧体抑制元件，可有效地将噪声衰减。

5. 滤波

它是一种只允许某一频带信号通过或阻止某一频带信号通过的一种抑制干扰措施。滤波方式有无源滤波、有源滤波和数字滤波三种。

6. 脉冲干扰抑制

脉冲干扰抑制采用的方法有利用积分电路、脉冲隔离门及消波器等。使用积分电路，能使脉冲信号宽度大的噪声输出大，而脉冲宽度小的噪声输出小，从而将噪声干扰除掉。

7. 脉冲群抑制器

在工业过程测量和控制装置中，当电感性负载断开时，会在断点外产生数千伏的脉冲群(串)，这种干扰会通过电源线或信号线，也有部分辐射进入测量或控制装置，使装置中的数字电路失效。这种电快速瞬变脉冲是一种幅度较大、频带极宽的干扰。脉冲群抑制器是一种特殊的滤波器，它能消除很大部分的共模和差模干扰电压。

任务小结

传感器早已渗透到诸如工业生产、宇宙开发、海洋探测、环境保护、资源调查、医学诊断、生物工程甚至文物保护等极其广泛的领域。可以毫不夸张地说，从茫茫太空，到浩瀚海洋，以至各种复杂的工程系统，几乎每一个现代化项目，都离不开各种各样的传感器。在现代工业生产尤其是自动化生产过程中，要使用各种传感器来监视和控制生产过程中的各个参数，使设备工作在正常状态或最佳状态，并使产品达到最好的质量。因此可以说，没有众多的优良的传感器，现代化生产也就失去了基础。在选择工业机器人传感器时，需要根据实际工况、检测精度、控制精度等具体的要求来确定所用传感器的各项性能指标，同时还需要考虑机器人工作的一些特殊要求，如重复性、稳定性、可靠性、抗干扰性要求等，最终选择出性价比高的传感器。

任务 4.3 工业机器人内部传感器

任务提出

工业机器人的传感器按照使用位置，可分为内部传感器和外部传感器。内部传感器是安装在机器人本体或控制系统内的，内部传感器是用于测量机器人自身状态的功能元件，其功能是测量运动学量和力学量，用于机器人感知自身的运动状态，使得机器人可以按照规定的位置、轨迹和速度等参数运动。另外，温度传感器、湿度传感器也常作为内部传感器使用。常见的工业机器人内部传感器的工作原理是怎样的呢？接下来我们将在任务 4.3 中围绕这一问题进行学习。本任务包括以下几项内容：

（1）了解常见的工业机器人内部传感器的工作原理；

（2）理解相对式编码器和绝对式编码器的不同工作途径；

（3）理解温湿度传感器在工业机器人工作中的主要作用。

任务实施

4.3.1 位置传感器

位置传感器是可量测位置的传感器。它可分为绝对位置传感器和相对位置传感器（位移传感器）。根据测量变量的性质来分类，位置传感器可分为线性的、角度的和多轴的。

1. 电位器式传感器

图 4-16 常见的电位器式传感器

电位器是一种机电转换元件，可以将位移（直线位移或线位移）转换成电阻或电压输出，常见的电位器式传感器如图 4-16 所示。其优点：结构简单，尺寸小，重量轻，价格便宜，输出信号大，受环境影响小。其缺点：由于有摩擦，要求输出信号大，可靠性差，动态特性不好，干扰大，一般用于静态或缓变量的检测。

电位器式位移传感器（potentiometric sensor）由一个线绕电阻（或薄膜电阻）和一个滑动触点组成。滑动触点通过机械装置受被检测量的控制，当被检测量的位置发生变化时，滑动触点也发生位移，从而改变滑动触点与电位器各端之间的电阻值和输出电压值。传感器根据这种输出电压值的变化，可以检测出机器人各关节的位置和位移量。按照传感器的结构，电位器式位移传感器可分成两大类，一类是直线型电位器式位移传感器，另一类是旋转型电位器式位移传感器。

（1）直线型电位器式位移传感器。

直线型电位器式位移传感器的结构和工作原理分别如图 4-17 和图 4-18 所示。直线型电位器式位移传感器的工作台与传感器的滑动触点相连，当工作台左、右移动时，滑动触点也随之左、右移动，从而改变与电阻接触的位置，通过检测输出电压的变化量，确定以电阻中心为基准位置的移动距离。

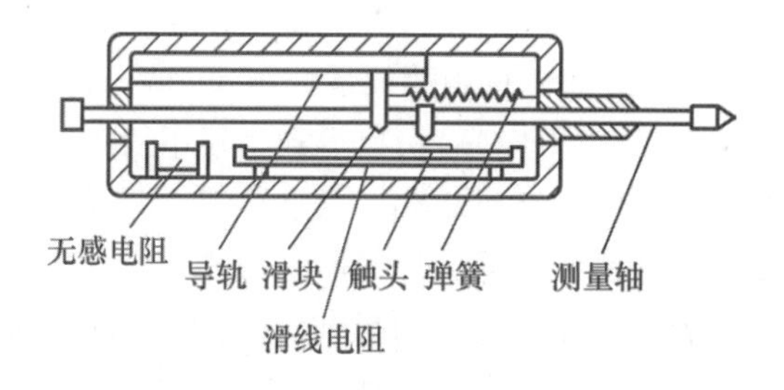

图 4-17　直线型电位器式位移传感器的结构

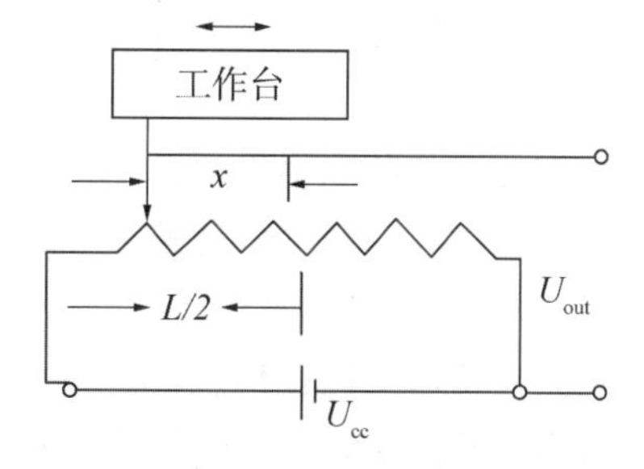

图 4-18　直线型电位器式位移传感器的工作原理

假定输入电压为 U_{cc}，电阻丝长度为 L，触头从中心向左端移动 x，电阻右侧的输出电压为 U_{out}，则根据欧姆定律，移动距离为：$x=\frac{L(2U_{out}-U_{cc})}{2U_{cc}}$。

直线型电位器式位移传感器主要用于型碳膜电阻，滑动触点也只能沿电阻的轴线方向做直线运动。直线型电位器式位移传感器的直线位移检测，其电阻器采用直线型螺线管，其直线作用范围和分辨率受电阻器长度的限制，线绕电阻、电阻丝本身的不均匀性会造成传感器的输入、输出关系的非线性，其实物如图 4-19 所示。

图 4-19　直线型电位器式位移传感器实物图

（2）旋转型电位器式位移传感器。

旋转型电位器式位移传感器的电阻元件呈圆弧状，滑动触点在电阻元件上做圆周运动。由于滑动触点等的限制，传感器的工作范围只能小于 360°。把直线型电位器式位移传感器的电阻元件变成圆弧形，可动触点的另一端固定在圆的中心，并像时针那样回转时，由于电阻值随着回转角而改变，因此基于上述同样的理论可构成角度传感器。旋转型电位器式位移传感器的实物和工作原理如图 4-20 所示。

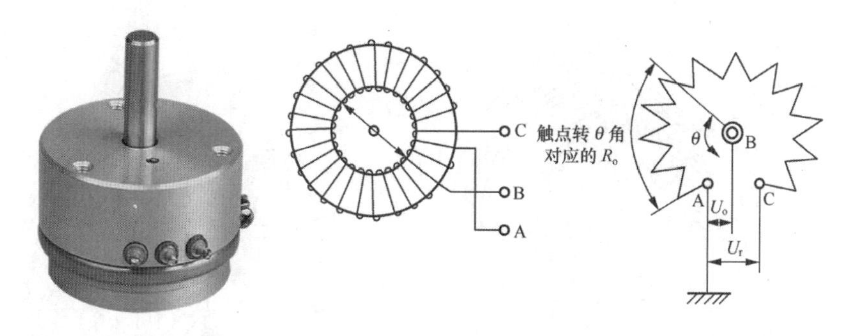

图 4-20　旋转型电位器式位移传感器的实物和工作原理

当输入电压加在传感器的两个输入端时，传感器的输出电压与滑动触点的位置成比例。在应用时，机器人的关节轴与传感器的旋转轴相连，这样根据测量的输出电压的数值，即可计算出关节对应的旋转角度。触点旋转角 θ：$\theta=360^{\circ}\times\frac{U_o}{U_r}$。

电位器式位移传感器具有性能稳定、结构简单、使用方便、尺寸小、质量小等优点。它的输入 / 输出特性可以是线性的，也可以根据需要选择其他任意函数关系的输入 / 输出特性。它的输出信号选择范围很大，只需改变电阻器两端的基准电压，就可以得到比较小的或比较大的输出电压信号。这种位移传感器不会因为断电而丢失其已感觉到的信息。当电源因故断开时，电位器的滑动触点将保持原来的位置不变，只要重新接通电源，原有的位置信息就会重新出现。电位器式位移传感器的一个主要缺点是容易磨损，当滑动触点和电位器之间的接触面有磨损或有尘埃附着时会产生噪声，使电位器的可靠性和寿命受到一定的影响。正因为如此，电位器式位移传感器在机器人上的应用受到了极大的限制，近年来，随着编码器价格的降低，电位器式位移传感器逐渐被编码器取代。

2. 编码器

传感器的编码器是利用光学、磁性或是机械接点的方式感测位置，并将位置转换为电子信号后输出，作为控制位置时的反馈信号。旋转编码器可以将旋转位置或旋转量转换成模拟信号（如模拟正交信号）或是数字信号（如 USB、32 位并行信号或是数字正交信号等），一般会被装在旋转对象上，如马达轴。线性编码器则是以类似方式将线性位置或线性位移量转换成电子信号。

编码器可分为绝对型或增量型。绝对型编码器的信号将位置分割成许多区域，每一个区域有其唯一的编号，再将其编号输出，可以在没有以往位置信息的情形下，提供明确的位置信息。增量式编码器的信号是周期性的，信号本身无法提供明确的位置信息，若以某位置为准，持续地对信号计数才能得到明确的位置信息。

绝对型及增量式编码器可达到相同的分辨率，但绝对型编码器不需以往的位置信息，较适合用在编码器信号可能会中断的场合。

（1）增量式编码器。

根据工作原理的不同，编码器可分为光电编码器、磁性编码器、电感式编码器和电容式编码器等，使用较多的是光电编码器。光电编码器是集光、机、电技术于一体的数字化传感器，可以高精度测量被测物的转角或直线位移量，其结构如图 4-21 所示。

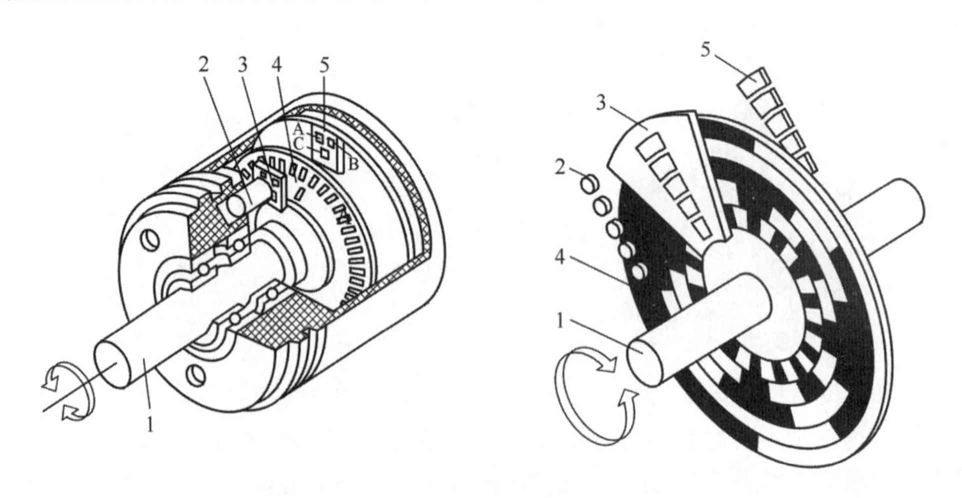

1—转轴；2—LED；3—检测光栅；4—码盘；5—光敏元件。

图 4-21　光电编码器的结构

光电编码器的组成包括连接轴、码盘、光源、输出电路及外壳和连接法兰等，其工作原理如图 4-22 所示。

连接轴与码盘相连，并与被测物体相连，随着被测物体（如电机）的转动，码盘也跟着转动，通过码盘的光会发生明暗相间的变化，接收端的光敏元件会检测到这种变化，并转化成电信号进行输出。

增量式编码器的码盘被分成大小相等的明暗相间的光栅，随着码盘的转动，接收端会检测到光的 0 和 1 的变化，并转换成电信号脉冲向外输出。通过对脉冲的计数，就能确定位移的大小，码盘如图 4-23 所示。

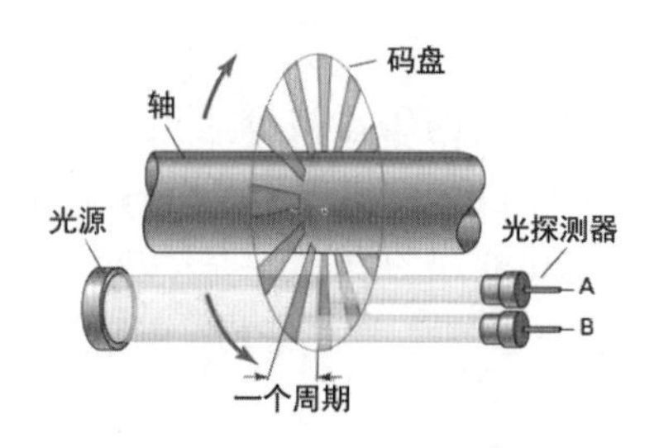

图 4-22 光电编码器工作原理

图 4-23 码盘

为了区分正反转及检测零点，实际使用的码盘比图中要复杂些，通常包括三个部分：A 相、B 相和 Z 相，A 相与 B 相之间相差 1/4 周期（相位差 90 度），可以用来区分正转还是反转；Z 相为单圈脉冲，码盘旋转一圈产生一次，可以用作编码器的参考零位，如图 4-24 所示。

增量式编码器的输出波形如图 4-25 所示。

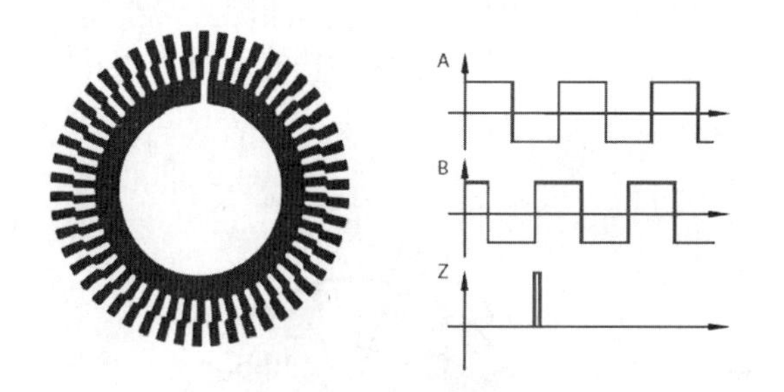

图 4-24 码盘正反转规律

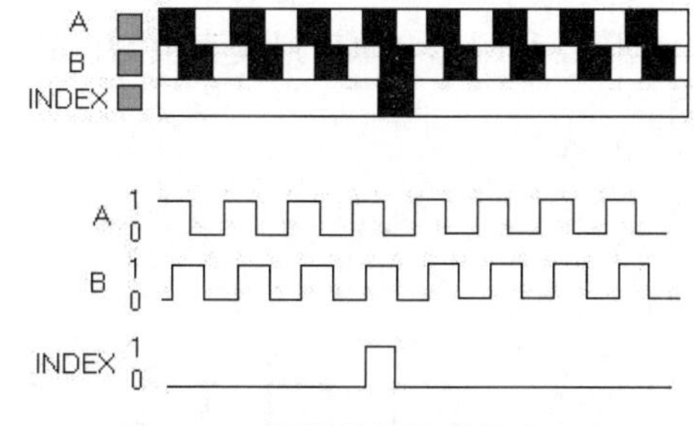

图 4-25 增量式编码器的输出波形

增量式编码器原理构造简单，码盘加工容易，成本比绝对式编码器低，分辨率高，抗干扰能力强，适用于长距离传输，采用计数累加的方式测得位移量。由于采用脉冲计数的方式，增量式编码器在测量前必须先寻找参考零位，因此它的测量结果是相对的。另外增量式编码器的数据断电后会丢失。每次操作相对式光电编码器时，需进行基准点校准。

（2）绝对式编码器。

为了克服增量式编码器的缺点，绝对式编码器便应运而生了。顾名思义，绝对式编码器是能输出绝对值的一种编码器。我们知道，编码器的组成包括连接轴、码盘、光源和输出电路等，绝对式编码器的码盘与相对式编码器有很大的不同，两者的异同对比如图 4-26 所示。

在图 4-26 中，左边是绝对式编码器的码盘，右边是增量式编码器的码盘。可以看出，增量式编码器码盘的光栅是均匀分布的，而绝对式编码器的码盘被分成了很多大小不等的带，如图 4-27 所示。

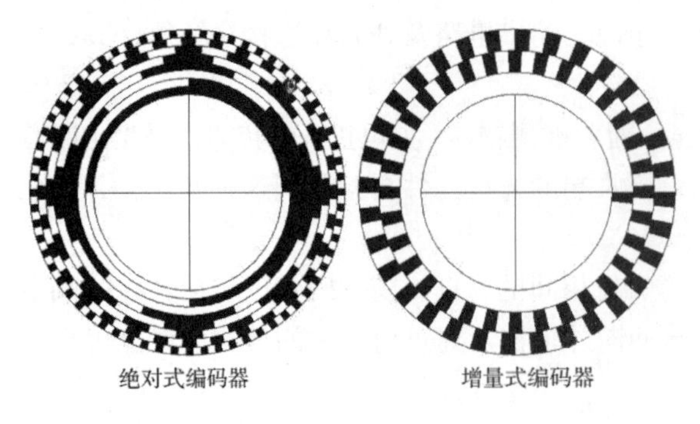

图 4-26 绝对式编码器的码盘与增量式编码器码盘异同对比

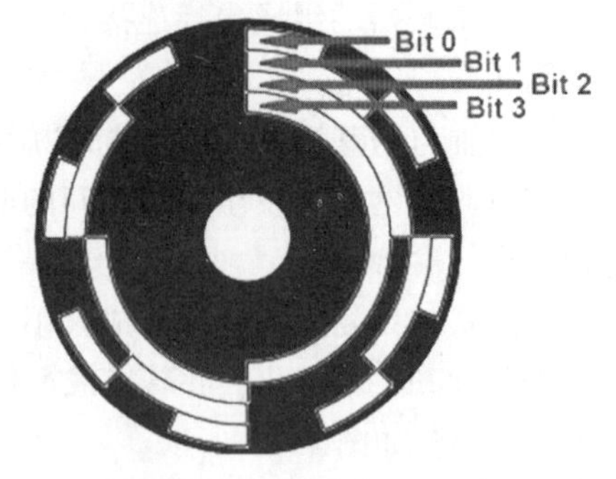

图 4-27 绝对式编码器码盘

绝对式编码器输出的是一组二进制数的编码，它的码盘被分成很多同心的通道，每一个通道称为一个“码道”。每一个码道都有一个单独的输出电路，用来表示一个二进制的位。比如图 4-27 中，最外边的码道表示第 0 位（Bit 0），往里依次是第 1 位（Bit 1）、第 2 位（Bit 2）和第 3 位（Bit 3）。码道的数目越多，能测量的范围就越大。码盘转动时，码道输出电路的波形如图 4-28 所示。

绝对式编码器是一种直接编码式的测量元件，它可以直接把被测转角或位移转化成相应的代码，指示的是绝对位置而无绝对误差，在电源切断时不会失去位置信息。但其结构复杂、价格昂贵，且不易做到高精度和高分辨率。

绝对式编码器主要由多路光源、光敏元件和码盘组成。码盘处在光源与光敏元件之间，其轴与电动机的轴相连，随电动机的旋转而旋转。码盘上有 n 个同心圆环码道，整个圆盘又以一定的编码形式（如二进制编码等）分为若干个（2^n）等份的扇形区段，如图 4-29 所示。光电编码器利用光电原理把代表被测位置的各等份上的数码转化成电脉冲信号输出，以用于检测。

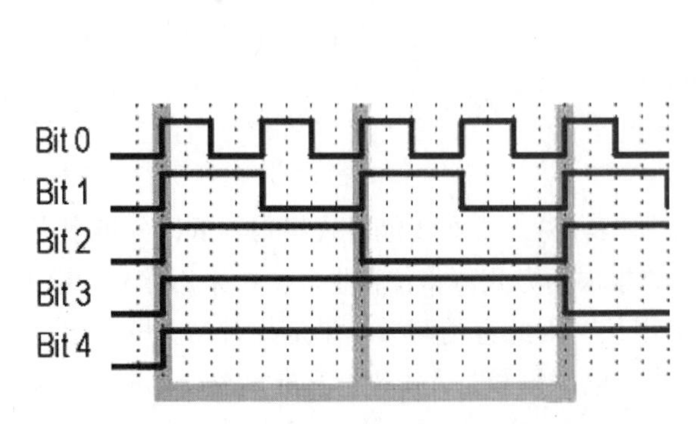

图 4-28 绝对式编码器码道输出电路的波形

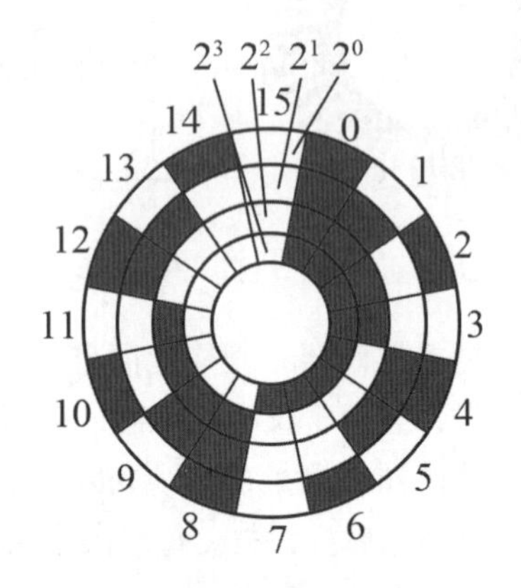

图 4-29 绝对式编码器工作原理

数字 3 使用传统的二进位系统表示为 011，要切换为邻近的数字 4，也就是 100 时，装置中的三个位元都要转换，因此未完成转换的过程时，装置会经历短暂的 001、010、101、110、111 等其中数种状态，也就是代表着 2、1、5、6、7，因此此种数字编码方法于邻近数字转换时有比较大的误差可能范围。格雷码的发明即是用来将误差的可能性缩减至最小，格雷码编码的方式是每个邻近数字都只相差一个位元，因此也称为最小差异码，可以使装置做数字步进时只变更最少的位元数以提高稳定性。格雷码与二进制转换如表 4-2 所示。

表 4-2 格雷码与二进制转换

十进制	0	1	2	3	4	5	6	7	8	9	10	11	12	13	14	15
格雷码	0	0	0	0	0	0	0	0	1	1	1	1	1	1	1	1
	0	0	0	0	1	1	1	1	1	1	1	1	0	0	0	0
	0	0	1	1	1	1	0	0	0	0	1	1	1	1	0	0
	0	1	1	0	0	1	1	0	0	1	1	0	0	1	1	0

绝对式编码器可分为单转型和多转型。单转型能测量一圈内的绝对位置，适用于角位移的测量；多转型能测量的转数取决于编码器的设计，一般用于测量长度及确定在某一长度内的准确位置。

绝对式编码器和增量式编码器主要存在如下几点不同：

①增量式编码器输出的是脉冲信号，而绝对式编码器输出的是一组二进制的数值；

②增量式编码器不具有断电保持功能，而绝对式编码器断电后数据可以保存；

③增量式编码器的转数不受限制，而绝对式编码器不能超过转数的量程；

④增量式编码器相对便宜；

⑤码盘的不同，是绝对式编码器和增量式编码器的最大区别。另外，目前工业上使用的编码器很多都支持总线方式的输出（比如以太网），这些集成了总线接口的编码器可以直接通过总线的方式进行访问，非常方便。

4.3.2 速度传感器

单位时间内位移的增量就是速度。速度包括线速度和角速度，与它们相对应的有线速度传感器和角速度传感器，统称为速度传感器。

在机器人自动化技术中，旋转运动速度测量得较多，而且直线运动速度也经常通过旋转速度间接测量。例如，测速发电机可以将旋转速度转变成电信号，这就是一种速度传感器。测速机要求输出电压与转速间保持线性关系，并要求输出电压陡度大，时间及温度稳定性好。测速机一般可分为直流式和交流式两种。在机器人中，交流测速发电机用得不多，多数情况下用的是直流测速发电机。直流测速发电机的励磁方式可分为他励式和永磁式两种，电枢结构有带槽式、空心式、盘式印刷电路等形式，其中带槽式较为常用。测速发电机的常见分类如图 4-30 所示。

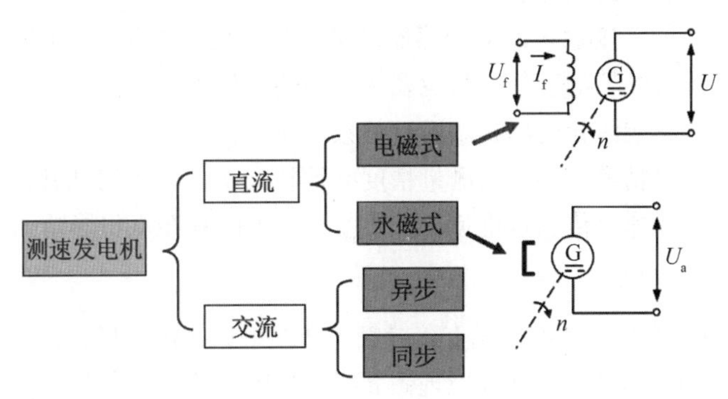

图 4-30 测速发电机的常见分类

对于直流输出型，在其定子的永久磁铁产生的静止磁场中，安装着绕有线圈的转子。当转动转子时，就会产生交流电流，再经过二极管整流后，就会变换成直流进行输出，输出电压 u 与转子的角速度 ω 成正比。通过测量输出电压即可得到角速度。

测速发电机的构造如图 4-31 所示。

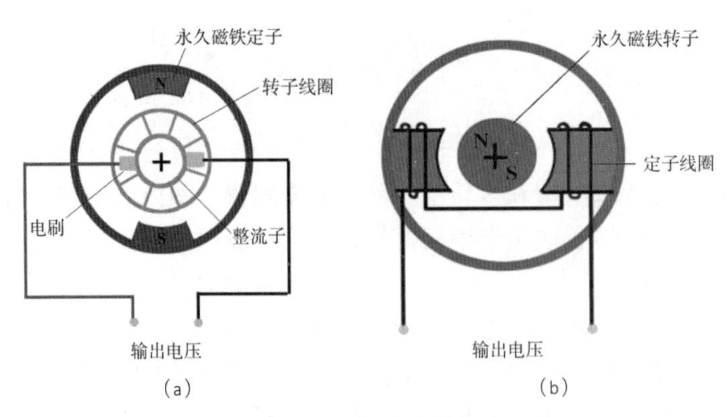

图 4-31 测速发电机的构造

(a) 带整流子的直流输出型测速发电机；(b) 交流输出型测速发电机

将测速发电机的转子与机器人关节伺服驱动电动机的轴相连，就能测出机器人运动过程中的关节转动速度，而且测速发电机能用在机器人速度闭环系统中作为速度反馈元件，如图 4-32 所示，所以其在机器人控制系统中得到了广泛的应用。

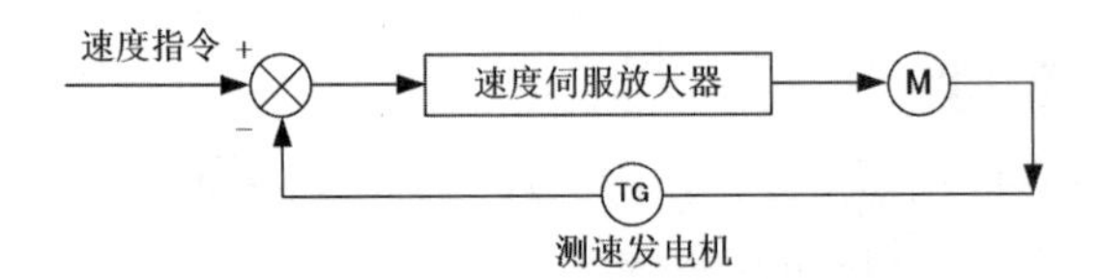

图 4-32 机器人速度闭环系统中作为速度反馈元件

速度传感器按安装形式可分为接触式和非接触式两类。

1. 接触式速度传感器

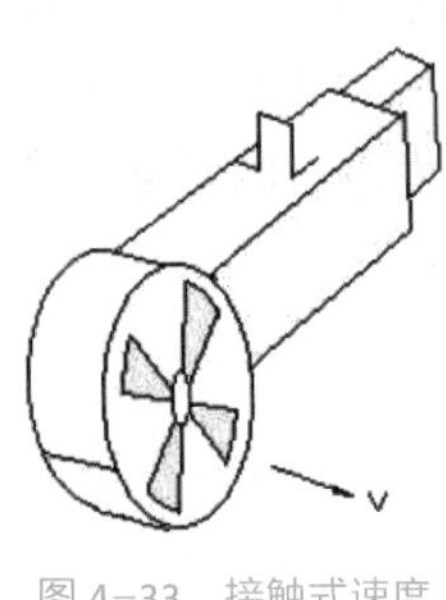

图 4-33 接触式速度传感器

接触式速度传感器与运动物体直接接触。当运动物体与旋转式速度传感器接触时，摩擦力带动传感器的滚轮转动。装在滚轮上的转动脉冲传感器，发送出一连串的脉冲。每个脉冲代表着一定的距离值，从而就能测出线速度。

接触式速度传感器结构简单，使用方便，如图 4-33 所示。但是接触滚轮的直径是与运动物体始终接触着的，滚轮的外周会被磨损，从而影响滚轮的周长。而脉冲数对每个传感器又是固定的，影响传感器的测量精度。要提高测量精度必须在二次仪表中增加补偿电路。另外，接触式速度传感器难免产生滑差，滑差的存在也将影响测量的正确性。

2. 非接触式速度传感器

非接触式速度传感器与运动物体无直接接触，非接触式速度传感器测量的原理很多种，以下以基于光电技术的速度传感器对测速原理做介绍，如图 4-34 所示为非接触光电速度传感器。

光电转速传感器是根据光敏二极管工作原理制造的一种感应接收光强度变化的电子器件，当发射端发出的光被目标反射或阻断时，接收器感应到相应的电信号。

如图 4-35 所示，光电式传感器由独立且相对放置的光发射器和光接收器组成。目标处于光发射器和光接收器之间并阻断光线时，传感器输出信号。

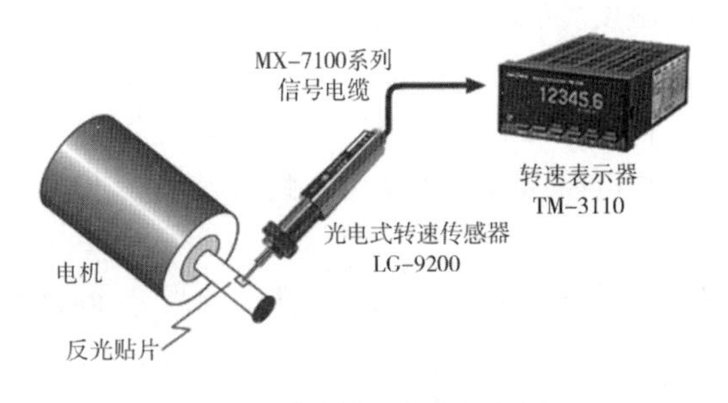

图 4-34　非接触光电速度传感器

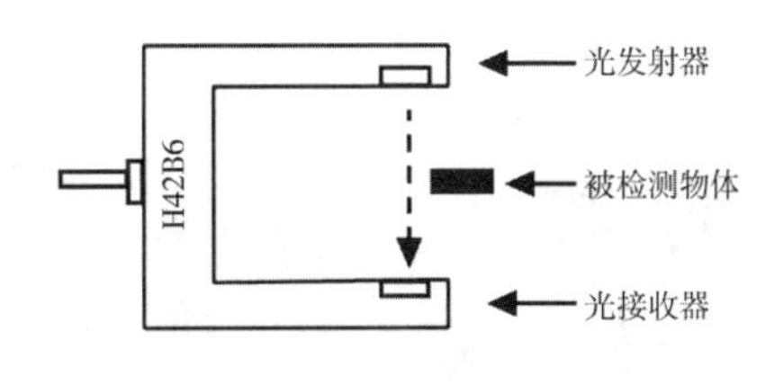

图 4-35　光电传感器的结构

信号盘可用一般钢板或者玻璃制成，盘上有多个齿，其工作电路结构如图 4-36 所示。我们将信号盘与电机安装在一起，使信号盘随电机转动，传感器固定在支架上，垂直于转速盘，当转速盘旋转时，光电传感器输出矩形脉冲信号。采用频率测量法可以在固定的测量时间内，计算转速传感器发出的脉冲个数（即频率），从而算出实际转速。

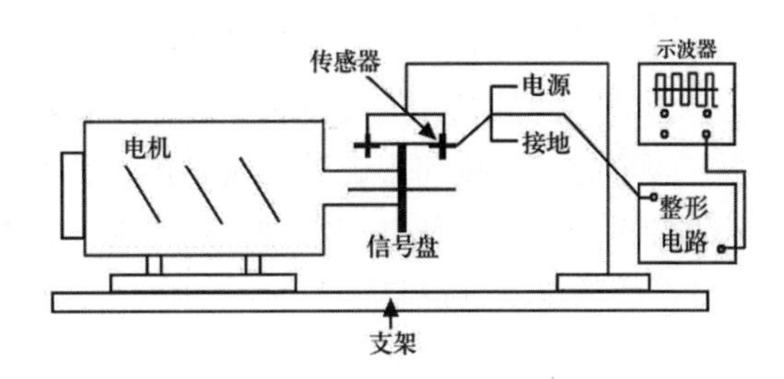

图 4-36　光电传感器工作电路结构

4.3.3　温度传感器

常用的温度传感器包括热电偶、铂电阻、热敏电阻和半导体测温芯片，其中热电偶传感器常用于高温测量，铂电阻用于中温测量（-200 ～ 650℃），而热敏电阻和半导体温度传感器适合于 100 ～ 200℃范围内的温度测量，其中半导体温度传感器的应用简单，有较高的灵敏度。

温度传感器按测量方式可分为接触式和非接触式两大类；按照传感器材料及电子元件特性，又可分为热电阻和热电偶两大类。

电机温度传感器也叫做电机温控器，是工业机器人内部常用的温度传感器，如图 4-37 所示。当电机温度上升时，它能自动断开控制电路；当温度下降到一定值时，会自动复位，从而保护电机不会因为高温而烧坏。

图 4-37　电机温度传感器

另外，工业机器人对工作环境的温度有一定的要求的。当工业机器人处于恶劣环境下，可能无法正常完成各项作业。例如，在低温下工作时，工业机器人控制系统的电路板可能会受到影响，从而影响机器人的工作精度。因此，温度传感器也可用在工业机器人控制系统内部或工作环境中，用于监测工作环境温度，保障其工作精度。

4.3.4　湿度传感器

人类的生存和社会活动与湿度密切相关。随着现代化的发展，很难找出一个与湿度无关的领域来。由于应用领域不同，对湿度传感器的技术要求也不同。从制造角度看，同是湿度传感器，材料、结构、工艺不同，其性能和技术指标（比如精度）有很大差异，因而价格也相差甚远。

图 4-38 常见的湿敏元件

湿敏元件是最简单的湿度传感器。湿敏元件主要有电阻式、电容式两大类。常见的湿敏元件如图 4-38 所示。湿敏电阻的特点是在基片上覆盖一层用感湿材料制成的膜，当空气中的水蒸气吸附在感湿膜上时，元件的电阻率和电阻值都发生变化，利用这一特性即可测量湿度。

湿敏电容一般是用高分子薄膜电容制成的，常用的高分子材料有聚苯乙烯、聚酰亚胺、醋酸纤维等。当环境湿度发生改变时，湿敏电容的介电常数也会发生变化，使其电容量发生变化。电容变化量与相对湿度成正比。电子式湿敏传感器的准确度可达 2% ～ 3%RH，这比干湿球精度高。

湿敏元件的线性度及抗污染性差。在检测环境湿度时，湿敏元件要长期暴露在待测环境中，很容易被污染而影响其测量精度及长期稳定性。与温度传感器一样，湿度传感器也被用来感知机器人的工作环境条件，通常被安置在机器人控制系统内部或工作环境中，对机器人工作环境的湿度进行监测。

任务小结

机器人的传感器根据使用功能可以分为内部传感器和外部传感器。内部传感器是用于测量机器人自身状态的功能元件，其功能是测量运动学量和力学量，用于机器人感知自身的运动状态，使得机器人可以按照规定的位置、轨迹和速度等参数运动，同时监测机器人的工作环境是否满足工作的要求。在机器人的多个传感器中，最为基础的信息是机器人的位置信息，机器人位置传感器是机器人的关键元器件，而机器人的位置控制也是应用最多的控制方式，且对于其他力的控制方案中，机器人的位置控制也是机器人的重要实现方案之一。由此可知，工业机器人的内部传感器对确保工业机器人的正常运行至关重要。

任务 4.4 工业机器人外部传感器

任务提出

机器人外部传感器用于监测环境及目标对象的状态特征，是机器人与外界交互的桥梁，使得机器人对环境有识别、校正和适应能力，例如感知目标是什么物体，与物体的距离，是否已抓取住物体等。常见的外部传感器主要包括触觉传感器、力觉传感器、视觉传感器、接近觉传感器等。这些外部传感器是如何工作的呢？接下来我们将在任务 4.4 中围绕这一问题进行学习。本任务包括以下几项内容：

（1）了解常见的工业机器人外部传感器的工作原理；

（2）理解触觉传感器在测量中的不同测量方法；

（3）了解视觉传感器、接近觉传感器和滑觉传感器在工业机器人中的应用。

任务实施

4.4.1 触觉传感器

触觉是人与外界环境直接接触时的重要感觉功能，研制出满足要求的触觉传感器是机器人发展中的关键之一。触觉信息的获取是机器人对环境信息直接感知的结果。广义上，它包括接触觉、压觉、力觉、滑觉、冷热觉等与接触有关的感觉；狭义上它是机械手与对象接触面上的力感觉。触觉是接触、冲击、压迫等机械刺激感觉的综合，如图 4-39 所示，利用机械手的触觉检测可进一步感知物体的形状及其软硬程度等物理特征。

图 4-39　机械手的触觉检测

触觉传感器是一种测量其本体与环境之间的物理交互信息的设备。触觉的传感器通常模拟的是生物学意义上的皮肤受体，它能够检测由机械刺激、温度和痛苦（虽然痛感在人工触觉传感器中是不常见的）所造成的激励信号。触觉传感器被用于机器人，计算机硬件和安全系统中。触觉传感器常应用在如移动电话或移动计算中的触屏设备中，触觉在触屏设备中的应用如图 4-40 所示。

图 4-40　触觉在触屏设备中的应用

测量非常小的变化的传感器必须具有非常高的灵敏度。传感器需要设计为对被测量值产生尽可能小的影响。通常，将传感器设计得尽可能小巧可以减小对被测量值的影响，并可以带来其他优点。

触觉成像是一种基于触觉传感器的医学成像模态，它能将触觉信息转化为数字图像。触觉成像非常类似于手动触诊，安装在其表面的压力传感器阵列（见图 4-41）的装置的探针与人的手指类似。在临床检查时，可以通过探针使软组织变形并检测压力模式的结果变化。

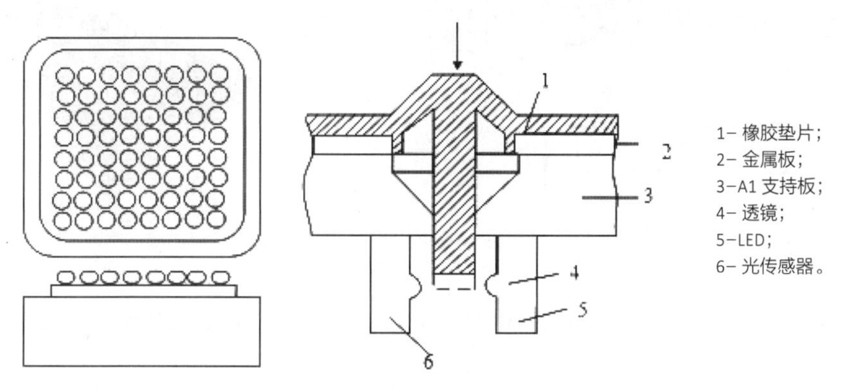

图 4-41　触觉传感器阵列及原理图

设计用于与物体进行交互的机器人需要精确、灵巧或者与不常见物体交互的操作能力，这种机器人需要具有在功能上等同于人类触觉能力的感觉装置。触觉传感器已应用于机器人系统中。当机器人开始抓住物体时，触觉传感器可以提供附加信息来补充视觉系统。在此过程中，视觉信息不再具有充分性，因为物体的机械性质无法仅通过视觉确定。重量、质地、刚度、质心、摩擦系数和热导率需要与物体相互作用和某种触觉传感才能实现测量。操作、探测和响应是接触式传感器的三种主要作用，如图 4-42 所示。

图 4-42 接触式传感器的主要作用

触觉传感器用以判断机器人（主要指机器人的四肢）是否接触到外界物体或测量被接触物体的特征的传感器。触觉传感器有微动开关式、导电橡胶式、含碳海绵式、气动复位式装置等类型。

（1）微动开关式：由弹簧和触头构成。触头接触外界物体后离开基板，造成信号通路断开，从而监测到与外界物体的接触，其典型结构如图 4-43 所示。这种常闭式（未接触时一直接通）微动开关的优点是使用方便、结构简单，缺点是易产生机械振荡、触头易氧化。

（2）导电橡胶式：它以导电橡胶为敏感元件。当触头接触外界物体受压后，压迫导电橡胶，使它的电阻发生改变，从而使流经导电橡胶的电流发生变化。这种传感器的优点是具有柔性，缺点是由于导电橡胶的材料配方存在差异，出现的漂移和滞后特性也不一致。导电橡胶式触觉传感器在键盘中有着广泛的应用，如图 4-44 所示。

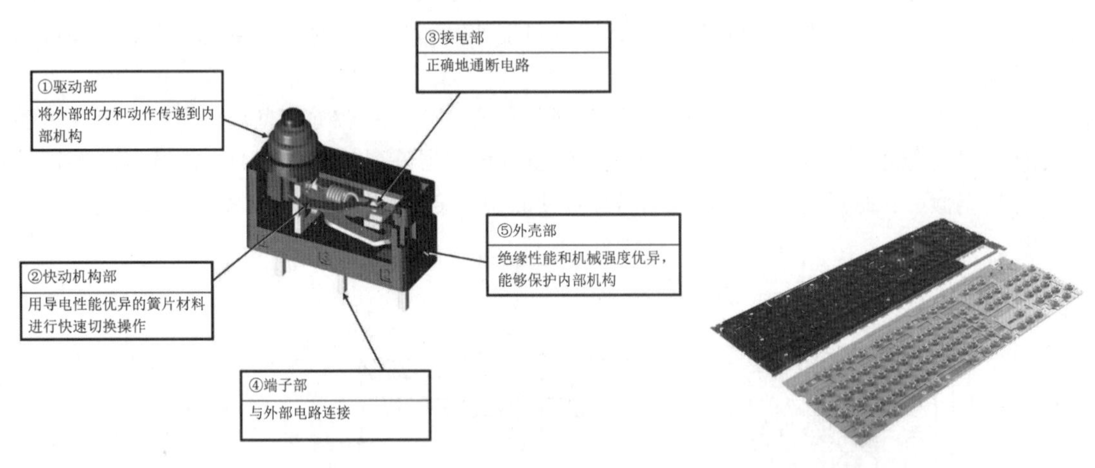

图 4-43 微动开关式触觉传感器的典型结构图

图 4-44 导电橡胶式触觉传感器在键盘中的应用

（3）含碳海绵式：它在基板上装有海绵构成的弹性体，在海绵中按阵列排布含碳海绵。接触物体受压后，含碳海绵的电阻减小，测量流经含碳海绵电流的大小，可确定受压程度，含碳海绵式触觉传感器如图 4-45 所示。这种传感器也可用作压力觉传感器。它的优点是结构简单、弹性好、使用方便，缺点是碳素分布均匀性直接影响测量结果、受压后恢复能力较差。

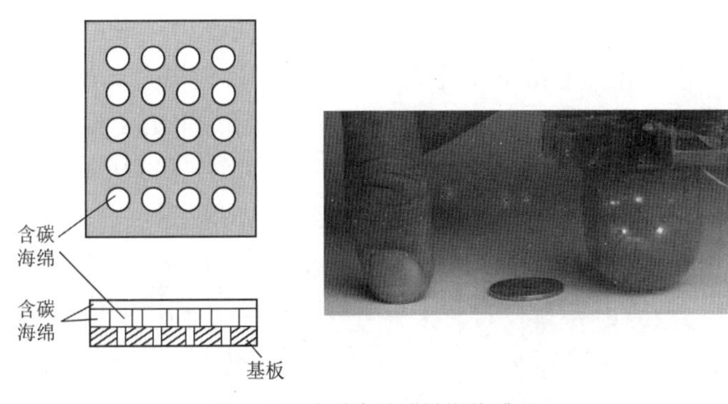

图 4-45 含碳海绵式触觉传感器

（4）气动复位式：它有柔性绝缘表面，受压时变形，脱离接触时则由压缩空气作为复位的动力。与外界物体接触时其内部的弹性圆泡（铍铜箔）与下部触点接触而导电，如图 4-46 所示。它的优点是柔性好、可靠性高，缺点是需要压缩空气源。

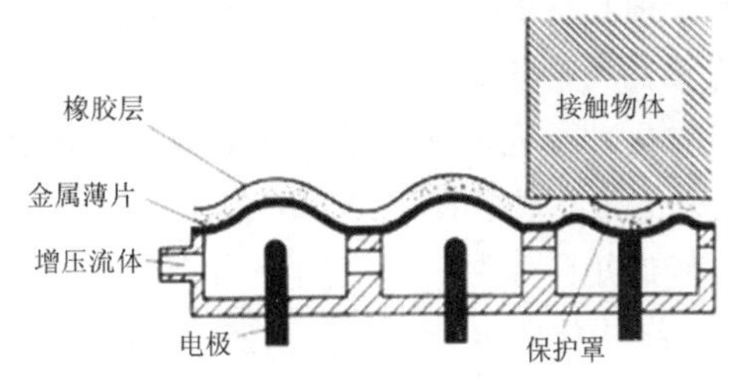

图 4-46 气动复位式触觉传感器

4.4.2 力觉传感器

力觉传感器是用来检测机器人的手臂和手腕所产生的力或其所受反力的传感器。机器人手臂部分和手腕部分的力觉传感器可用于控制机器人的手所产生的力，在费力的工作中以及限制性作业、协调作业等方面是有效的，特别是在镶嵌类的装配工作中，它是一种特别重要的传感器。常见的力觉传感器如图 4-47 所示。

图 4-47 常见的力觉传感器

力觉传感器的元件大多使用半导体应变片。将这种传感器件安装于弹性结构的被检测处，就可以直接地或通过计算机检测多维的力和力矩。力觉传感器经常被安装于机器人关节处，通过检测弹性体变形来间接测量所受力的大小。装于机器人关节处的力觉传感器常以固定的三坐标形式出现，有利于满足控制系统的要求。目前出现的六维力觉传感器可实现多个维度力觉信息的测量，主要安装于腕关节处的传感器被称为腕力觉传感器。腕力觉传感器大部分采用应变电测原理，按其弹性体结构形式可分为筒式和十字形腕力觉传感器两种。筒式力觉传感器具有结构简单、弹性梁利用率高、灵敏度高的特点；而十字形的力觉传感器结构简单、容易建立坐标，但加工精度高。

力觉传感器根据力的检测方式的不同，可分为应变片式（检测应变或应力）、压电元件式（压电效应）及差动变压器、电容位移计式（用位移计测量负载产生的位移）。其中，应变片式压力传感器最普遍，商品化的力传感器大多是这一种。

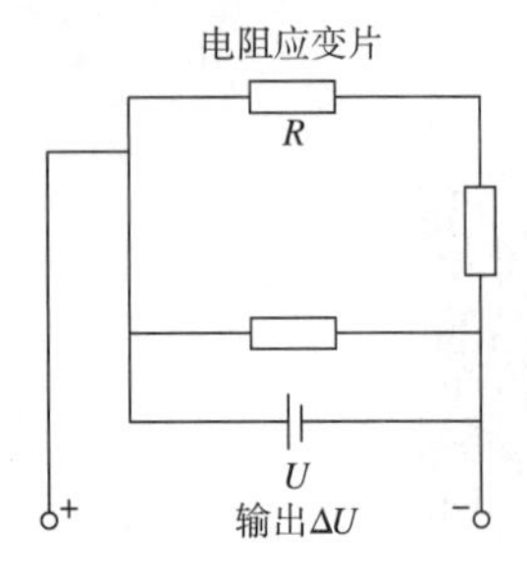

图 4-48　电阻应变片式压力传感器电桥电路

压电元件很早就用在刀具的受力测量中，但它不能测量静态负载。电阻应变片式压力传感器是利用金属拉伸时电阻变大的现象，将它粘贴在加力方向上，可根据输出电压检测出电阻的变换，电阻应变片压力传感器的电桥电路如图 4-48 所示。电阻应变片在左、右方向上加力，用导线接到外部电路。

在不加力时，电桥上的电阻都是 R；当在左、右方向加力时，电阻应变片是一个很小的电阻 ΔR，输出电压为

$$\Delta U=U_1-U_2=\left[(U/2)\cdot(\Delta R/2R)\right]/(1+\Delta R/2R)\approx U\Delta R/4R$$

电阻变换为 $\Delta R\approx 4R\Delta U/U$。

就传感器安装部位而言，力觉传感器可分为腕力传感器、关节力传感器、握力传感器、脚力传感器、手指力觉传感器等。

1. 腕力传感器

腕力传感器是一个两端分别与机器人腕部和手爪相连接的力觉传感器。当机械手夹住工件进行操作时，通过腕力传感器可以输出六维（三维力和三维力矩）分量反馈给机器人控制系统，以控制或调节机械手的运动，完成所要求的作业。腕力传感器分为间接输出型和直接输出型两种。间接输出型腕力传感器敏感体本身的结构比较简单，但需要对传感器进行校准，要经过复杂的计算才能求出传递矩阵系数，使用时进行矩阵运算后才能提取出六维分量。直接型腕力传感器敏感体本身的结构比较复杂，但只需要经过简单的计算就能提取出六维分量，有的甚至可以直接得到六维分量。

腕力传感器的系统硬件通常由传感器和信息处理两部分组成。传感器部分由弹性体、测量电桥和前级放大器组成，主要完成敏感六维分量，并进行信号前级放大的任务。信号处理部分包括后级放大、滤波、采样保持、A/D 转换以及进行系统控制、计算和通信的微机系统，腕力传感器系统组成如图 4-49 所示。

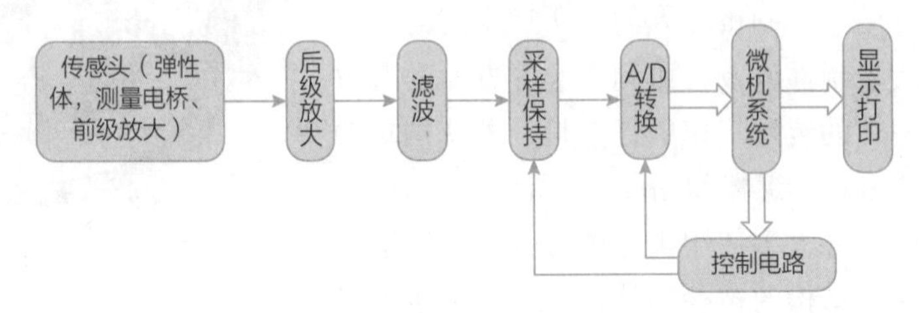

图 4-49　腕力传感器系统组成

腕力传感器系统软件一般包括数据采集和 A/D 转换控制软件、非线性校正和矩阵解耦运算软件、系统通信及输出软件等。

腕力传感器的优缺点如下。

（1）腕力传感器虽然结构较复杂，但原理比较类似，一般都是通过应变片来测量内部弹性体的变形，再解耦求得多维力信号。

（2）腕力传感器获得的力信息较多（例如六维腕力传感器），分辨率、灵敏度和精度高，可靠性好和使用方便。

（3）腕力传感器针对不同类型的机器人能实现通用化，所以得到广泛的应用。

（4）弹性元件一般为整体结构，加工极为困难。

（5）应变片粘贴过程复杂，应变片的输出信号较弱，需要高性能的放大器，市场上供应的放大器体积较大。

（6）从腕力传感器的工作原理可以看出，腕力传感器工作时产生的变形必将影响机器人操作臂的定位精度。

（7）由于传感器设计、制造上的原因，使得传感器的输出信号与实际六维向量的分力之间存在相互耦合作用，即传感器的相互干扰，这种干扰非常复杂，难以从理论上进行分析和解耦消除，通常需要采用实验方法进行标定。

2. 握力传感器

光纤握力觉传感器单元如图 4-50 所示，该传感器所用的光纤是 50 μm、125 μm 的多模光纤，波纹板是由两块相互啮合的 V 形槽板组成，为了保持平衡，在槽的另一端放置一根不通光的虚设光纤，板的厚度为 3 mm。当物体压力作用于握力觉传感器时，波纹板的上盖相对于下盖位移，使光纤产生变形，通过测量光信号的衰减可间接得知压力的大小。在设计、制作之后，对系统性能进行测试。测量结果范围大、灵敏度高、效果良好。力的分辨率为 59，测量范围为 0 ～ 2 500 g。系统作为一个独立的部分，通过串行口与控制微机相连，接口简单方便。

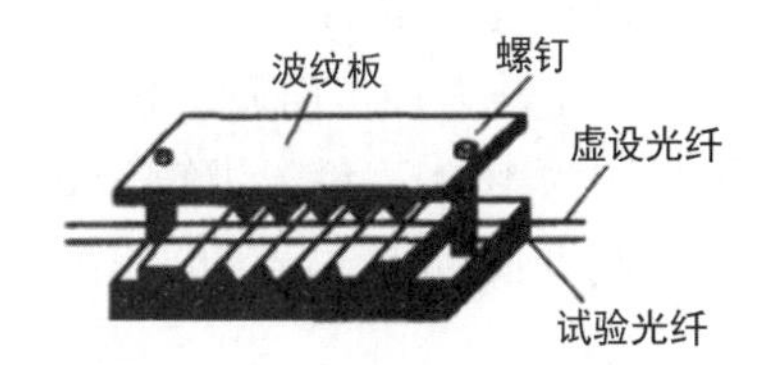

图 4-50　光纤握力觉传感器单元

3. 脚力传感器

二足步行机器人在人类生活的环境中应用较为方便，但不稳定，控制较复杂。为了解步行时的状态，需要安装各种传感器，其中脚力传感器是与外界接触的传感器，对步行控制来说是相当重要的。

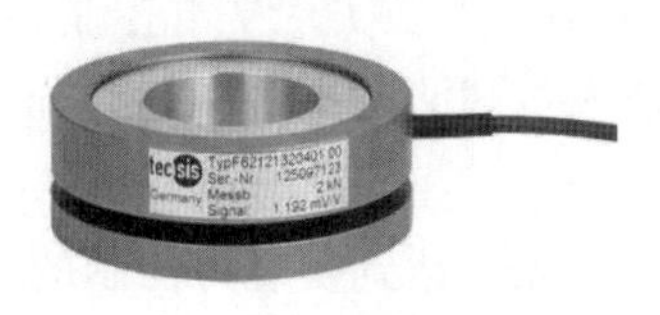
图 4-51　圆筒式脚力传感器

圆筒式脚力传感器如图 4-51 所示。脚力传感器圆筒的材料是聚氯乙烯树脂，圆筒外径为 26 mm，内径为 20 mm，长度为 15 mm。其上部两处与脚的上表面板固定，下部两处与脚的下表面板固定。圆筒左右侧壁的内外表面贴应变片为 4 片，通过桥式放大输出反映垂直负荷。根据两端支承梁式脚力传感器的输出特性可知，脚前部传感器与后部传感器之间的相互影响显著。因此，为了削弱他们之间的相互影响，圆筒式脚力传感器的脚前部传感器与脚后部传感器的下表面板不相连。圆筒式脚力传感器的上表面板为铝板，下表面板为聚丙烯板。为了减少脚底与地面之间的滑动，在聚丙烯板表面上贴一层橡胶。两足步行机器人的总重量为 18.5 kg 时，每只脚上装有 4 个传感器，两只脚共有 8 个传感器。

4. 手指式力传感器

手指式力传感器一般通过应变片或压阻敏感元件测量多维力而产生输出信号，常用于小范围作业，如手抓鸡蛋试验，手指式力传感器精度高、可靠性好，逐渐成为力控制研究的一个重要方向，但多指协调复杂。

传感器弹性体结构如图 4-52 所示，它是组合式结构，分为上、下两个部分：上部是中空正方形的四个侧面，贴有应变片 4 和 4′、5 和 5′。当薄壁筒有微应变时，应变片能够测量作用力矩 M_x、M_y、M_z。传感器弹性体的下部是圆环形，圆环形上面有对称的三个矩形弹性梁，

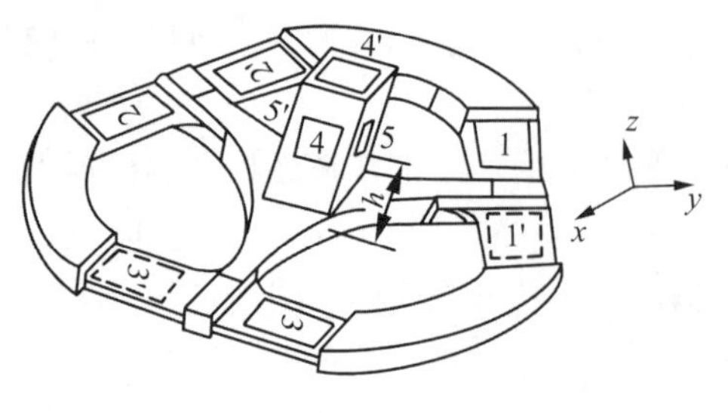

图 4-52　传感器弹性体结构

弹性梁的两面分别贴有应变片，共有 6 个应变片组成 3 组桥路，环上其他高出部分的厚度与梁高比较大，当弹性梁发生微应变时，三个高出来的部分相当于基座，不产生变形。当传感器受外力作用时，应变梁发生变形，可根据桥路输出值测量力和力矩。传感器的上部分与下部分通过三个桥梁相连，这中间部分可以看成是刚体，受力不产生变形。传感器的输出分量有耦合，通过对其进行标定建立解耦矩阵进行解耦。机器人手指五维力矩传感器，外壳是手指顶部并有连接接口，通过过载保护防止外力冲击而使传感器弹性体发生塑性变形。传感器外径为 21 mm，高度为 17.5 mm，最大力为 10 N，最大力矩为 0.2 N·m。传感器底座上可以安装插座，引线方便，安全可靠。为了减少长线传输产生的噪声，将传感器放大电路安装在传感器内部，可以形成集成度高的传感器。

在应用应变片的力觉传感器中，应变片的好坏与传感器的结构同样重要，甚至比结构更为重要。多轴力觉传感器的应变片检测部分应该具有以下特性：

（1）至少能获取 6 个以上独立的应变测量数据；

（2）由黏结剂或涂料引起的滞后现象或输出的非线性现象尽量小；

（3）不易受温度和湿度影响。

选用力传感器时，首先要特别注意额定值。人们往往只注意作用力的大小，而容易忽视作用力到传感器基准点的横向距离，即忽视作用力矩的大小。一般传感器力矩定值的裕量比力额定值的裕量小。因此，虽然控制对象是力，但是在关注力的额定值的同时，千万不要忘记检查力矩的额定值。

在机器人通常的力控制中，力的精度意义不大，重要的是分辨率。为了实现平滑控制，力觉信号的分辨率非常重要。高分辨和高精度并非统一的，在机器人负载测量中，一定要分清分辨率和测量精度究竟哪一个更重要。

力控制技术尚未实用化的主要原因：一是现有的机器人技术尚未完全达到实现力控制的水平；二是力控制的理论体系尚未完善。此外，从理论上掌握机器人动作和环境的系统配置及相应的通用机器人语言还有待进一步研究。这一系列研究开发工作需要实现传感器反馈控制，具有通用硬件和软件的机器人控制系统。而现在商品化的机器人主要是以位置控制为基础的控制或示教方式。

4.4.3　视觉传感器

视觉传感器是整个机器视觉系统信息的直接来源，主要由一个或者两个图形传感器组成，有时还要配以光投射器及其他辅助设备，如图 4-53 所示。视觉传感器的主要功能是获取足够的机器视觉（machine vision，MV）系统要处理的最原始图像。

机器视觉是配备有感测视觉仪器（如自动对焦相机或传感器）的检测机器，其中光学检测仪器占比重非常高，可用于检测各种产品的缺陷，或者用于判断并选择物体，或者用来测量尺寸等。机器视觉是计算机视觉中最具有产业化的部分，主要应用于工厂自动化检测及机器人产业等，机器视觉如图 4-54 所示。

图 4-53　视觉传感器

图 4-54　机器视觉

将近 80% 的工业视觉系统用在检测方面，包括用于提高生产效率、控制生产过程中的产品质量、采集产品数据等。产品的分类和选择也集成于检测功能中。

视觉系统检测生产线上的产品，决定产品是否符合质量要求，并根据结果产生相应的信号输入上位机。图像获取设备包括光源、摄像机等；图像处理设备包括相应的软件和硬件系统；输出设备是与制造过程相连的有关系统，包括可编程控制器、警报设备等。

机器视觉的结果是计算机辅助质量管理（computer aided quality，CAQ）的质量信息来源，也可以和计算机集成制造系统（computer integrated manufacturing system，CIMS）等其他系统集成。机器视觉系统是指用计算机来实现人的视觉功能，也就是用计算机来实现对客观的三维世界的识别。按照现在的理解，人类视觉系统的感受部分是视网膜，它是一个三维采样系统。三维物体的可见部分被投影到视网膜上，人们按照投影到视网膜上的二维的像来对该物体进行三维理解。所谓三维理解是指对被观察对象的形状、尺寸、离开观察点的距离、质地和运动特征（方向和速度）等的理解。

提示

在工业机器人应用编程“1+X”证书考核的项目中，视觉传感器也有着重要的作用。输出法兰装配进入关节底座的过程中就需要使用视觉传感器。减速器和输出法兰的对比如图 4-55 所示。

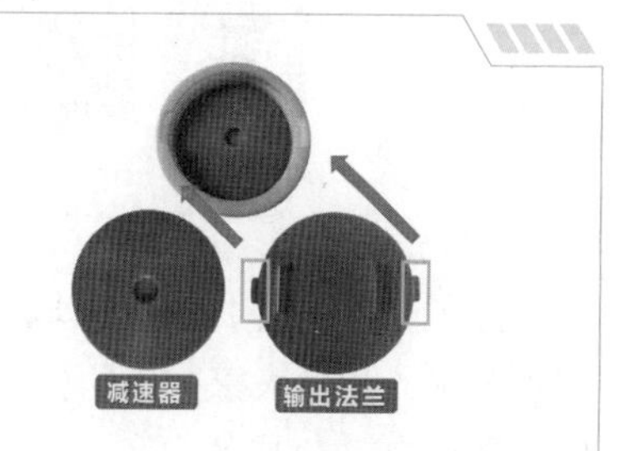

图 4-55　减速器和输出法兰的对比

输出法兰在由传送带推出的过程中，角度具有随机性，这给工业机器人的装配带来了很大的困难。如何解决这个问题呢？这里就要用到工业机器人上一个关键的部件——工业智能相机。由于输出法兰被抓取时的位置具有随机性，因此需要用相机对输出法兰的实际位置进行拍照，将它与“点位示教”获得的正确位置（或称作标准位置）进行比较，机器人抓取输出法兰后，在空中进行姿态调整，使封装齿对准封装槽。

结合工业机器人重复再现的工作特性，输出法兰在装配过程中存在唯一可以装配成功的角度，即标准角度。当前设置的标准角度为输出法兰与传送带前进方向呈 90°。但是供料输送单元具有随机性，大多情况下，到达传送带末端拾取准备位置的输出法兰往往并不处于标准角度，此时就需要通过引入工业智能相机，测定输出法兰的偏转角，并传递至工业机器人，利用工业机器人将输出法兰首先调整至标准角度，为后续的正确装配做好准备，工业智能相机在装配中的应用如图 4-56 所示。

图 4-56　工业智能相机在装配中的应用

技巧：

运用工业机器人进行工业智能相机的编程也是“1+X”证书考试的一个重要考核点。实际上，取得更优质的成像效果对于工业智能相机同样意义重大。

在工业智能相机中，可以通过目标亮度的调节，实现场景内工件的明暗条件的变化，在此案例中，我们清晰地发现，当目标亮度不同时，工件的成像效果也差异巨大。不同的工件，不同的环境对于与目标亮度的选择要求也不尽相同，目标亮度为 60 时，成像效果最好，如图 4-57 所示。目标亮度的调试也有助于我们取得更好的偏转角度计算效果。

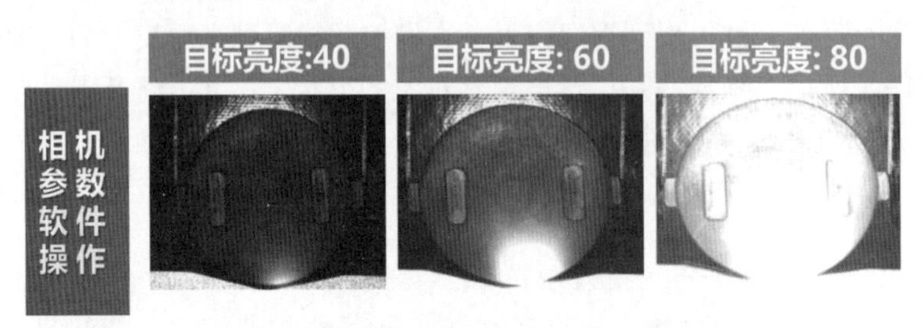

图 4-57　工业相机参数对目标成像的影响

除了亮度之外，最优区域的选择也直接影响工业智能相机测量准确率的判定。提起人脸识别系统，相信大家并不陌生，如图 4-58 所示，在人脸识别系统中，也有类似的最优训练区域，图中自动生成的白色方框就是最优训练区域。位于该区域内的面部最具辨识度，同质化的干扰因素，如头发则被排除在外。

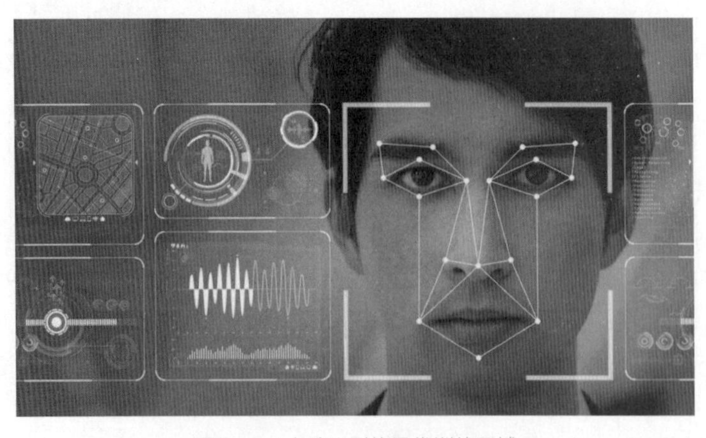

图 4-58　人脸识别的最优训练区域

由于工件个体差异较大，无法和人脸一样直接适用同样的训练区域，过小的训练区域包括的要素太少，而过大的训练区域又会引入过多的干扰要素，都不利于得到较高的计算结果评分。这就要求我们结合实际进行辨识区域的训练，并从中寻找最优训练区域。以输出法兰为例，两槽口外缘的矩形框即为最优训练区域，如图 4–59 所示。

图 4–59 输出法兰的最优训练区域

注意：

最优训练区域的选择方法需要根据工件的实际情况具体决定。

实际上，工业智能相机在工业机器人以外的领域也有着广泛的应用，作为国之重器的“天和”核心舱的舱外也有一个功能强大的工业智能相机，如图 4–60 所示。它可以记录宇航员出舱，进行舱外环境监视，为我们探索宇宙增添助力。

图 4–60 “天和”核心舱的工业智能相机

拓展阅读

生命生态实验柜 探索空间生命科学

2022 年 7 月 24 日 14 时 22 分，搭载“问天”实验舱的“长征五号”B 遥三运载火箭在我国文昌航天发射场准时点火发射。约 495 秒后，“问天”实验舱与火箭成功分离并进入预定轨道，发射取得圆满成功。作为中国空间站首个实验舱段，“问天”实验舱主要面向空间生命实验研究，我们将会开展哪些生命科学实验呢？

在中国科学院上海技术物理研究所的实验室里，张涛和他的团队正在做最后的准备工作，此次在中国空间站要进行的空间生命科学实验就是通过这套系统完成的。在生命生态实验柜上配备有多种相机，可用于观察植物生长情况回传地面，科研团队可以通过远程地面的指令操控，调整参数、程序、实验流程。

据悉，此次生命生态科学实验柜将以多种类型的生物个体为实验样品，开展拟南芥、线虫、果蝇、斑马鱼等动植物的空间生长实验，预期成果将促进人类对生命现象本质的理解，揭示微重力对生物个体生长、发育与衰老的影响，探索空间辐射生物学和生命起源机理，并为航天员健康和防护提供科学依据。

——摘自《问天，问天！》
（央视网，2022 年 7 月 24 日）

4.4.4 接近觉传感器

接近觉传感器也称近接感测器，是一种无需接触就能侦测附近存在物体的传感器。

接近觉传感器通常发射电磁场或电磁辐射束（如红外线）并观察电场或返回信号的变化来实现功能。可被侦测的物体称为接近觉传感器的目标。不同类型的接近觉传感器有不同的目标，例如电容式接近觉传感器或光电传感器可以侦测塑料目标，而电感式接近觉传感器只能侦测金属目标。常见的红外线接近觉传感器如图 4-61 所示。

传感器都有设计上定义的“标称范围”，即可检测的最大距离。一些传感器具有在标称范围内生成调整与检测距离分级报告的能力。由于接近觉传感器没有机械部件，并且传感器与被感测物体之间没有物理接触，具有高可靠性和较长的使用寿命。为了更好地辅助机器人进行作业，有时会在机械手上部署接近觉触感器，如图 4-62 所示。

智能手机或类似的移动设备上通常配有接近觉传感器，如图 4-63 所示。当有目标出现在标称范围内时，设备可从睡眠模式中唤醒。如果接近觉传感器的目标持续保持不变，设备也可将其忽略并重新进入睡眠。一个常见的设计是，在使用智能手机拨打电话时，接近觉传感器会检测目标是否出现，并认为目标放在耳朵附近，此时将暂时关闭触摸屏，以避免意外操作。接近觉传感器也用于一些机械设备的振动监测。

图 4-61　常见的红外线接近觉传感器

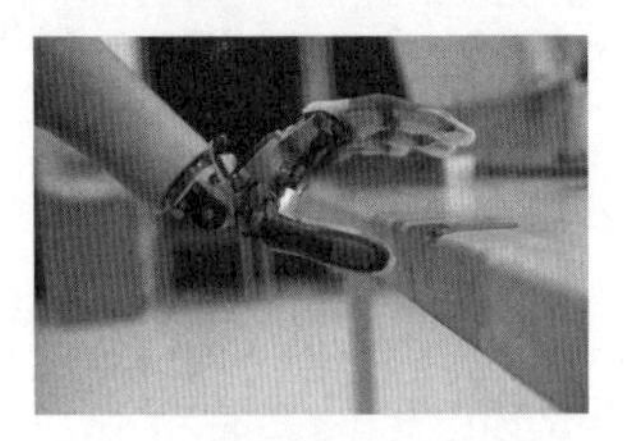

图 4-62　机械手上部署的接近觉传感器

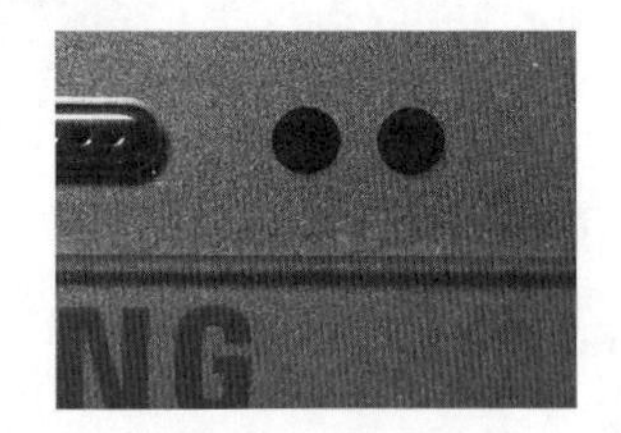

图 4-63　智能手机上的接近觉传感器

4.4.5 滑觉传感器

滑觉传感器是用于检测物体接触面之间相对运动大小和方向的传感器，它用于检测物体的滑动。例如，利用滑觉传感器判断是否握住物体，以及应该使用多大的力等。当机器人手指夹住物体时，物体在垂直于所加握力方向的平面内移动，然后进行如下操作：

（1）抓住物体并将它举起；

（2）夹住物体并将它交给对方；

（3）手臂移动时加速或减速。

在进行这些动作时，为了使物体在机器人手中不发生滑动，安全正确地进行工作，滑动的检测和握力的控制就显得非常重要。为了检测滑动，常采用如下方法：

（1）将滑动转换成滚球和滚柱的旋转；

（2）用压敏元件和触针检测滑动时的微小振动；

（3）即将发生滑动时，通过手爪载荷检测器检测手爪部分的变形和压力，通过手爪的压力变化推断出滑动的距离。

如图 4-64 所示为滚球式滑觉传感器，图中的球表面有导体和绝缘体配置成的网眼，当手爪中的物体滑动时，会使滚轴旋转，从物体的接触点可以获取断续的脉冲信号，它能检测全方位的滑动。传感器的球面有黑白相间的图形，黑色为导电部分，白色为绝缘部分，两个电极和球面接触时，根据电极间导通状态的变化，就可以检测到球的转动，即检测滑觉。滚球式滑觉传感器由一个金属球和触针组成，金属球表面分成许多个相间排列的导电和绝缘小格。触针头很细，每次只能触及一格。当工件滑动时，金属球也随之转动，在触针上可以输出脉冲信号，脉冲信号的频率反映了滑移速度，个数对应滑移的距离。

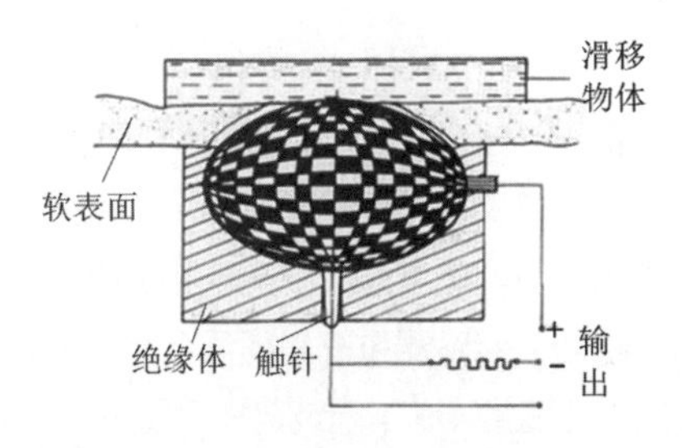

图 4-64 滚球式滑觉传感器

还有根据振动原理制成的滑觉传感器。钢球指针与被抓物体接触，若工件滑动，则指针振动，线圈输出信号，振动式滑觉传感器如图 4-65 所示。

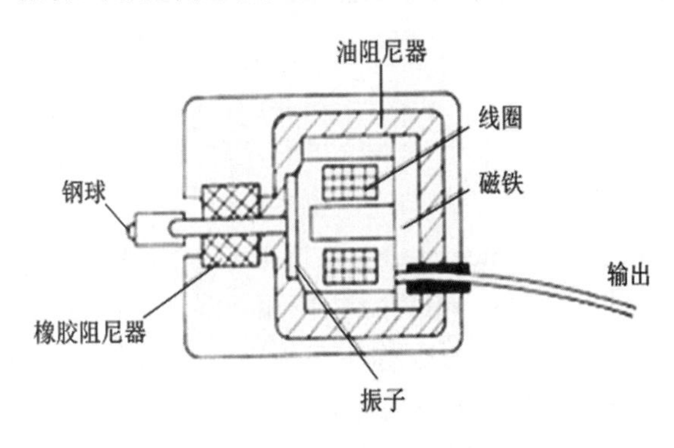

图 4-65 振动式滑觉传感器

滑觉传感器产生的这些信号通过计数电路和 D/A 变换器转换成模拟电压信号，通过反馈系统构成闭环控制。不断修正握力可以达到消除滑动的目的。

任务小结

机器人的外部传感器用于测量与机器人作业有关的外部信息，这些外部信息通常与机器人的目标识别、作业安全等有关。检测机器人所处环境及状况都要使用外部传感器。外部传感器可获取机器人周围环境、目标物的转变特征等相关信息，使机器人对环境有自我校正和自适应能力。

除了上面介绍的几种机器人外部传感器以外，在生产应用中，还可以根据工业机器人的特殊作业要求安装听觉、嗅觉等外部传感器。给机器人配置听觉传感器，可以使其具有声音识别能力，用声音代替键盘和示教器，控制机器人完成相关操作。给在高温、放射线、可燃气体等恶劣作业环境中的机器人配置嗅觉传感器，可以使其在恶劣环境中代替人工检测环境中的放射线和有毒气体。目前这些传感器的应用技术还不够成熟，并没有得到广泛使用。

多传感器系统

任务提出

单一传感器获得的信息非常有限，而且还要受到自身品质和性能的影响。随着智能化脚步的前进，单传感器检测系统已无法满足智能化生产的需求。多传感器系统就是在这样的背景下应运而生的，通过引入多传感器系统，可以使机器人拥有一定的智能，提高认知水平，从而增加各个传感器之间的信息互通，提高整个系统的可靠性和稳健性。多传感器系统是如何定义的呢？工业机器人系统中又包括哪些常见的多传感器系统呢？接下来我们将在任务 4.5 中围绕这一问题进行学习。本任务包括以下几项内容：

（1）了解多传感器系统的定义；

（2）了解多传感器系统在日常生活中的应用；

（3）理解常见机器人中多传感器系统的构成和作用。

任务实施

4.5.1 多传感器系统的定义

多传感器系统（multi-sensor integration）是指把多个传感器收集、提供的信息集合或组合在一起的系统。它在实际生活中具有广泛的应用。多传感器融合又称多传感器信息融合（multi-sensor information fusion），有时也称作多传感器数据融合（multi-sensor data fusion），于 1973 年在美国国防部资助开发的声纳信号处理系统中被首次提出，它是对多种信息的获取、表示及其内在联系进行综合处理和优化的技术。它从多信息的视角进行处理及综合，得到各种信息的内在联系和规律，从而剔除无用的和错误的信息，保留正确的和有用的信息，最终实现信息的优化，也为智能信息处理技术的研究提供了新的视角。现今的汽车就是多传感器系统的一个典型应用场景，如图 4-66 所示。

图 4-66 汽车中的多传感器系统

随着各种防御、监视、交通管制系统的发展，对传感器提出了越来越高的要求：作用范围越来越大，监视和跟踪精度越来越高。尤其在军事应用中，更要求传感器系统具有可靠性、灵活性、监视跟踪的连续性、反应的快速性等特点和较强的生存能力。传统的单传感器监视/跟踪系统已难以适应。为此，多传感器系统的研究就被提上了日程，近年来，涌现出不少的此类系统。

在进行多传感器综合算法研究及设计、分析相应系统的过程中，人们自觉或不自觉地遇到了多传感器系统的分类问题。自从多传感器系统问世以来，人们逐渐把它们按信息综合级别分成两大类，即集中式系统和分布式系统。随着各种多传感器系统的不断增加，这种分类方法已经明显地表现出不准确和不清晰的趋势。因此，已经有专家学者提出了分层估计、分级结构、多目标跟踪和分类这样一些概念。另外，把除集中式以外的所有多传感器系统都归为分布式系统显然太笼统，容易引起混淆，并且也影响多传感器系统设计和分析的有效性。更重要的是，这种简单分类方法直接阻碍综合算法的研究、开发和利用，使综合算法的研究不能更有针对性和系统性，影响了综合算法的效果和结构。所以，有必要对多传感器系统按信息处理、综合级别和流通方式进行明确仔细的分类。

4.5.2 机器人中的多传感器系统

工业机器人在工业生产中，对位移、速度、加速度、角速度、力等都有一定的要求，多传感器系统可以将各传感器探测到的物理量信息融合，对机器人的工作环境进行建模、决策控制及反馈，对机器人动作进行精准控制，实现自动化生产。

工业机器人多传感器系统中的信息融合，就是对安装在机器人不同位置的传感器收集到的数据进行融合，实现系统对被控对象的有效控制。即在工业机器人中使用多种不同的传感器，获得环境中的多种特征，通过各传感器对局部和全局的监测和跟踪，实现机器人对工作环境的确切认知，工业机器人多传感器系统如图 4-67 所示。

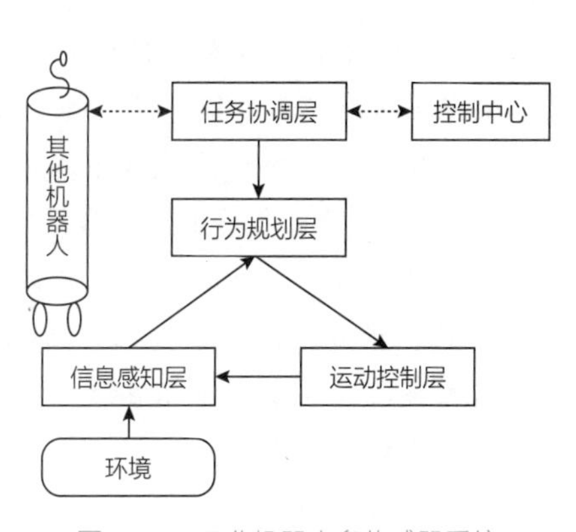

图 4-67 工业机器人多传感器系统

从数据处理的角度看，多传感器系统的核心问题是信息的综合。所谓多传感综合是指把多传感器收集、提供的信息集合或组合在一起的过程，通常它包含相关和合成两部分。相关是指把来自同一目标的报告或航迹联结或结合在一起的过程。合成是指把来自不同传感器的对应于同一目标的已相关航迹组合成单独航迹的过程。把相关（互联）和合成的整个过程（即综合）看成是多传感器数据合成的观点已经开始被人们接受。例如，在智能移动机器人中，通过 3D 激光雷达、超声波传感器、RGB 摄像头等具有不同功能的传感器，可以实现机器人的自动避障，激光定位和碰撞预警，如图 4-68 所示。

图 4-68　智能移动机器人中的多传感器系统

功能如此强大的多传感器系统是如何改变我们的生活方式的？

拓展阅读

打造不堵车的雄安之城

一个看似平常的“路灯杆”，其实是一个综合信息杆，上面集合了路牌、信号灯、激光雷达以及各类传感器。通过 5G 互联，这些传感器能让整个城市交通“耳聪目明”。

在河北雄安新区的数字道路上，有着 1 万多根这样的多功能信息杆。这些“聪明的路灯”，沿着各类市政道路蔓延铺展，为无人驾驶、车路协同提供保障。

据了解，雄安新区容东片区数字道路项目总里程 153 千米，建设规模覆盖容东片区 12.7 平方千米。在容东片区主干路、支路及街巷道路上，部署了多功能信息杆柱、激光雷达、电子卡口摄像头、车路协同摄像头等感知设备，通过云、网、边、端智能交通基础设施及相关配套设备，实现全覆盖、全感知数字化道路。

各路口排队车辆数量、排队长度、预计通行时间……在雄安新区数字道路智能运营中心，大屏幕上实时显示着综合交通信息，区域整体交通状况一览无余。雄安新区首席信息官张强表示，雄安将要打造一个不堵车的新型城市，目标是建立绿色、畅通、舒适、有序、示范的交通体系。容东片区数字道路正式投入运营，标志着该区域市政道路已建成规模级数字道路，能够实现车路协同。随着开放式智能网联道路和车路协同试验区建设加速进行，在雄安新区，无人零售车、无人清扫车、无人物流车等多种智能网联汽车正在进入大众视野。

——摘自《一起来看“未来之城”雄安的数字道路》
（中国青年网，2022年11月18日）

任务小结

多传感器与工业机器人的组合，在如今的工业生产中已经得到多越来越多的推广，在电子产品装配、机械产品装配、加工制造业和产品检验的诸多环节中已经被广泛应用。通过多传感器系统的构建，在机器人系统中同时装有视觉传感器、触觉传感器、距离传感器和力觉传感器，然后结合能将各传感器探测、收集到的信息进行综合处理、决策及反馈的中心计算机，组成一个多传感器系统的工业机器人进行机械产品的装配。在工作过程中，机器人的各传感器实时收集并反馈信息，由传感器系统控制中心进行分析和处理，最终控制机器人实现产品的精准装配。

项目总结

本项目首先介绍了工业机器人传感器的特点并对不同传感器进行了分类。然后通过灵敏度、线性度、测量范围、精度、重复性、分辨率、稳定性、响应时间、抗干扰能力等多维度对传感器的性能指标进行逐一剖析，明确了不同性能指标对传感器性能的影响，为工业机器人传感器在不同工作环境下的选型提供了重要依据。接着介绍了不同类型的内部传感器和外部传感器的功能，利用不同内部传感器和外部传感器的配合，帮助工业机器人了解自身状态，获取机器人所处环境的外部信息，通过内部传感器，工业机器人可以感知自身的位置和状态变化；通过外部传感器，工业机器人可以实时了解环境的变化，如物料颜色、喷涂区域等。最后对工业机器人多传感器系统进行了简要的介绍。在设计工业机器人应用系统时，设计人员一般无需关注工业机器人内部传感器的类型、工作原理等，这些都是由工业机器人本体生产商考虑的，设计人员只需要考虑外部传感器的类型、性能指标即可。传感器是机器人完成感觉的必要手段，应用传感器进行定位和控制，能够克服机械定位的弊端。在机器人上使用传感器对自动化加工及整个自动化生产具有十分重要的意义。

项目拓展

一、选择题

1.（　　）反映传感器输出信号与输入信号之间的线性程度。

A. 灵敏度　　B. 线性度

C. 测量范围　　D. 精度

2. 影响传感器长期稳定性的因素除传感器本身结构外，主要是传感器的（　　）。

A. 使用环境　　B. 工作时间

C. 使用频率　　D. 测量对象

3. 对于测量仪器，尤其是基准、测量标准或某些实物量具，（　　）是重要的计量性能之一，示值的稳定是保证量值准确的基础。

A. 重复性　　B. 响应时间

C. 稳定性　　D. 抗干扰能力

4. 传感器达到最终数值（　　）所需要的时间，是传感器的动态性能指标。

A. 80%　　B. 85%

C. 90%　　D. 95%

5. 传感器（　　）一般指传感器抵御外界电磁干扰的能力。

A. 抗干扰能力　　B. 灵敏度

C. 线性度　　D. 精度

6. 传感器的输出信号达到稳定时，输出信号变化与输入信号变化的比值是（　　）。

A. 精度　　B. 线性度

C. 灵敏度　　D. 分辨率

7. 编码器可分为（　　）或增量型。

A. 递减型　　B. 计数型

C. 相对型　　D. 绝对型

8. 绝对式编码器输出的是一组（　　）的编码。

A. 十进制数　　B. 二进制数

C. 字符串　　D. 波形

9.（　　）是绝对式编码器和增量式编码器的最大区别。

A. 计数方式的不同

B. 测量对象的不同

C. 测量范围的不同

D. 码盘的不同

10.（　　）是根据光敏二极管工作原理制造的一种感应接收光强度变化的电子器件。

A. 光电转速传感器

B. 测速发电机

C. 接触式旋转式速度传感器

D. 编码器

二、判断题

1. 对于多数传感器来说，重复性指标一般比精度指标差。

(A) 正确　　　　(B) 错误

2. 对于机器人使用的传感器必须考虑其抗干扰能力。

(A) 正确　　　　(B) 错误

3. 分辨率是指传感器在整个测量范围内所能辨别的被测量的最小变化量，或者所能辨别的不同被测量的个数。

(A) 正确　　　　(B) 错误

4. 测量范围是指被测量的最大允许值和最小允许值之差。

(A) 正确　　　　(B) 错误

5. 在工业机器人系统设计的时候，一般可以不考虑传感器的响应时间。

(A) 正确　　　　(B) 错误

6. 精度是指传感器的测量输出值与实际被测量值之间的误差。

(A) 正确　　　　(B) 错误

7. 灵敏度是指传感器的输出信号达到稳定时，输入信号变化与输出信号变化的比值。

(A) 正确　　　　(B) 错误

8. 工业机器人内部传感器帮助机器人了解自身状态。

(A) 正确　　　　(B) 错误

9. 传感器的灵敏度是没有方向性的。

(A) 正确　　　　(B) 错误

10. 一般要求传感器的测量范围必须覆盖机器人有关被测量的工作范围。

(A) 正确　　　　(B) 错误

三、填空题

1. 工业机器人传感器，按其采集信息的位置，一般可分为__________和__________两类传感器。

2. 传感器的__________只要满足整个测量系统的精度要求就可以，不必选得过高。

3. __________也称作重测信度，是在相同测量条件下进行的同一测量的连续测量结果之间的一致性接近程度。

4. 传感器使用一段时间后，其性能保持不变的能力称为__________。

5. __________也叫反应时间，指的是一个系统或是一个电路元件从接收输入控制信号到输出处理结果之间，所需花费的时间。

6. 传感器的响应时间越__________越好。

7. 通常抗干扰能力是通过单位时间内发生故障的概率来定义的，因此它是一个__________。

8. __________是一种机电转换元件，可将位移（直线位移或线位移）转换成电阻或电压输出。

9. 传感器的__________是利用光学、磁性或是机械接点的方式感测位置，并将位置转换为电子信号后输出，作为控制位置时的回授信号。

10. 由于采用脉冲计数的方式，增量式编码器在测量前必须先寻找____________，因此它的测量结果是相对的。

四、简答题

1. 在选择工业机器人传感器时需要注意传感器的哪些因素？

2. 请简述增量式编码器的原理及工作特点。

3. 简述触觉传感器的类型及工作原理。

4. 简述接近觉传感器的定义及其工作原理。

5. 简述多传感器系统的意义以及在工业机器人中的作用。

项目 5

工业机器人结构和末端执行器

05

项目概述

工业机器人的机械结构又称为执行机构，也称操作机，它是机器人赖以完成工作任务的实体，通常由杆件和关节组成。目前常见的工业机器人本体都可以被当作人的手臂，其结构一般由基座、腰部、手臂、腕部和末端执行器等部分组成。这些机构与驱动装置和传动装置等相互作用，一起实现了类似人的手臂的功能。其中，末端执行器可根据应用的不同进行更换。例如，在焊接应用中可以选用焊接类的末端执行器（如焊枪），在搬运玻璃时可以选用气吸式的末端执行器。为了实现机器人手腕与末端执行器之间的快速更换，工业机器人还特别增设了快换装置。

本项目的学习内容主要包括工业机器人的结构组成、不同末端执行器的功能和特点、机器人工具快换装置的结构和工作原理、典型专用末端执行器的适用场合、末端执行器的未来发展等。

项目目标

知识目标

1. 了解工业机器人的机械结构组成。
2. 熟悉工业机器人末端执行器的定义和特点。
3. 掌握手爪类末端执行器的分类及其结构特点。
4. 理解机器人工具快换装置的结构和功能。
5. 熟悉专用工具末端执行器的辅助设备。

能力目标

1. 能够有效识别不同机器人的结构和对应的功能。
2. 能够区分末端执行器的不同种类。
3. 能够根据不同工件的结构选择夹持类手爪的类型。
4. 能够根据机器人工具快换装置的结构特点选择合适的定位方式。
5. 能够描述不同专用工具末端执行器的辅助设备功能。

素质目标

1. 具有举一反三的意识，感受移动机器人在地铁巡检中对人们工作的助力。
2. 领悟总书记的深切关怀，明确发展质量才是衡量工业机器人核心竞争力的关键。
3. 培养发散性思维能力，感悟末端执行器在国产空间站出仓作业中的巧妙运用。

知识导图

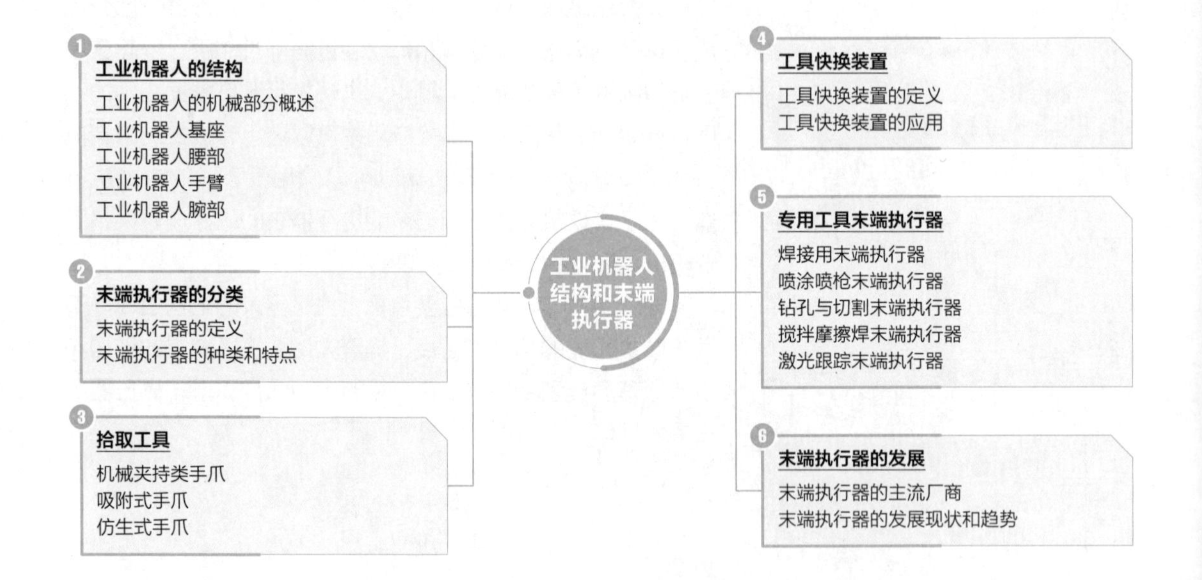

任务 5.1　工业机器人的结构

任务提出

从宏观上看，工业机器人想要实现既定功能，就需要控制机器人的手部按照设定程序和点位进行作业操作，但工业机器人的手部并不是凭空而生的。工业机器人的各组成部分一般都是按顺序连接并安装在固定装置上，实现机器人的支撑；基座之上需要设置回转腰部实现运动功能；手臂和腰部的共同作用才能改变机器人的具体位置，实现具体功能点位的抵达；到达工作点位后，机器人还需要通过手腕将工业机器人的手部调整到最为合适的工作角度和姿态。配合工业机器人手部完成如此复杂操作的基座、腰部、手臂、腕部的结构如何？它们又是如何工作的呢？接下来我们将在任务 5.1 中围绕这些问题进行学习。本任务包括以下几项内容：

（1）掌握工业机器人基座的性能要求和类别区分；

（2）了解工业机器人的腰部结构对工业机器人运动功能的影响；

（3）理解工业机器人手臂的几种典型类型；

（4）理解工业机器人腕部的不同运动形式；

任务实施

5.1.1　工业机器人的机械部分概述

机械部分是机器人的血肉组成部分，也就是我们常说的机器人本体部分。这部分主要可以分为两个系统。

1. 驱动系统

要使机器人运行起来，需要给各个关节安装传感装置和传动装置，这就是驱动系统。它的作用是提供机器人各部分、各关节动作的源动力。驱动系统传动部分可以是液压传动系统、电动传动系统、气动传动系统，或者是几种系统结合起来的综合传动系统。

2. 机械系统

工业机器人机械结构主要由五大部分构成：末端执行器（手部）、腕部、手臂、腰部、基座。每一个部分具有若干的自由度，构成一个多自由度的机械系统。末端操作器是直接安装在手腕上的一个重要部件，它可以是多手指的手爪，也可以是喷漆枪或者焊具等作业工具。

让我们以具有与人的手臂相同的机械结构的垂直关节型的运动为例来理解工业机器人的机械结构。垂直多关节型机器人是一种具有串行链接结构的工业机器人，一般由 6 个关节（6 个轴）组成，如图 5-1 所示。

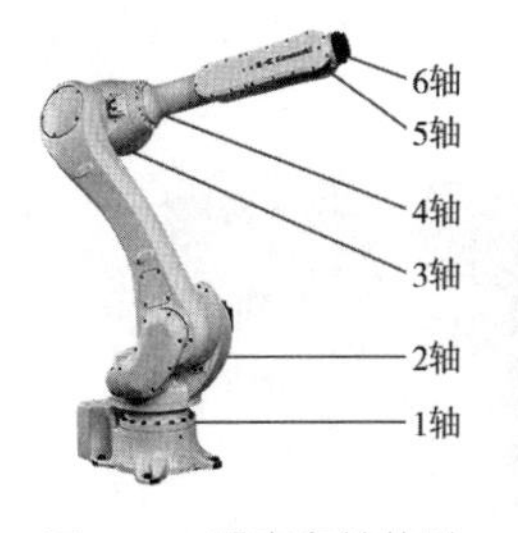

图 5-1　垂直多关节型机器人 6 轴分布

视频 5-1 机器人与人的实际动作对比

第 1 至第 3 轴是腰部和手臂，第 4 至第 6 轴是手腕到指尖。前 3 个轴将手腕带到特定位置，接下来的 3 个轴可以自由移动手腕。这种 6 轴结构允许机器人像人类一样自由移动。我们通过视频 5-1 查看机器人与人的实际动作对比。

5.1.2 工业机器人基座

机器人的机座是机器人的基础部分，主要起支撑作用。基座可以是固定的，通常将基座设计为机器人所有部件的支撑部件。基座也可能不固定，而是作为机器人操作要求的一部分，实现任意运动形式的组合，包括旋转运动、伸展运动、扭转运动和直线运动。大多数机器人的基座都是固定在地板上的，如图 5-2 所示。但由于地面空间有限，它们也有可能被固定在天花板上，或悬挂在悬吊支撑系统上。

图 5-2　基座固定在地面上

机器人的基座有两个作用，一个是确定和固定机器人的位置，另一个是支撑整个机器人的重量及工作载荷，因此要求基座必须具有足够的刚度、强度和稳定性。基座除了给机器人的稳定运行提供有力的保障，还要根据不同需要使机器人的工作空间增加 0.2 米至 2.5 米，从而确保在各种不同的生产领域实现理想的通达性。

固定式机座直接连接在地面基础上，也可固定在机身上。移动式机座包括固定轨迹式机座和无固定轨迹式机座。固定轨迹式基座可以按照固定的轨迹沿导轨移动。无固定轨迹式基座搭载在移动平台上，可以在一定范围内自由移动，如图 5-3 所示。

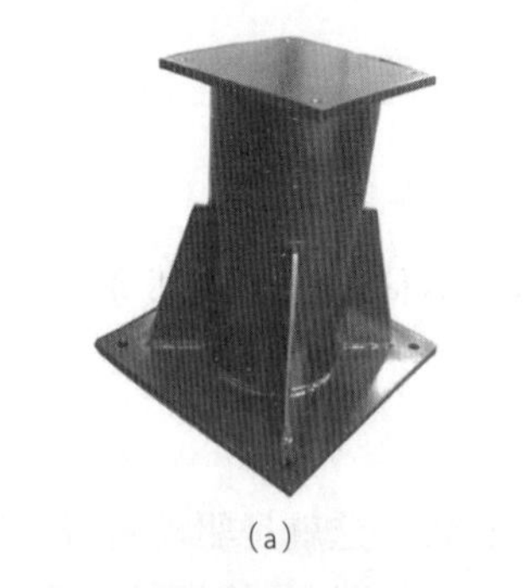

(a)

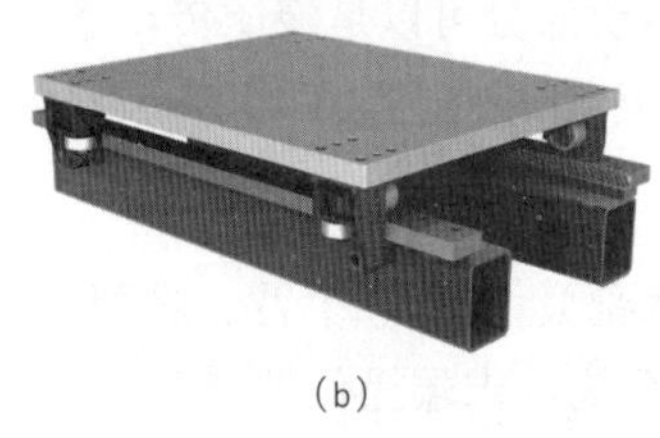

(b)

图 5-3　固定式基座和移动式基座

(a) 固定式基座；(b) 移动式基座

一般工业机器人中的立柱式、机座式和屈伸式机器人大多是固定式的，但随着海洋科学、原子能工业及宇宙空间事业的发展，可以预见，智能的、可移动的机器人肯定是今后机器人的发展方向。固定轨迹式行走机器人的导轨多设计成横梁式，用于悬挂手臂部件，是工厂中常见的一种配置形式，它的运动形式大多为直移型。无固定轨迹式基座按其行走机构的结构特点分为轮式行走、履带式行走和关节式行走。随着越来越多实验阶段的移动机器人不断投入实际应用中，移动机器人的未来前景将会越来越广阔，目前移动机器人中常见的 AGV 如图 5-4 所示。

图 5-4　AGV

思考

除了常见的AGV和扫地机器人以外，移动机器人目前在哪些领域已经开始助力我们的生产和生活呢？

拓展阅读

上海地铁有了车辆巡检智能机器人

上海地铁列车保有量居世界第一，随着新线路不断开通，列车数量不断攀升，传统的人工精检模式将越来越难满足未来的需求。在此背景下，上海地铁试点“上岗”车辆巡检智能机器人。机器人采用无线通信融合多传感信息耦合、自主定位导航、人工智能等技术，能对车底关键检修点精确成像，智能判断车底关键部件状态，从而实现巡检增效。通过初步计算，智能巡检机器人能够替代人工完成超过80%的车下巡检，其检测准确率也能够达到98%。

——摘自《上海地铁有了车辆巡检智能机器人》
（新华网，2022年10月10日）

5.1.3 工业机器人腰部

连接工业机器人基座和手臂的部件称为腰部。腰关节是负载最大的运动轴，对末端执行器精度的影响很大，设计精度要求高。腰关节的轴可采用普通轴承的支承结构。

工业机器人的腰部通常是回转部件。要实现腕部的空间运动，就离不开腰关节的回转运动与臂部的运动。作为执行结构的关键部件，它的制作误差、运动精度和平稳性对机器人的定位精度有决定性的影响。许多机器人的腰部临近与基座相连的第一个运动轴上，该轴允许机器人从左向右旋转。这种清扫动作将工作区域扩展到包括两侧和手臂后面的区域。该轴允许机器人从中心点旋转180°。该轴在不同的机器人上的名称也各有不同，例如，Motoman机器人称为S轴，Fanuc机器人称为J1轴。

由于腰部支撑着大臂和小臂上的各运动部件，经常传递转矩，需同时承受弯矩和扭转。机器人末端执行器与腰部间的距离越大，腰部的惯性负载也越大，若腰部的结构强度不够，可能会影响整体刚度，所以设计腰部时要考虑其承载能力与刚性的支撑结构。此外还需要考虑线缆及其他单元的控制元件能否穿过的问题，有的机器人的腰部采用大直径管状构造，如图5-5所示。

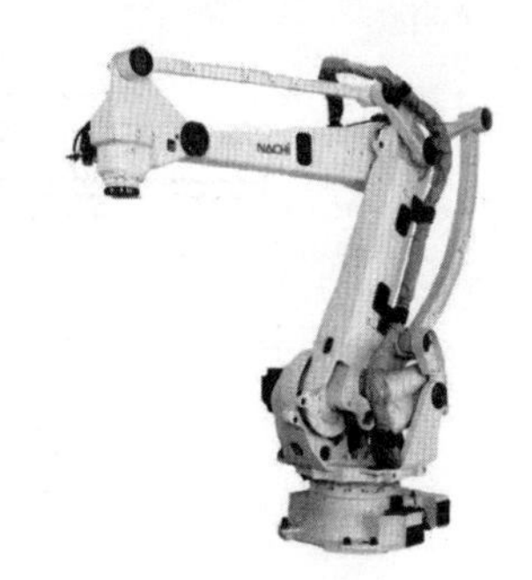

图5-5 管状结构的工业机器人腰部

5.1.4 工业机器人手臂

大多数工业机器人身上都具有一些固定类型的手臂，可以是类似于人的关节式手臂，也可以是用于抓取一些物体并使其更接近机器人的滑入/滑出式手臂。关节式手臂包括一个腰

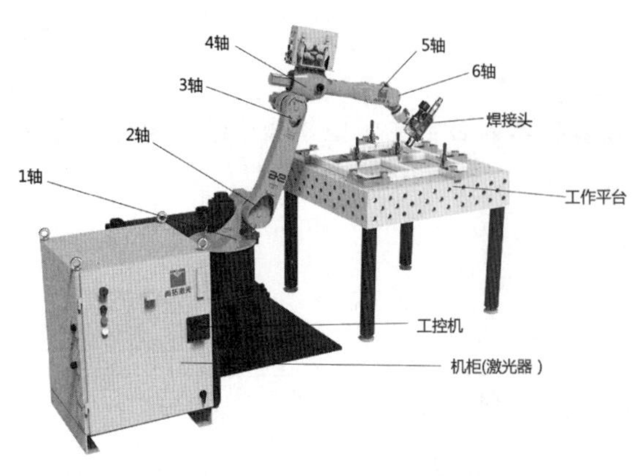

图 5-6　机械臂的 6 个轴

部旋转轴、一个肩部旋转轴和一个肘部旋转轴。迄今为止，这种类型的手臂在设计上具有最大的工作范围。如果是 6 轴手臂，它需要相当复杂的计算机控制（见图 5-6）。目前的大多数手臂都是由若干个关节组成的，这些关节按照顺序排列，使手臂连接到基座，以完成特定的操作任务。由于它的复杂性，控制这类运动所需的费用十分昂贵。

手臂部件（简称臂部）是机器人的主要执行部件，它的作用是支撑腕部和手部，并带动它们在空间运动，工业机器人腕部的空间位置及其工作空间都与臂部的运动和臂部的参数有关。

1. 机器人臂部的组成

机器人的手臂主要包括臂杆以及与其伸缩、屈伸或自转等运动有关的构件，如传动机构、驱动装置、导向定位装置、支撑连接和位置检测元件等。根据臂部的运动和布局、驱动方式、传动和导向装置的不同可分为伸缩型臂部结构、转动伸缩型臂部结构、屈伸型臂部结构和其他专用的机械传动臂部结构。

2. 机器人机身和臂部的配置

机身和臂部的配置形式基本上反映了机器人的总体布局。

（1）横梁式配置。

机器人机身设计成横梁式，用于悬挂手臂部件。横梁式配置通常分为单臂悬挂式和双臂悬挂式两种，具有占地面积小、能有效利用空间、动作简单直观等优点，如图 5-7 所示。

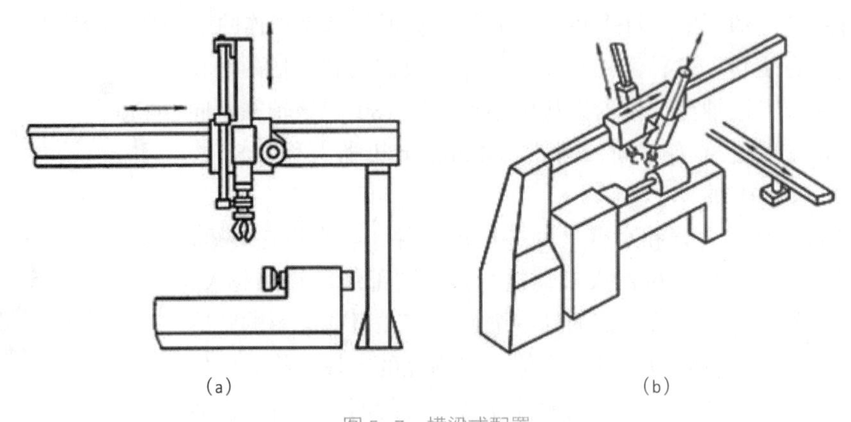

图 5-7　横梁式配置

(a) 单臂悬挂式；(b) 双臂悬挂式

（2）立柱式配置。

立柱式机器人多采用回转型、俯仰型或屈伸型的运动形式，是一种常见的配置形式。立柱式配置通常分为单臂式和双臂式两种，具有占地面积小而工作范围大的特点，如图 5-8 所示。

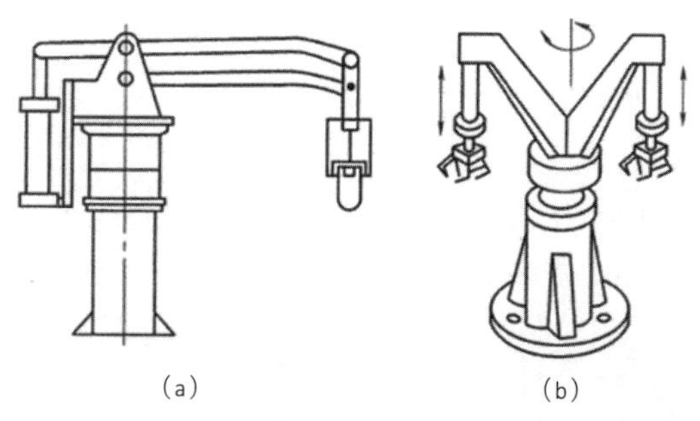

（a）　（b）

图 5-8　立柱式配置

（a）单臂式；（b）双臂式

（3）机座式配置。

机身可以设计成机座式，这种机器人可以是独立的、自成系统的完整装置，可以随意安放和搬动，机座式配置如图 5-9 所示。

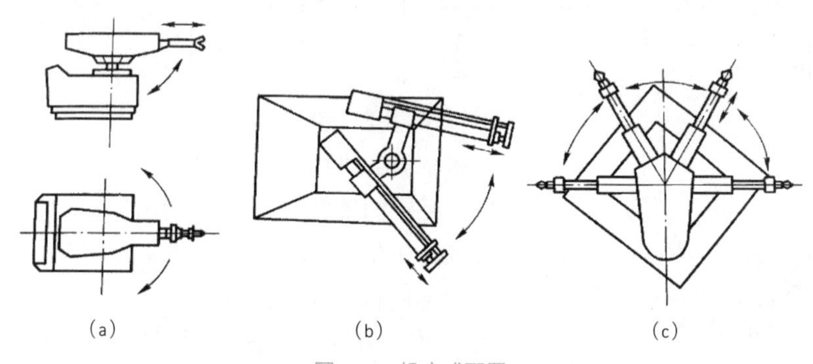

（a）　（b）　（c）

图 5-9　机座式配置

（a）单臂回转式；（b）双臂回转式；（c）多臂回转式

（4）屈伸式配置。

屈伸式机器人的臂部由大小臂组成，大小臂之间有相对运动的称为屈伸臂，屈伸式配置如图 5-10 所示。

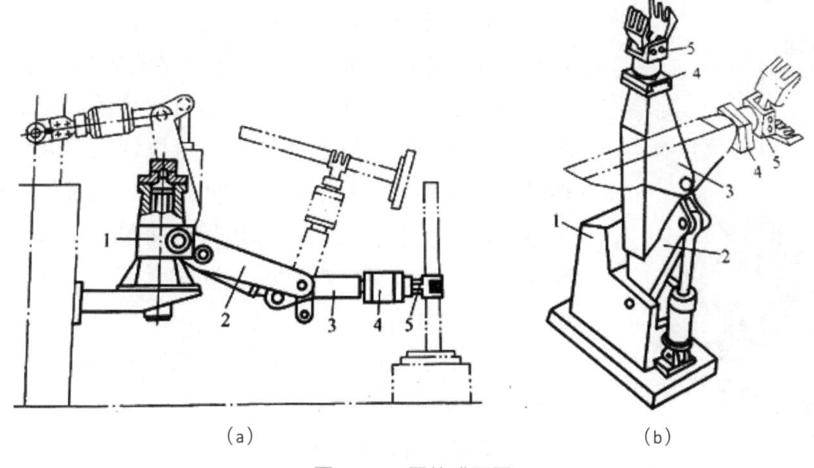

（a）　（b）

图 5-10　屈伸式配置

（a）平面屈伸式；（b）立体屈伸式

3. 机器人臂部机构

机器人的手臂由大臂、小臂（或多臂）构成。

（1）手臂直线运动机构。

机器人手臂的伸缩、升降及横向（或纵向）移动均属于直线运动，而实现手臂往复直线活塞和连杆机构等运动的机构形式较多，手臂直线运动机构如图 5-11 所示。

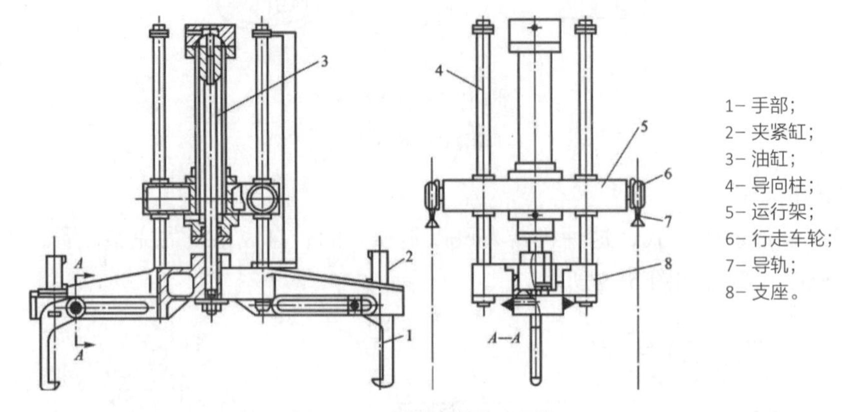

1- 手部；
2- 夹紧缸；
3- 油缸；
4- 导向柱；
5- 运行架；
6- 行走车轮；
7- 导轨；
8- 支座。

图 5-11　手臂直线运动机构

（2）臂部俯仰机构。

机器人手臂的俯仰运动一般采用活塞（气）缸与连杆机构联用来实现，如图 5-12 所示。

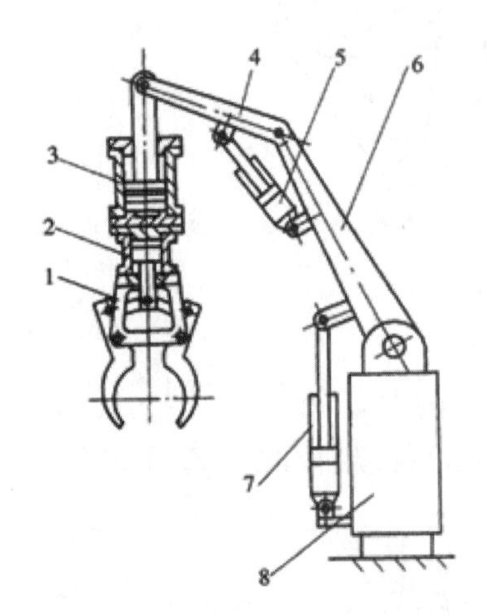

1- 手部；2- 夹紧缸；3- 升降缸；4- 小臂；5、7- 摆动气缸；6- 大臂；8- 立柱。

图 5-12　铰接活塞与连杆机构缸实现手臂俯仰运动结构示意图

（3）臂部回转与升降机构。

手臂回转与升降机构常采用回转缸与升降缸单独驱动，适用于升降行程短而回转角度小于 360° 的情况，也有采用升降缸与气动马达通过锥齿轮传动的结构。

5.1.5　工业机器人腕部

腕部是连接手臂和手部的结构部件，它的主要作用是确定手部的作业方向。因此它具有独立的自由度，以满足机器人手部完成复杂的姿态调整。如图 5-13 所示的机械手腕部与机械手臂相连的三轴，说明了腕关节是如何连接到手臂上的。腕关节类似于人的手腕，可以通过设计使其完成范围广泛的运动，如伸展、旋转和扭转。这可以使机器人到达人类手臂难以到达的地方，这一点非常实用，如在装配线上为汽车内部喷漆，或者在管道的内部焊接。腕关节的灵活性运动将能够改进我们现有的一些产品，并使人们以前无法制造的产品成为可能。

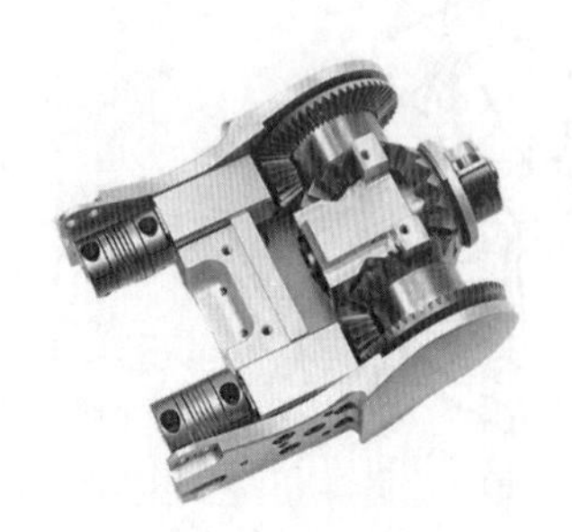

图 5-13　机械手腕部与机械手臂相连的三轴

要确定手部的作业方向，一般需要三个自由度，这三个回转方向为：

臂转，指腕部绕小臂轴线方向的旋转，也称作腕部旋转；

腕摆，指手部绕垂直小臂轴线方向进行旋转，腕摆分为俯仰和偏转，其中同时具有俯仰和偏转运动的称作双腕摆；

手转，指手部绕自身的轴线方向旋转。

腕部的结构多为上述三个回转方式的组合，组合的方式可以有多种形式，常用的腕部组合方式有臂转—腕摆—手转结构，臂转—双腕摆—手转结构等，如图5-14所示。

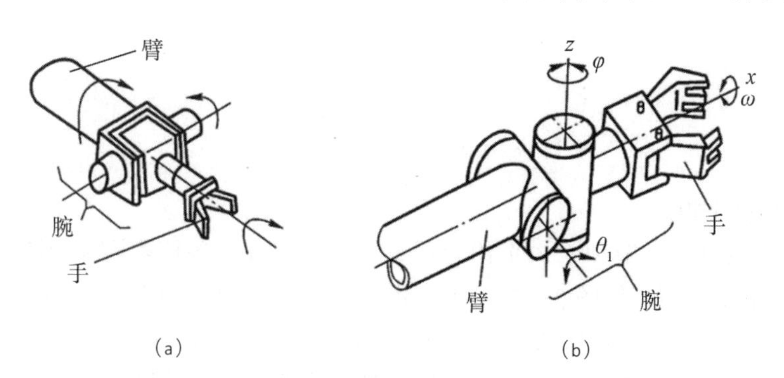

图5-14 腕部关节配置图

(a)臂转—腕摆—手转结构；(b)臂转—双腕摆—手转结构

1. 机器人手腕的分类

（1）单自由度手腕。

臂转R手腕如图5-15（a）所示，它使手臂纵轴线和手腕关节轴线构成共轴线形式，这种R关节旋转角度大，可达360°以上。R关节组成转动副关节的两个构件自身几何回转中心和转动副回转轴线重合，多数情况下，手腕的关节轴线与手臂的纵轴线共线。

如图5-15（b）（c）所示，这两种结构为弯曲（bend）关节，也称B关节，关节轴线与前、后两个连接件的轴线互相垂直。这种B关节因为受到结构上的干涉，旋转角度小，方向角大大受限。B关节组成转动副关节的两个构件自身几何回转中心和转动副回转轴线垂直，多数情况下，关节轴线与手臂及手的轴线相互垂直。

图5-15（d）所示为移动（translate）关节，也称T关节。

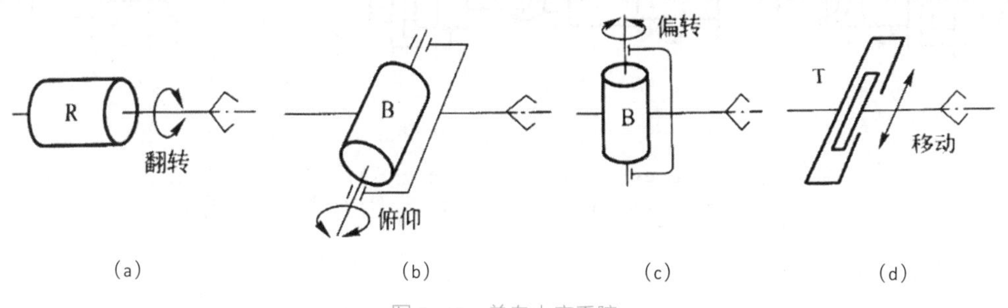

图5-15 单自由度手腕

(a)臂转R手腕；(b)俯仰B手腕；(c)偏转B手腕；(d)T手腕

（2）二自由度手腕。

二自由度手腕可以由一个R关节和一个B关节组成BR手腕，如图5-16（a）所示，也可以由两个B关节组成BB手腕，如图5-16（b）所示。但是，不能由图5-16（c）所示的两个共轴线的R关节组成的RR手腕，因为它实际只构成了单自由度手腕。

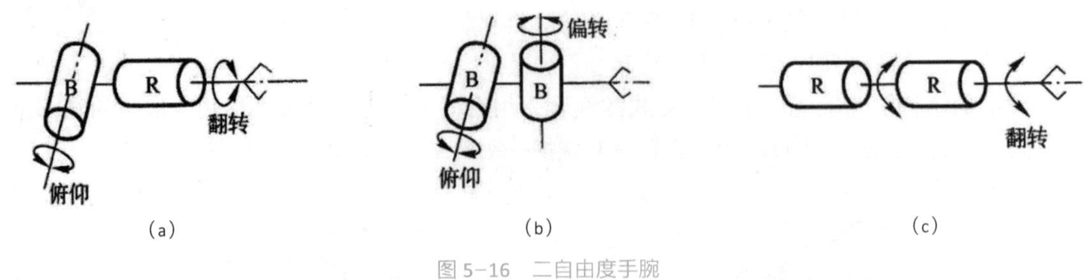

(a)　　(b)　　(c)

图 5-16　二自由度手腕

(a) BR 手腕；(b) BB 手腕；(c) RR 手腕

（3）三自由度手腕。

三自由度手腕由 B 关节和 R 关节组合而成，组合的方式多种多样。如图 5-17（a）所示为 BBR 型三自由度手腕，如图 5-17（b）所示为一个 B 关节和两个 R 关节组成的 BRR 型三自由度手腕，如此类推，还有如图 5-17（c）～ 5-17（f）分别所示的 RBR 型三自由度手腕、BRB 型三自由度手腕、RBB 型三自由度手腕、RRR 型三自由度手腕。

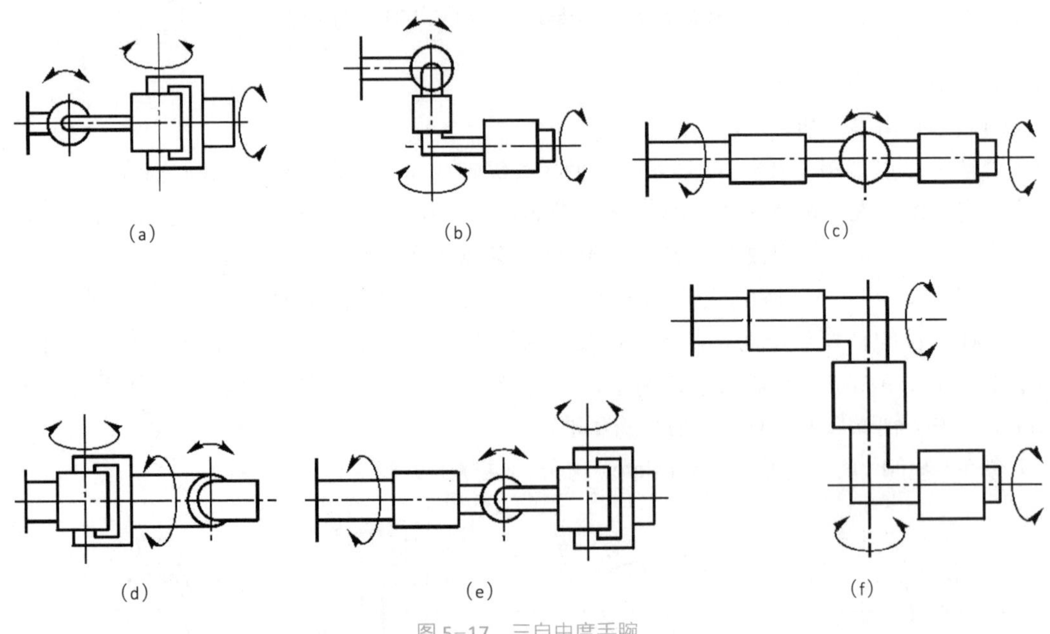
(a)　　(b)　　(c)

(d)　　(e)　　(f)

图 5-17　三自由度手腕

(a) BBR 型三自由度手腕；(b) BRR 型三自由度手腕；(c) RBR 型三自由度手腕；
(d) BRB 型三自由度手腕；(e) RBB 型三自由度手腕；(f) RRR 型三自由度手腕

2. 柔顺手腕结构

在使用机器人进行的精密装配作业中，当被装配零件之间的配合精度相当高，由于被装配零件的不一致性，工件的定位夹具、机器人手爪的定位精度无法满足装配要求时，会导致装配困难，因此，柔顺性装配技术就应运而生了。柔顺手腕是顺应现代机器人装配作业产生的一项技术，它主要应用于机器人轴孔装配作业中。柔顺手腕可主动或被动地调整装配体之间的相对位姿，补偿装配误差，以顺利完成装配作业。

图 5-18 所示的是具有移动和摆动浮动机构的柔顺手腕。水平浮动机构由平面、钢球和弹簧构成，实现在两个方向上进行浮动；摆动浮动机构由上、下球面和弹簧构成，实现两个方

向的摆动。在装配作业中，如遇夹具定位不准或机器人手爪定位不准时，可自行校正。其动作过程如图 5-19 所示，在插入装配中工件局部被卡住时，将会受到阻力，促使柔顺手腕起作用，使手爪有一个微小的修正量，工件便能顺利插入。

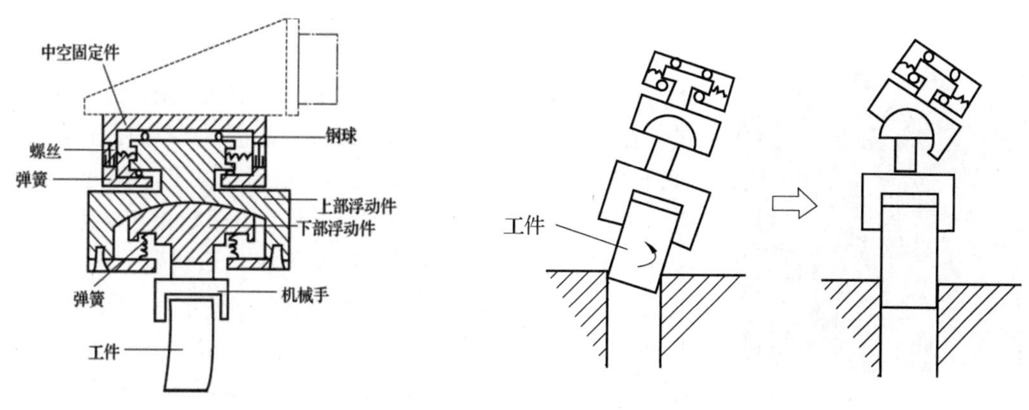

图 5-18　具有移动和摆动浮动机构的柔顺手腕

图 5-19　柔顺手腕动作过程

任务小结

工业机器人的机械部分主要是由驱动系统和机械系统构成，而机械系统又主要分为五大部分，由于手部的特殊性，本任务主要讲解的是机器人的基座、腰部、手臂和腕部。其中基座是机器人的支持部分，腰部是支撑手臂的部件，手臂是连接腰部和腕部的臂杆，腕部调整或改变手部的姿态。各个部分各司其职，在工业机器人系统的作用下，最终实现了工业机器人位置的准确控制和姿态的准确达到。在串联机器人中，腰部往往承受了较大的载荷，而手腕由于对手部姿态的准确控制往往是工业机器人执行机构中结构最为复杂的部分。各个机械部分的具体功能我们也可以参考人体的相应部位进行理解和区分。

任务 5.2 末端执行器的分类

任务提出

试想一下，人如果没有手，我们的生活就会难以想象。如果司机没有手，司机开车的时候用什么来把持方向盘呢？如果教师没有手，怎么批改作业呢？手是人类大脑进化的动力，是思维的摇篮。而末端执行器对于机器人来说，相当于人手和人的关系，它安装在机器人的手臂上，使其能够拿起物体，并处理、传输、夹持、放置和释放到另一个确定的位置。机器人的末端执行器具有怎样的定义和特点呢？接下来我们将在任务 5.2 中围绕这一问题进行学习。本任务包括以下几项内容：

（1）了解工业机器人末端执行器的准确定义；

（2）了解工业机器人末端执行器的常见种类划分；

（3）理解工业机器人末端执行器的特点。

任务实施

5.2.1 末端执行器的定义

图 5-20 工业机器人抓取零件

在机器人技术中，末端执行器是位于机械臂末端的设备，用于与环境交互。这个装置的确切性质取决于该机器人的应用方式。在严格的定义中，末端执行器是指机器人的最后一个连杆（或末端）。在这个端点上，工具会被附于其上。在更广泛的定义中，末端执行器可以视为机器人与工作环境相互作用的一部分。这并不是指可以移动机器人的轮子或人形机器人的脚，它们不是末端执行器，而是机器人机动性的一部分。如图 5-20 所示为工业机器人抓取零件，在上下料工作过程中，机器人在抓取工件时，需要在末端安装抓取装置，利用气动技术控制手爪的开闭来实现对零件的抓取、放置；同时，抓取装置还配备位置检测传感器，实现抓取的准确控制。实现抓取的一系列装置，可称为机器人的末端执行器。

机器人的末端执行器是安装于机器人手臂末端，直接作用于工作对象的装置。其结构、重量、尺寸对于机器人整体的运动学和动力学性能有直接、显著的影响。作为机器人与环境相互作用的最后环节和执行部件，其性能的优劣在很大程度上决定了整个机器人的工作性能。在我国的国家标准中将其定义为一种为使机器人完成其任务而专门设计并安装在机械接口处的装置。根据实际中的不同描述，可以具有以下两种定义方式。

（1）机器人的末端执行器是一个安装在移动设备或者机器人手臂上，使其能够拿起一个对象，并且具有处理、传输、夹持、放置和释放对象到一个准确的离散位置等功能的机构。

（2）末端执行器也叫机器人的手部，它是安装在工业机器人手腕上直接抓握工件或执行作业的部件，包括从气动手爪之类的工业装置到弧焊和喷涂等应用的特殊工具。

5.2.2 末端执行器的种类和特点

末端执行器可能包括一个抓手或一个工具。当机器人抓握时，一般有以下四类机器抓握器。

冲击性：通过直接撞击物体而在物理上抓住物体的爪子。

侵入性：针脚、针或梳毛，物理上穿透物体表面（用于纺织品、碳和玻璃纤维处理）。

收缩性：施加于物体表面的吸引力（真空、磁或电附着力）。

接触性：需要直接接触才能发生黏附（如胶水、表面张力或冻结）。

这些类别描述了用于在抓取器和被抓取物体之间实现稳定抓取的物理效应。

1. 末端执行器的种类

（1）按用途分类。

①手爪。

手爪具有一定的通用性，它的主要功能是：抓住工件—握持工件—释放工件。

②专用操作器。

专用操作器也称作工具，是进行某种作业的专用工具，如机器人涂装用喷枪、机器人焊接用焊枪等，如图 5-21 所示。

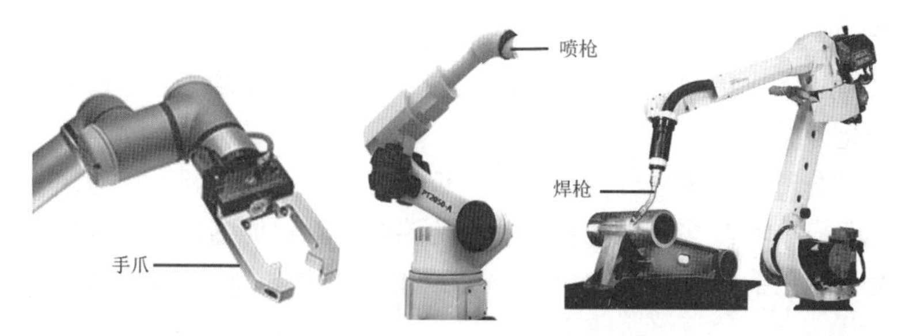

图 5-21 末端执行器按用途分类

（2）按夹持方式分类。

末端执行器按照夹持方式划分，可以分为外夹式、内撑式和内外夹持式三类，其中尤以外夹式和内撑式两种更为常见，如图 5-22 所示。

（a） （b）

图 5-22 末端执行器不同的夹持方式

（a）夹持外圆的大夹爪外夹式；
（b）撑住内圆的小夹爪内撑式

（3）按工作原理分类。

①夹持类手部，通常又叫机械手爪，分为摩擦力夹持和吊钩承重两种。

②吸附类手部有磁力类吸盘和真空（气吸）类吸盘两种。

磁力类吸盘主要是磁力吸盘，有电磁吸盘和永磁吸盘两种。由于磁力类吸盘仅适用于铁磁性材料，因此其适用范围相对有限。常见的电磁吸盘如图 5-23 所示。

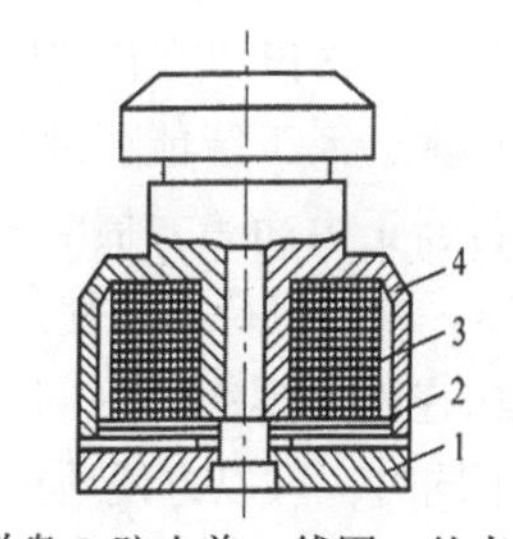

1-磁盘 2-防尘盖 3-线圈 4-外壳体

图 5-23 电磁吸盘

真空类吸盘根据形成真空的原理可分为真空吸盘、流负压吸盘和挤气负压吸盘三种。真空类吸盘一般适用于吸附面光滑，工件温度相对较低的冷搬运场景。常见的吸盘式夹爪如图 5-24 所示。

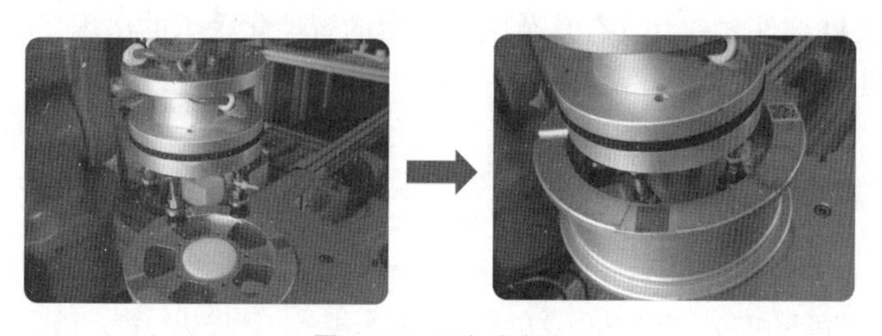

图 5-24 吸盘式夹爪

（4）按手指或吸盘数目分类。

按手指数目可分为二指手爪及多指手爪，三指手爪和多关节柔性手指手爪如图 5-25 所示。

（5）按智能化分类。

按手部的智能化划分，可以分为普通式手爪和智能化手爪两类。普通式手爪不具备传感器。智能化手爪具备一种或多种传感器，如力传感器、触觉传感器及滑觉传感器等，手爪与传感器集成成为智能化手爪，带有传感器阵列的智能化手爪如图 5-26 所示。

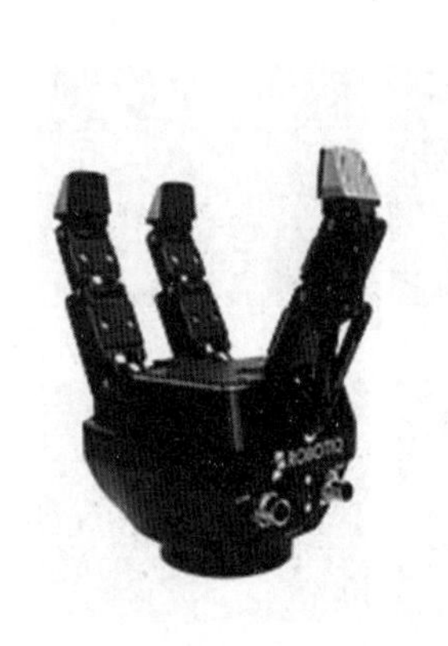

图 5-25　三指手爪和多关节柔性手指手爪

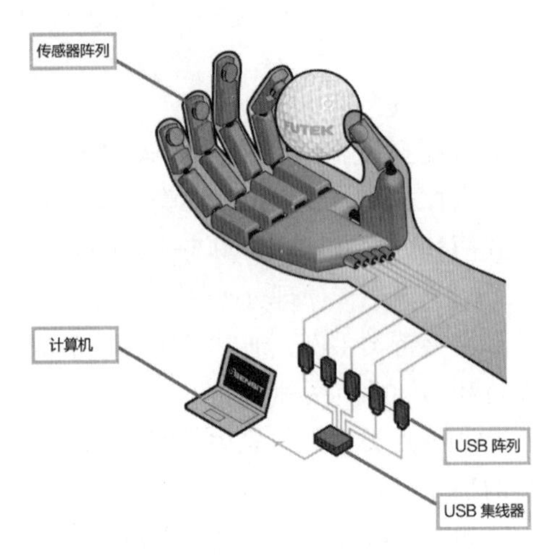

图 5-26　带有传感器阵列的智能化手爪

2. 末端执行器的特点

机器人的末端执行器既是一个主动感知工作环境信息的感知器，又是最后的执行器，是一个高度集成的、具有多种感知功能和智能化的机电系统，涉及机构学、仿生学、自动控制、传感器技术、计算机技术、人工智能、通信技术、微电子学、材料学等多个研究领域和交叉学科。机器人末端执行器正由简单发展到复杂，由笨拙发展到灵巧，其中仿人灵巧手已经发展到可以与人手相媲美。末端执行器的使用具有以下特点。

（1）手部与手腕相连处可拆卸。手部与手腕有机械接口，也可能有电、气、液接头，当工业机器人作业对象不同时，可以方便地拆卸和更换手部。

（2）手部的通用性比较差。工业机器人手部通常是专用的装置。比如，一种手爪往往只能抓握一种或几种在形状、尺寸、重量等方面相近似的工件；一种工具只能执行一种作业任务。

（3）手部是一个独立的部件。假如把手腕归属于手臂，那么工业机器人机械系统的三大件就是机身、手臂和手部（末端执行器）。手部对于整个工业机器人来说是判断完成作业好坏、作业柔性好坏的关键部件之一。具有复杂感知能力的智能化手爪的出现，增加了工业机器人作业的灵活性和可靠性。

任务小结

机器人末端执行器是指连接到机械手手腕（机械接口）前端执行特定任务的工具。近年来，机器人涉及的行业越来越多，末端执行器的类型也越来越多。末端执行器是各种夹持器，一般分为吸附式末端执行器、机械式夹持器和专用工具（如焊枪、喷嘴等）。不同种类的末端执行器功能各异，特点也有很大的不同，掌握不同末端执行器的分类和各自的特点，对于做好后续工业机器人末端执行器的选型，构建符合要求的工业机器人执行系统具有至关重要的作用。随着科学技术的不断推进，末端执行器的分类和相应的特征也将随之变化，不断优化调整。

任务5.3 拾取工具

搬运、码垛、装配等操作是工业机器人常见的工作方式，为了顺利完成工业机器人对工件的拾取和放置操作，与工业机器人相匹配的拾取工具必不可少。由于工作环境中的工件尺寸各不相同，材料种类各有差异，因此选配合适的拾取工具至关重要。目前机器人作业中经常使用的拾取工具有哪些类型呢？他们又有着哪些不同的工作特点呢？接下来我们将在任务5.3中围绕这一问题进行学习。本任务包括以下几项内容：

（1）了解与工业机器人适配的常见拾取工具有哪些类型。

（2）掌握不同类型拾取工具的工作特点分别有哪些不同。

（3）理解不同类型拾取工具的适用场合及选型技巧。

5.3.1 机械夹持类手爪

目前在工业生产应用中，机械夹持式拾取工具使用较多。其中夹钳式末端执行器是应用较广的一种手部形式。它通过手指的打开、闭合动作，依靠夹爪和工件之间的摩擦力抓取工件，实现物体的夹持。常见的夹钳式手爪如图5-27所示。

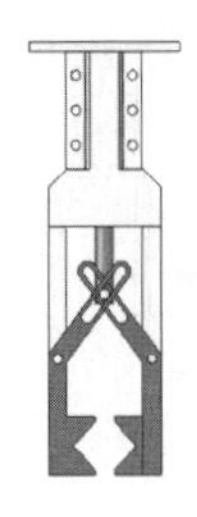
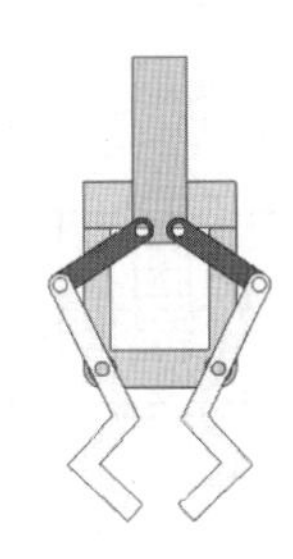
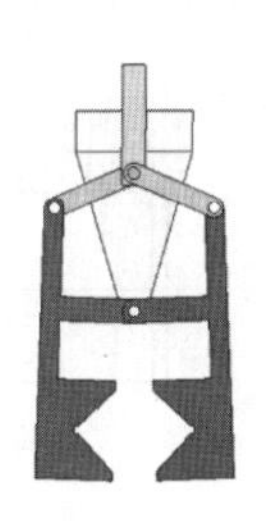
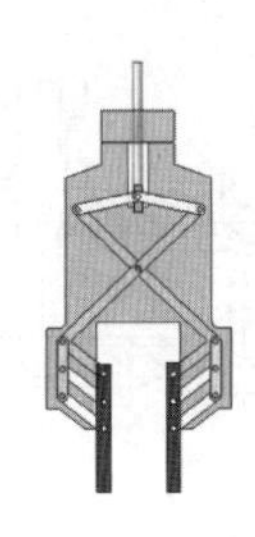
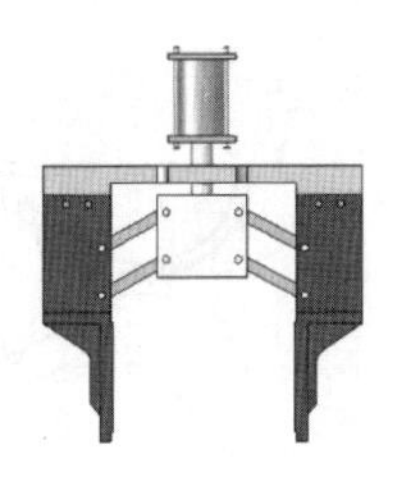

图5-27 夹钳式手爪

1. 平移型夹钳式手部

平移型夹钳式手部是通过手指的指面做直线往复运动或平面移动来实现张开或闭合动作的，常用于夹持具有平行平面的工件（如箱体等）。平移型传动机构根据结构可分平面平行移动机构和直线往复移动机构两种类型，如图5-28所示。

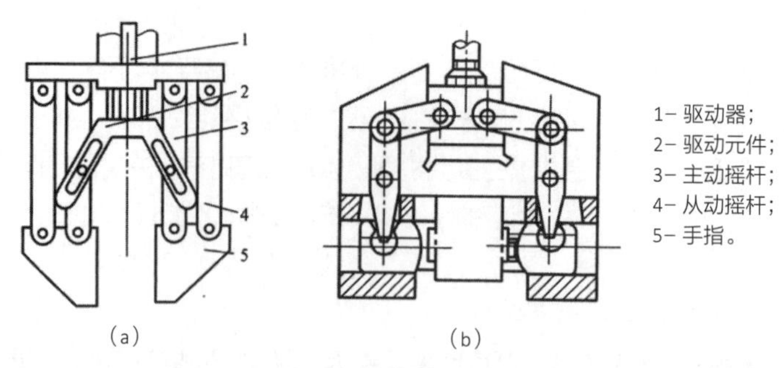

（a）　（b）

图 5-28　平移型传动机构

（a）平面平行移动机构；（b）直线往复移动机构

2. 钩托式手部

钩托式手部的主要特征是不靠夹紧力来夹持工件，而是利用手指对工件钩、托、捧等动作来托持工件，如图 5-29 所示。

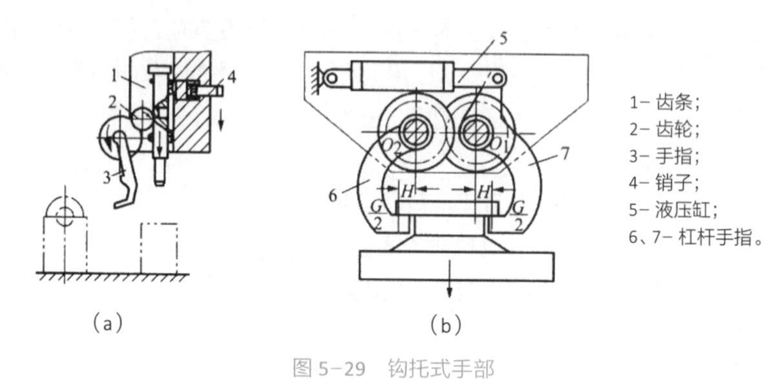

（a）　（b）

图 5-29　钩托式手部

（a）无驱动装置；（b）有驱动装置

3. 弹簧式手部

弹簧式手部靠弹簧力的作用将工件夹紧，手部不需要专用的驱动装置，结构简单。它的使用特点是工件进入手指和从手指中取下工件都是强制进行的。由于弹簧力有限，故只适于夹持轻小工件，常见的弹簧式手部如图 5-30 所示。

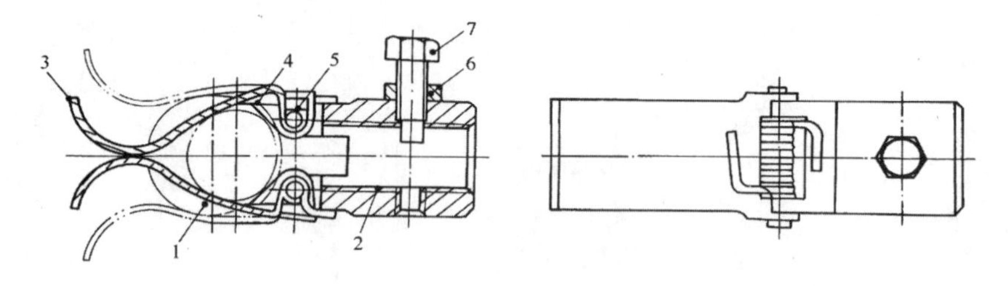

1- 工件；2- 套筒；3- 弹簧片；4- 扭簧；5- 销钉；6- 螺母；7- 螺钉。

图 5-30　弹簧式手部

5.3.2　吸附式手爪

吸附式手爪靠吸附力取料，适用于大平面、易碎、微小的物体。根据吸附原理的不同，吸附式手爪可分为气吸附和磁吸附两种。

1. 气吸附式手部

气吸附式手部由吸盘、吸盘架及进排气系统组成，利用吸盘内的压力和大气压之间的压力差而工作。具有结构简单、重量轻、使用方便可靠、对工件表面没有损伤、吸附力分布均匀等优点。它广泛应用于非金属材料或不可有剩磁的材料的吸附。但要求物体表面较平整光滑，无孔无凹槽。

气吸附式手部按形成压力差的原理，可分为真空吸附、气流负压气吸附、挤压排气式 3 种。

（1）真空吸附取料手。

真空吸附取料手取料时，橡胶吸盘与物体表面接触，橡胶吸盘在边缘既起到密封作用，又起到缓冲作用，然后通过真空抽气使吸盘内腔形成真空，吸取物料。放料时，管路接通大气，吸盘内腔失去真空，物体放下，其结构如图 5-31 所示。为避免在取、放料时产生撞击，有的还在支撑杆上配有弹簧缓冲。

（2）气流负压吸附取料手。

气流负压吸附取料手是利用流体力学的原理，当需要取物时，压缩空气高速流经喷嘴 5 时，其出口处的气压低于吸盘腔内的气压，于是腔内的气体被高速气流带走而形成负压，完成取物动作；当需要释放物体时，切断压缩空气即可，其结构如图 5-32 所示。

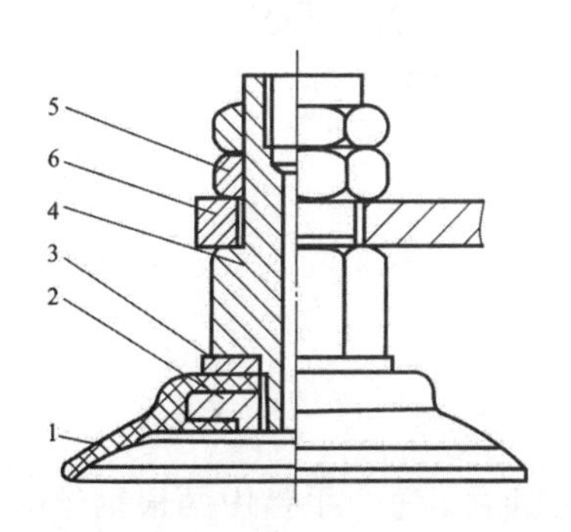

1- 橡胶吸盘；2- 固定环；3- 垫片；4- 支撑杆；5- 基板；6- 螺母。

图 5-31 真空吸附取料手结构图

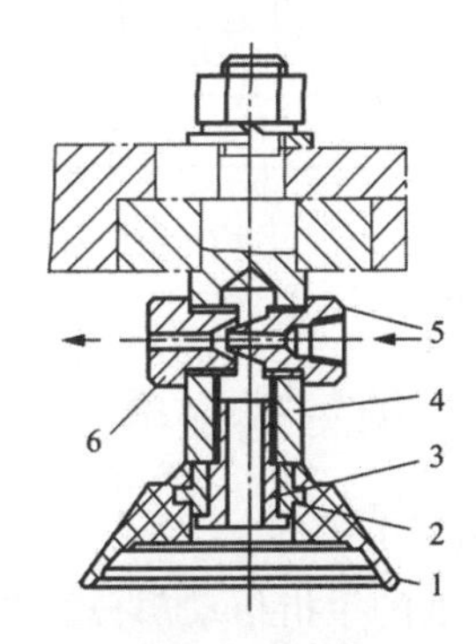

1- 橡胶吸盘；2- 心套；3- 通气螺钉；4- 支撑杆；5- 喷嘴；6- 喷嘴套。

图 5-32 气流负压吸附取料手结构图

利用负压吸附取料的还有球形取料手，它的握持部件是一个填充了研磨咖啡粉的气球。其取物过程如图 5-33 所示。

除此之外，球形取料手还可以完成其他更为复杂工件的取料和作业，如图 5-34 所示，球形取料手正在进行杯中液体的倾倒。

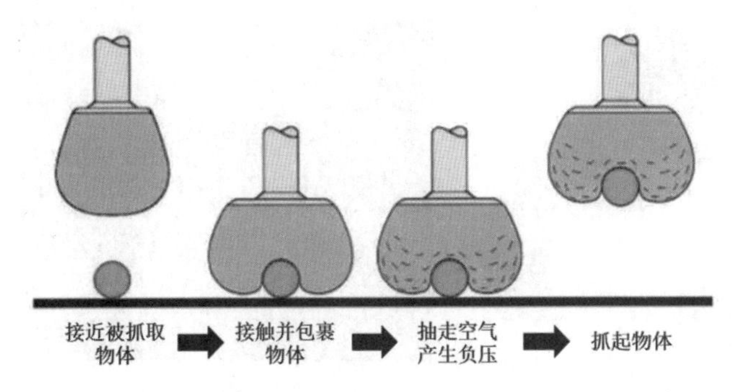

图 5-33 球形取料手取物过程

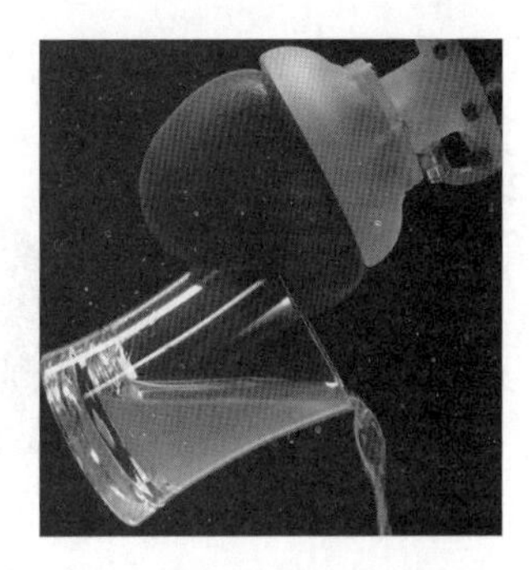

图 5-34 球形取料手倒出杯中液体

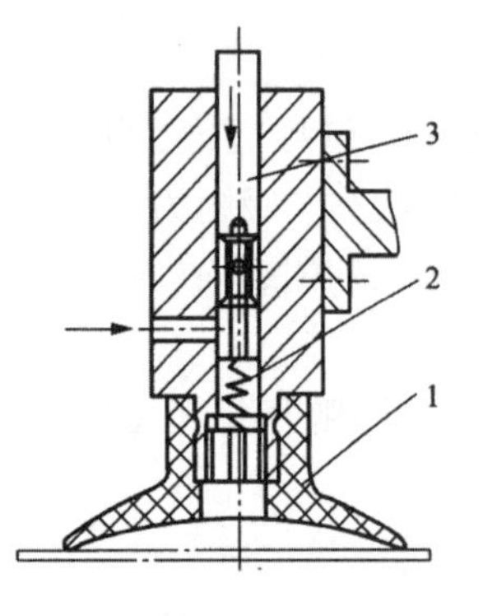

1- 橡胶吸盘；2- 弹簧；3- 拉杆。
图 5-35 挤压排气式取料手

（3）挤压排气式取料手。

挤压排气式取料手取料时吸盘压紧物体，橡胶吸盘变形，挤出腔内多余的空气，取料手上升，靠橡胶吸盘的恢复力形成负压，将物体吸住；释放物体时，压下拉杆 3，使吸盘腔与大气相连通而失去负压，其结构如图 5-35 所示。

2. 磁吸附式手部

磁吸附式手部是利用永久磁铁或电磁铁通电后产生的电磁吸力取料，因此只能对铁磁物体起作用，其工作原理如图 5-36 所示。另外，对某些不允许有剩磁的零件要禁止使用。所以，磁吸附式手部的使用有一定的局限性。

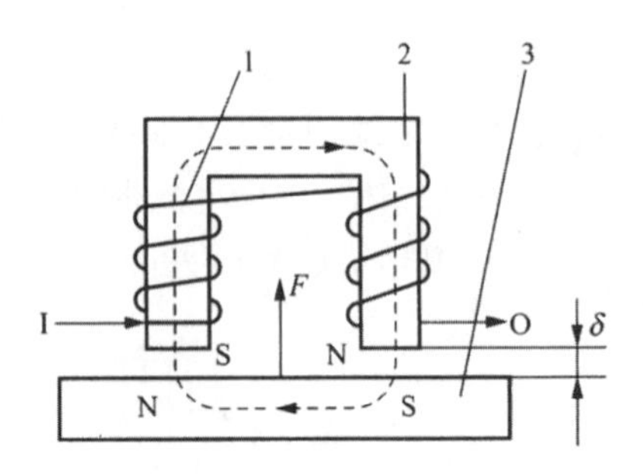

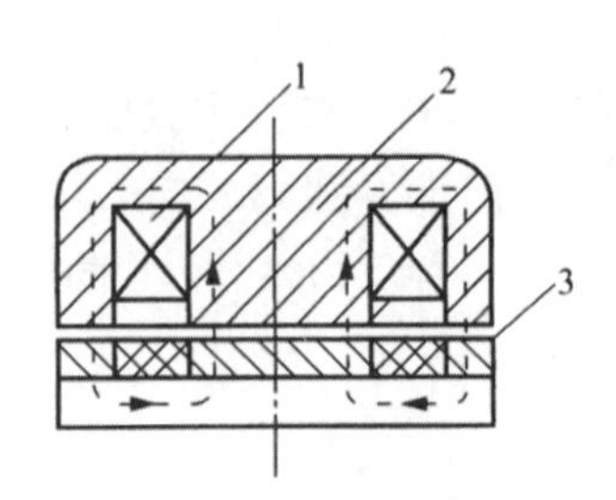

1- 线圈；2- 铁芯；3- 衔铁。
图 5-36 磁吸附式手部工作原理

5.3.3 仿生式手爪

1. 柔性手爪

柔性手爪的手指传动部分由牵引钢丝绳及摩擦滚轮组成，每个手指由两根钢丝绳牵引，一侧为握紧，另一侧为放松，其结构和实物如图 5-37 所示。

2. 多指灵巧手

多指灵巧手手指传动部分由牵引钢丝绳及摩擦滚轮组成，每个手指由两根钢丝绳牵引，每个手指有 3 个回转关节，每一个关节的自由度都是独立控制的。因此，几乎人手指能完成的各种复杂动作它都能模仿，诸如拧螺钉、弹钢琴、做礼仪手势等动作。多指灵巧手的结构如图 5-38 所示。

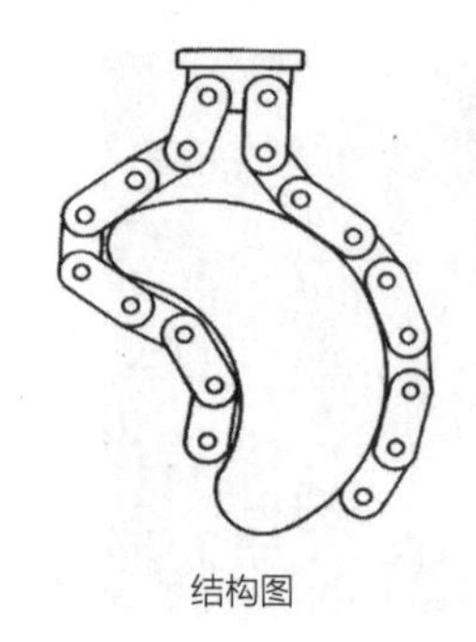
结构图

实物图

图 5-37 柔性手爪

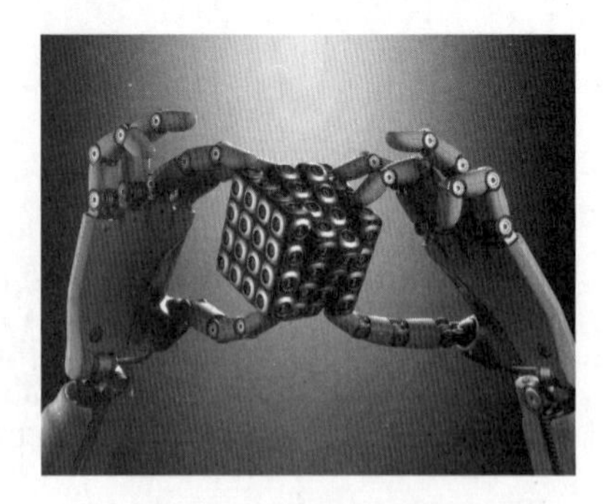
图 5-38 多指灵巧手结构

说明 目前国产的仿生式机器人和手爪已经有了长足进步，蛇形机器人已经在我国的工厂生产中投入实际应用。

拓展阅读

总书记关切高质量发展

习近平总书记指出，随着信息化、工业化不断融合，以机器人科技为代表的智能产业蓬勃兴起，成为现时代科技创新的一个重要标志。当前，我国已将机器人和智能制造纳入了国家科技创新的优先重点领域，正大力推动机器人科技研发和产业化进程，使机器人科技及其产品助力高质量发展、服务百姓生活。在新松机器人公司厂房内，一条一米多长、碗口粗的“机械蛇”引人瞩目，它时而曲身昂头，时而蜿蜒前行，头部还不时探出机械手，灵敏地将一只小球抓起。

“这是我们企业自主研发的仿生蛇形臂机器人，有12个关节，具备更高的精度和柔顺性，活动灵活，适宜在高辐射、易燃易爆等高危环境下执行特殊作业任务。”蛇形臂机器人研发团队相关负责人介绍说。工业机器人成为制造业中不可或缺的角色。工业机器人技术涵盖了视觉识别、技能学习、利用人工智能进行故障预测、人机协作及简单编程等领域，可提高制造业的生产率，扩大机器人的应用领域。机器人已经由机器设备向人的方向发展，成为人类的伙伴。

——摘自《总书记关切高质量发展 | 你好，机器人！》
（新华社，2020年1月21日）

任务小结

截至目前，机器人在搬运、码垛和装配方面已经有着众多成熟的解决方案，涉及物流输送、周转、仓储等诸多行业。机器人的正确工作离不开拾取工具，机械夹持、吸附式、仿生式手爪具有不同的结构组成，正确选用合理的拾取工具不仅可以大幅度提高生产率，节省劳动力成本，还能够提高定位精度并降低作业过程中的产品损坏率。不同拾取工具还需具体结合任务配置不同的参数，做好坐标系和程序设定，最后还要通过面向任务的针对性调试，最终才能符合用户的实际需求。

任务 5.4 工具快换装置

任务提出

工业机器人一般被称为“半成品”，即单靠机器人是无法达成完全的自动化的，必须在机器人的前端安装手爪、工具等末端执行装置的前提下才可以达成。在工业生产中，通常是由一台机器人完成好几道加工工序，但是不同的加工工序所使用的末端执行器可能会不同，如果机器人可以随意替换机械手的话，那么一台机器人就可以做各种各样的工作，从而实现机器人的通用化。末端执行器的快速替换是如何实现的呢？接下来我们将在任务 5.4 中围绕这一问题进行学习。本任务包括以下几项内容：

1. 了解工具快换装置的定义及其工作原理；
2. 掌握工具快换装置工作的控制方法；
3. 理解工具快换装置在工业机器人作业过程中的典型应用。

任务实施

5.4.1 工具快换装置的定义

工具快换装置是通过自动或手动进行机器人的手腕（前端）上的机械手、工具或末端执行装置等的快速“更换”时所用到的装置，俗称机械手快换装置。如果没有工具快换装置的辅助，受到末端执行器的限制，原则上 1 台机器人只可以执行 1 种作业。如果要执行复杂的作业，则需要不断更换机械手。当以人工进行末端执行器交换作业时，不但需要花费时间，而且还有可能造成人为失误。如果采用工具快换装置，机器人通过控制信号的驱动，可以自动实现末端执行器的更换，即使在特殊情况下需要人工手动替换末端执行器时，使用工具快换装置也会使得人工替换的过程大大简化，变得方便快捷。配置了工具快换装置后，常见的工具库配置如图 5-39 所示。

图 5-39 工具库的配置

由于工具快换装置的通用性，除了普通夹爪类末端执行器外，还方便了工业机器人与其他外围设备，包括点焊焊枪、抓手、真空工具、气动和电动马达等工具的快速更换。工具快换装置包括一个安装在机器人手臂上的机器人侧，还包括一个安装在末端执行器上的夹具侧，如图 5-40 所示。

图 5-40 工具快换装置结构分布

工具快换装置能够让不同的介质，例如气体、电信号、液体、视频、超声等从机器人手臂连通到末端执行器，从而实现机器人和末端执行器的通信控制。机器人工具快换装置的优点在于：

（1）可以在数秒内完成生产线更换；

（2）可以快速更换维护和修理工具，大大降低停工时间；

（3）能够在应用中使用 1 个以上的末端执行器，从而使柔性增加；

（4）用自动交换单一功能的末端执行器，代替原有笨重复杂的多功能工装执行器。

需要说明的是，即使是在无需更换机械手、工具或末端执行装置等的机器人上，也可以通过使用工具快换装置来实现末端执行器的维修保养或微调工作的简化。除此之外，研究开发部门或学校等实验室用机器人，可以通过末端执行器的简单更换来实现机器人的共享，便于进行各种各样的实验。

5.4.2 工具快换装置的应用

机器人工具快换装置，使单个机器人能够在制造和装备过程中交换使用不同的末端执行器增加柔性，广泛应用于实现自动点焊、弧焊、材料抓举、冲压、检测、卷边、装配、材料去除、毛刺清理、包装等操作。另外，工具快换装置在一些重要的应用中能够为工具提供备份，有效避免意外事件的发生，其常见的应用如下。

1. 工序的集约

如果结合实际生产工序投入多台机器人，投入成本会大幅度增加。使用工具快换装置，机器人可以自行自动更换机械手，1 台机器人可以进行多种作业，可以以最少的机器人数量和最小的空间实现产线的自动化。工序的集约设计案例如图 5-41 所示。

图 5-41 工序的集约设计

2. 设计简化

为了实现机器人的一机多用或者对应多种工件，机械手的设计必须满足多功能化要求等，对机械手的设计要求非常高。使用工具快换装置，可以根据不同作业、不同工件，选择适合的机械手，所以机械手的设计就会变得非常简单。搭载了多个工具的机械手如图 5-42 所示，不仅重量重，为规避工具间的干涉而需调整工具的位置，容易导致机器人承受不适宜的力矩，机械手的设计也会变得复杂。

3. 提高产品的维护性

在机器人上安装机械手并进行示教后，需要进行机械手的修理或微调时，机械手的拆卸很麻烦，而且重新安装后需要再次进行示教作业，非常费事。使用工具快换装置时，只需一个按键操作即可实现机械手的连接及分离，并且，因其极高的位置再现精度，重新安装后无需进行再次的示教作业。如图 5-43 所示，机械手便于拆卸安装，可提高设备的维护性。

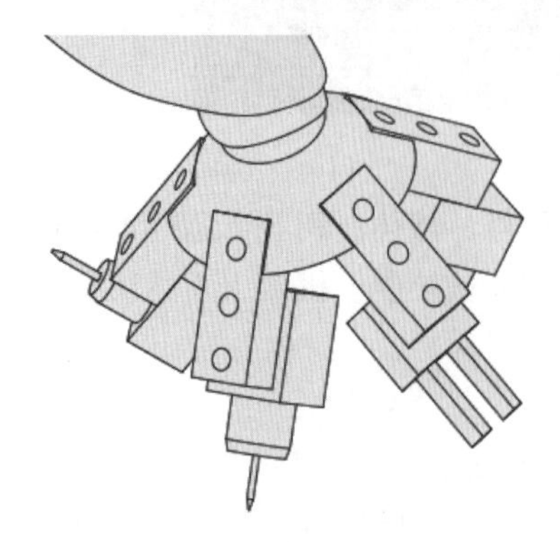

图 5-42　搭载多工具的机械手

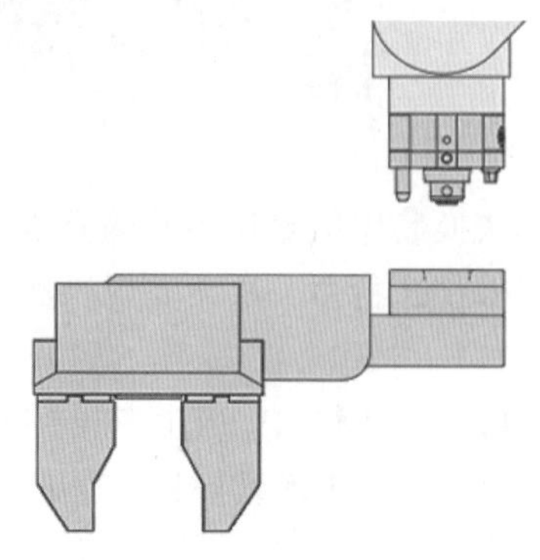

图 5-43　便于拆卸安装的工件快换装置

4. 未来的拓展性

机器人初期有可能只是单纯的作业，但是后期随着生产量的变化，将来有可能出现需要进行多种作业的需求。此时如果搭载了机械手快换装置，只要相应增设机械手就可以简单对应。类似加工单元中的刀具库管理与拓展系统如图 5-44 所示。

5. 实验室用机器人的共享

在大学或研究开发部门，各项试验及研究过程中需要频繁更换机械手，每次更换机械手均需要花费时间和精力。如果采用工具快换装置，只需通过控制气压的 ON/OFF，就可以进行机械手的连接与分离。因极高的位置再现精度，机械手更换后无需重新示教，所以即使是不同课题或不同的研究员及学员共享一台机器人，也仅需简单更换机械手就可进行各自课题的研究，如图 5-45 所示。

图 5-44　加工单元中的刀具库管理与拓展系统

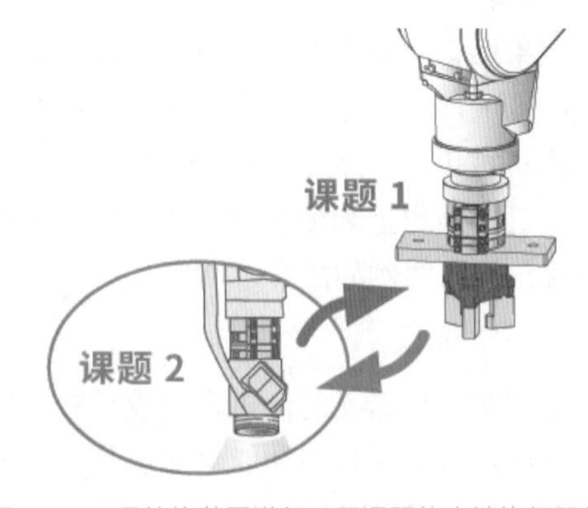

图 5-45 工具快换装置进行不同课题的末端执行器替换

6. 工具库的省空间化

采用机械手快换装置时，通常需要准备多种机械手及工具，如果因机器人周边的空间所限而无法正常摆放时，可以将工具库设置于机器人的上部以节省空间。悬挂设计的工具库如图 5-46 所示。

图 5-46　悬挂设计的机器人工具库

视频 5-2 工具快换装置的工作视频

注意：

工具快换装置的使用也是工业机器人应用编程"1+X"证书的考点之一。

任务小结

目前，工具快换装置经过一段时间的发展，已经形成规模化生产技术。美国的 ATI，德国的史陶比尔是生产该装置的代表企业，不同品牌的工具快换装置在原理上大同小异，最主要的区别在于装置的动力源。除此之外，在结构上会根据市场需求存在少许个性化定制差异。为了实现快速和自动化更换末端执行器，接口的连接和断开一般采用气动控制、液压控制或电磁控制，其中尤以气动控制更为常见。不断熟悉、学习和掌握工具快换装置的使用技巧是在工业机器人编程应用过程中的必然要求。

任务 5.5　专用工具末端执行器

任务提出

工业机器人是一种通用性很强的自动化设备，而专用工具末端执行器是完成特定工作任务的专用工具，其结构因作业的不同而不同。通过专用工具末端执行器与工业机器人的配合，各种复杂多样的操作任务才能顺利完成。这些任务不仅包括此前讲述的搬运、码垛和装配，还包括焊接、喷涂、机加工等复杂工序。常见的专用工具末端执行器有哪些呢？和普通夹爪相比，专用工具末端执行器执行操作时又有哪些不一样的要求？接下来我们将在任务 5.5 中围绕这一问题进行学习。本任务包括以下几项内容：

（1）了解工业机器人专用工具末端执行器的常见种类；

（2）理解工业机器人专用工具末端执行器工作的原理和特点；

（3）理解工业机器人专用工具末端执行器的选配原则。

任务实施

5.5.1 焊接用末端执行器

焊接是工业机器人重要的应用领域之一，焊接的种类非常多，机器人焊接适用于点焊、弧焊、激光加工等焊接作业，焊接时，机器人的末端执行器称为焊枪，其中点焊机器人焊枪通常称为焊钳。

1. 点焊焊钳

点焊是指焊接时利用柱状电极，在两块搭接工件接触面之间形成焊点的焊接方法。点焊时，先加压使工件紧密接触，随后接通电流，在电阻热的作用下工件接触处会熔化，冷却后形成焊点。点焊主要用于厚度 4 mm 以下的薄板构件冲压件焊接，特别适合汽车车身和车厢、飞机机身的焊接，但不能焊接有密封要求的容器。点焊是电阻焊的一种，主要用于薄板结构、钢筋等的焊接。

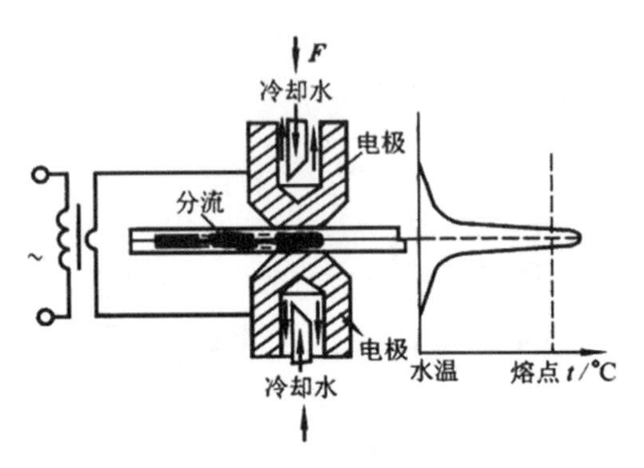

图 5-47　点焊原理图

点焊的原理是通过电流源在两级头间加入电压，当两级头与焊接物接触时，电路通电，瞬间产生高电流，由于焊接物电阻较大，从而使得焊接物之间产生高温，达到焊接物熔点以上，使焊接物融化，最终焊接在一起。其工作原理如图 5-47 所示。

（1）点焊钳形式。

点焊机器人的焊钳种类繁多。点焊钳按形状可分为 X 型点焊钳和 C 型点焊钳两类，如图 5-48 和图 5-49 所示。

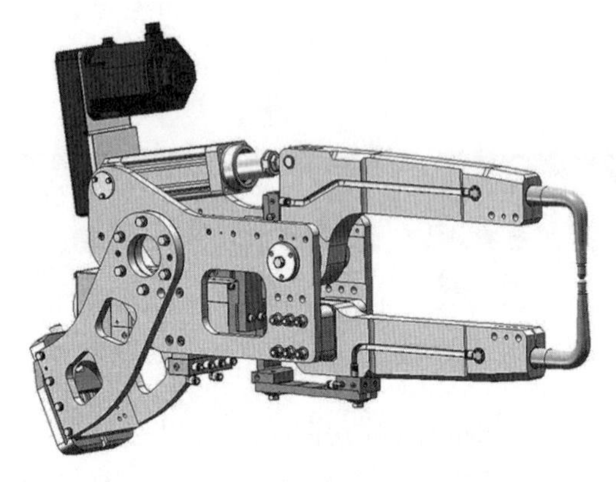
图 5-48　X 型点焊钳

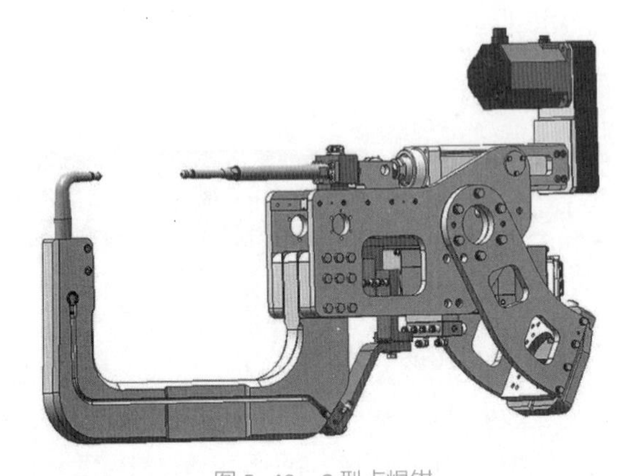
图 5-49　C 型点焊钳

首先根据工程作业表中的焊接部位、生产节拍确定点焊钳的数量，生产节拍高时，点焊钳数量设定得多，否则尽可能降低点焊钳数量，合理划分每个点焊钳作业的内容，然后依据产品结构、夹具结构、作业方位等确定合理的点焊钳类型。X 型点焊钳用于点焊水平及接近水平位置的焊点，电极的运动轨迹为圆弧线。C 型点焊钳用于点焊垂直及接近垂直的焊点，电极做直线运动。一般情况下，焊点距离制件边缘超过 300 mm 的情形应选择 X 型点焊钳，焊点距离制件边缘小于 300 mm 的情形可以选择 X、C 型点焊钳。

（2）电极压力。

电极压力属于焊接参数的范畴，电极压力的大小主要与焊接部位的材料有关。一把点焊钳焊接不同搭接板组时，点焊钳的电极压力要满足搭接板组中的最高电极压力，常用的电极压力为 1 470 ～ 4 900 N。

（3）点焊钳的行程。

点焊钳的行程分为工作行程和辅助行程两个部分。工作行程指点焊钳正常通气状态下两电极的张开距离，工作行程越小，焊接时工作效率越高，因此在允许的情况下尽量设置较小的工作行程；辅助行程指通过拨动限位手把或按下气阀按钮后点焊钳两电极张开的距离。为避免点焊钳进入焊接部位时与制件、焊接夹具等干涉，采用点焊钳辅助行程使点焊钳进入焊接部位，即点焊钳进入焊接部位时打开辅助行程，两电极的间距加大，进入焊接部位后关闭辅助行程，点焊钳实施焊接。如图 5-50 所示的焊接部位，点焊钳进入焊接部位时要求两电极的距离大于 280 mm，如不采用辅助行程，生产效率低，焊接冲力大，焊接位置、质量不易保证。为提高生产效率，在产品结构、夹具结构等许可、工作行程不大于 50 mm 的情况下，尽量不使用辅助行程，选择大工作行程的焊钳保证辅助行程与工作行程的尺寸一致。

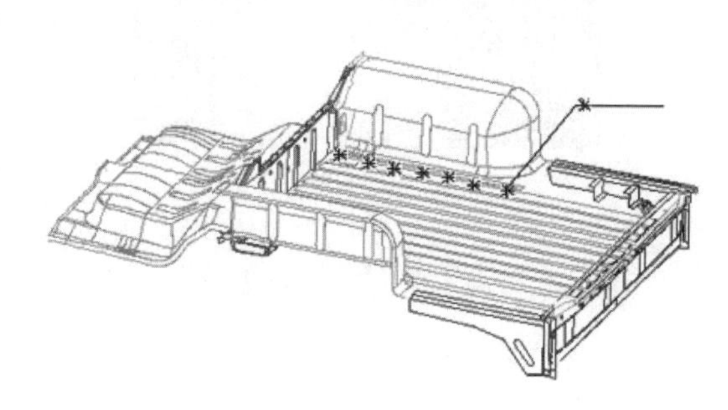

图 5-50　焊接部位示意图

2. 弧焊焊枪

弧焊是在电极与焊接母材之间接上电源装置，通以低电压、大电流，在放电作用下产生电弧，电弧又产生巨大热量使母材（有时还包括焊接线材）熔化并连接在一起。弧焊的焊接强度高，焊缝的水密性和气密性好，可以减轻构造件的重量。

按照电极的不同，弧焊可分为熔化极电弧焊和非熔化极电弧焊两种：

（1）熔化极电弧焊。

熔化极电弧焊是用填充焊丝作熔化电极焊接方式，它是以连续送给并不断熔化的焊丝作为电极的一种弧焊方法。熔化极气体保护焊（英文简称 GMAW），采用可熔化的焊丝与被焊工件之间的电弧作为热源来熔化焊丝与母材金属，并向焊接区输送保护气体，使电弧和熔化的焊丝还有熔池及附近的母材金属免受周围空气的干扰。连续送进的焊丝金属不断熔化并过渡到熔池，与熔化的母材金属融合形成焊缝金属，从而使工件相互连接起来，熔化极电弧焊如图 5-51 所示。

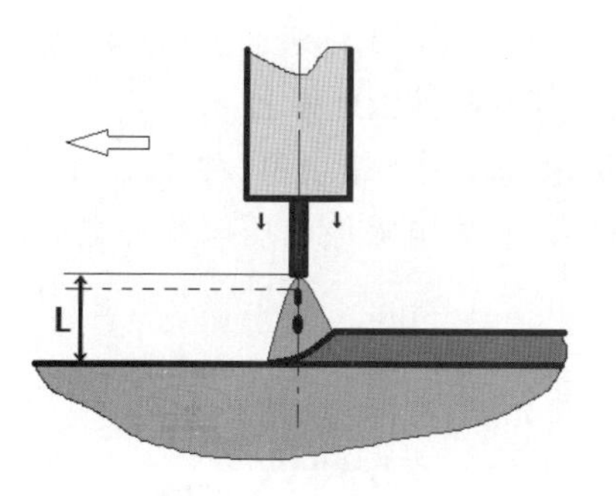

图 5-51　熔化极电弧焊

（2）非熔化极电弧焊。

非熔化极电弧焊工作原理及特点：非熔化极电弧焊是电弧在非熔化极（通常是钨极）和工件之间燃烧，在焊接电弧周围流过一种不和金属起化学反应的惰性气体（常用的是氩气），形成一个保护气罩，使钨极端头、电弧和熔池及已处于高温状态下的金属不与空气接触，能防止氧化和吸收有害气体，从而形成致密的焊接接头，其力学性能非常好，非熔化极电弧焊如图 5-52 所示。

焊枪将焊接电源的大电流产生的热量聚集在焊枪的终端来熔化焊丝，熔化的焊丝渗透到需要焊接的部位，冷却后，被焊接的物体连接在一起。焊枪使用灵活，方便快捷，工艺简单。针对不同的焊接工艺，应选用不同形式的焊枪，典型弧焊机器人如图 5-53 所示。

图 5-52　非熔化极电弧焊

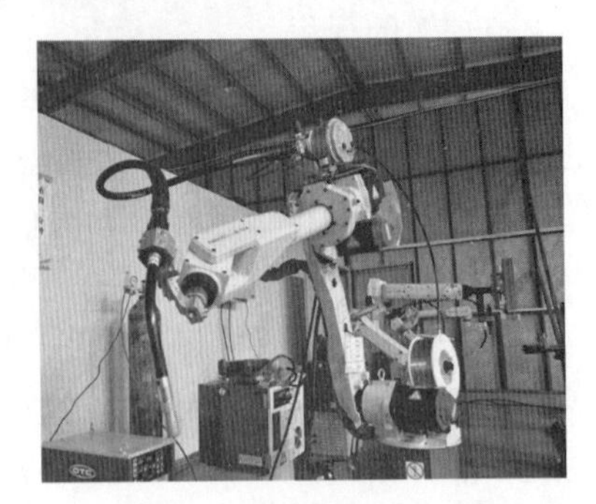

图 5-53　典型弧焊机器人

5.5.2　喷涂喷枪末端执行器

喷涂加工在实际生产中随处可见，例如汽车车身表面车漆的涂装。喷涂机器人将机器人技术与喷涂工艺相结合，将喷枪作为末端执行器，机器人喷涂喷枪如图 5-54 所示。目前，在工业生产中应用的喷涂机器人，按照喷涂工艺的不同可分为空气喷涂机器人、无气喷涂机器人和静电喷涂机器人等。

空气喷涂机器人的喷枪一般由空气帽、喷嘴、涂料入口、枪体、涂料调节旋钮和空气入口等部分组成。空气喷涂的原理是将压缩空气从空气帽的中心孔喷出，在喷嘴前端形成负压区，使涂料从涂料嘴喷出，然后涂料与高速压缩气流相互扩散，以雾状飞向并附着于被涂物表面形成涂膜，还可以通过涂料调节旋钮对涂料喷出量和喷幅进行控制。

无气喷涂技术通常使用高压柱塞泵、隔膜泵等对涂料直接加压，高压涂料经高压软管输送至无气喷枪，无气喷枪如图 5-55 所示。由于喷嘴的特殊设计，当高压涂料从喷嘴高速喷出时，释放液压并与大气产生摩擦，产生剧烈膨胀，使涂料雾化并喷到工件表面上形成涂膜。由于压缩空气不直接与涂料接触，因此高压涂料中不含空气，无气喷涂因此得名。

静电喷涂是指利用电晕放电原理使雾化涂料在高压直流电场作用下带负电，并吸附于带正电基底表面放电的涂装方法。静电喷涂设备由喷枪、喷杯以及静电喷涂高压电源等组成。静电喷枪如图 5-56 所示。

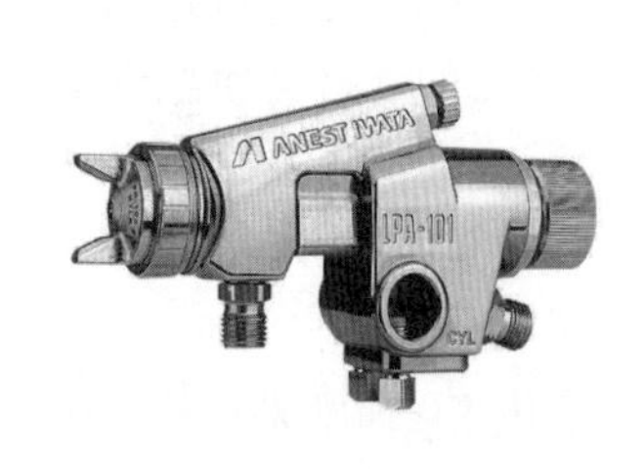

图 5-54　机器人喷涂喷枪

图 5-55　无气喷枪

图 5-56　静电喷枪

5.5.3 钻孔与切割末端执行器

钻孔是一种切削加工方式，利用钻头可以在固态材料上切削或者加大圆形截面的孔。钻头是旋转型的切削刀具，大多有多个切削刀刃，在钻孔时钻头会受压接近工件，转速从数百 r/min 到上千 r/min。压力及转速迫使钻头穿过工件，留下圆孔，而切屑也会从圆孔中脱落。

随着智能化生产的需求，工业机器人逐渐被用于机械加工中，能够取代人和机床完成钻孔、切割等作业任务，前提是需要给机器人配备不同的末端执行器，如图 5-57 所示。

机器人切割系统改变传统的切割技术，不仅切口平整，精确度高，而且省去了后续的打磨工序，受到制造行业的青睐。将机器人用于切割加工时，需先根据加工材料确定切割方法，然后选用合适的末端执行器，切割作业的工业机器人如图 5-58 所示。

图 5-57 用于机身钻孔的七轴机器人

图 5-58 切割作业的工业机器人

激光切割机器人可实现自主化切割，相较于数控切割机，除了能保证切割质量外，还更为灵活，更适合柔性生产，其主要优点如下。

（1）切割机器人对材料的适应性比较强，切割系统通过数控程序基本上可以切割任意板材。

（2）加工路径由程序控制，如果加工对象发生变化，只需修改程序即可，这一点在零件修边、切孔时体现得尤为明显，因为修边模、冲孔模对其他不同零件的加工无能为力，而且模具的成本高，所以目前三维激光切割有取代修边模、冲孔模的趋势。一般来说，三维机械加工的夹具设计及其使用比较复杂，但机器人加工时对被加工板材不施加机械加工力，这使得夹具制作变得很简单。此外，一台机器人系统设备如果配套不同的硬件和软件，就可以实现多种功能。

总之，在实际生产中，机器人切割设备在提高产品质量、生产效率，缩短产品开发周期，降低劳动强度，节省原材料等方面优势明显。

尽管机器人切割系统的设备成本高，一次性投资大，但长期使用起来还是比较实惠的。切割机器人的生产稳定性比较强，能够确保产品的品质，省去切割前的测量，画图等烦琐工序，大大提高了工作效率，在制造业发挥着越来越重要的作用。

5.5.4 搅拌摩擦焊末端执行器

搅拌摩擦焊（friction stir welding，FSW）是指利用高速旋转的焊具与工件摩擦产生的热量使被焊材料局部塑性化，当焊具沿着焊接界面向前移动时，被塑性化的材料在焊具的转动摩擦力作用下由焊具的前部流向后部，并在焊具的挤压下形成致密的固相焊缝。搅拌摩擦焊过程如图 5-59 所示。

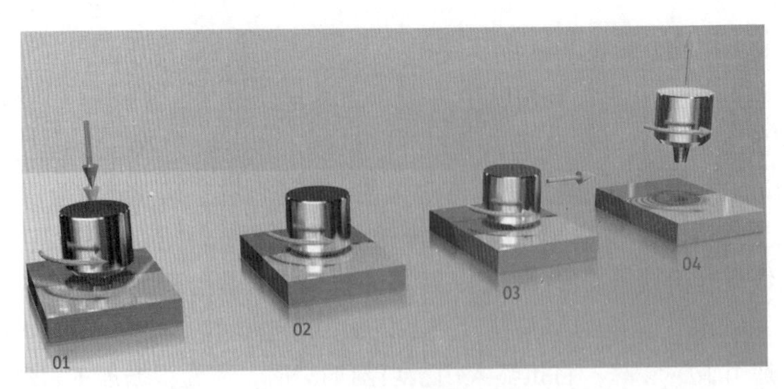

图 5-59 搅拌摩擦焊过程

搅拌摩擦焊的优点：FSW 焊缝经由塑性变形和动态再结晶形成，其微观组织细密、晶粒细小、不含熔焊的树枝晶。与传统的熔焊方法相比，没有飞溅和烟尘，没有合金元素烧损、裂纹和气孔等缺陷，不需要添加焊丝和保护气体；在焊接接头力学性能方面，比钨极氩弧焊和熔化极惰性气体保护焊具有明显的优越性；对于有色金属材料（如铝、镁、锌、铜等）的连接，在焊接方法、接头力学性能以及生产效率等方面，FSW 都显现出其他焊接方法无可比拟的优越性。

搅拌摩擦焊的应用：目前可以应用 FSW 成功焊接的材料有铝合金、镁合金、铅、锌、铜、不锈钢、低碳钢等同种或异种材料，搅拌摩擦焊主要应用在航天、航空、船舶、车辆和核能等领域。

机器人搅拌摩擦焊的工作场景如图 5-60 所示。机器人搅拌摩擦焊技术亟待解决的关键问题就是其末端执行器——焊接头的设计和制造。若要保证机器人摩擦搅拌焊的焊接质量，那么它的末端执行器在设计和制造过程中，需要集成复杂的测控系统来对焊接过程中的焊接作用力和扭矩焊接热、焊缝定位、润滑和冷却等参数进行监测和控制。同时搅拌头的体积不能过大，以免影响机器人运动的灵活性。

图 5-60 机器人搅拌摩擦焊

5.5.5 激光跟踪末端执行器

机器人焊接的大多数问题在于焊接部件的不一致性和工装夹具安装精度低，这就导致每次焊枪无法准确地定位到工件焊缝上，从而导致生产效率和质量的下降。在弧焊中，如果不能保证焊接精度达到 ±0.5 mm，就要考虑使用激光寻位或激光跟踪了。选择一台激光视觉焊缝跟踪系统，首先需要验证其对工装夹具是否有干涉，其次要考虑是否会影响时间节拍，如果都不影响的话，那么就可以将其完全集成到机器人工作站中，激光跟踪系统如图 5-61 所示。

激光焊缝跟踪的基本原理基于激光三角形测量法。激光器发射线激光照射到工件表面，然后经过漫反射后，激光轮廓在图像传感器上成像。然后由控制器对采集到的图像进行处理分析，从而获取焊缝的位置，用于修正焊接轨迹或者引导焊接，如图 5-62 所示。

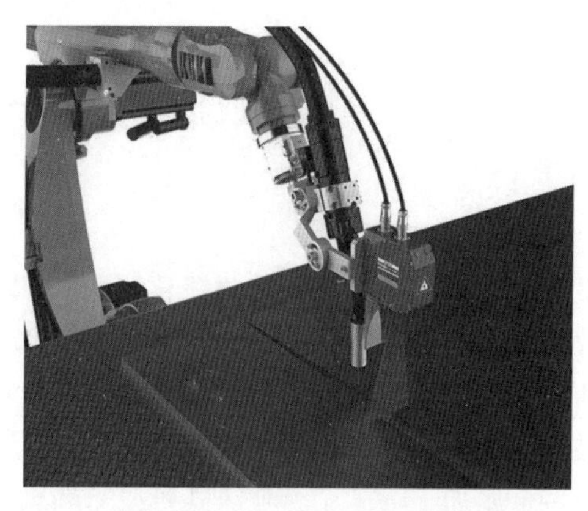

图 5-61 激光跟踪系统

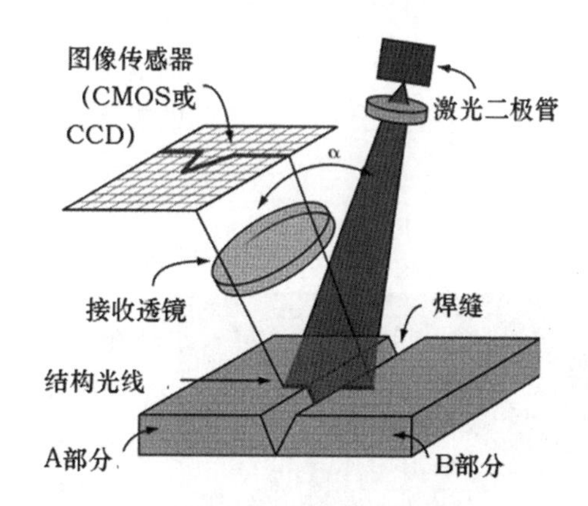

图 5-62 激光跟踪原理

任务小结

专用工具末端执行器极大地拓展了工业机器人在焊接、喷涂、机加工等领域的应用，激光跟踪系统的出现又解决了机器人定位精度提升和工作轨迹修正的难题。实际上，复杂的工业机器人操作离不开功能多样的末端执行器，专用的末端执行器也需要在工业机器人的驱动下才能发挥其最大功能效果。由于专用工具末端执行器在许多实际工作场合中具有一定的专业性，这就需要机器人编程操作人员在熟练掌握工业机器人编程和调试的前提下，增加自己在专业领域中的知识储备，有的放矢，方能事半功倍。

任务 5.6 末端执行器的发展

任务提出

如今，工业机器人正在向不同领域扩展，对于末端工具的要求也越来越高。末端执行器作为机器人不可分割的一部分，其发展依托和取决于机器人的应用，同时对工业机器人的推广也起到了促进的作用。目前全球较为成熟的末端执行器制造商均以欧美日企业为主，中国宏观环境和上下游等相关产业的发展趋势（如市场竞争力、上游原材料供应及下游市场需求等）深刻地影响着国产机器人末端执行器行业的市场发展。世界上末端执行器有哪些主流厂商？我国国产机器人末端执行器行业发展情况如何？接下来我们将在任务 5.6 中围绕这一问题进行学习。本任务包括以下几项内容：

（1）了解工业机器人末端执行器的典型主流厂商；

（2）了解工业机器人末端执行器的发展现状；

（3）了解工业机器人末端执行器的发展趋势。

5.6.1 末端执行器的主流厂商

目前末端执行器的主流厂商有雄克、昂机器人有限公司（OnRobot）、施迈茨、费斯托（Festo）等，他们分别针对不同的机器人应用场景推出了全新的末端执行器，并在引领整个行业的新风向。

1. 雄克

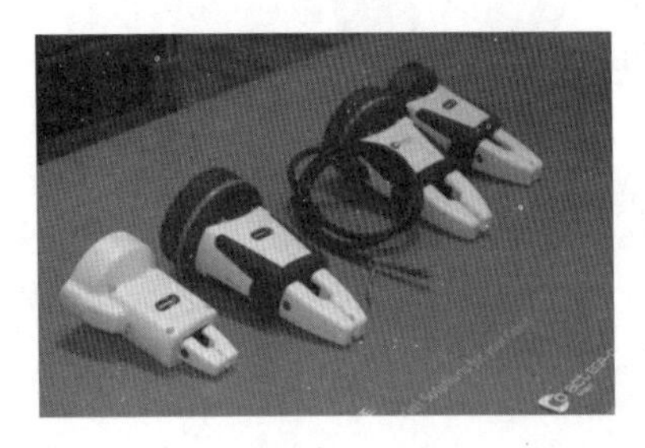

图 5-63 雄克典型末端执行器

作为抓取系统和夹持技术产品领域的领导品牌，德国雄克专注于抓取系统、模块化工件夹持、液压膨胀技术和卡爪等领域，开发了 11 000 多种标准组件，拥有 200 个专利系列，其产品广泛应用于汽车、机械制造、机器人、装配和搬运、航空、金属加工等多个行业。其典型末端执行器如图 5-63 所示。

在机器人末端执行器领域，雄克提供了多个卓越的解决方案，例如磁力机械手、平动机械手、旋转抓取模块、张角式机械手、Co-act 机械手、四指机械手等。针对协作机器人，雄克推出了单指 42.5 mm 的长行程系列产品，可搬运重达 2.25 kg 的工件。此外，雄克正在利用摄像头、人工智能等技术，实现机械手自主抓取的能力。

2. OnRobot

OnRobot 是来自丹麦的知名机器手臂末端工具厂商，开发了很多基于传感器和夹爪的不同产品组合，这些智能夹爪可以轻松抓起玻璃、手机面板、平板计算机、印制电路板等不规则的物件。在抓取过程中，传感器可以检测到被抓物体有没有中途掉落，能够更好地提升机器人的工作能力，其典型末端执行器如图 5-64 所示。

图 5-64 OnRobot 典型末端执行器

针对复杂的抓取对象，OnRobot 又推出了壁虎（Gecko）粘连夹爪，该产品模仿壁虎脚部的巧妙结构，不需要外部气源，可以抓放印制电路板等多孔容易泄气的物体。基于对传感器和材料技术的灵活运用，OnRobot 进一步提升了机器人的抓取能力，并进一步拓展了机器人的应用的场景。

3. 施迈茨

图 5-65 施迈茨典型末端执行器

德国施迈茨是真空技术领域的专家，主要提供真空元器件、真空吸具、真空搬运系统和真空夹具等产品。目前，施迈茨组件系列包含 6 000 多个独立组件，广泛应用于汽车制造、金属加工、玻璃制造、电子工业、物流运输和食品加工等多个领域，其典型末端执行器如图 5-65 所示。

施迈茨利用先进的真空技术开辟了新的道路，结合真空自动化和人体工程学处理技术推出个性化的系统解决方案，实现了更精确和更可靠的夹紧功能产品，从而获得了更多的竞争优势。针对协作机器人，施迈茨推出了易于集成的组件，同时通过数字形式接口监控真空系统的状态，以确保机器人能更可靠地夹紧工件。

4. 费斯托

作为全球领先的过程控制和工厂自动化解决方案气动和机电系统、组件和控制器制造商，费斯托（Festo）提供了丰富的气动和电驱动技术产品，包括平行夹具、三点式抓手、角度夹具、旋转夹具和自适应夹具等产品，其典型末端执行器如图 5–66 所示。

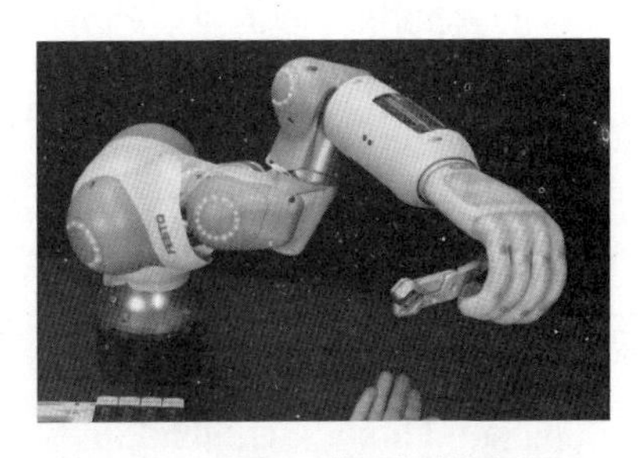
图 5–66 Festo 典型末端执行器

此外，费斯托（Festo）在仿生技术领域的专家研究了各种生物组织的特点并将这些特点应用到机器自动化的产品上，推出了象鼻机械手臂、章鱼触手等创新的产品。在汉诺威工业博览会上，费斯托（Festo）展出了其最新的气动轻型机械臂 BionicSoftArm 和仿生气动软体手 BionicSoftHand 技术，可实现直接且安全的人机协作模式。

5.6.2 末端执行器的发展现状和趋势

1. 末端执行器的发展现状

随着机器人市场的发展，末端执行器拥有很大的增长空间，在过去很长的一段时间内，气动夹爪一直是工业自动化的“必需品”。而在新生领域中，国内外目前还没有拉开明显差距，且国内外的电爪厂家的主要选择也呈现出不同的方向。

图 5–67 气动夹爪的应用

（1）气动夹爪和电动夹爪协同并进。

气动夹爪是末端执行器一直以来的主流产品，在工业机器人中有着广泛的应用，如图 5–67 所示。但是气动夹爪抓取点位单一，并且对力道的控制并不准确，不能满足一些多功能抓取需求，在此前提下，电动夹爪应运而生。一方面，以协作机器人为代表的增量市场持续放量，对电动夹爪产生了较强的需求；另一方面，以工业自动化为代表的存量市场，众多场景逐渐衍生出电动夹爪替代气动夹爪的新机会。

注意：

电动夹爪厂家对外不一定宣称电爪，也可以称其为协作应用的末端执行。

（2）一站式解决方案将成为主流。

电爪取代一部分气爪市场已经是趋势，但这里面有一个重要的前提，那就是吸盘、气爪的标准化程度较高，无论是从产品的选购还是技术集成上，难度并不大，电动末端执行器的应用如图 5–68 所示。但是对于电爪而言，其非标程度太高，集成商需要自己去设计、开发、找代工。这对集成商而言是很不友好的一件事。机器人行业一直探索的智能抓取解决方案，就是帮助集成商减少这种不必要的工序。“一站式解

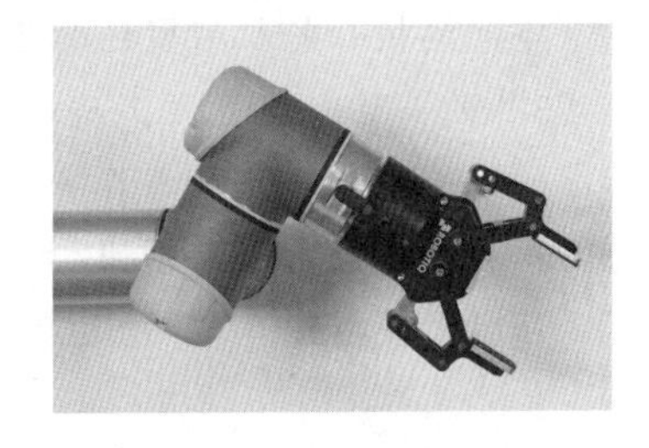
图 5–68 电动末端执行器的应用

决方案”在本质上是完全相同的，就是减少集成商的不必要工作。

但可以看见的是，基于智能化的点位控制和力反馈，电爪已经在一些行业开始取代传统的气爪。未来，随着电爪产品的不断迭代，其对气爪的取代进程将不断加快，谁能先一步培养好渠道商和客户的使用习惯，谁就能先人一步占据优势。

2. 末端执行器的发展趋势

图 5-69　自适应机器人手

人的手非常灵活，能做很多的工作，怎么样才能做一个机器人手来模仿人手的功能？目前既有的末端执行器大多是模仿人手的结构，但仅具备类人型手部的结构，在功能性上难以实现人手具备的多重功能。未来末端执行器将从结构模仿转向功能模仿，考虑重心也转向模仿人手的功能性方面。自适应机器人手可以通过改变抓取物体的模式，从而适应不同尺寸、不同形状的物体，自适应机器人手如图 5-69 所示。

波士顿动力公司已经开发出了一款非常具有灵活性的机器人，可以实现跑步、跳跃，甚至是后空翻，但是如果是想让一个机器人手抓起一根针，进行穿针引线的话，这个工作要比之前的工作更加困难，这也是未来工业机器人末端执行器发展的方向之一。

为了缩短生产周期、提高生产效率、稳定产品质量，全球工业对机器人的需求不断增长；全球人口老龄化不断加深，人口红利逐渐消退，为降低人力成本，工业领域机械化水平不断提高；全球老年人口不断增多、成年人单身比例有所提高，市场对医疗机器人、陪伴机器人等需求不断上升。这些因素将继续拉动机器人市场增长，推动末端执行器行业发展。

拓展阅读

太空出舱 科技护航

2021 年 7 月 4 日 14 时 57 分，经过约 7 小时的出舱活动，“神舟十二号”航天员乘组密切协同，圆满完成出舱活动期间全部既定任务，航天员刘伯明、汤洪波安全返回“天和”核心舱，标志着我国空间站阶段航天员首次出舱活动取得圆满成功。这是继 2008 年“神舟七号”载人飞行任务后，中国航天员再次实施的空间出舱活动，也是空间站阶段中国航天员的首次空间出舱活动。

“走出”航天器，到茫茫太空进行活动，具有高风险、高难度的特点。协助“神舟十二号”航天员成功完成出舱任务，核心舱机械臂不可或缺。为扩大任务触及范围，空间站核心舱机械臂还具备“爬行”功能。由于核心舱机械臂采用了“肩 3+ 肘 1+ 腕 3”的关节配置方案，肩部和腕部关节配置相同，意味着机械臂两端活动功能是一样的。同时肩部与腕部各安装了一个末端执行器。作为机器臂的触手，末端执行器可以对接舱体表面安装的目标适配器，机械臂通过末端执行器与目标适配器对接与分离，同时配合各关节的联合运动，从而实现在舱体上的爬行转移。

——摘自《太空出舱 科技护航》
（光明网，2021 年 7 月 6 日）

任务小结

在人机协作的大趋势下，机器人末端工具也在发生新的变化，市场需要轻量的、柔性的和智能的夹持工具。而工具厂商通过新的材料技术，开始推出越来越多样化的末端执行器产品，包括软体的抓手，结合传感器和人工智能技术的控制，这些抓手越来越接近人手的灵活性，并有广阔的应用场景。机器人市场的放大给末端工具厂商带来了很好的发展机会，使得技术创新能够得到更好的市场验证。随着机器人研究的深入和各方面对机器人需求的巨大增长，机器人的应用领域也在不断地扩大，概念也在不断地拓展，不再局限于搬运、焊接及批量作业的工业环境。个性化的服务，危险环境的作业，深海资源的探索，空间领域的探测等都可能需要机器人的参与，这对于机器人末端执行器的发展又提出了新的要求。

项目总结

机械结构是工业机器人的基本结构。本项目首先介绍了工业机器人的基座、腰部、手臂、腕部等典型机械构成，然后从不同的角度对工业机器人的末端执行器进行了分类，并对拾取工具的类别、工具快换装置的特点和应用、专用末端执行器的工作状态进行了详细阐述，最后讲述了末端执行器的主流厂商，探讨了末端执行器的现状和未来的发展方向。机械结构是工业机器人的承载基础，末端执行器是工业机器人进行任务操作的抓手，工具快换装置是实现工业机器人从共性通用到个性专用的关键。根据不同的工作场合，选择与之相匹配的机器人本体和末端执行器对于工作任务的完成具有十分重要的意义。

项目拓展

一、选择题

1. 机器人本体是工业机器人的机械主体，是完成各种作业的（　）。

A. 执行机构　　B. 控制系统

C. 传输系统　　D. 搬运机构

2. 在气动系统中，把压缩空气的压力转换成机械能，用来驱动不同机械装置的是（　）。

A. 辅助元件　　B. 控制元件

C. 执行元件　　D. 传动元件

3. 工业机器人主要由三大系统组成，分别是（　）、传感系统和控制系统。

A. 软件部分　　B. 机械系统

C. 视觉系统　　D. 电机系统

4. 使用气动夹爪作为工业机器人的末端执行器，夹爪不能正常抓起物体时，无需对（　）进行检修。

A. 电磁铁　　B. 气路控制系统

C. 夹爪执行机构　　D. 气源及气路

5.（　）是指连接在机器人末端法兰盘上的工具。

A. 末端执行器　　B. TCP

C. 工作空间　　D. 奇异位形

6. 机器人的手部也称末端执行器，它是装在机器人的（　）部上，直接抓握工作或执行作业的部件。

A. 臂　　B. 腕

C. 手　　D. 关节

7. 要搬运体积大、重量轻的物料，如冰箱壳体、纸壳箱等，应该优先选用（　）。

A. 机械式气动夹爪

B. 磁力吸盘

C. 真空式吸盘

D. 机械式液动夹爪

8. 工业机器人用吸盘工具拾取物体，是靠（　）把吸附头与物体压在一起，实现物体拾取。

A. 机械手指

B. 电线圈产生的电磁

C. 大气压力

D. 摩擦力

9.（　）是整个机器人系统设计的关键环节，它直接影响工作站的总体布局、机器人型号的选定、末端执行器和变位机的设计等，在进行总体方案设计时应引起足够的重视。

A. 分析作业对象，拟定合理的作业工艺

B. 生产节拍

C. 系统维护

D. 安全规范和标准

10. 气吸式执行器又可分为（　）三类。

A. 真空气吸、喷气式负压气吸、吸气式负压气吸

B. 真空气吸、吸气式负压气吸、挤压排气负压气吸

C. 喷气式负压气吸、吸气式负压气吸、挤压排气负压气吸

D. 真空气吸、喷气式负压气吸、挤压排气负压气吸

二、判断题

1. 工业机器人的机械结构系统主要由末端执行器、手腕、手臂、腰部和基座组成。

(A) 正确　　(B) 错误

2. 真空发生器具有高效、清洁、经济和小型等优点，常用于机械、电子等领域。

(A) 正确　　(B) 错误

3. 机器人的自由度是指工业机器人相对坐标系能够进行独立运动的数目，包括末端执行器的动作，如焊接、喷涂等。

(A) 正确　　(B) 错误

4. 工具快换装置能够让不同的介质，例如气体、电信号、超声等从机器臂连通到末端执行器。

(A) 正确　　(B) 错误

5. 机器人采用工具快换装置可以快速使用 1 个以上的末端执行器，增加柔性。

(A) 正确　　　　　　　(B) 错误

6. 工业机器人系统由四大部分组成：机械系统、驱动系统、控制系统和感知系统。

(A) 正确　　　　　　　(B) 错误

7. 在汽车铸铝件或铸铁件进行铸造取件的应用场合，为简化末端执行器的结构，使其精巧易操作，通常采用电磁吸盘的结构形式。

(A) 正确　　　　　　　(B) 错误

8. 手动更换工业机器人末端执行器时也要注意轻拿轻放，不要与任何东西发生碰撞。

(A) 正确　　　　　　　(B) 错误

9. 末端执行器具有模仿人手动作的功能，并安装于机器人手臂的前端。

(A) 正确　　　　　　　(B) 错误

10. 机器人末端执行器通常包括机械手爪、磁力吸盘、真空式吸盘。

(A) 正确　　　　　　　(B) 错误

三、填空题

1. 机器人上下料驱动方式通常包括机械式末端执行器、液压式末端执行器、气动式末端执行器和____________。

2. 工业机器人机械结构主要由五大部分构成：末端执行器（手部）、腕部、手臂、腰部、基座。每一个部分具有若干的自由度，构成一个____________。

3. 机器人的机座是机器人的基础部分，主要起____________作用。

4. 机器人的基座有两个作用，一个是确定和固定机器人的位置，另一个是支撑整个机器人的重量及工作载荷，因此要求基座必须具有足够的____________、____________和____________。

5. 由于腰部支撑着大臂和小臂上的各运动部件，经常传递转矩，需同时承受____________和____________。

6. 腕部是连接手臂和手部的结构部件，它的主要作用是确定____________的作业方向。

7. 要确定手部的作业方向，一般需要三个自由度，这三个回转方向为：________________、________________和________________。

8. ________________可主动或被动地调整装配体之间的相对位姿，补偿装配误差，以顺利完成装配作业。

9. ________________由吸盘、吸盘架及进排气系统组成，利用吸盘内的压力和大气压之间的________________而工作。

10. 焊接是工业机器人重要的应用领域，焊接的种类非常多，机器人焊接适用于__________、____________、____________等焊接作业

四、简答题

1. 请简述末端执行器的功能和定义。

2. 拾取工具有哪些常见的种类？分别具有什么特点？

3. 什么是工件快换装置？工件快换装置的优点体现在哪些方面？

4. 常见的专用末端执行器包括哪些种类？

5. 末端执行器的主流生产商有哪些？

06

项目 6

工业机器人控制技术

项目概述

工业机器人控制系统类似于人的大脑，是工业机器人的指挥中心，它可以根据不同的作业任务需求，通过采集内部、外部传感器反馈回来的信号，输入既定的程序，对驱动系统和执行机构发出指令信号，完成对工业机器人运动位置、姿态、轨迹、速度、动作顺序、动作时间等的控制，以实现某一特定的功能。

本项目的学习内容主要包括工业机器人控制系统的基本组成、工业机器人控制系统的硬件和软件组成、工业机器人伺服控制系统的组成、伺服电动机、伺服系统的控制类型、伺服驱动器、工业机器人的控制方式以及工业机器人的通信技术。

项目目标

知识目标

1. 理解工业机器人控制系统的基本功能、基本组成、控制系统的特点，掌握工业机器人控制系统的硬件组成和软件组成。
2. 理解工业机器人伺服系统的组成、控制类型以及伺服驱动器的工作原理，掌握驱动机器人关节运动的电动机种类及特点。
3. 掌握工业机器人的点位控制方式、连续轨迹控制方式、速度控制方式、力（力矩）控制方式、示教在线控制方式。
4. 理解工业机器人的主要通信方式，掌握工业机器人 I/O 通信的配置方法。

能力目标

1. 能够结合工业机器人控制系统的基本功能、基本组成，画出工业机器人控制系统的硬件组成结构图，掌握各组成部分的功能。
2. 能够结合工业机器人伺服系统的组成、控制类型以及不同伺服电动机的特点，根据工业机器人的不同应用场景，选择合适的控制类型和电机类型。
3. 能够根据工业机器人应用场景和控制对象的不同，区分工业机器人的控制方式，学会示教再现的控制方式。
4. 能够根据工业机器人实际应用的场景，正确区分工业机器人的通信方式，学会使用 I/O 通信方式对数字输入信号、数字输出信号、模拟输入信号、模拟输出信号进行配置。

素质目标

1. 树立挥洒青春逐梦的内在驱动力，明确成功从来就不是一条坦途的人生态度。
2. 通过通信技术的引领，启发思考交流协作的重要意义。
3. 通过拓展阅读引领，形成转换思路，打开格局破解难题的新方法。

知识导图

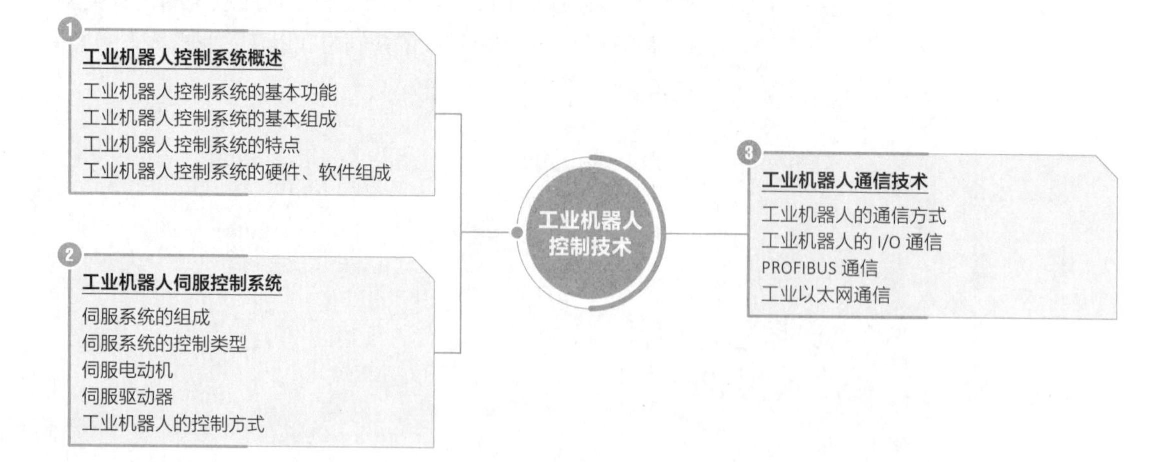

任务 6.1 工业机器人控制系统概述

任务提出

工业机器人控制系统是决定机器人功能和性能的主要因素，在一定程度上制约着机器人技术的发展，它的主要任务就是控制机器人在工作空间中的运动位置、姿态和轨迹、操作顺序及动作的时间等。本任务主要学习以下内容：

（1）工业机器人控制系统的基本功能；

（2）工业机器人控制系统的基本组成及特点；

（3）工业机器人控制系统的硬件结构；

（4）工业机器人控制系统的硬件、软件组成。

任务实施

6.1.1 工业机器人控制系统的基本功能

工业机器人控制系统是机器人的重要组成部分之一，其主要作用是根据操作人员的指令操作，控制机器人的执行结构，以完成特定的工作任务，其基本功能如下。

（1）记忆功能：存储作业顺序、运动路径、运动方式、运动速度和与生产工艺有关的信息。

（2）示教再现功能：通过示教盒或者手把手示教进行示教，将动作顺序、运动速度、位置等信息用一定的方法预先教给工业机器人，由工业机器人的记忆装置将所教的操作过程自动地记录在存储器中，当需要再次操作时，机器人重放存储器中的内容。

（3）与外围设备联系功能：输入和输出接口、通信接口、网络接口、同步接口。

（4）坐标设置功能：包括基础坐标系、世界坐标系、工具坐标系、工件坐标系、用户坐标系等。

（5）人机接口：示教盒、操作面板、显示屏。

（6）传感器检测功能：按其检测信息的位置，可分为内部和外部两类传感器。内部传感器用于检测机器人的自身状态，如位置传感器、速度传感器、加速度传感器、力矩传感器；外部传感器用于检测机器人所处环境、外部物体状态，如接近觉传感器、触觉传感器、力觉传感器、视觉传感器。

（7）位置伺服功能：机器人多轴联动、运动控制、速度和加速度控制、动态补偿等。

（8）故障诊断安全保护功能：运行时系统状态监视、故障状态下的安全保护和故障自诊断。

6.1.2 工业机器人控制系统的基本组成

一般来说，工业机器人由三大系统组成，分别是机械系统、传感系统和控制系统。工业机器人的控制系统主要由以下部分组成，具体如图 6-1 所示。

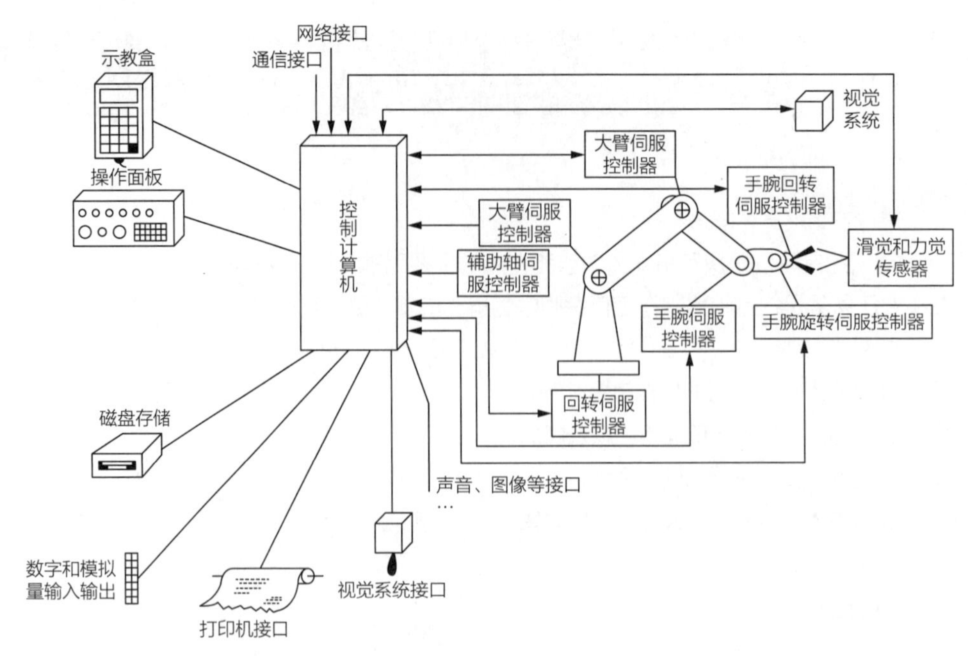

图 6-1　工业机器人控制系统的基本组成

（1）控制计算机：控制系统的调度指挥机构。一般为微型机，微处理器有 32 位、64 位等，如奔腾系列 CPU 以及其他类型 CPU。

（2）示教盒：示教机器人的工作轨迹和参数设定，以及所有人机交互操作，拥有自己独立的 CPU 以及存储单元，与主计算机之间以串行通信方式实现信息交互。

（3）操作面板：由各种操作按键、状态指示灯构成，只完成基本功能操作。

（4）磁盘存储：存储机器人工作程序的外围存储器。

（5）数字和模拟量输入输出：各种状态和控制命令的输入或输出。

（6）打印机接口：记录需要输出的各种信息。

（7）传感器接口：用于信息的自动检测，实现机器人柔顺控制。

（8）伺服控制器：完成机器人各关节位置、速度和加速度控制。

（9）辅助设备控制：用于和机器人配合的辅助设备控制，如手爪变位器等。

（10）通信接口：实现机器人和其他设备的信息交换，一般有串行接口、并行接口等。

（11）网络接口：网络接口可分为两种，一种为以太网（ethernet）接口，可通过以太网实现数台或单台机器人的直接 PC 通信，数据传输速率高达 10 Mbit/s，可直接在 PC 上用 Windows 库函数进行应用程序编程之后，支持 TCP/IP 通信协议，通过以太网（ethernet）接口将数据及程序装入各个机器人的控制器中。另一种为 Fieldbus 接口，支持多种流行的现场总线规格，如 devicenet、AB Remote I/O、InterBus-S、PROFIBUS-DP、M-Net 等。

6.1.3　工业机器人控制系统的特点

工业机器人控制技术是在传统机械系统控制技术的基础上发展起来的，机器人各个关节的运动是独立的，为了实现末端点连续、精确的轨迹运动，需要多关节的协调运动，其控制系统较传统的控制系统要复杂得多，也有许多特殊之处。工业机器人控制系统的基本特点如下。

（1）机器人的控制是与机构运动学和动力学密切相关的。需要在多种坐标下对机器人手足的状态进行描述，根据具体的需要对参考坐标系进行选择，并做适当的坐标变换。经常需要求正向运动学和反向运动学的解，除此之外还需要考虑惯性力、外力（包括重力）和向心力的影响。

（2）工业机器人的控制是一个多变量的控制系统。比较简单的工业机器人也需要 3 ～ 5 个自由度，复杂的机器人则需要十几个甚至几十个自由度。每一个自由度一般都包含一个伺服机构，它们必须协调起来，组成一个多变量控制系统。

（3）机器人控制系统一定是一个计算机控制系统，由计算机来实现多个独立的伺服系统的协调控制和使机器人按照人的意志行动，同时赋予机器人一定的“智能”任务。

（4）由于描述机器人状态和运动的是一个非线性数学模型，随着状态的改变和外力的变化，其参数也随之变化，并且各变量之间还存在耦合。所以，只使用位置闭环是不够的，还必须要采用速度甚至加速度闭环。系统中经常使用重力补偿、前馈、解耦或自适应控制等方法。

（5）由于机器人的动作往往可以通过不同的控制方式和路径来完成，所以存在一个“最优”的问题。对于较高级的机器人可采用人工智能的方法，利用计算机建立庞大的信息库，借助信息库进行控制、决策、管理和操作。根据传感器和模式识别的方法获得对象及环境的工况，按照给定的指标要求，自动地选择最佳的控制规律。

综上所述，机器人的控制系统是一个与运动学和动力学原理密切相关的、有耦合的、非线性的多变量控制系统。因为其具有的特殊性，所以经典控制理论和现代控制理论都不能照搬使用。

6.1.4 工业机器人控制系统的硬件、软件组成

1. 硬件结构

根据主控器（主控计算机）与控制器硬件之间的相互关系，可以将工业机器人控制系统的硬件结构分为以下三种方式。

（1）集中控制系统（centralized control system）：用一台计算机实现全部控制功能，结构简单，成本低，但实时性差，难以扩展，在早期的机器人中常采用这种结构。在基于 PC 的集中控制系统里，充分利用了 PC 资源开放性的特点，可以实现很好的开放性，多种控制卡，传感器设备等都可以通过标准 PCI（外设部件互联标准）插槽或通过标准串口、并口集成到控制系统中。集中控制方式系统框图如图 6-2 所示。集中式控制系统的优点是：硬件成本较低，便于信息的采集和分析，易于实现系统的最优控制，整体性与协调性较好，基于 PC 的系统硬件扩展较为方便。

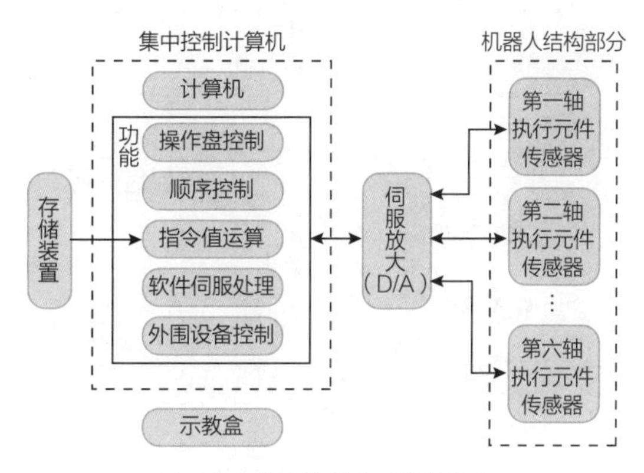

图 6-2 集中控制方式系统框图

其缺点也显而易见：系统控制缺乏灵活性，控制危险容易集中，一旦出现故障，其影响面广，后果严重；由于工业机器人对实时性要求很高，当系统进行大量数据计算时，会降低

系统实时性，系统对多任务的响应能力也会与系统的实时性相冲突；此外，系统连线复杂会降低系统的可靠性与稳定性。

（2）主从控制系统（master-slave control system）：采用主、从两级处理器实现系统的全部控制功能。主 CPU 实现管理、坐标变换、轨迹生成和系统自诊断等；从 CPU 实现所有关节的动作控制。其控制方式系统框图如图 6–3 所示。主从控制方式系统实时性较好，适于高精度、高速度控制，但其系统扩展性较差，维修困难。

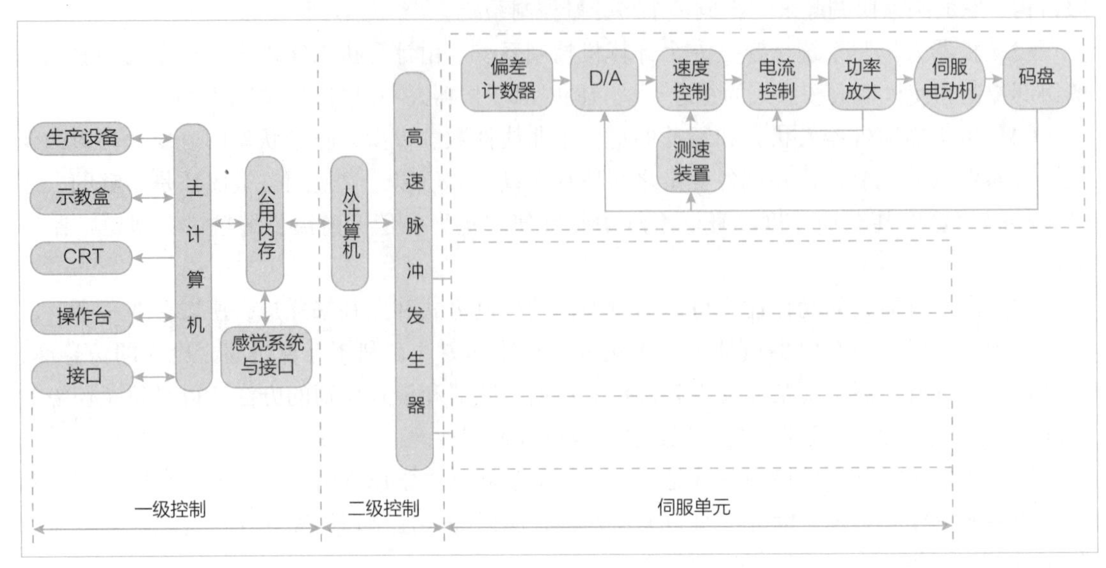

图 6–3　主从控制方式系统框图

（3）分散控制系统（distribute control system）：按系统的性质和方式将系统控制分成几个模块，每一个模块各有不同的控制任务和控制策略，各模式之间可以是主从关系，也可以是平等关系。这种方式实时性好，易于实现高速、高精度控制，易于扩展，可实现智能控制，其控制方式系统框图如图 6–4 所示。

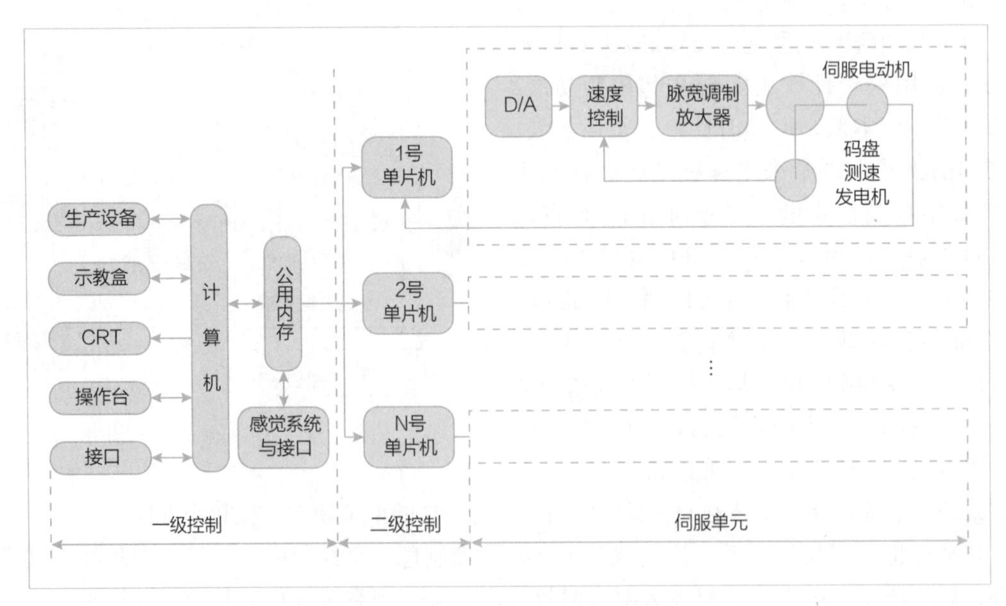

图 6–4　分散控制方式系统框图

分散控制系统的主要思想是“分散控制，集中管理”，即系统对其总体目标和任务可以进行综合协调和分配，并通过子系统的协调工作来完成控制任务，整个系统在功能、逻辑和物理等方面都是分散的，所以DCS系统又称为集散控制系统或分散控制系统。这种结构中，子系统是由控制器和不同被控对象或设备构成的，各个子系统之间通过网络等相互通信。分布式控制结构提供了一个开放、实时、精确的机器人控制系统。分布式系统中常采用两级控制方式。

两级分散控制系统通常由上位机、下位机和网络组成。上位机可以进行不同的轨迹规划和控制算法，下位机进行插补细分、控制优化等的研究和实现。上位机和下位机通过通信总线相互协调工作，这里的通信总线可以是RS-232、RS-485、IEEE-488以及USB总线等形式。现在，以太网和现场总线技术的发展为机器人提供了更快速、稳定、有效的通信服务。尤其是现场总线，它应用于生产现场、在微机化测量控制设备之间实现双向多结点数字通信，从而形成了新型的网络集成式全分布控制系统——总线控制系统（fieldbus control system，FCS）。

分散控制系统的优点在于：系统灵活性好，控制系统的危险性降低，采用多处理器的分散控制，有利于系统功能的并行执行，提高系统的处理效率，缩短响应时间。

2. 硬件组成

分散控制系统是目前流行的工业机器人控制系统硬件结构，通常采用二级计算机控制。

第一级担负系统监控、作业管理和实时插补任务，由于运算工作量大，数据多，所以大都采用16位以上微型计算机或小型机。第一级运算结果作为伺服位置信号，控制第二级。

第二级为各关节的伺服系统，有两种可能方案：采用一台微型计算机控制高速脉冲发生器；使用几个单片机分别控制几个关节运动，如表6-1所示为其硬件基本组成及功能。

表6-1 控制系统的硬件组成及功能

基本组成	功能描述
一级控制	一级控制的上位机一般由个人计算机或小型计算机组成，其功能主要包括人机对话、数学运算、通信功能和数据存储
二级控制	二级控制的下位机一般由单片机或运动控制器组成，其功能主要为接收上位机的关节运动参数信号和传感器的反馈信号，并对其进行比较，然后经过误差放大和各种补偿，最终输出关节运动所需的控制信号
伺服系统	伺服系统的核心是运动控制器，一般由数字信号处理器及其外围部件组成，可以实现高性能的控制计算，同步控制多个运动轴，实现多轴协调运动
传感器	传感器包括内部传感器和外部传感器，内部传感器的主要目的是对自身的运动状态进行检测，即检测机器人各个关节的位移、速度和加速度等运动参数，为机器人的控制提供反馈信号；外部传感器用于工业机器人感知外部的工作环境

3. 机器人控制系统的软件组成

（1）系统软件。

系统软件包括用于个人计算机和小型计算机的操作系统、用于单片机和运动控制器的系统初始化程序等。

（2）应用软件。

应用软件包括用于完成实施动作解释的执行程序，用于运动学、动力学和插补程序的运算软件，用于作业任务程序、编制环境程序的编程软件以及用于实时监视、故障报警等程序的监控软件等。

说明 机器人控制系统对于机器人复杂功能的实现具有至关重要的意义。

拓展阅读

航天强国征程上的青春之歌

飞控任务智能规划，通俗地说，就是用写代码的方式规划在轨航天器和航天员每时每刻在天上要完成的任务。这一岗位被形象地称为规划航天器动作的“先知者”。

博士毕业后，刘传凯选择走进北京航天飞行控制中心，把自己的机器人梦从地面延伸到了太空。“嫦娥三号”任务中，他利用所学知识，圆满完成我国首次月面巡视探测任务的视觉导航，在地面遥控操作“玉兔号”月球车顺利着月，开启我国空间机器人在月球上的第一步。

受限于条件限制，空间机器人在太空或星表环境中还难以自主执行复杂的操作任务。地面遥操作系统，即机器人远程操控系统，就成为地面操作员与空间机器人沟通的桥梁。

刘传凯敏锐地捕捉到这项前沿技术，倾注心血潜心研究。在探月工程、探火工程、空间站等任务中，他主导研究的遥操作技术一次次辅助浩瀚太空中的机器人，上演了一幕幕太空操作大戏：

2018 年“嫦娥四号”任务，实现了对月球车的一键式自动定位和路径规划；

2020 年“嫦娥五号”任务，我国首次月面无人表取采样，实现机械臂操作定位与全程精确引导；

2021 年空间站任务，6 次机械臂操作任务圆满实施。

——摘自《航天强国征程上的青春之歌——记北京航天飞行控制中心青年科技人才群体》（学习强国 / 新华社，2023 年 1 月 30 日）

任务小结

工业机器人控制系统是决定工业机器人功能和性能的主要因素，是工业机器人的核心部分。本任务首先介绍了工业机器人控制系统在完成特定的工作任务时应具备的基本功能；接着介绍了工业机器人控制系统的基本组成及各部分的功能；同时介绍了工业机器人控制系统的特点，工业机器人的控制技术是在传统机械系统控制技术基础上发展起来的，与传统的控制系统相比，工业机器人控制系统有更为复杂的技术特点；最后介绍了工业机器人控制系统的硬件结构（集中控制系统、主从控制系统、分散控制系统）以及系统的硬件和软件组成。

任务 6.2 工业机器人伺服控制系统

任务提出

早期的工业机器人都用液压、气压方式来进行伺服驱动。随着大功率交流伺服驱动技术的发展，目前大部分被电动机驱动方式所代替，只有在少数要求超大输出功率、防爆、低运动精度的场合才考虑使用液压和气压驱动。电动机驱动无环境污染，响应快，精度高，成本低，控制方便。

伺服系统是以变频技术为基础发展起来的产品，是一种以机械位置或角度作为控制对象的自动控制系统。伺服系统除了可以进行速度与转矩控制外，还可以进行精确、快速、稳定的位置控制。本任务的学习内容就是熟悉工业机器人的伺服控制系统，主要有以下内容：

（1）工业机器人伺服控制系统的组成；

（2）工业机器人伺服控制系统的控制类型；

（3）伺服电动机；

（4）伺服驱动器；

（5）工业机器人的控制方式。

任务实施

6.2.1 伺服系统的组成

广义的伺服系统是精确地跟随或复现某个过程的反馈控制系统，又称为随动系统。在很多情况下，伺服系统专指被控制量（系统的输出量），是机械位移或位移速度、加速度的反馈控制系统，其作用是使输出的机械位移（或转角）准确地跟踪输入的位移（或转角）。

狭义伺服系统又称位置随动系统，其被控制量（输出量）是负载机械空间位置的线位移或角位移，当位置给定量（输入量）变化时，系统的主要任务是使输出量快速而准确地复现给定量的变化。

由于伺服系统服务对象很多，如机器人臂部位置控制、手部末端轨迹控制、计算机光盘驱动控制、雷达跟踪系统、进给跟踪系统等，因而对伺服系统的要求也有差别。工程上对伺服系统的技术要求很具体，可以归纳为以下几个方面：对系统稳态性能的要求；对伺服系统动态性能的要求；对系统工作环境条件的要求；对系统制造成本、运行的经济性、标准化程度、能源条件等方面的要求。

虽然因服务对象的运动部件、检测部件以及机械结构等的不同而对伺服系统的要求存在差异，但所有伺服系统的共同点是带动控制对象按照一定规律做机械运动，伺服系统的结构组成和其他形式的反馈控制系统没有原则上的区别。

从自动控制理论的角度来分析，伺服控制系统一般包括比较环节、调节环节、执行环节、被控对象、检测环节五部分。伺服系统组成原理框图如图 6-5 所示。

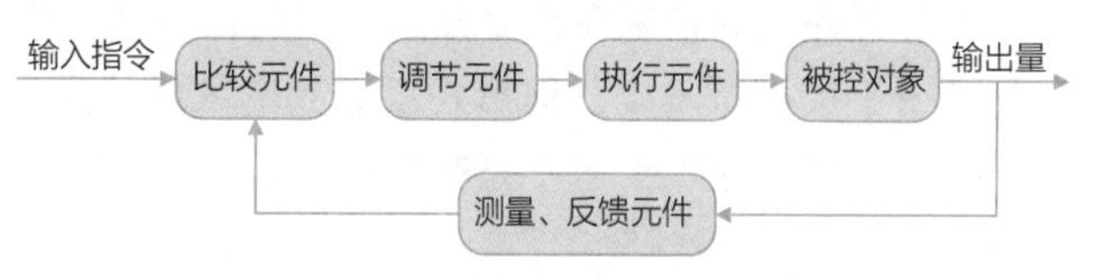

图 6-5 伺服控制系统组成原理框图

1. 比较环节

比较环节将输入的指令信号与系统的反馈信号进行比较，以获得输出与输入间的偏差信号，通常由专门的电路或计算机来实现。

2. 调节环节

调节环节即控制器，通常是计算机或 PID（进程标识符）控制电路，其主要任务是对比较元件输出的偏差信号进行变换处理，以控制执行元件按要求做出动作。

3. 执行环节

执行环节的作用是按控制信号的要求，将输入的各种形式的能量转换成机械能，驱动被控对象工作。

4. 被控对象

被控对象是指被控制的机构或装置，是直接完成系统目的的主体。被控对象一般包括传动系统、执行装置和负载。

5. 检测环节

检测环节是指能够对输出进行测量并转换成比较环节所需要的量纲的装置，一般包括传感器和转换电路。

在实际的伺服控制系统中，上述每个环节在硬件特征上并不独立，可能几个环节在一个硬件中，如测速直流电动机既是执行元件又是检测元件。

6.2.2 伺服系统的控制类型

伺服系统常用的控制类型主要有开环伺服控制、半闭环伺服控制、全闭环伺服控制三种。

1. 开环伺服控制系统

若伺服控制系统没有检测反馈装置则称为开环伺服控制系统。它主要由驱动电路、执行元件和被控对象三部分组成。常用的执行元件是步进电动机，通常以步进电动机作为执行元件的开环系统称为步进式伺服系统。驱动电路的主要任务是将指令脉冲转化为驱动执行元件所需的信号。开环伺服控制系统结构简单，但精度不是很高。

目前，大多数经济型数控机床采用开环伺服控制结构。近年来，老式机床在数控化改造时，工作台的进给系统广泛采用开环伺服控制，这种控制系统的结构简图如图 6-6 所示。数控装置发出脉冲指令，经过脉冲分配和功率放大后，驱动步进电动机和传动件累积误差。因此，开环伺服控制系统的精度低，一般可达到 0.01 mm 左右，且速度也有一定的限制。

图 6-6 开环伺服控制系统结构简图

虽然开环伺服控制在精度方面有不足，但其结构简单、成本低、调整和维修都比较方便。另外，由于被控量不以任何形式反馈到输入端，所以其工作稳定、可靠。因此，开环伺服控制在一些精度、速度要求不是很高的场合，如线切割机、办公自动化设备中还是获得了广泛应用。

2. 半闭环伺服控制系统

通常把安装在电动机轴端的检测元件组成的伺服系统称为半闭环伺服控制系统，由于电动机轴端和被控对象之间存在传动误差，半闭环伺服控制系统的精度要比全闭环伺服控制系统的精度低。如图 6–7 所示是一个半闭环伺服控制系统的结构简图。

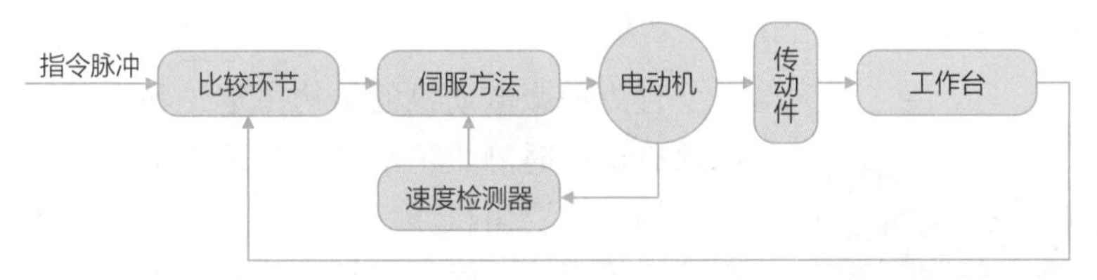

图 6–7 半闭环伺服控制系统结构简图

工作台的位置通过电动机上的传感器或是安装在丝杆轴端的编码器间接获得，它与全闭环伺服系统的区别在于其检测元件位于系统传动链的中间，故称为半闭环伺服控制系统。显然，由于有部分传动链在系统闭环之外，故其定位精度比全闭环伺服控制系统的稍差。但由于测量角位移比测量线位移容易，并可在传动链的任何转动部位进行角位移的测量和反馈，故结构比较简单，调整、维护也比较方便。

由于将惯性质量很大的工作台排除在闭环之外，这种系统调试较容易，稳定性好，具有较高的性价比，被广泛应用于各种机电一体化设备。

3. 全闭环伺服系统

如图 6–8 所示是一个全闭环伺服系统结构简图，安装在工作台上的位置检测器可以是直线感应同步器或长光栅，它可将工作台的直线位移转换成电信号，并在比较环节与指令脉冲相比较，所得到的偏差值经过放大，从而控制伺服电动机驱动工作台向偏差减小的方向移动。若数控装置中的脉冲指令不断地产生，工作台就不断随之移动，直到偏差等于零为止。

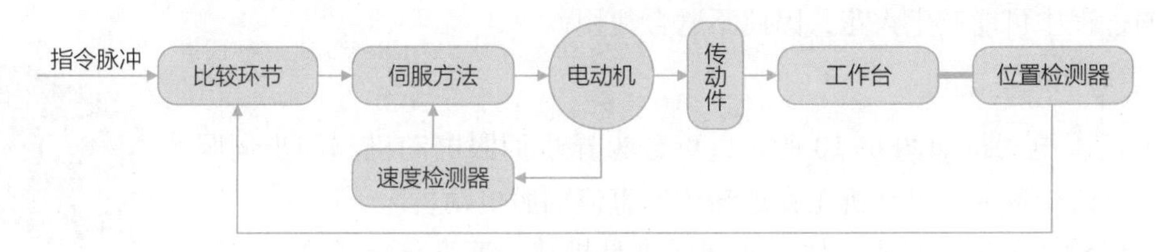

图 6–8 全闭环伺服系统结构简图

全闭环伺服系统将位置检测器件直接安装在工作台上，从而可获得工作台实际位置的精确信息，定位精度可以达到亚微米级。从理论上讲，其精度主要取决于检测反馈部件的误差，而与放大器、传动装置没有直接的联系，是实现高精度位置控制的一种理想的控制方案。但实现起来难度很大，机械传动链的惯量、间隙、摩擦、刚性等非线性因素都会给伺服系统造成影响，从而使系统的控制和调试变得异常复杂，增加制造成本。因此，全闭环伺服系统主要用于高精密和大型的机电一体化设备。

6.2.3 伺服电动机

工业机器人伺服系统的发展和伺服电动机的发展密切相关。伺服电动机是指在伺服系统中控制机械元件运转的发动机，是一种辅助马达间接变速装置。伺服电动机可使速度控制、位置精度非常准确，可以将电压信号转化为转矩和转速以驱动控制对象。在自动控制系统中，伺服电动机用作执行元件，把所收到的电信号转换成电动机轴上的角位移或角速度输出。它分为直流和交流伺服电动机两大类，常用的电动机有直流伺服电动机、交流伺服电动机以及步进电动机。对伺服电动机除了要求运转平稳以外，一般还要求动态性能好，适合于频繁使用，便于维修。下面概括性地讲述它们各自的机械结构、工作原理以及工作特点。

1. 直流伺服电动机

图 6-9　直流伺服电动机

直流伺服电动机的结构由定子和转子组成。直流伺服电动机运行时静止不动的部分称为定子，其主要作用是产生磁场，主要由机座、主磁极、换向极、端盖、轴承和电刷装置等组成。运行时转动的部分称为转子，主要作用是产生电磁转矩和感应电动势，是直流伺服电动机进行能量转换的枢纽，所以通常称为电枢，由转轴、电枢铁心、电枢绕组和换向器等组成。直流伺服电动机如图 6-9 所示。

直流伺服电动机的转速和转矩可通过改变电压或电流进行控制。PWM（脉冲宽度调制）控制是利用脉宽调制器对大功率晶体管开关放大器的开关时间进行控制，将直流电压转换成某频率的矩形波电压，加到直流伺服电动机的电枢两端，通过对矩形波脉冲宽度的控制，改变电枢两端的平均电压以达到调节电动机转速的目的。正因为直流伺服电动机的转动是连续且平滑的，因此要实现精确的位置控制，必须加入某种形式的位置反馈，构成闭环伺服系统。

直流伺服电动机的优点：调速方便（可无级调速），调速范围广，调速特性平滑，低速性能好（启动转矩大，启动电流小），运行平稳，转矩和转速容易控制，过载能力较强，启动和反转方便。

直流伺服电动机的缺点：存在换向器，制造复杂，价格较高，换向器需经常维护，电刷极易磨损，必须经常更换，噪声比交流伺服电动机大。在一些具有可燃性气体的场合，由于电刷换向过程中可能产生火花，因此不适合使用。

2. 交流伺服电动机

图 6-10　交流伺服电动机

交流伺服电动机如图 6-10 所示，可分为异步伺服电动机和同步伺服电动机，目前交流伺服电动机正在逐渐代替直流伺服电动机。

同步电动机的定子是永磁体，所谓同步是指转子速度与定子磁场速度相同。同步电动机主要应用在要求响应速度快、中等速度以下的工业机器人领域。

异步电动机：所谓异步是指转子磁场和定子间存在速度差（不是角度差）。转子和定子上都有绕组，转子惯量很小，响应速度很快。异步电动机主要应用在中等功率以上的伺服系统。交流伺服电动机的结构主要可分为两部分，即定子部分和转子部分。

交流伺服电动机无电刷和换向器，无产生火花的危险，比直流伺服电动机的驱动电路复杂、价格高。交流伺服电动机正得到越来越广泛的应用，大有取代直流伺服电动机之势。交流伺服电动机除了能克服直流伺服电动机的缺点外，还具有转子惯量小，动态响应好，能在较宽的速度范围内保持理想的转矩，结构简单，运行可靠等优点。一般同样体积下，交流伺服电动机的输出功率可比直流伺服电动机高出 10% ～ 70%。另外，交流伺服电动机的容量可做得比直流伺服电动机大，可以达到更高的转速和电压。目前在机器人系统中，90% 的系统采用交流伺服电动机。

3. 步进电动机

对于小型机器人或点位式控制机器人而言，其位置精度和负载转矩较小，有时可采用步进电动机驱动。这种电动机能在电脉冲控制下以很小的步距增量运动。打印机和磁盘驱动器常用步进电动机实现打印头和磁头的定位。在小型机器人上，有时也用步进电动机作为主驱动电动机。步进电动机可以借助编码器或电位器提供精确的位置反馈，所以步进电动机也可用于闭环控制。

步进电动机按励磁方式分为永磁式、反应式和混合式三种。混合式具备永磁式和反应式的优点，混合式步进电动机的应用较为广泛。

（1）步进电动机的特点。

当步进驱动器接收到一个脉冲信号时，它就驱动步进电动机按设定的方向转动一个固定的角度（称为步距角），它的旋转是以固定的角度一步步运行的。步进电动机可以通过控制脉冲个数来控制角位移量，从而达到准确定位的目的，同时可以通过控制脉冲频率来控制电动机转动的速度和加速度，一般步进电动机的精度为步距角的 3% ～ 5%，且不会累积。

（2）步进电动机的优点。

①输出角度精度高，无积累误差，惯性小。步进电动机的输出精度主要由步距角来反映，目前步距角一般可以做到 0.002° ～ 0.005°，甚至更小。步进电动机的实际步距角与理论步距角总存在一定的误差，这误差在电动机旋转一周的时间内会逐步积累，但当电动机旋转一周后，其转轴又回到初始位置，使误差归零。

②输入和输出呈严格线性关系。输出角度不受电压、电流及波形等因素的影响，仅取决于输入脉冲数的多少。

③容易实现位置、速度控制，起、停及正、反转控制方便。步进电动机的位置（输出角度）由输入脉冲数确定，其转速由输入脉冲的频率决定，正、反转（转向）由脉冲输入的顺序决定，而脉冲数、脉冲频率、脉冲顺序都可方便地由计算机输出控制。

④输出信号为数字信号，可以与计算机直接通信。

⑤结构简单，使用方便，可靠性好，寿命长。

6.2.4 伺服驱动器

伺服系统通常由伺服电动机、编码器和伺服驱动器组成。除了驱动部分以外，还包括操作软件、控制部分、检测元件、电动机、传动机构和机械本体，各部件协调完成特定的运动轨迹或工作任务。伺服驱动器是伺服系统的重要组成部分，由两部分组成：驱动器硬件和控制算法。驱动器硬件主要包括电源模块、核心控制器、功率器件、传感器检测装置；其中电源模块用于给驱动器的核心控制器、功率器件的驱动电路、传感器等低压装置提供电源；核心控制器以数字信号处理器为主，如 TI 公司生产的高性能 TMS320C28x 系列 32 位浮点 DSP 处理器可以实现比较复杂的控制算法，实现数字化、网络化和智能化处理；功率器件用于整流电路和逆变电路，如三相全桥整流电路、三相全桥逆变电路，目前普遍采用以智能功率模块（IPM）为核心设计的驱动电路，IPM 内部集成了驱动电路，同时具有过电压、过电流、过热、欠压等故障检测保护电路；传感器检测装置用于检测电流、电机速度和位置，可以采用电流传感器、编码器、速度传感器等。控制算法是决定交流伺服系统性能好坏的关键技术之一，也是整个交流伺服系统的核心，可实现系统的位置控制、速度控制、转矩和电流控制。

交流伺服系统具有电流反馈、速度反馈和位置反馈的三闭环结构形式，工作原理如图6-11所示，其中电流环和速度环为内环（局部环），位置环为外环（主环）。电流环的作用是使电动机绕组电流实时、准确地跟踪电流指令信号，限制电枢电流在动态过程中不超过最大值，使系统具有足够大的加速转矩，让系统更加快速。速度环的作用是增强系统抗负载扰动的能力，抑制速度波动，实现稳态无静差。位置环的作用是保证系统静态精度和动态跟踪的性能，这直接关系到交流伺服系统的稳定性和能否高性能运行，是设计的关键所在。

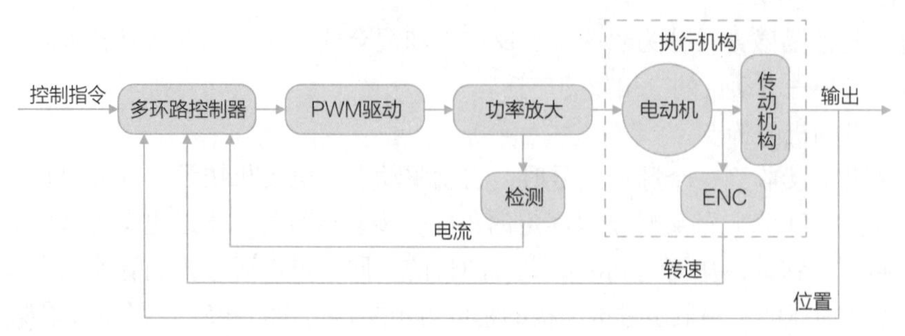

图 6-11　交流伺服系统工作原理图

当传感器检测的是输出轴的速度、位置时，系统称为半闭环系统；当检测的是负载的速度、位置时，系统称为闭环系统；当同时检测输出轴和负载的速度、位置时，称为多重反馈闭环系统。

6.2.5　工业机器人的控制方式

目前市场上使用较多的机器人当属工业机器人，它也是较成熟完善的一种机器人，而工业机器人能得到广泛应用，得益于它拥有多种控制方式，按作业任务的不同，可主要分为点位控制方式、连续轨迹控制方式、速度控制方式、力（力矩）控制方式、示教再现控制方式和智能控制方式，以下详细说明这几种控制方式的功能要点。

1. 点位控制方式

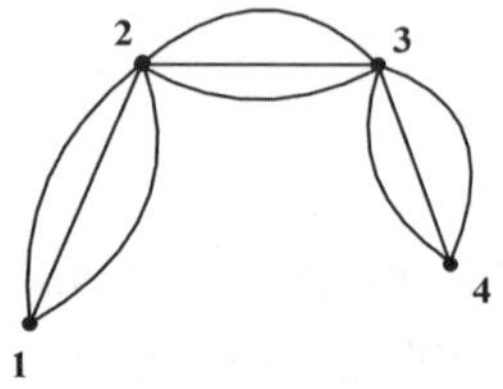

点位控制方式（PTP）只对工业机器人末端执行器在作业空间中某些规定的离散点上的位姿进行控制。在控制时，只要求工业机器人能够快速、准确地在相邻各点之间运动，对达到目标点的运动轨迹则不作任何规定，如图6-12所示。定位精度和运动所需的时间是这种控制方式的两个主要技术指标。这种控制方式具有实现容易、定位精度要求不高的特点，因此常被应用在上下料、搬运、点焊和在电路板上安插元件等只要求目标点处保持末端执行器位姿准确的作业中。这种方式比较简单，但是要达到2～3 μm的定位精度是相当困难的。

图 6-12　PTP 控制方式

2. 连续轨迹控制方式

连续轨迹控制方式（CP）是对工业机器人末端执行器在作业空间中的位姿进行连续的控制，要求其严格按照预定的轨迹和速度在一定的精度范围内运动，而且速度可控、轨迹光滑、运动平稳，如图6-13所示。它的具体控制方式是将机器人的运动轨迹分解成插补点

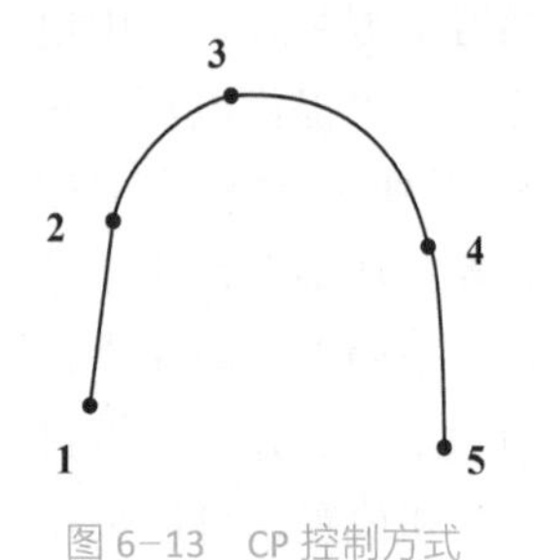

图 6-13　CP 控制方式

序列，然后在这些点之间依次进行 PTP 控制，点与点之间的轨迹通常采用直线、圆弧或其他曲线进行插补。由于要在各个插补点上进行连续的 PTP 控制，所以可能会在运动过程中发生抖动。工业机器人各关节连续、同步地进行相应的运动，其末端执行器即可形成连续的轨迹。

这种控制方式的主要技术指标是工业机器人末端执行器位姿的轨迹跟踪精度及平稳性，通常弧焊、喷漆、去毛边和检测作业机器人都采用这种控制方式。

3. 速度控制方式

工业机器人在进行位置控制的同时，有时候还需要进行速度控制，使机器人按照给定的指令控制运动部件的速度，实现加速、减速等一系列转换，以满足运动平稳，定位准确等要求。为了实现这一要求，机器人的行程要遵循一定的速度变化曲线。机器人行程的速度－时间曲线如图 6-14 所示。

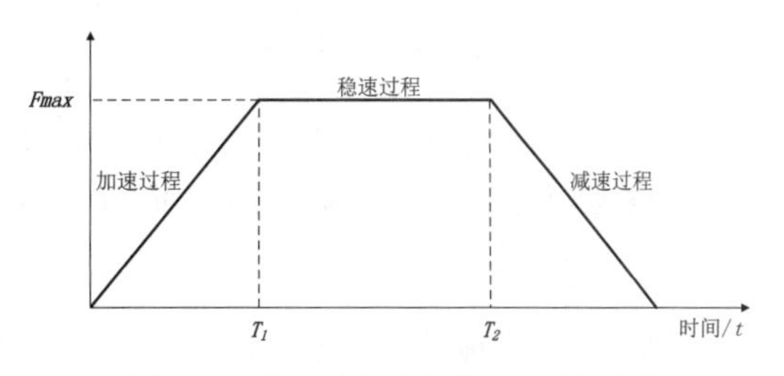

图 6-14 机器人行程的速度－时间曲线

4. 力（力矩）控制方式

图 6-15 工业机器人打磨作业

在进行装配、加工、抛光、抓取物体等工作时，要求机器人手与作业对象接触，除了要求准确定位之外，还要求所使用的力（力矩）必须合适，这时必须使用力（力矩）控制方式，如图 6-15 所示为工业机器人进行打磨作业。这种控制方式的原理与位置伺服控制原理基本相同，只不过输入量和反馈量不是位置信号，而是力（力矩）信号，所以该系统中必须有力（力矩）传感器。

5. 示教再现控制方式

示教再现（teaching playback）控制是工业机器人的一种主流控制方式。为了让工业机器人完成某种作业，首先由操作者对机器人进行示教，即教机器人如何去做。在示教过程中，机器人将作业时的运动顺序、位置、速度等信息存储起来，在执行生产任务时，机器人可以根据这些存储的信息再现示教的动作。

示教分为直接示教和间接示教两种，具体介绍如下。

（1）直接示教。

直接示教方式是操作者使用安装在工业机器人手臂末端的操作杆，按给定运动顺序示教动作内容，机器人自动把作业时的运动顺序、位置和时间等数值记录在存储器中，生产时再依次读出存储的信息，重复示教的动作过程。采用这种方法通常只能对位置和作业指令进行示教，而运动速度需要通过其他方法来确定，手动直接示教如图 6-16 所示。

图 6-16 手动直接示教

（2）间接示教。

间接示教方式是采用示教器进行示教。操作者先通过示教器上的按键操纵完成空间作业轨迹点及有关速度等信息的示教，然后通过操作盘用机器人语言进行用户工作程序的编辑，并存储在示教数据区。再现时，控制系统自动逐条取出示教命令与位置数据进行解读、运算

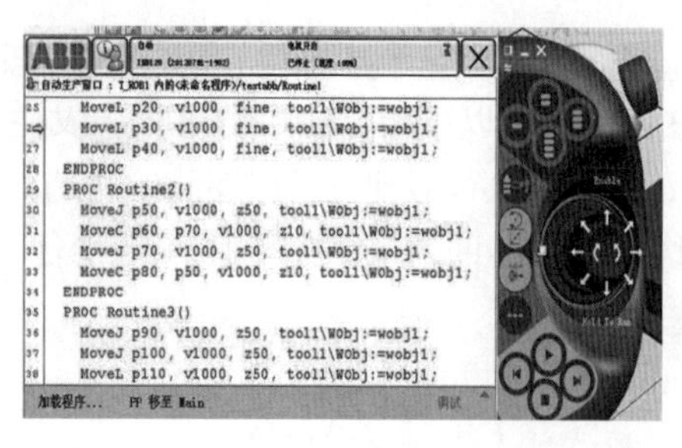

图 6-17　示教器间接示教

并作出判断，将各种控制信号传送到相应的驱动系统或端口，使机器人忠实地再现示教动作。示教器间接示教如图 6-17 所示。

采用示教再现控制方式时不要进行矩阵的逆变换，其中也不存在绝对位置控制精度的问题。该方式是一种适用性很强的控制方式，但是需由操作者进行手工示教，要花费大量的精力和时间。特别是在因产品变更导致生产线变化时，要进行的示教工作十分繁重。现在人们通常采用离线示教（off-line teaching），即脱离实际作业环境生成示教数据，间接地对机器人进行示教，而不用面对实际作业的机器人直接进行示教。

6. 智能控制方式

机器人的智能控制是通过传感器获得周围环境的知识，并根据自身内部的知识库做出相应的决策，如图 6-18 所示。采用智能控制技术可以使机器人具有较强的环境适应性及自学习能力。智能控制技术的发展有赖于近年来人工神经网络、遗传算法、模糊控制、自适应控制、最优控制、专家系统等人工智能的迅速发展。这种控制方式可以使工业机器人真正实现“人工智能”，不过该方式也最难控制，除了算法外，也严重依赖于元件的精度。

图 6-18　机器人智能控制

任务小结

伺服控制系统是工业机器人控制系统重要组成部分。本任务首先介绍了伺服控制系统的组成，包括调节环节、被控对象、执行环节、检测环节、比较环节五个部分；接着介绍了三种不同控制类型的伺服控制系统（开环、半闭环、全闭环系统）；同时介绍了伺服驱动器的基本工作原理以及三种不同伺服电动机（直流伺服电动机、交流伺服电动机、步进电动机）的特点及差异，为伺服电动机的选型提供理论参考依据；最后按作业任务和控制对象的不同，介绍了工业机器人的六种控制方式，分别是点位控制方式、连续轨迹控制方式、速度控制方式、力（力矩）控制方式、示教再现控制方式和智能控制方式。

任务 6.3　工业机器人通信技术

任务提出

一般而言，“通信”是指人与人之间传达思想的手段。计算机中的“通信”则是指人与设备或设备与设备之间的信息交换。能够进行通信的设备都具有一定的信息处理能力，例如在互联网中，世界各地的计算机通过网络运营商连接在一起并进行信息交换的过程就是数据通信。一个车间的所有机器人将各自的运行信息传达给工业控制机，再由工业控制机下达控制指令，这也是一种数据通信。

对于工业机器人，一般会关注两个方面：其运动性能直接决定了机器人是否能够用于特定的工艺，比如精度和速度，而工业机器人的通信方式则直接决定了机器人能否集成到系统中以及控制的复杂度。随着控制系统实时性要求的不断提高，通信技术也将成为工业机器人技术发展的一个重要方向。本任务将对工业机器人常见的通信方式做介绍，主要内容如下：

（1）工业机器人的通信方式；

（2）工业机器人的 I/O 通信；

（3）PROFIBUS 通信；

（4）工业以太网通信。

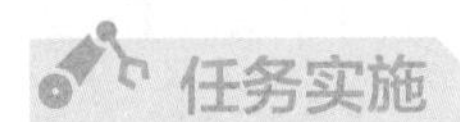

6.3.1 工业机器人的通信方式

通信，简单来说就是交流、交互信息，是运用 I/O 接线、现场总线、工业以太网进行信息交互的总称。其核心理念是交互信息，通信使设备与设备之间、设备与人之间的信息交互变得更加智能、快速、高效和稳定。下面对工业机器人常见的三种通信方式进行介绍。

1. I/O 接线

I/O 是 Input/Ouput 的缩写，即输入输出端口。每个设备都会有一个专用的 I/O 地址，用来处理自己的输入输出信息。基本上每一台设备都会有自己的输入输出端口与其他设备进行信号交互。工业机器人或 PLC 要实现相关的控制功能，就要有相应的输入输出部件与电气元件，如按钮、行程开关、接近开关、传感器、电磁阀等要按照电气控制回路进行连接，配合程序，相互协作，共同完成自动运行的要求。

一般情况下，数字量输入输出都是 DC 24 V（直流电压 24 V）类型的。例如 ABB 工业机器人的 DSQC652 板卡，具有 16 进 16 出的数字量信号，在 ABB 工业机器人中表现为 0 和 1 两种状态。

2. 现场总线

国际电工委员会（IEC）对现场总线（field bus）的定义为：现场总线是一种应用于工业生产现场，在现场设备与自动控制装置之间实行双向、串行、多节点数字通信的技术。那么，现场总线是怎么来的呢？

现场总线是 20 世纪 80 年代随着当时的社会发展而出现的一种技术，目的是解决自动设备装置之间的信号交互问题。当时需要花费大量的线缆进行设备之间的连接，不仅生产成本高，还导致售后维护困难。这为现场总线的出现打下了基础。随着社会的发展，人们提出了更高的控制要求，当时急需一门新的技术为自动设备进行升级改造。现场总线的概念最早在欧洲提出，随后全球各国开始了对它的研发，直到今天，活跃在世界上的现场总线已经多达几十种，为全球各地的自动化生产设备的交互提供了有力的支持。目前，广泛应用的现场总线有 PROFIBUS、CC-Link、Modbus、DeviceNet、CAN 等。

3. 工业以太网

随着社会进入到互联网时代，以太网技术得到了广泛的应用，其发展前景不可估量。互联网的便利，不仅改变了人们的生活，也改变了工业自动化的发展。由于互联网有着传输速度快、兼容性好、耗能低、易于安装、技术成熟、协议开放等优势，人们把它用在了工业自动化领域，这也是工业自动化发展的必然要求。

当下的互联网技术使远程监控、远程协作成为现实。开放的协议，让不同的厂商可以轻易实现开发、互联。可以说，以太网技术已经是当今发展的重要领域。目前，应用广泛的工业以太网协议有 Modbus TCP、Profinet、Ehernet/IP、Socket、EtherCAT 等。

6.3.2 工业机器人的 I/O 通信

1. 工业机器人 I/O 通信

工业机器人拥有丰富的 I/O 通信接口，可以轻松地与周边设备进行通信，下面以 ABB 工业机器人为例进行工业机器人的 I/O 通信介绍。

ABB 机器人提供了丰富 I/O 通信接口，常见的通信方式有 ABB 的标准通信、PLC 的现场总线通信、PC 机的数据通信，ABB 常见通信方式如表 6–2 所示。

表 6–2 ABB 常见通信方式

PC	现场总线	ABB 标准
RS232 通信 PCO Server Socket Message	Device Net Profibus Profibus-DP Profinet InterNet IP	标准 I/O 板 PLC

ABB 机器人的标准 I/O 板提供的常用信号处理有数字量输入、数字量输出、组输入、组输出、模拟量输入、模拟量输出。ABB 机器人可以选配标准 ABB 的 PLC，省去了原来与外部 PLC 进行通信设置的麻烦，并且在机器人的示教器上就能实现与 PLC 的相关操作。

2. ABB 标准 I/O 板

不同的机器人厂商选用的标准 I/O 模块在功能上大同小异，但选型上有所不同，ABB 机器人常用的标准 I/O 板有 DSQC 651、DSQC 652、DSQC 653、DSQC 355A、DSQC 377A 五种，如表 6–3 所示。除分配地址不同外，它们的配置方法基本相同。

表 6–3 ABB 标准 I/O 板

型号	说明
DSQC 651	分布式 I/O 模块 di8/do8 ao2
DSQC 652	分布式 I/O 模块 di16/do16
DSQC 653	分布式 I/O 模块 di8/do8 带继电器
DSQC 355A	分布式 I/O 模块 ai4/ao4
DSQC 377A	输送链跟踪单元

ABB 标准 I/O 板 DSQC 652 是常用的模块，如图 6–19 所示。DSQC 652 是一款 16 个数

字量输入和 16 个数字量输出的 IO 信号板，其中 X1 端子和 X2 端子是数字量输出端子，X3 端子和 X4 端子是数字量输入端子。每个接线端子有 10 个接线柱，对于信号输出端子 X1 和 X2 而言，1 ～ 8 号为输出通道，9 号为 0 V，10 号为 24 V+；对于信号输入端子 X3 和 X4 而言，1 ～ 8 号为输入通道，9 号为 0 V，10 号未使用。X3 端子的说明如表 6-4 所示。

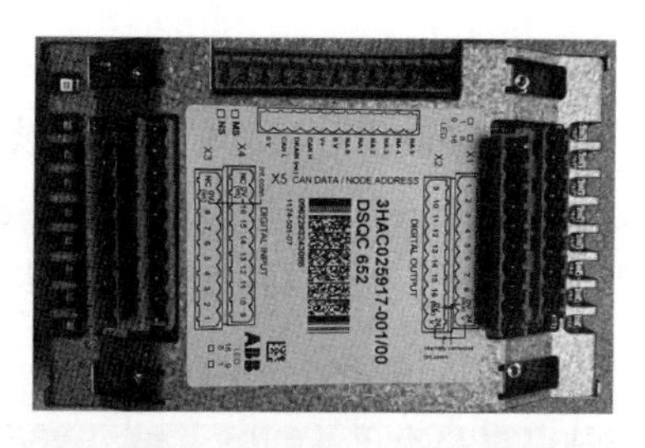
图 6-19　ABB 标准 I/O 板 DSQC 652

表 6-4　X3 端子说明

X3 端子编号	功能	名称	分配地址
1	input	CH1	0
2	input	CH2	1
3	input	CH3	2
4	input	CH4	3
5	input	CH5	4
6	input	CH6	5
7	input	CH7	6
8	input	CH8	7
9	GND	0 V	
10	NC	NC	

下面以 DSQC 652 模块来介绍数字输入信号 DI 的配置。

3. I/O 信号的配置过程

ABB 标准 I/O 板硬件连接完成后，需要对信号进行一系列设置后才能在软件中使用，设置的过程称为 I/O 配置。配置过程主要分为两步，第一步将 I/O 板挂载到 DeviceNet 总线上，第二步是映射对应的 I/O 信号。

（1）挂载 I/O 板。

机器人系统中的 I/O 板均有唯一的地址，在添加过程中有两个参数必须进行设置，分别是 I/O 板的“name”以及 I/O 板的“address”。具体操作步骤如表 6-5 所示。

表 6-5　挂载 I/O 板操作步骤

步骤	操作说明
1	在 ABB 菜单上，单击“控制面板”(control panel) 按钮，然后单击“配置”(configuration) 按钮
2	在“配置”(configuration) 界面中单击“DeviceNet Device”按钮后，单击“Add”(添加) 按钮
3	设定 I/O 板在系统中的名字：选择使用来自模板的值，单击“<默认>”下拉箭头图标中的“DSQC 652”按钮，此时参数“name”名称变为“d652”
4	设定 I/O 板在总线中的地址：将参数“Address”地址设置为出厂地址 10
5	单击“OK”(确定) 按钮保存
6	单击“NO”(否) 按钮确认是否现在重新启动以便让所作的更改生效

（2）映射 I/O 信号。

数字量信号可以根据需要映射为单个信号或者组信号，在配置时需要设置以下四个参数：名称（name）、信号类型（type of signal）、关联设备（assigned to device）、设备映射（device mapping）。映射 I/O 信号操作步骤如表 6–6 所示。

表 6–6　映射 I/O 信号操作步骤

步骤	操作说明
1	在 ABB 菜单上，单击“控制面板”(control panel) 按钮，然后单击“配置”(configuration) 按钮
2	在“配置”(configuration) 按钮界面中单击“Signal”按钮后，单击“添加”(Add) 按钮
3	设定数字输入信号的名称：双击参数“name”按钮，将“tmp0”设置为“di1”
4	设定信号的类型：双击“Type of Signal”按钮选择“Digital Input”选项
5	设定信号关联的设备（模块）：双击“Assigned to Device”按钮选择“d652”选项
4	设定信号的映射地址：双击“Device Mapping”按钮，将值设为“0”
5	单击“OK”(确定) 按钮保存
6	单击“YES”(是) 按钮确认是否现在重新启动以便让所作的更改生效

在热启动控制器之前，I/O 变量的更改不会生效，要使 I/O 变量生效，需要重新启动控制器。

6.3.3　PROFIBUS 通信

PROFIBUS 是一个用在自动化技术的现场总线标准，在 1987 年由德国西门子公司等十四家公司及五个研究机构所制定，PROFIBUS 是程序总线网络（process field bus）的简称。PROFIBUS 和用在工业以太网的 PROFIBUS 是两种不同的通信协议。

作为众多现场总线家族的成员之一，PROFIBUS 是在欧洲工业界得到较为广泛应用的一个现场总线标准，也是目前国际上通用的现场总线标准之一。PROFIBUS 是属于单元级、现场级的 SIMITAC 网络，适用于传输中、小量的数据。其开放性可以允许众多的厂商开发各自的符合 PROFIBUS 协议的产品，这些产品可以连接在同一个 PROFIBUS 网络上。PROFIBUS 是一种电气网络，物理传输介质可以是屏蔽双绞线、光纤，也可以以无线方式传输。

1. PROFIBUS 的分类

PROFIBUS 分为 PROFIBUS-DP、PROFIBUS-PA、PROFIBUS-FMS 三类。

（1）PROFIBUS-DP。

在工厂自动化的应用中，PROFIBUS-DP 用于传感器和执行器的高级数据传输，它以 DIN19245 的第一部分为例，根据其所需要达到的目标对通信功能加以扩充，DP 的传输速率为 12 Mbits，一般构成一主多从的系统，主站和从站之间采用循环数据传输的方式进行工作。它的设计旨在用于设备一级的高级数据传输。在这一级别，中央处理器通过高速串行线与分散的现场设备进行通信，采用轮询循环的形式进行数据的传输。PROFIBUS-DP 也是目前这 3 类中用得最多的，典型的 PROFIBUS–DP 系统如图 6–20 所示。

（2）PROFIBUS-PA。

PROFIBUS-PA 是 PROFIBUS 的过程自动化解决方案，PROFIBUS-PA 将自动化系统和过程控制系统与现场设备，如压力温度和液位变送器等连接起来，代替了 4 ～ 20 mA 模拟信号传输技术，在现场设备的规划、电缆敷设、调试、投入运行和维修等方面可节约 40% 以上成本，并大大提高了系统功能和安全可靠性，因此 PA 尤其适用于石油、化工、冶金等行业的过程自动化控制系统。典型的 PROFIBUS-PA 系统如图 6-21 所示。

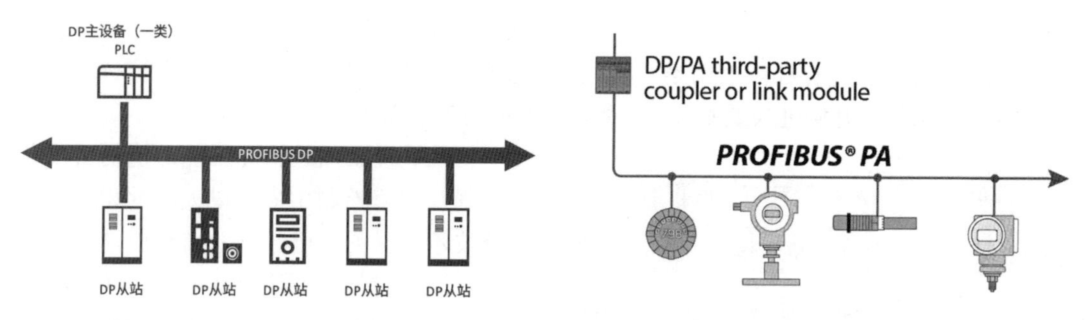

图 6-20　典型的 PROFIBUS-DP 系统

图 6-21　典型的 PROFIBUS-PA 系统

（3）PROFIBUS-FMS。

PROFIBUS-FMS 的设计旨在解决车间一级通用性信息任务，FMS 提供大量的通信服务，用以完成以中等传输速率进行的循环和非循环的通信任务。由于它是用于完成控制器和智能现场设备之间的通信，以及控制器之间的信息交换，因此，它考虑的主要是系统的功能，而不是系统的响应时间，应用过程通常要求的是随机的信息交换（如改变设定参数等）。强有力的 EMS 服务向人们提供了广泛的应用范围和更大的灵活性，可用于大范围和复杂的通信系统。在后来，PROFIBUS 与以太网结合，产生了 Profinet 技术，取代了 PROFIBUS-FMS 的位置。典型的 PROFIBUS-FMS 系统如图 6-22 所示。

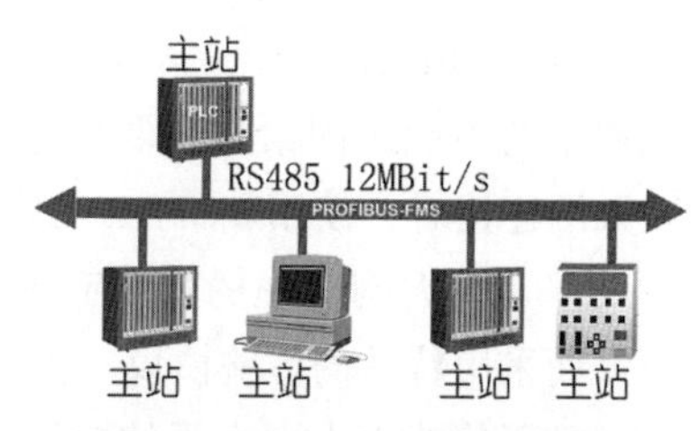

图 6-22　典型的 PROFIBUS-FMS 系统

2. PROFIBUS 的控制系统

PROFIBUS 支持主从系统、纯主站系统、多主多从混合系统等几种传输方式。主站具有对总线的控制权，可主动发送信息。对多主站系统来说，主站之间采用令牌方式传递信息，得到令牌的站点可在一个事先规定的时间内拥有总线控制权，并事先规定好令牌在各主站中循环一周的最长时间。按 PROFIBUS 的通信规范，令牌在主站之间按地址编号顺序，沿上行方向传递。主站在得到控制权时，可以按主从方式向从站发送或索要信息，实现点对点通信。主站可以对所有站点广播（不要求应答），或有选择性地向一组站点广播。

PROFIBUS 具有如下技术特点。

（1）信号线可用设备电源线。

（2）每条总线区段可连接 32 台设备，不同区段用中继器连接。

（3）传输速率可在 9.6 KB/s ～ 12 MB/s 间选择。

（4）传输介质可以使用金属双绞线或光纤。

（5）提供通用的功能模块管理规范。

（6）在一定范围内可实现相互操作。

（7）提供系统通信管理软件（包括波形识别、速率识别和协议识别等功能）。

（8）提供 244 字节报文格式，提供通信接口的故障安全模式（当 I/O 故障时，输出全为零）。

6.3.4 工业以太网通信

传统的现场总线通信技术是安装在制造和过程区域的现场装置与自动化控制装置之间的数字串行多点通信技术。自 IEC 在 1984 年提出制定现场总线技术标准后，经过几十年的发展，各国企业和研究机构制订了几十种现场总线标准。由于各自的利益冲突等原因，传统的现场总线技术还没有形成统一的国际标准，且不同总线技术的通信协议存在很大的差异，使得不同总线产品的互连存在很大困难，同时与上层管理信息系统的通信协议不兼容，难于集成。这时以太网技术开始进入工业自动化领域，并称为工业以太网。

图 6–23　工业以太网通信方式

工业以太网是指在工业环境的自动化控制及过程控制中应用以太网的相关组件及技术。目前，已经开发出相应产品并得到广泛支持的主要协议有 3 种：TCP/IP 方式、以太网方式和修改以太网方式，如图 6–23 所示。

通信协议是在设计机器人通信时首先要考虑的问题，因为协议是数据传输的准则，通信协议按照三个级别来建立：物理级、连接级和应用级。由三种以太网方式实现的协议有很多种，基于 TCP/IP 实现的协议有 Modbus 和 Ethernet/IP，采用传统的 TCP/IP 协议栈通信，通过上层的合理控制减少数据传输过程中的不确定因素，主要应用于实时性要求不高的工业应用场景。机器人与外围设备进行以太网连接时，使用 TCP/IP 的协议比较多，因为调试较简单，但实时性不一定能满足要求。

基于以太网实现的协议有 Profinet RT、Powerlink 和 EPA 等，这些不使用标准的 TCP/IP 协议而采用特殊的传输协议，但仍使用传统的以太网通信硬件，响应时间为 1 ms。

基于修改以太网实现的协议有 SERCOS–Ⅲ、Profinet IRT 和 EtherCAT 等，协议采用“集总帧”的通信方式，通过修改以太网帧结构并在物理层使用总线拓扑结构提升以太网实时性能，而且从站使用专门的硬件，响应时间小于 1 ms。

以太网在工业程序的应用需要有实时的特性，许多以太网的相关技术可以使以太网适用在工业应用中。由于利用标准的以太网，因此提升了工厂内由不同供应商设备的互连性，以太网的市场很大，相关组件的成本也较低、容易获取，因此工业以太网的成本也可以下降，而性能也可以随着以太网技术的进步而提升。以太网技术引入工业控制领域，其技术优势非常明显。

（1）以太网是全开放、全数字化的网络，遵照网络协议不同厂商的设备可以很容易实现互联。

（2）以太网能实现工业控制网络与企业信息网络的无缝连接，形成企业级管控一体化的全开放网络。

（3）软硬件成本低廉，由于以太网技术已经非常成熟，支持以太网的软硬件受到厂商的高度重视和广泛支持，有多种软件开发环境和硬件设备可供用户选择。

（4）通信速率高，随着企业信息系统规模的扩大和复杂程度的提高，对信息量的需求也越来越大，有时甚至需要音频、视频数据的传输，通信速率为 10 M、100 M 的快速以太网开始广泛应用，千兆以太网技术也逐渐成熟，10 G 以太网也正在研究，其速率比现场总线快很多。

（5）可持续发展潜力大，在这个信息瞬息万变的时代，企业的生存与发展将很大程度上依赖于一个快速而有效的通信管理网络，信息技术与通信技术的发展将更加迅速，也更加成熟，由此保证了以太网技术不断地向前发展。

思考

不断进步的通信技术对于机器人的发展有哪些新的促进呢？

拓展阅读

机器人萤火虫助力搜救工作

在温暖的夏夜，萤火虫利用发光吸引配偶、抵御捕食者、引诱猎物。

萤火虫照亮了夜空，也启发了美国麻省理工学院的科学家们创造出昆虫大小的微型机器人，它们在飞行时会发光。

2022 年 6 月发表在《IEEE 机器人与自动化快报》上的论文提到，根据大自然的启示，研究人员为昆虫大小的飞行机器人制造了发光的柔软人造肌肉，其中被嵌入了微小的电致发光粒子。控制机器人翅膀上的微小人造肌肉可使其在飞行过程中发出彩色的光。

一只“萤火虫”的重量只比一个回形针重一些。研究人员已经证明，他们可以使用机器人发出的光和三个智能手机摄像头来精确跟踪机器人。

电致发光可以使机器人相互通信。例如，如果被派往一座倒塌的建筑执行搜救任务，寻找幸存者的机器人萤火虫可以利用灯光向其他同伴发出信号并呼救。尽管到目前为止，这些机器人只能在实验室环境中操作，但研究人员对它们未来的潜在用途感到兴奋。

——摘自《2022 年受大自然启发的科学发现》
（学习强国 / 科技日报，2023 年 1 月 3 日）

任务小结

本任务首先介绍了工业机器人常见的三种通信方式，包括机器人的 I/O 通信、现场总线通信、工业以太网通信，使学生能够根据工业机器人的实际应用场景，选择适合的通信方式；并以 ABB 机器人为例，重点介绍了工业机器人 I/O 通信的具体操作步骤及配置方法，使学生学会使用 I/O 通信方式对数字输入信号、数字输出信号、模拟输入信号、模拟输出信号进行配置；最后介绍了工业机器人行业内广泛应用的 PROFIBUS 现场总线技术以及在工业控制领域内具有发展前景的工业以太网通信技术。

项目总结

本项目首先介绍了工业机器人控制系统基本组成，通过项目学习能够理解工业机器人控制系统的基本组成、基本功能、系统的硬件、软件组成，对工业机器人控制系统有了比较全面的认识；理解了伺服控制系统的五个组成部分，分别是调节环节、被控对象、执行环节、检测环节、比较环节；能够区分直流伺服电动机、交流伺服电动机、步进电动机的特点，为伺服电动机的选型提供了参考依据；理解了伺服系统三种不同控制类型的应用方式和差异点；能够通过不同的工作任务和控制对象，理解工业机器人的控制方式，特别是示教再现控制方式的理解；理解工业机器人常用的三种通信方式，能够学会工业机器人 I/O 通信的配置方法。

项目拓展

一、选择题

1. 通过示教盒或者手把手示教进行示教，将动作顺序、运动速度、位置等信息用一定的方法预先教给工业机器人的功能是指（　　）。

A. 记忆功能　　B. 示教再现功能　　C. 坐标设置功能　　D. 位置伺服功能

2. 工业机器人控制系统的基本组成中调度指挥机构是指（　　）。

A. 控制计算机　　B. 示教盒　　C. 轴控制器　　D. 通信接口

3. 工业机器人控制系统的基本组成中，（　　）可以完成机器人各关节位置、速度和加速度控制。

A. 控制计算机　　B. 示教盒　　C. 操作面板　　D. 轴控制器

4. 关于工业机器人控制系统的特点，以下说法错误的是（　　）。

A. 机器人的控制是与机构运动学和动力学密切相关的

B. 工业机器人的控制是一个多变量的控制系统

C. 描述机器人状态和运动的是一个线性数学模型

D. 机器人的动作往往可以通过不同的控制方式和路径来完成

5. 以下不属于工业机器人控制系统的硬件结构的是（　　）。

A. 集中控制系统　　B. 闭环控制系统　　C. 主从控制系统　　D. 分散控制系统

6. 在伺服系统的组成中，（　　）即控制器，通常是计算机或 PID 控制电路，其主要任务是对比较元件输出的偏差信号进行变换处理，以控制执行元件按要求动作。

A. 调节环节　　B. 比较环节　　C. 执行环节　　D. 检测环节

7.（　　）是将位置检测器件直接安装在工作台上，从而可获得工作台实际位置的精确信息，定位精度可以达到亚微米级。

A. 开环伺服系统　　B. 半闭环伺服系统　　C. 全闭环伺服系统　　D. 反馈系统

8. 关于交流伺服电动机，以下说法正确的是（　　）。

A. 比直流伺服电动机的驱动电路简单、价格低

B. 交流伺服电动机无电刷和换向器，无产生火花的危险

C. 同样体积下，交流伺服电动机的输出功率比直流伺服电动机低

D. 交流伺服电动机正得到越来越广泛的应用，大有取代直流伺服电动机之势

9.（　）是对工业机器人末端执行器在作业空间中的位姿进行连续的控制，要求其严格按照预定的轨迹和速度在一定的精度范围内运动，而且速度可控、轨迹光滑、运动平稳，以完成作业任务。

A. 连续轨迹控制方式（CP）　　B. 点位控制方式（PTP）

C. 速度控制方式　　D. 力（力矩）控制方式

10. 在进行装配、加工、抛光、抓取物体等工作时，工作过程中要求其手与作业对象接触，除了要求准确定位之外，还要求所使用的力或力矩必须合适，这时必须使用（　）。

A. 点位控制方式（PTP）　　B. 力（力矩）控制方式

C. 连续轨迹控制方式（CP）　　D. 速度控制方式

二、判断题

1. 坐标设置功能包括基础坐标系、世界坐标系、工具坐标系、工件坐标系、用户坐标系等。

（A）正确　　（B）错误

2. 工业机器人由三大部分组成，分别是机械部分、传感部分和显示部分。

（A）正确　　（B）错误

3. 机器人的控制系统是一个与运动学和动力学原理密切相关的、有耦合的、非线性的多变量控制系统。

（A）正确　　（B）错误

4. 工业机器人传感器包括内部传感器和外部传感器，外部传感器的主要作用是对自身的运动状态进行检测，即检测机器人各个关节的位移、速度和加速度等运动参数，为机器人的控制提供反馈信号。

（A）正确　　（B）错误

5. 分散控制系统的主要思想是“分散控制，集中管理”，即系统对其总体目标和任务可以进行综合协调和分配，并通过子系统的协调工作来完成控制任务。

（A）正确　　（B）错误

6. 执行环节的作用是按控制信号的要求，将输入的各种形式的能量转换成机械能，驱动被控对象工作。

（A）正确　　（B）错误

7. 伺服系统常用的控制类型主要有开环控制、半闭环控制、全闭环控制三种。

（A）正确　　（B）错误

8. 步进电动机的输出精度主要由步距角来反映，其输出角度精度高，惯性小，但存在积累误差。

（A）正确　　（B）错误

9. 伺服驱动器是伺服系统的重要组成部分，其中驱动器硬件主要包括电源模块、核心控制器、功率器件、传感器检测装置。

（A）正确　　（B）错误

10. 示教再现控制是工业机器人的一种主流控制方式，分直接示教和间接示教两种。

（A）正确　　（B）错误

三、填空题

1. 示教再现功能是通过____________或者手把手示教进行示教，将动作顺序、运动速度、位置等信息用一定的方法预先教给工业机器人。

2. 传感器检测功能，按其检测信息的位置可分为内部和外部两类传感器。____________传感器用于检测机器人的自身状态；____________传感器用于检测机器人所处环境、外部物体状态。

3. 通信接口可实现机器人和其他设备的信息交换，一般有____________接口和____________接口两种。

4. 机器人的控制是与机构____________和动力学密切相关的。

5. 伺服系统的核心是____________，一般由数字信号处理器及其外围部件组成，可以实现高性能的控制计算，同步控制多个运动轴，实现多轴协调运动。

6. 在伺服系统的组成中，____________环节是指能够对输出进行测量并转换成比较环节所需要的量纲的装置，一般包括传感器和转换电路。

7. 全闭环伺服系统主要用于____________和大型的机电一体化设备中。

8. 直流伺服电动机的缺点是存在换向器，需要经常维护，电刷极易磨损，在一些具有______气体的场合，由于电刷换向过程中可能产生火花，因此不适合使用。

9. 伺服系统通常由伺服电动机、编码器和____________组成。

10. ____________是采用示教器进行示教，操作者先通过示教器上的按键操纵完成空间作业轨迹点及有关速度等信息的示教，然后通过操作盘用机器人语言进行用户工作程序的编辑，并存储在示教数据区。

四、简答题

1. 伺服控制系统的组成环节有哪些?

2. 交流伺服电动机的优点有哪些?

3. 简述伺服驱动器的组成。

4. 简述工业机器人点位控制方式（PTP）和连续轨迹控制方式（CP）的主要区别。

5. 工业机器人的通信方式有哪些。

项目 7

工业机器人编程技术

07

项目概述

工业机器人之所以能够在一定程度上具有智能化的特点，就是机器人可以脱离人工的实时手动控制，按照预先编制好的程序进行自动运行。目前，工业机器人主要有在线编程和离线编程两种较为主要的程序编写方式。在线编程一般情况下由机器人操作人员在现场通过机器人示教器完成，而离线编程需要依托结构化的工作环境，借助专用的离线编程软件完成。两种编程方法各有利弊，在线编程相对简单和直观，离线编程则更适用于复杂的轨迹规划。

为了适应工业机器人离线编程的需求，不同的工业机器人厂商一般都配套开发了与对应品牌机器人本体相适应的离线编程软件，如 ABB 机器人的 RobotStudio，安川（Yaskawa）机器人的 MotoSim EG，FANUC 机器人的 RoboGuide，库卡机器人的 Kuka Sim 等。虽然使用不同品牌的机器人进行编程时编程语言有所不同，但是指令、语法结构还是比较类似的。

本项目的学习内容主要包括工业机器人编程概述、在线编程和离线编程示教方式的异同和选择方法、常用离线编程软件简介、工业机器人编程语言入门等。

项目目标

知识目标

1. 了解工业机器人编程的基本概念和相应的编程要求。
2. 熟悉在线编程和离线编程两种不同类型编程方式的编程方法和适用场景。
3. 熟悉主流离线编程软件系统的组成和编程的基本流程。
4. 理解工业机器人常用编程语句的定义和对应参数的含义。

能力目标

1. 能够根据机器人工作场景的需要选择合适的编程方式。
2. 能够根据工艺流程的需要，选择合适的工业机器人编程语句进行程序流程的设计。
3. 能够对 ABB 工业机器人进行简单的程序编制。
4. 能够利用离线编程软件进行工作站平台的搭建和简单机器人轨迹的设置。

素质目标

1. 通过项目学习，综合具体场景的编程方式选择，形成因时制宜的意识。
2. 通过拓展阅读的“1+X”证书制度，明晰职教改革新方向。
3. 结合不同工业机器人语言的特点对比，培养和训练举一反三的学习能力。

知识导图

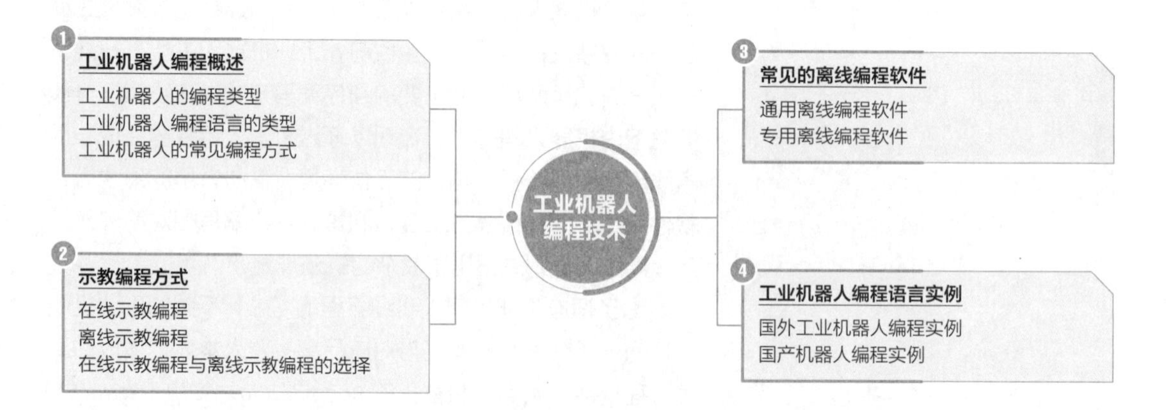

任务 7.1 工业机器人编程概述

任务提出

如今工业机器人被应用在喷涂、焊接、搬运等众多工业领域，如果把硬件设施比作机器人的躯体，控制器比作机器人的大脑，那么程序就是机器人的思维，程序的有效性很大程度上决定了机器人完成任务的质量。对工业机器人进行编程，就是让机器人具有类似于人的思考能力，知道自己该进行哪些操作。在编程过程中有哪些常见的类型？工业机器人有哪些主要的编程方式？接下来我们将在任务 7.1 中围绕这一问题进行学习。本任务包括以下几项内容：

（1）理解工业机器人的常见编程类型及适用对象；

（2）了解工业机器人编程语言的常见类型和功能特点；

（3）掌握工业机器人常见的几种编程方式。

任务实施

7.1.1 工业机器人的编程类型

程序看不见摸不着，但却是任何机器人必不可少的一部分。程序告诉机器人什么时候该做什么，以及每个关节怎么做，程序在机器人系统中的作用如图 7-1 所示。也就是说，没有程序的机器人就像人成了植物人一样。编程就是使用某种特定的语言来描述机器人的运动轨迹，使机器人按照指定的运动和作业指令来完成操作者期望的各项工作。人们赋予机器人思维的过程就是编程。

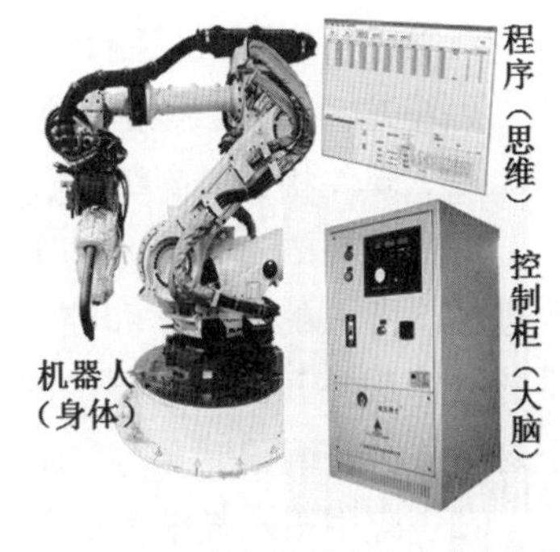

图 7-1 程序在机器人系统中的作用

通常提到的机器人编程分为两种，即面向用户的编程和面向任务的编程。

1. 面向用户的编程

面向用户的编程是机器人开发人员为了方便用户使用，对机器人进行编程。面向用户的编程涉及底层技术，是机器人运动和控制问题的结合点，也是机器人系统最关键的问题之一，主要包括运动轨迹规划（见图 7-2）和关节伺服控制（见图 7-3）和人机交互。

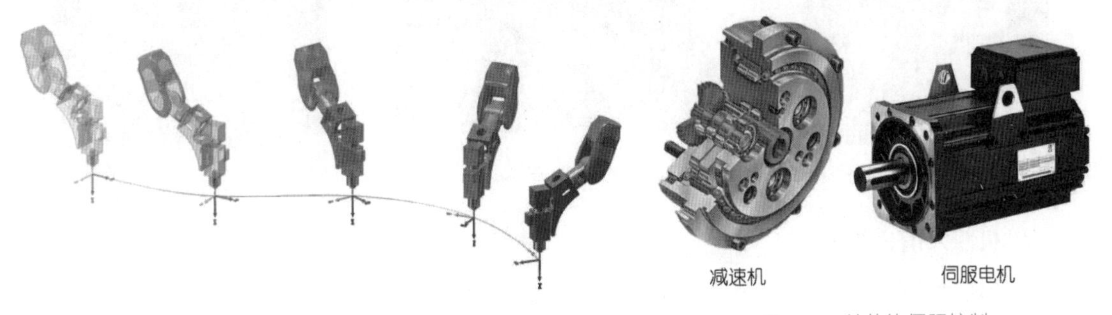

图 7-2 运动轨迹规划

图 7-3 关节的伺服控制

2. 面向任务的编程

面向任务的编程：用户使用机器人完成某一任务，针对任务编写相应的动作程序。这种编程是基于已经开发过的工业机器人，因此相对简单。例如使用 ABB 机器人时，我们就可以使用例行程序功能进行机器人程序的编制，面向任务的编程如图 7-4 所示。

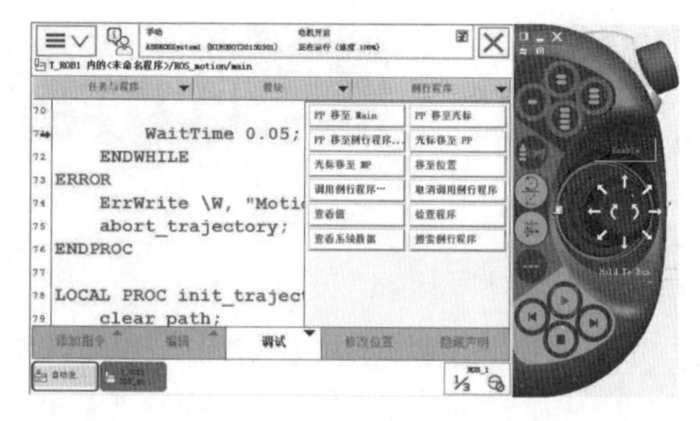

图 7-4　面向任务的编程

对于普通机器人操作员来说，更容易接触到的是面向用户的编程还是面向任务的编程呢？

7.1.2　工业机器人编程语言的类型

1. 广义的编程语言类型

什么是机器人编程语言？广义上说，以下 3 个层次都可以算作机器人编程语言。

（1）底层硬件语言。

开发者是机器人控制系统芯片硬件厂商，是最底层的汇编级别的编程，例如基于 Intel 硬件（见图 7-5）的汇编指令等。通常我们不必关注这种最底层的编程。

（2）硬件相关的高级语言。

这种编程语言主要是基于开发板等硬件（见图 7-6），在机器人系统开发时多被使用，主要进行机器人的运动学和控制学的编程，如 C 语言、C++ 等。机器人控制系统供应商往往提供核心算法并开放这一层次的编程，使用户能进行控制的二次开发。机器人开发厂商多着眼于这一层次的编程。

（3）应用级示教编程语言。

商用机器人公司规定了自己的语法规则和语言格式，是提供给机器人使用者的编程接口，如 ABB、Kuka 等。我们后面涉及的编程语言都是在应用级这一层次的。如图 7-7 所示为 Kuka 机器人示教器编程按键。

图 7-5　Intel 硬件

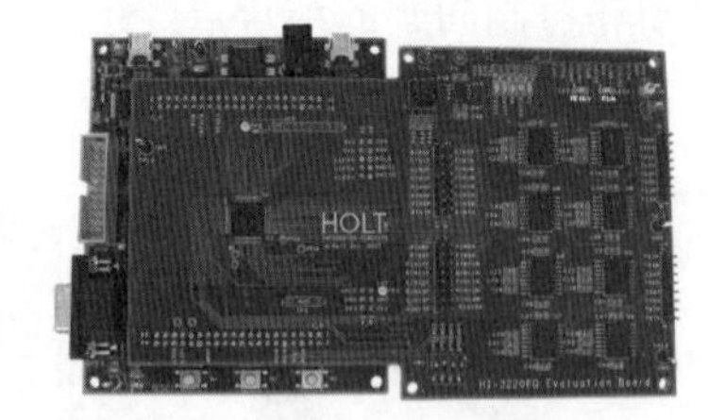

图 7-6　开发板

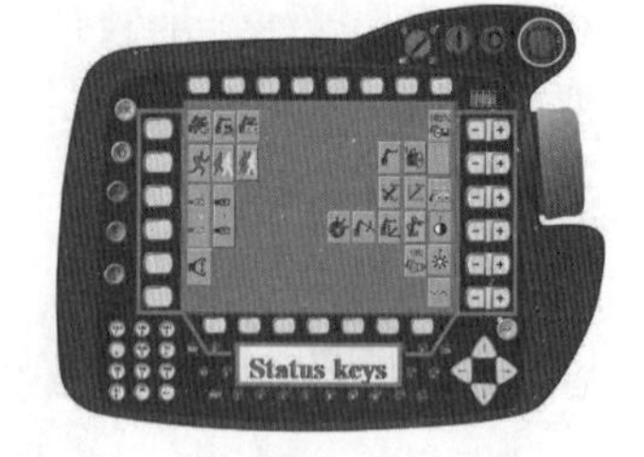

图 7-7　Kuka 示教器编程按键

2. 机器人语言的水平

从描述操作命令的角度来看，机器人编程语言可以分为动作级、对象级和任务级。

（1）动作级语言。

动作级语言以机器人末端操作器的动作为中心来描述各种操作，需要在程序中说明每个动作。这是一种最基本的描述方式。可以理解为一个动作级语言面对的对象是一个没有眼睛和脑子的机器人，给出的指令包括最基本的动作步骤，比如：手前移 10 厘米→左移 20 厘米→张开手→下移 10 厘米→抓持→移回原点。

（2）对象级语言。

对象级语言允许较粗略地描述操作对象的动作、操作对象之间的关系等。这类编程语言可以理解为编程的对象是一个有眼睛没有脑子的机器人，给出的指令参考如下：手移至水杯处→抓住水杯→把手移回。

（3）任务级语言。

任务级语言则只要直接指定操作内容就可以了，为此，机器人必须一边思考一边工作。这是一种水平很高的机器人程序语言，目前还处于实验阶段。这类的编程对象可以接受对话交流的指令，例如：去把水杯拿来。

7.1.3 工业机器人的常见编程方式

如今，在工业机器人的应用过程中，随着不同工艺难度的增加，工业机器人编程的复杂性也在增加。由于自动化生产装置产出的产品质量和效率需要同步保证，在这种情况下，选择合适的工业机器人编程方式，提高编程效率就变得格外重要。一般来说，工业机器人编程主要有三种常见的方法：在线编程、离线编程和自主编程。

选用在线编程时，操作人员使用示教器移动机器人的终端，及时记录焊接轨迹和工艺参数。这种逐点记录机器人姿态，并进行再现的方法要求操作人员充当外部传感器，灵活性较差。选用离线编程时，主要依靠计算机图形技术，建立机器人工作模型，模拟三维图形动画编程结果，提高检测编程的可靠性，最终将生成的代码传输到机器人控制柜，控制机器人的运行。

除此之外，还有目前在不断探索的自主编程模式，它是实现机器人智能化的基础。各种外部传感器采用自主编程技术，使机器人能够全面感知真实的工作环境，并根据具体环境确定工艺参数。自主编程技术不需要繁重的教学，也不需要根据工作台信息纠正焊接过程中的偏差，这不仅提高了机器人的自主性和适应性，而且成为工业机器人未来的发展趋势。

拓展阅读

传统机器人增添“智慧大脑”

自主学习智能机器人不间断优化制造流程。与以往控制机器人完全需要编写晦涩的程序语言不同，新松机器人智能控制系统具有“运动记忆”学习能力，机器人可直接记忆工程师或技术工人的动作示范，将其应用在加工制造当中。此外，在运行中，机器人也可不间断地将感知、接收到的力觉等信息实时反馈给“智慧大脑”，即智能控制系统，系统可自主调整运行路线或作业流程，实现更加智能化的作业。

从机械完成单个动作，到生产全程智能规划，该智能控制系统可以消除机器人刻板的停顿，将加工过程变为同音乐节拍一样有节奏韵律，从而让生产运行更顺畅。新松机器人公司品牌与公共关系部部长哈恩晶告诉记者，这样大幅减少速度的频繁变化后，匀速运行的机器人的加工过程更加平稳，加工质量更加可靠，有效提高了生产效率。

——摘自《我自主研发新一代机器人智能控制系统 为传统机器人增添"智慧大脑"》（光明网，2019 年 5 月 18 日;《光明日报》，2019 年 05 月 18 日 02 版）

任务小结

机器人要实现一定的动作和功能，除了依靠可靠的硬件支持之外，还有很大部分的工作是靠编程来完成的。伴随着机器人的发展，机器人的编程技术也得到了不断完善，已成为机器人技术中重要组成部分之一。机器人编程语言是一种用于描述机器人工作环境和动作的程序描述语言。其本质是将环境或动作的关键信息用简洁的文本、符号抽象出来，达到统一描述的目的。因此机器人编程语言应该具有结构简明、统一和容易拓展的特点。在线编程、离线编程和自主编程是工业机器人三种常见的编程模式，三种模式各有不同，截至 2022 年底，在线编程和离线编程仍然是最常用两种编程模式，本项目的后续内容也主要围绕在线编程和离线编程两种编程模式展开。

任务 7.2 示教编程方式

任务提出

使用机器人进行作业时，操作人员必须预先对机器人发出指令，规定机器人完成动作和作业的具体内容，这个过程就称为对机器人的示教编程。当前工业机器人广泛应用于焊接、装配、搬运、喷涂及打磨等领域。不断降低示教编程的难度和工作量，提高编程效率，实现程序的自适应性，从而提高生产效率，是机器人示教编程技术发展的终极追求。在线编程和离线编程这两种最常用的工业机器人编程方式各自有哪些具体的特点呢？两种编程方式又该如何选择呢？接下来我们将在任务 7.2 中围绕这一问题进行学习。本任务包括以下几项内容：

（1）理解在线编程和离线编程两种方式的编程思路；

（2）掌握在线编程和离线编程两种方式的工作特点；

（3）理解在线编程和离线编程两种方式的选择方法。

任务实施

7.2.1 在线示教编程

工业机器人一般由三个部分组成：控制器、机械臂以及示教器。示教器作为机器人的遥控器，装有软件（用户操作界面）及硬件（按钮、移动手柄、触摸屏等），用户通过这些人机交互功能来控制机器人完成指定动作，我们把这个过程称为“示范教学”（teaching）。传统上，任何机器人都需要通过这个过程“学会”它要执行的任务，在接下来的工作中，只需运行用户通过示教器在控制器上保存下来的程序，机器人就可以自动地重复作业了。值得一提的是，工业机器人都具有较好的位置重复性，即完成示教后，机器人反复运行同一程序，它回到同一个空间位置点的精准程度可达到十微米到几百微米的级别。以上的操作过程被人们称为在线编程。根据在线编程的具体操作，我们又可以将在线编程细分为手把手示教编程和示教器示教编程两种方式。

1. 手把手示教编程

依照在线编程思路，由人直接拖动机器人的手臂引导末端执行器经过所要求的位置，同时由传感器检测出工业机器人各个关节处的坐标值、力矩等，并由控制系统记录、存储这些数据信息的编程方式就是手把手示教，拖动示教编程如图 7-8 所示。由于手把手编程技术上简单直接，而且成本低廉，在电子技术不够发达的工业机器人应用的早期，这种方式是编程的主流。

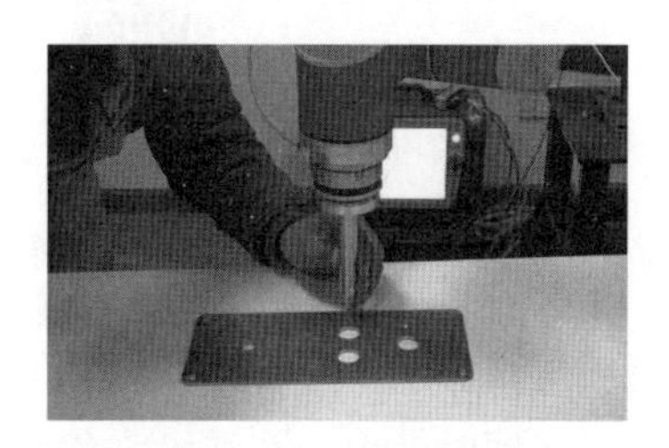

图 7-8 拖动示教编程

手把手示教编程易于被熟悉工作任务的人员所掌握，且控制装置简单。在焊接等工作场合，成熟的操作工人可以依靠工作经验带领工业机器人一次性经过焊缝所在位置，无需单独学习工业机器人示教器的使用，便于实践经验丰富的操作人员快速上手。如果在手把手示教环节加入对操纵者的测量环节，将机器人不单纯作为工作的执行者，同时还作为信息的收集者，确保机器人本身能够将末端的相对坐标精确地记录下来，再通过助力结构实现零力矩手把手示教，就可以大大增强人机的紧密连接，增强手把手示教过程中的机器人复现性。

手把手示教编程作为一项较早期的技术，也有着不可避免的缺点：手把手示教编程一般要求操作者有较丰富的经验，而且人工操作繁重。同时，手把手示教编程对大型和高减速比机器人一般难以操作，机器人的示教位置完全由操作者引导，一般不够精确，更难以实现精确的路径控制。

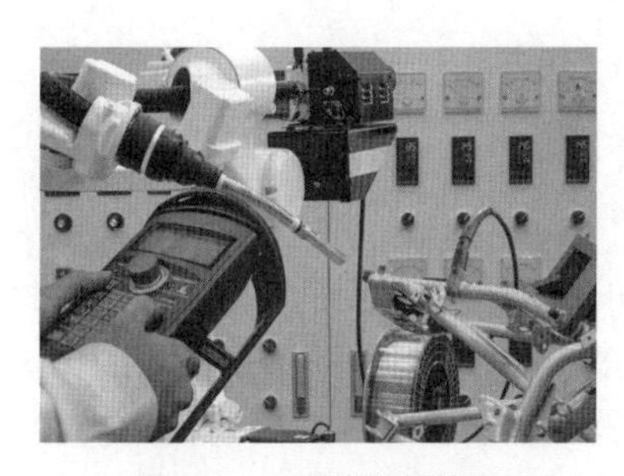

图 7-9 手持示教器编程

2. 示教器示教编程

示教器示教编程是人工利用示教盒上所具有的各种功能按钮来驱动工业机器人的各关节轴，按作业需要进行关节运动，从而完成位置和功能的编程。如图 7-9 所示为作业员通过示教器操纵机器人动作。

图 7-10 大型机器人的编程作业

由于同品牌机器人的示教器具有一定程度上的通用性，所以不同尺寸的机器人操作方法相近，在操作大型机器人进行编程的时候示教器示教编程具有较好的适应性，大型机器人的编程作业如图 7-10 所示。又因为采用示教器示教编程可以使操作人员不直接接触工业机器人，因此相较手把手示教编程，示教器示教编程安全性更好。

示教器中的嵌入式系统是示教编程的核心设备，每个机器人生产厂家开发的示教器有所不同且形态各异，这对于掌握多种不同品牌的机器人进行在线示教编程带来了一定的难度。不同品牌的工业机器人示教器如图 7-11 所示。

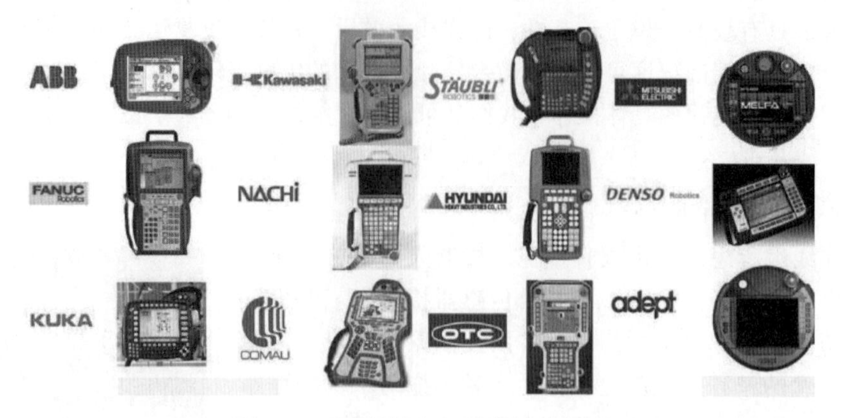

图 7-11　不同品牌的工业机器人示教器

同时，由于在线示教编程的思路还是基于操作者对工作现场观察后的操作，因此有着不可避免的缺点：难以获得较高的控制精度；难以与其他操作同步进行；虽然不直接接触机器人，但也没有完全脱离操作生产现场，仍然具有一定程度的危险性。

综上所述，工业机器人在线示教编程的优点为：编程门槛低、简单方便、不需要环境模型；对实际的机器人进行示教时，可以修正机械结构带来的误差。

但是，在线示教编程的缺点也很明显：

（1）示教在线示教编程过程烦琐、效率低；

（2）精度完全是靠示教者的目测决定，而且对于复杂的路径，在线示教示教编程难以取得令人满意的效果；

（3）示教器种类太多，学习量太大；

（4）示教过程容易发生事故，轻则撞坏设备，重则撞伤人；

（5）对实际的机器人进行示教时要占用机器人；

（6）需要用户的现场操作，给复杂的任务编程需要大量的时间，编程期间会影响机器人的正常使用。而现如今很多生产行业面临市场对产品需求的多样化，同一系列的产品衍生出多种型号，甚至需要特别订制。对于工期短的作业，在线示教编程所需要的时间与使用机器人加工该产品的总投入时间相比较，显得得不偿失。在这样的情况下，企业很可能闲置机器人而选择使用人工生产方式。

当然，示教器产品本身也随着用户体验的要求而进化，更直观的按键甚至触屏（虽然很多触屏的灵敏程度仍然并不理想）都方便了用户对机器人的操控，并减少了在线示教编程所需要的时间。但是，示教器产品的灵敏度与用户早已习惯了的鼠标、键盘、平板计算机的触屏灵敏度相比，还是相差甚远，于是顺应时代的发展，离线示教编程出现了。

7.2.2　离线示教编程

离线示教编程是指在计算机上通过软件工具对机器人进行“虚拟”编程。编程期间机器人无需“停机”，不妨碍生产作业。离线示教编程根据工件的 CAD 模型中的曲线定义，帮助机器人在物体上找到更加科学的路点。这种方式可以仿真机器人的运动路径、工具操作方向以及机器人的起始位姿，避免奇异点状态，得到最优化的路径。仿真调试好的机器人程序经过“后处理”后，可直接加载到控制器上运行。正因为此，各家知名的机器人生产商，例如ABB、发那科等都提供了自己的离线编程软件产品。

1. 离线示教编程关键步骤

机器人离线示教编程是利用计算机图形学的成果，通过对工作单元进行三维建模，在仿真环境中建立与现实工作环境对应的场景，采用规划算法对图形进行控制和操作，在不使用实际机器人的情况下进行轨迹规划，进而产生机器人程序。其中关键步骤如图 7-12 所示。

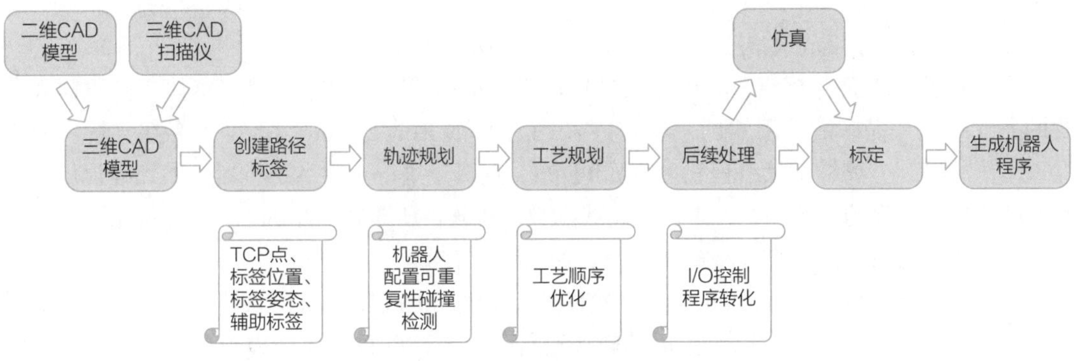

图 7-12 离线示教编程关键步骤

采用 Fanuc 公司的 RoboGuide 软件进行离线示教编程的一个实例如图 7-13 所示。该任务为物块的搬运，首先建立物块和工位的 CAD 模型以及物块和工位之间的几何位置关系，然后根据工艺要求进行轨迹规划和离线示教编程仿真，确认无误后再下载到机器人控制器中执行。

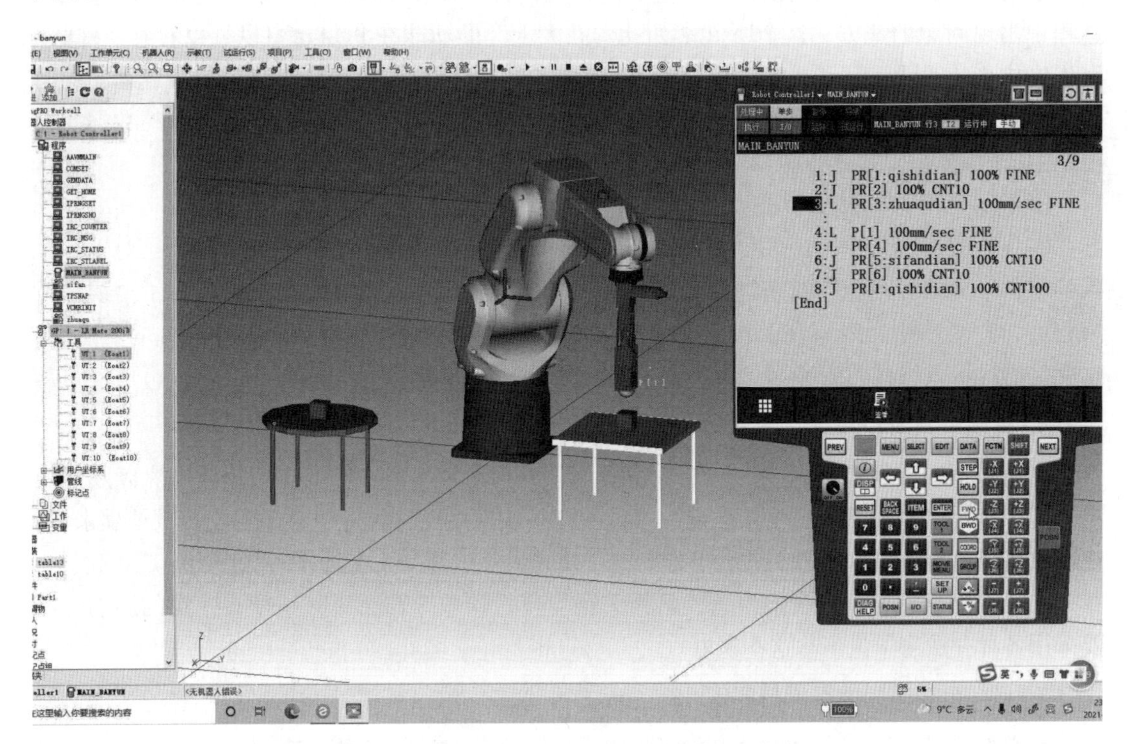

图 7-13 基于 RoboGuide 的离线示教编程和仿真

值得一提的是，使用工业机器人完成重复性的工作，同样的工序通常只需进行一次编程，随后即可自动运行成百上千次。但是，机器人的位置精准度会随着不断地使用、环境的变化而产生偏差。当偏差出现后，也可以利用离线示教编程软件中提供的机器人标定与校准功能模块进行偏差的修正。

2. 离线示教编程优点

（1）能够根据虚拟场景中的零件形状，自动生成复杂加工轨迹。

像打磨、喷涂行业示教时需要几十甚至几百个示教点，离线示教编程在这方面优势十分突出。

（2）可以控制大部分主流机器人。

在线示教编程只针对特定的机器人进行操作，而离线示教编程虽然有本体厂商机器人开发的只支持某一品牌的专用软件，如支持 ABB 本体的 RobotStudio，但是也存在支持多种机器人本体的第三方离线示教编程软件，如 PDPS，这对于进行不同品牌机器人的编程提供了便利，随着机器人库的不断扩充，第三方离线示教编程软件所兼容的品牌也在不断拓展。

（3）可以进行轨迹仿真、路径优化、后置代码的生成。

这是区别于在线示教编程的一个显著的优点。轨迹生成后可以在软件中检测机器人走的路径是否是正确的，然后可以对生成的轨迹进行优化，这些只需要在虚拟环境中操作就可以了。以离线示教编程软件 PQArt 为例，在 PQArt 中一键式生成轨迹后还可以进行仿真以及对生成的轨迹进行优化，最后只需点击后置按钮就可以生成机器人可识别的语言了。这些看似复杂难懂的操作在 RobotArt 中只需轻轻点击几下按钮就可以完成了。

（4）可以进行碰撞检测。

系统执行过程中发生错误是不可避免的，我们首先要有碰撞检测功能，检测到程序执行过程中出现问题的地方。这个听起来如此“高大上”的功能在 PQArt 中也可以看到。PQArt 在程序仿真的时候，打开干涉检查功能，会对轨迹中的错误做初步检测。生成后置程序的时候，会对后置的机器人数据做最后的检测过滤，如果发现有不符合程序正常运行的数据，会拒绝生成后置代码。这样做可以最大程度减少来自程序设计本身的失误。

（5）生产线不停止的编程。

在线示教编程另一个让人很头痛的问题就是面对当前多件小批量的生成方式，对于一个新的零件，总要停下生产线来进行编程，导致机器人被闲置，造成资源浪费。有了离线示教编程后，在当前生产线还在工作时，编程人员就可以同时在旁边设计下一批零件的轨迹了，这就是离线示教编程的效率。

3. 离线示教编程缺点

（1）对于简单轨迹的生成，它没有在线示教编程的效率高，例如在搬运、码垛以及点焊上的应用，这些应用只需示教几个点，用示教器很快就可以完成，而对于离线示教编程来说，还需要搭建模型环境，如果不是出于方案的需要，显然这部分工作的投入与产出不成正比。

（2）模型误差、工件装配误差、机器人绝对定位误差等都会对其精度有一定的影响，需要采用各种办法来尽量消除这些误差。

4. 离线示教编程的发展与展望

从总体上看，离线示教编程仍处于发展阶段，在一些复杂应用中，有些技术尚待突破。

但由于机器人的应用越来越复杂化，从长远来看，离线示教编程是时代发展的一项重要技术。虽然以PQArt，RobotMaster为代表的国内外离线示教编程软件在工业或是教学上也得到了广泛的应用，但尚存不足，在现有的功能上可以从以下方面进一步得以发展。

（1）友好的人机界面，直观的图形显示。这两者对于操作者来说都是非常重要的，人机界面友好、图形显示直观能够让初学者有想继续学习的欲望，这就是软件设计的一个很大的成功。

（2）可以对错误进行实时预报，避免不可恢复错误的发生。

（3）现有的离线示教编程仿真软件应该提高数模建立的合理性。由于离线示教编程系统是基于机器人系统的图形模型来模拟机器人在实际工作环境中的工作进行编程的，因此为了能够让编程结果很好的符合实际，系统应能够计算仿真模型和实际模型之间的误差，并尽量减少二者的误差。

拓展阅读

软件包赋“能”机器人“智”造

广汽乘用车宜昌工厂厂房通透明亮，全场看不到人影。随着流水线上机器臂上下摆动，点焊、弧焊、螺柱焊、涂胶、拧紧、滚边等生产工艺一一完成。在3D视觉引导技术下，生产线自动识别零件的位置，快速修正机器人轨迹并准确定位零件。

这个智能工厂的生产节奏全球领先，45秒就能下线一辆汽车，同时满足4款车型在线生产，且1分钟就能完成生产车型的切换。这让人不得不惊叹图像识别、深度认知学习等新型数字技术正让机器人越发强大。

这家工厂的8条自动化生产线、200个机器人都由瑞松科技供应。如今瑞松科技已经成为专注于机器人与智能高端装备研发、设计、制造、应用、销售和服务的科创板公司。他们正以智能化、柔性化制造系统解决方案来帮助中国打造更多智能工厂，不断提高“中国制造”的品质。

——摘自《软件包赋“能”机器人“智”造》
（光明网，2020年11月5日）

7.2.3 在线示教编程与离线示教编程的选择

在线示教编程与离线示教编程并不是对立存在的，而是互补存在的，示教编程的方式如图7-14所示。在不同的应用领域，要根据具体情况选择能提高工作效率的、能提高工作质量的一种编程方式。在有些条件下，离线示教编程有时还要辅以在线示教编程，比如对离线示教编程生成的关键点做进一步示教，以消除零件加工与定位误差，是业内常用的一种办法。

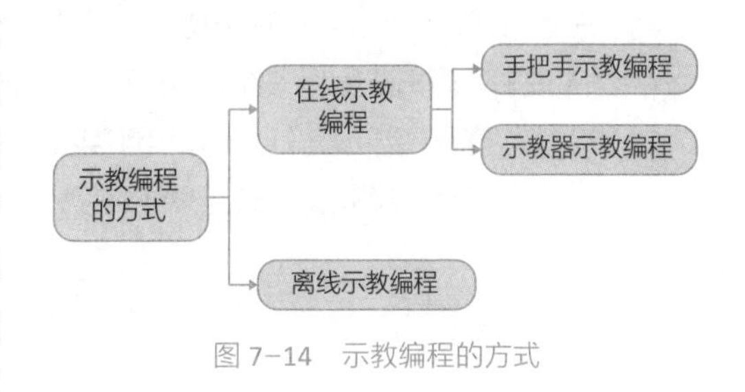

图7-14 示教编程的方式

机器人离线编程系统正朝着一个智能化、专用化的方向发展，用户操作越来越简单方便，

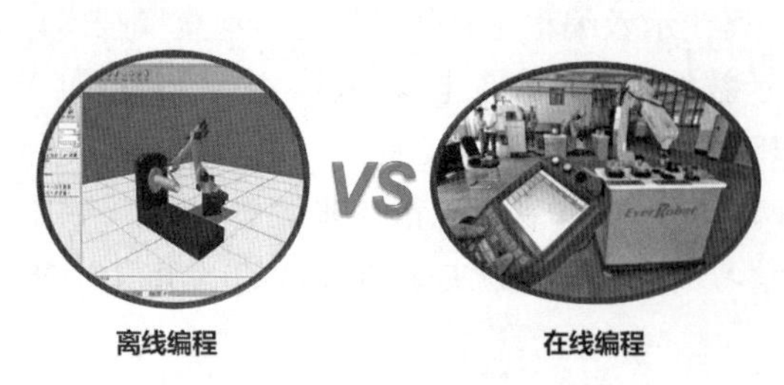

图 7-15　在线编程和离线编程相辅相成

并且能够快速生成控制程序。同时机器人离线编程技术对机器人的推广应用及其工作效率的提升有着重要的意义。简单来说，如果没有离线编程，也许机器人还只能干搬运、码垛这些力气活，永远无法成为打磨、喷涂、雕刻行业的新生代“工匠”。两种编程方法的共同发展、相辅相成促进了工业机器人的不断完善和进步，如图 7-15 所示。

任务小结

机器人编程是为了让机器人自动执行某项操作任务而人工为其编写的动作顺序程序。根据机器人控制器类型以及芯片复杂程度的不同，可采用多种方式为其编程。通常的机器人编程方式有在线示教编程和离线示教编程两种。随着离线编程工具的能力日益增长，连接物理机器人的能力和嵌入到机器人控制系统的软件功能的提高，除验证和手动调整程序生成外，在线编程现在已经不再像曾经那样广泛应用。机器人编程手段也越来越接近基于运动、基元扩展的计算机编程。但即便如此，机器人的语言和软件工具也必须提供两种方式的编程，在当前和未来的一段时间内，在线编程和离线编程两种编程模式仍将同时存在。

任务 7.3　常见的离线编程软件

任务提出

我们常说的机器人离线编程软件，大概可以分为两类：第一类面向机器人生产线进行开发和设计，能够对不同的机器人进行编程作业，一般称这类软件为通用型离线编程软件；第二类是只能针对单一品牌的工业机器人进行编程，但是软件和机器人有着良好的连接匹配性，甚至可以在仿真环境下通过虚拟示教器模拟在线编程的操作步骤，一般称这类软件为专用型离线编程软件。通用离线编程软件和专用离线编程软件各自有什么特点？两者在使用的过程中分别又有哪些注意事项？接下来我们将在任务 7.3 中围绕这一问题进行学习。本任务包括以下几项内容：

（1）理解通用离线编程软件和专用离线编程软件不同的适用场景；

（2）掌握通用离线编程软件和专用离线编程软件各自的优点和不足；

（3）分别了解几款典型的通用离线编程软件和专用离线编程软件。

任务实施

7.3.1　通用离线编程软件

通用离线编程软件一般都由第三方软件公司负责开发和维护，不单独依赖某一品牌的机器人。换句话说，通用型离线编程软件可以支持多款机器人的仿真、轨迹编程和后置输出。常见的通用离线编程软件有以下几种。

1. Robotmaster（加拿大）

Robotmaster 是目前市面上顶级的通用型机器人离线编程仿真软件，由加拿大软件公司 Jabez 科技（已被美国海宝收购）开发研制。目前是由上海因肯信息技术有限公司作为中国的总代理。Robotmaster 在 Mastercam 中无缝集成了机器人编程、仿真和代码生成等功能，大大提高了机器人编程速度，其编程环境如图 7-16 所示。它的优点是可以按照产品数模生成程序，适用于切割、铣削、焊接、喷涂等工业领域。它提供了独家的优化功能，它的运动学规划和碰撞检测也非常精确，支持外部轴（直线导轨系统、旋转系统），并支持复合外部轴组合系统。它的缺点是暂时不支持多台机器人同时模拟仿真。

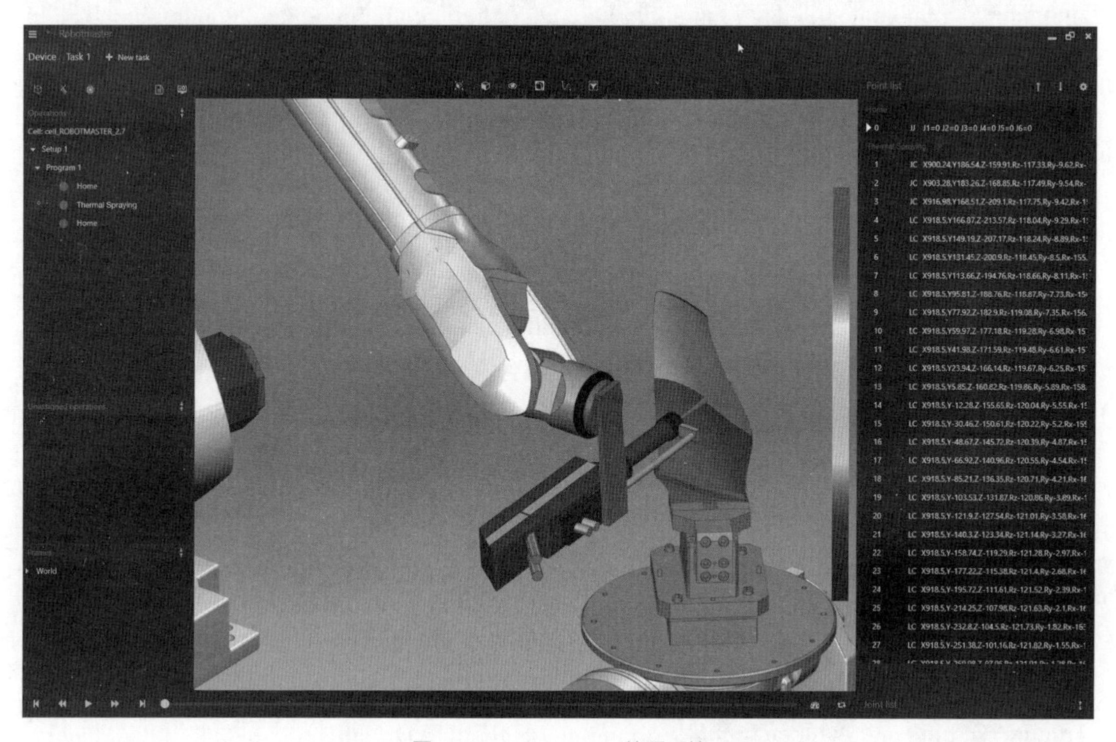

图 7-16 Robotmaster 编程环境

2. RobotWorks（以色列）

在工业领域，相比较其他离线编程软件，由以色列 Compucraft 公司开发的 RobotWorks 应用也算比较广泛，RobotWorks 软件界面如图 7-17 所示。全面的数据接口，加上基于 Solidworks 平台开发，使其可以轻松地通过 IGES、DXF、DWG、PrarSolid、Step、VDA、SAT 等标准接口进行数据转换。RobotWorks 强大的编程能力、完美的仿真模拟、开放的工艺库定义使其在同类软件中脱颖而出。它的优点是生成轨迹方式多样、支持多种机器人、支持外部轴。它的缺点是编程烦琐，由于软件基于 Solidworks，而 Solidworks 本身不带 CAM 功能，因此机器人运动学规划策略智能化程度低。

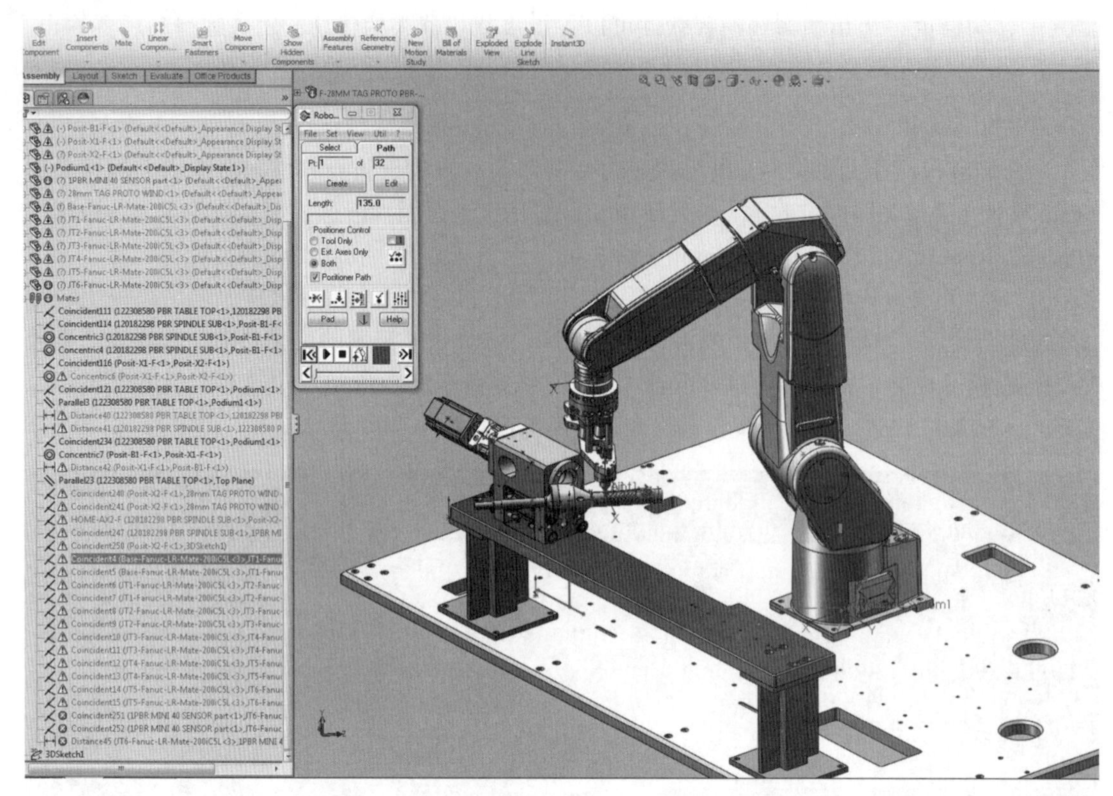

图 7-17　RobotWorks 软件界面

3. Robomove（意大利）

来自意大利 QD 公司的 Robomove 同样支持市面上大多数品牌的机器人，机器人加工轨迹由外部 CAM 导入。与其他软件不同的是，Robomove 走的是私人定制路线，可以根据实际项目进行定制，如图 7-18 所示。其优点是软件操作自由，功能完善，支持多台机器人仿真；缺点是需要操作者对机器人有较为深厚的理解，策略智能化程度与 Robotmaster 有较大差距。

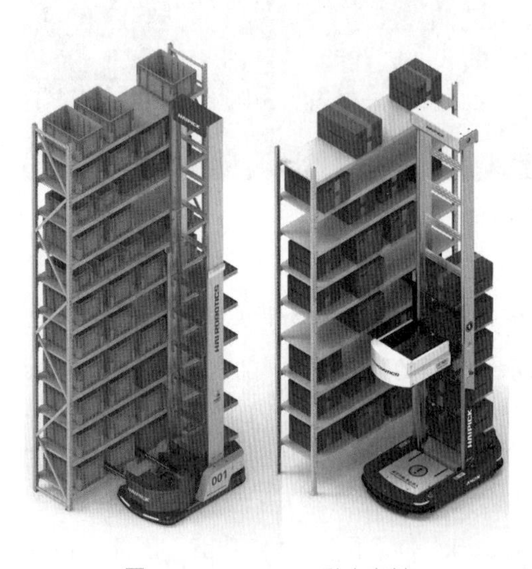

图 7-18　Robomove 私人定制

4. RobCAD（德国）

德国西门子（Siemens）公司开发的 RobCAD 在汽车领域占统治地位，是做方案和项目规划的利器，如图 7-19 所示。RobCAD 软件支持离线点焊、支持多台机器人仿真、支持非机器人运动机构仿真和精确的节拍仿真。RobCAD 主要应用于产品生命周期中的概念设计和结构设计两个前期阶段。它的缺点是价格昂贵，离线功能较弱，软件界面是由 Unix 移植过来的，人机界面不友好。

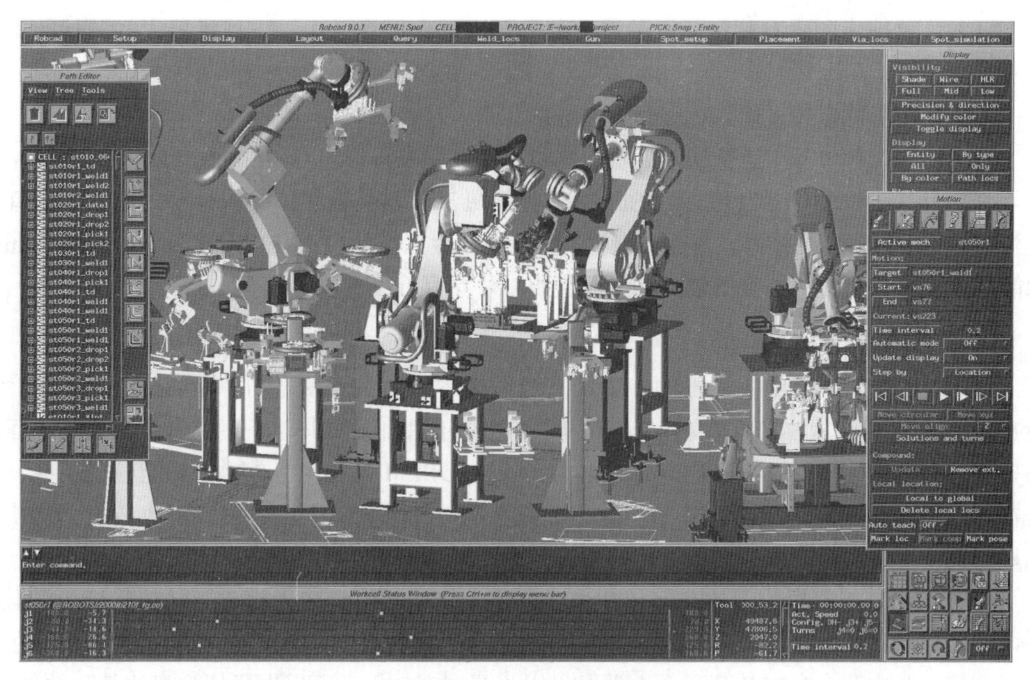

图 7-19 RobCAD 生产线规划

5. DELMIA（法国）

法国达索公司旗下的 DELMIA 数字化制造一体化软件在车厂也有广泛的使用，与 RobCAD 各有千秋。DELMIA 解决方案涵盖汽车领域的发动机、总装和白车身（body in white），航空领域的机身装配、维修维护，以及一般制造业的制造工艺。DELMIA 的机器人模块 ROBOTICS 是一个可伸缩的解决方案，利用强大的 PPR 集成中枢可以快速进行机器人工作单元建立、仿真与验证，是一个完整的、可伸缩的、柔性的解决方案，DELMIA 软件界面如图 7-20 所示。使用 DELMIA 机器人模块，用户能够容易地实现如下功能。

图 7-20 DELMIA 软件界面

（1）从可搜索的含有超过 400 种以上的机器人的资源目录中，下载机器人和其他的工具资源。

（2）利用工厂布置，规划工程师所完成的工作。

（3）加入工作单元中工艺所需的资源并进一步细化布局。

其缺点是 DELMIA 和 Process&Simulate 等都属于专家型软件，操作难度太高，不适宜职业院校学生学习，需要机器人专业研究生以上专业研发人员使用；DELMIA 和 Process&Simulte 功能虽然十分强大，但是价格较高，工业正版单价在百万级别。

6. PQArt（中国）

PQArt 是北京华航唯实开发的一款国产离线编程软件，开发之初曾命名为 RobotArt，在 RobotArt 2018 SP4 版本升级为 PQArt 2019 版本的过程中正式采用当前的名称，其操作界面如图 7-21 所示。实际上与国外同类的 RobotMaster，DELMIA 相比，PQArt 功能稍逊一些，但是在国内离线编程软件里面也算是一款出类拔萃的软件。它提供了一站式解决方案，从轨迹规划、轨迹生成、仿真模拟，到最后的后置代码，使用简单，学习起来比较容易上手。

它的优点是能根据模型的几何拓扑生成轨迹，轨迹的仿真和优化功能比较突出。根据不同行业，提供的工艺包数据比较强大。它强调服务，重视企业订制，有一个资源丰富的在线教育系统，非常适合学校教育和个人学习。因为是国产软件，所以在通用型离线编程软件中，算是价格较便宜的了。当然，不够完善的编程功能仍旧是 PQArt 未来需要不断提升和改进的。

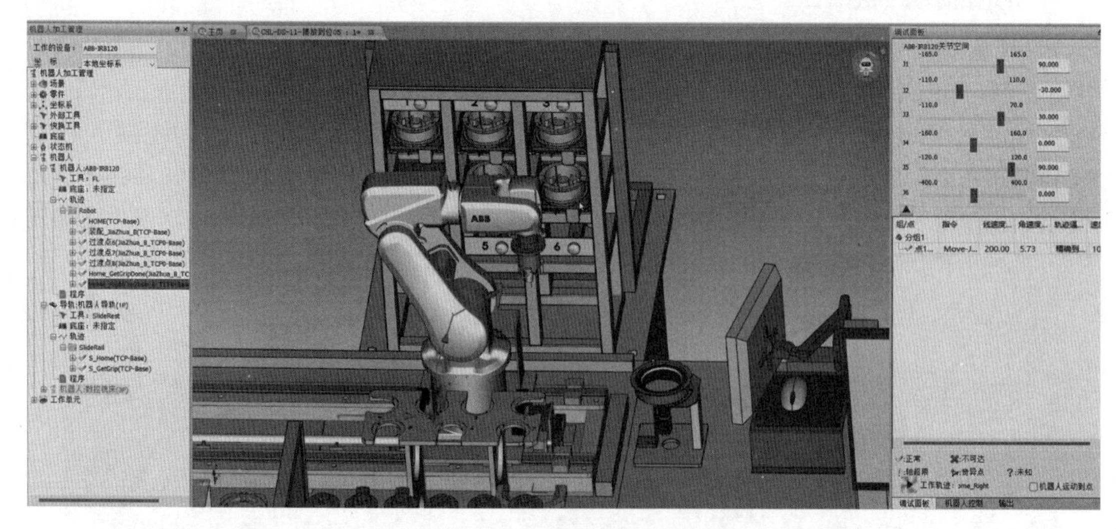

图 7-21　PQArt 操作界面

7.3.2　专用离线编程软件

专用离线编程软件一般由机器人本体厂家自行开发或者委托第三方软件公司开发维护。提到机器人的专用离线编程软件，当然离不开机器人“四大家族”。“四大家族”凭借其雄厚的技术实力，均开发了符合各自机器人特性的离线编程软件，而近年来，部分国产机器人厂商也基于自身设计的机器人本体特点针对性地开发了符合国人操作习惯的离线编程软件，常用的专用离线编程软件如下所述。

1. RobotStudio（ABB 原厂的离线软件）

ABB 集团总部位于瑞士苏黎世。ABB 由瑞典的阿西亚公司（ASEA）和瑞士的布朗勃法瑞公司（BBC Brown Boveri）在 1988 年合并而成。对于机器人来说，最大的难点在于运动控制系统，而 ABB 的核心优势就是运动控制。可以说，ABB 的机器人算法是四大主力品牌中较好的，不仅有全面的运动控制解决方案，产品使用技术文档也相当专业和具体。ABB 机器人的外观如图 7–22 所示。

图 7–22　ABB 机器人外观图

ABB 的控制柜随机附带 RobotStudio 软件，可进行 3D 运行模拟以及联机功能。与外部设备的连接支持多种通用的工业总线接口，也可通过各种输入 / 输出接口实现与各种品牌焊接电源、PLC 等的通信。此外，ABB 的控制柜还可以自由设定起弧、加热、焊接、收弧段的电流、电压、速度、摆动等参数，可自行设置实现各种复杂的摆动轨迹。RobotStudio 的机器人配置界面如图 7–23 所示。

图 7–23　RobotStudio 机器人配置界面

2. RoboGuide（发那科原厂的离线软件）

发那科关于数控系统的研究可以追溯到 1956 年，具备前瞻性的日本技术专家预见到 3C（指计算机、通信、消费类电子产品）时代的到来，并组建了科研队伍，而将其在数控系统的优势用到机器人身上，发那科的工业机器人精度也很高，多功能六轴小型机器人的重复定位精度可以达到 ±0.02 mm。值得一提的是，发那科更是将数控机床精加工的刀片补偿功能应用在机器人身上，从算法上植入了刀片补偿的功能，这使机器人在精加工切割的过程中可以实

图 7-24　发那科 R-2000iA 型机器人

现一圈一圈往里边走。正在进行精密焊接作业的发那科机器人 R-2000iA 如图 7-24 所示。

作为发那科机器人配套的离线编程软件，RoboGuide 软件除了能够使用虚拟示教器、离线编程工具示教编程以外，还可以利用目标点自动生成机器人运动程序。与程序点不同的是，目标点的点位数据支持多台机器人共享，而示教点只能机器人自身单独使用。如果有多台机器人运动时需要经过一系列相同的点位，那么这时候就可以把这些相同的点位先用目标点示教。在生成机器人程序时，只需要每台机器人根据自己需要的点位选择对应的目标点即可，这就是目标点点位数据共享。RoboGuide 的操作界面如图 7-25 所示。

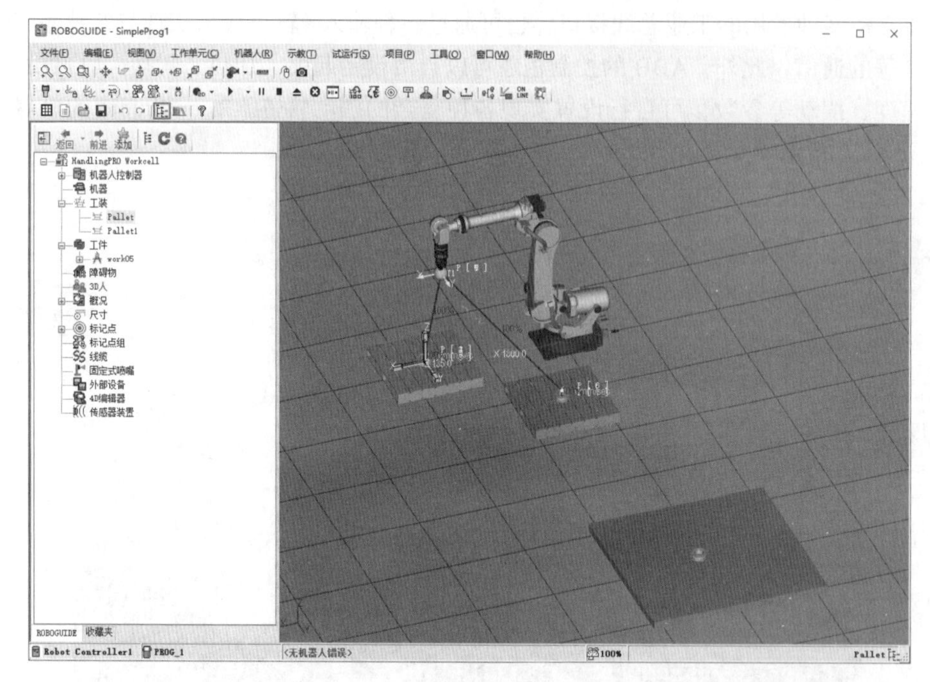

图 7-25　RoboGuide 操作界面

3. KUKA. Sim（Kuka 原厂的离线软件）

德国库卡公司于 1898 年在德国奥格斯堡建立，最初主要专注于室内及城市照明，不久后开始涉足其他领域。库卡公司的主要客户来自汽车制造领域，同时也专注于向工业生产过程提供先进的自动化解决方案，也涉及医院的脑外科及放射造影。与其他机器人相比，Kuka 的 6D 的调试遥感体验较好，很容易上手操作，在人机界面上也可以实现分屏。值得一提的是，Kuka 在重负载机器人领域做得比较好，在 120 kg 以上的机器人中，Kuka 在市场上占有较多份额。Kuka 大型机器人如图 7-26 所示。

图 7-26　Kuka 大型机器人

KUKA.Sim 是适用于 Kuka 机器人高效离线编程设计的智慧型模拟软件，可在生产环境之外优化设备和机器人的应用，使用者无须具备对 KUKA.Sim 程序编写专业知识，即可在短短数分钟内模拟系统的初步应用，简单又快速。KUKA.Sim 可建立一个数字机器人，模拟该机器人的生产程序影像。KUKA.Sim 3D 模拟的范围涵盖整个规划：从程序设计、物料流和瓶颈可视化一直到 PLC 代码。程序识别度一致性高达 100%，因此可使用相同的程序进行虚拟和实际操控。KUKA.Sim 透过这种方式奠定虚拟试运转的基础，即可在前置作业时测试新产线，并加以优化制程。KUKA.Sim 的编程环境如图 7–27 所示。

图 7–27 KUKA.Sim 编程环境

4. MotoSim EG（安川 Yaskawa 机器人离线编程仿真软件）

安川电机创立于 1915 年，是日本最大的工业机器人公司，总部位在福冈县的北九州岛市。1977 年，安川电机运用自己的运动控制技术开发生产出了日本第一台全电气化的工业机器人，此后相继开发了焊接、装配、喷漆、搬运等各种各样的自动化作用机器人，并一直引领着全球工业用机器人市场。安川电机生产的伺服和运动控制器都是制造机器人的关键零件，相继开发了焊接、装配、喷涂、搬运等各种各样的自动化作业机器人，其核心的工业机器人产品包括点焊和弧焊机器人、油漆和处理机器人、LCD 玻璃板传输机器人和半导体芯片传输机器人等，是将工业机器人应用到半导体生产领域最早的厂商之一。安川是从电机开始做起的，因此它可以把电机的惯量做到最大化，所以安川的机器人的最大特点就是负载大、稳定性高，在满负载、满速度运行的过程中不会报警，甚至能够过载运行。安川在重负载机器人应用领域（如汽车行业）的市场是相对较大的。汽车生产线上的安川机器人如图 7–28 所示。

图 7–28 汽车生产线上的安川机器人

MotoSim EG 包含绝大部分安川机器人现有机型的结构数据，可在计算机上方便地进行机器人作业程序（JOB）的编制及模拟仿真演示。该软件提供了 CAD 功能，使用者以基本图形要素进行组合就可以构造出各种工件和工作台，与机器人一起构成机器人系统，模拟真实系统。

MotoSim EG 的主要操作流程为：构筑作业单元→配置及定位机器人→建立工件模块→将机器人单元与工件模块进行组合→机器人动作示教→动作、运行时间、干涉等的检查。其操作界面如图 7-29 所示。

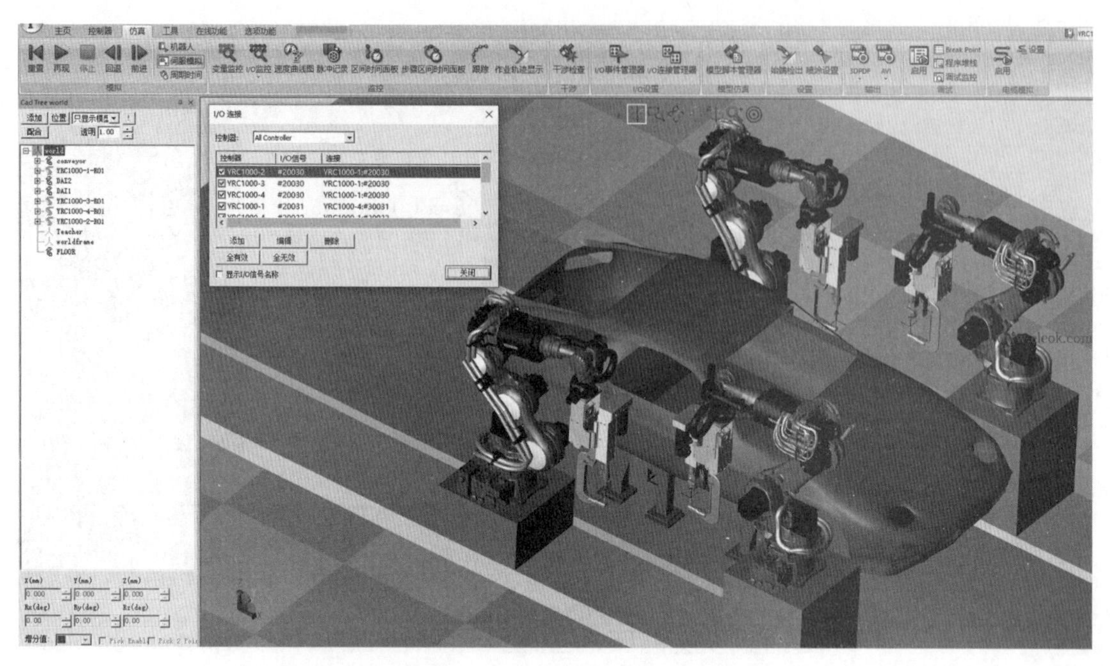

图 7-29　MotoSim EG 软件操作界面

5. ER_Factory（埃夫特机器人离线编程软件）

图 7-30　埃夫特机器人汽车生产线

埃夫特智能装备股份有限公司是中国工业机器人行业第一梯队企业，能为客户和合作伙伴提供工业机器人以及跨行业智能制造解决方案。通过引进和吸收全球工业自动化领域的先进技术和经验，埃夫特已经形成从机器人核心零部件到机器人整机再到机器人高端系统集成领域的全产业链协同发展格局，尤其在汽车行业柔性焊装系统、通用行业智能喷涂系统、智能抛光打磨和金属加工系统等领域可以为合作伙伴提供整体解决方案。埃夫特机器人汽车生产线如图 7-30 所示。

ER_Factory 是由国产机器人制造商埃夫特旗下的团队开发制作的一款离线编程仿真软件，依托在自动化装备扎根多年的行业经验所开发的 ER_Factory，聚焦面向工业自动化生产线的产品设计、生产规划与生产执行三大环节，适用于工业机器人抛光、打磨、点焊、弧焊、喷涂、雕刻、激光切割、搬运、码垛、虚拟调试等应用仿真。和“四大家族”离线编程软件主要针对自身品牌的编程环境有所不同，ER_Factory 正式升级到 3.0 版本以后，在产品设计环节，可以直接验证项目的可行性，也就是说，在支持自身厂商埃夫特机器人的基础上，它还同步兼容了 ABB、Kuka、川崎、安川、Fanuc、Staubli、三菱等其他品牌的机器人类型。软件仿真输出的机器人代码可直接用于生产加工。系统具备独立的 CAM 快速轨迹计算模块，同时也支持其他格式 NC 代码的导入。其编程环境如图 7-31 所示。

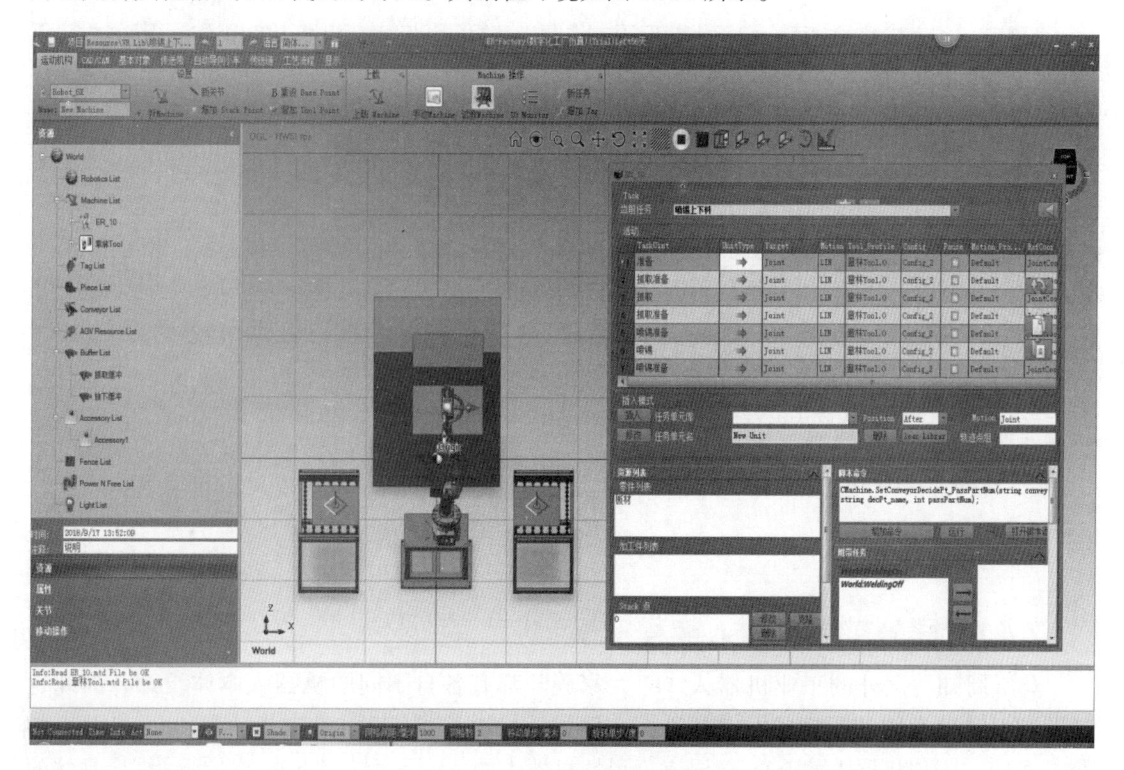

图 7-31 ER_Factory 编程环境

任务小结

通用离线编程软件和专用离线编程软件的优缺点都比较明显，通用离线编程软件可以支持多款机器人，但是对某一特定品牌的机器人的支持力度不如专用型离线软件的支持力度高。专用离线编程软件由于开发人员可以拿到机器人底层数据通信接口，软件可以有更强大和更实用的功能，与机器人本体兼容性也更好。但是许多专用离线编程软件只支持本品牌的机器人仿真，兼容性较差。

基于这种情况，不能简单地定义通用或专用离线编程软件孰优孰劣，一般而言，如果是单种类型机器人的简单工作站设计，可以从对应机器人品牌的专用离线编程软件入手。如果是多机器人，特别是不同类型机器人综合应用的产线及工厂设计，可以优先考虑使用通用离线编程软件进行开发。需要特别说明的是，为了保证通用离线编程软件生成的代码在特定品牌的机器人中的可靠性，也可以在通用离线编程软件编程完毕，导出对应型号的机器人程序后，借助对应品牌的专用离线编程软件进行初步运行检查，提高生成代码的可执行性。因此，两种离线编程软件往往需要共同协作。

任务 7.4 工业机器人编程语言实例

任务提出

伴随着机器人技术的发展，机器人编程语言也得到了发展和完善。机器人编程语言已经成为机器人技术的一个重要的组成部分。机器人的功能除了依托机器人的硬件支撑以外，很多都是借助机器人编程语言来完成的。早期的机器人由于功能单一，动作简单，往往采用固定程序控制机器人的运动。随着机器人作业动作的多样化和环境的复杂化，仅仅依靠固定的程序已经无法满足当前工业机器人的作业要求，必须采用适应作业和环境开发随时变化的机器人编程语言来完成机器人的程序设计。前面任务中已经介绍过许多机器人制造商都开发了自己的专用机器人系统和离线编程软件，不同品牌机器人也具有专属的机器人编程语言。不同的机器人语言有哪些差异？机器人编程语言又是如何指导工业机器人进行作业的呢？接下来我们将在任务 7.4 中围绕这一问题进行学习。本任务包括以下几项内容：

（1）理解工业机器人编程语言的设计框架；

（2）掌握工业机器人简单编程语言中的参数含义；

（3）了解几款典型工业机器人进行简单任务的程序编写操作方法。

任务实施

7.4.1 国外工业机器人编程实例

众所周知，国外的工业机器人“四大家族”都有各自不同的机器人本体设计，因此也诞生了不同种类的工业机器人编程语言，例如，ABB 机器人的 Rapid 语言，Kuka 机器人的 KRL 语言，安川机器人的 Inform 语言，川崎机器人的 AS 语言。接下来，我们将结合具体的任务实例，学习不同机器人语言的编程方法。

1. ABB 机器人编程实例

（1）Rapid 语言。

Rapid 语言是 ABB 公司开发的一种英文编程语言，Rapid 语言类似于高级汇编语言，与 VB 和 C 语言结构相似。它所包含的指令可以移动机器人、设置输出、读取输入，还能实现决策、重复其他指令、构造程序与系统操作员交流等。ABB 机器人的应用程序是使用 Rapid 编程语言的特定词汇和语言编写而成，Rapid 程序的基本架构如表 7-1 所示。

表 7-1 Rapid 程序的基本架构

Rapid 程序			
主模块	程序模块 1	程序模块 2	系统模块
程序数据	程序数据	……	程序数据
主程序	例行程序	……	例行程序
例行程序	中断程序	……	中断程序
中断程序	函数程序	……	函数程序
函数程序		……	

（2）机器人运动的简单轨迹控制。

如图 7–32 所示，我们来介绍如何使用 Rapid 编程语言编辑完成一条简单运动的控制。

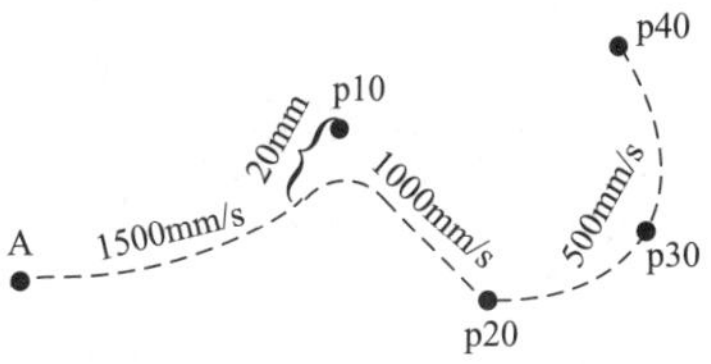

①从 A 点到 p10 点，使用关节运动指令 MoveJ。

```
MoveJ p10, v1500, Z20, tool1\WObj:=wobj1;
```

机器人的末端工具从图示 A 点位置向 p10 点以 MoveJ（关节运动）方式前进，速度是 1 500 mm/s，转弯区数据是 20 mm（即距离 p10 点还有 20 mm 的时候开始转弯），使用的工具坐标数据是 tool1，工件坐标数据是 wobj1。

图 7–32 简单运动轨迹

②从 p10 点到 p20 点，使用线性运动指令 MoveL。

```
MoveL p20, v1000, fine, tool1\WObj:=wobj1;
```

机器人末端从 p10 向 p20 点以 MoveL（线性运动）方式前进，速度是 1 000 mm/s，转弯区数据是 fine（即在 p20 点速度降为零后进行后续运动），机器人动作有所停顿，使用的工具坐标数据是 tool1，工件坐标数据是 wobj1。

③从点 p20 经过 p30 到达 p40，其中 p20，p30，p40 位于同一个圆弧上。

```
MoveC p30, p40, v500, z30, tool1\WOb:=wobj1;
```

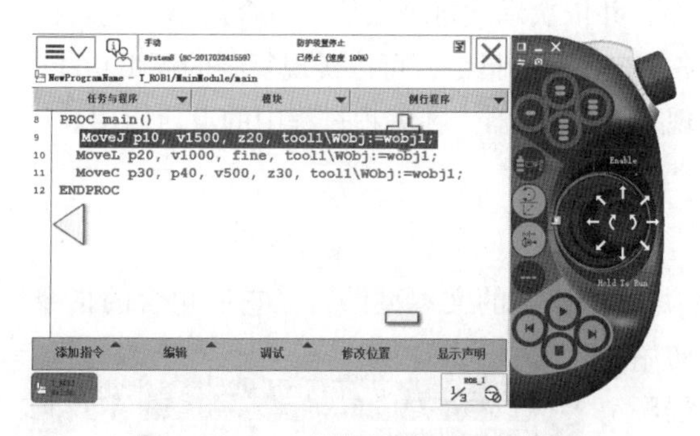

图 7–33 ABB 机器人示教器中的程序

机器人末端从 p20 以 MoveC（圆弧运动）方式前进，速度是 500 mm/s，向 p40 点移动。圆弧的曲率根据 p30 点的位置计算，使用的工具坐标数据是 tool1，工件坐标数据是 wobj1。

通过关节运动指令 MoveJ、线性运动指令 MoveL 和圆弧运动指令 MoveC 的使用即可完成简单运动轨迹的控制。将上述三条语句录入 ABB 机器人示教器中，如图 7–33 所示，其中 p10，p20，p30，p40 需要分别通过 ABB 机器人示教器给出具体的点位。

（3）机器人轨迹控制的重复指令使用。

如图 7–34 所示，假设机器人要运动这样一段轨迹，从 P10 点至 P110 点，x 方向上每点之间的间隔一样，间隔为 10 个单位；每点在 y 方向上的高度也一致，间隔为 50 个单位。尝试编写一个 ABB 机器人程序。

①第一种方法：用 MoveJ、MoveL 指令分别示教这些点位，如图 7–35 所示。

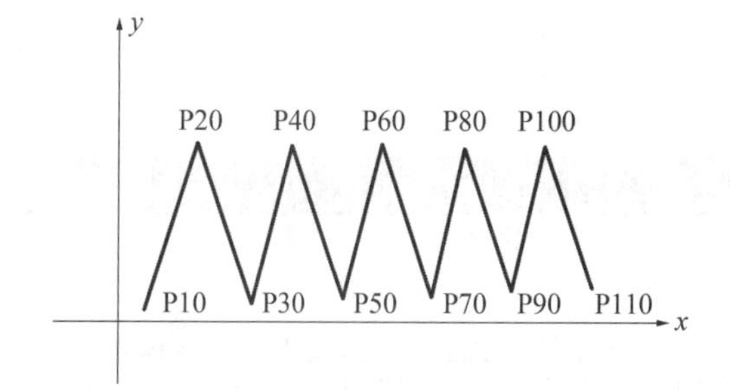

图 7–34 工业机器人运动轨迹

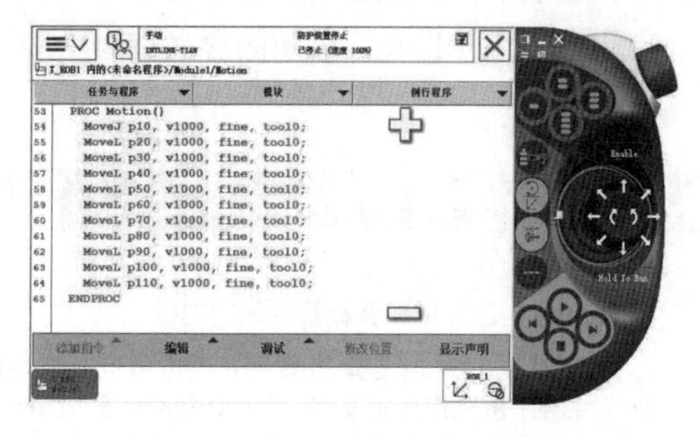

图 7–35 使用 MoveJ、MoveL 指令

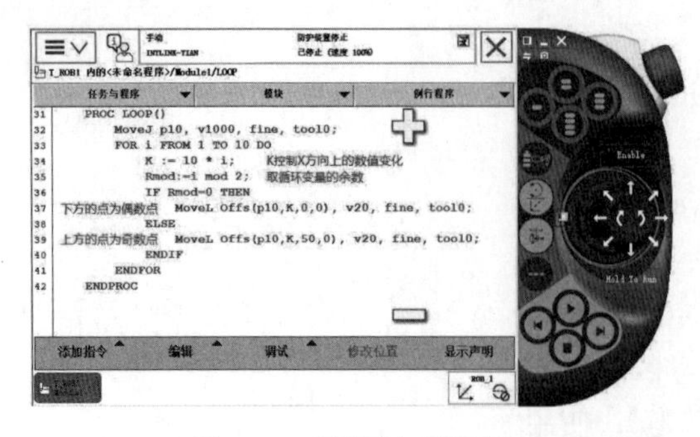

图 7-36　用偏移与循环实现

②第二种方法：用偏移与循环实现。

建立合适的工件坐标系，P10 作为参考偏移零点，用偏移与循环实现的主体程序如图 7-36 所示。

轨迹控制重复时，主要在 x 方向上产生数值的变化，这样就可以利用循环变量 i 及各个点位之间等距（10 个单位）的乘积变量 K 来控制 x 方向上数值的变化。

y 方向上只有两个数值：0 和 50。因此可以利用取余数的方法判断上方点位和下方点位。比如，机器人从 P10 点出发，运动到第一个点位 P20，程序执行 IF 条件判断 ELSE 中的语句：

```
MoveL Offs(p10, K, 50, 0), v20, fine, tool0;
```

余数不为 0 时，执行上方奇数点位的运动；余数为 0 时，执行下方偶数点位的运动，其余参数如速度等可根据实际需要配置。（注：用于 FOR 循环的循环变量 i，只能在循环体内进行数值运算，在循环体外无法被识别到。）

③两种方法的比较。

第一种方法为常规做法，按部就班地编写程序，并依次示教每个点位，适合简单工艺的程序编写；第二种方法代码较简洁，但需要打开思路，充分运用指令，可以实现复杂的逻辑功能。两种不同的编程方式实现相同的功能，也充分体现了 ABB 机器人在编程过程中的灵活运用。

2. Kuka 机器人编程实例

（1）KRL 语言。

Kuka 的机器人编程语言简称 KRL，是一种类似 C 语言的文本型语言，它所包含的指令的功能和 Rapid 语言类似，同样能够完成程序初始化、移动机器人、设置输出、读取输入、构造程序等功能。Kuka 机器人的应用程序是使用 KRL 编程语言的特定词汇和语言编写而成，一个完整的程序结构包括主程序、初始化程序、子程序和轨迹化程序，可以根据需要来决定是否使用子程序。

（2）KRL 语言实例。

还是以简单运动轨迹为例，使用 Kuka 的 KRL 语言编写的简单轨迹控制程序如图 7-37 所示。

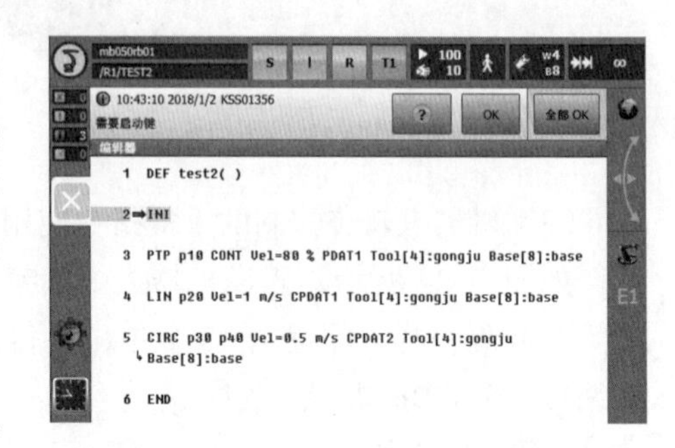

图 7-37　KRL 语言编写的简单轨迹控制程序

图中程序的 1-6 行语句的含义如表 7-2 所示。

表 7-2　程序行说明

行	程序说明
1	程序名称
2	包含内部变量和参数初始化的内容
3	机器人的末端工具从图示 A 点位置向 p10 点以 PTP（点到点）的运动方式前进，速度是 80% 标准速度，CONT 是轨迹逼近功能，圆弧过渡距离 20 mm 可以在 PDAT1 中设置，使用的工具坐标系是 Tool[4]:gongju，工件坐标系是 Base[8]:base

续表

行	程序说明
4	机器人的末端工具从 p10 点向 p20 点以 LIN（直线）运动方式前进，速度是 1 m/s，使用的工具坐标系是 Tool[4]:gongju，工件坐标系是 Base[8]:base
5	机器人末端 P 从 p20 以 CIRC（圆弧）运动方式前进，速度是 0.5 m/s，向 p40 点移动，p30 为中间辅助点位。使用的工具坐标系是 Tool[4]:gongju，工件坐标系是 Base[8]:base
6	程序结束

7.4.2 国产机器人编程实例

国产机器人行业中，埃夫特机器人作为典型代表，也具有自己的机器人语言 RPL。具体的编程案例如下所述。

1. 案例任务描述

使用埃夫特机器人行走轨迹如图 7-38 所示。

图 7-38 机器人行走轨迹

2. 程序编写

（1）移动机器人末端至 P1 点正上方约 20 mm 处。切换插补方式为“MOVJ”，编写程序：

```
MOVJ V=20% BL=0 VBL=0
```

（2）依次移动机器人末端至 P2、P3、P4 点上方，切换插补方式为“MOVL”，依次编写程序：

```
MOVL V=20% BL=0 VBL=0
```

依次在每个点位确定相应位置。

（3）如果想要在转角处设置过渡半径，只需要选择合适的命令行，单击“选择”按钮，将 BL=0 修改为 BL= 10，即过渡半径为 10。由此可知，如果想修改过渡半径为任意参数，只需要单击“修改”和“确认”按钮。BL=XX，XX 即为过渡段长度。

（4）编写完成的参考程序如图 7-39 所示。

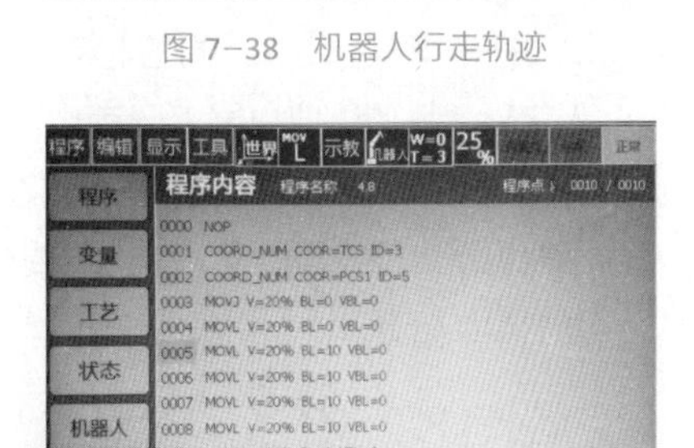

图 7-39 参考程序

技巧：

使用不同的工业机器人编写程序时，虽然程序的代码格式有一定的差异，但是总体思路存在一定的共性。选择合适的运动指令，配置合理的运动参数，不同的工业机器人也可以操作自如。熟悉不同的工业机器人进行任务的作业也为后续工业机器人应用编程“1+X”证书的备考做好了准备。

拓展阅读

工业机器人应用编程“1+X”证书制度试点全面启动

2019 年 8 月 27 日，教育部发布了《关于确认参与“1+X”证书制度试点第二批职业教育培训评价组织及职业技能等级证书的通知》，确定了北京赛育达科教有限责任公司及其牵头负责的工业机器人应用编程职业技能等级证书为第二批“1+X”证书制度试点目录。以往的职业资格证书都是政府部门认证的，现在国家教育行政部门和劳动技能部门遴选了一批具有社会影响力的“教育评价企业”来组织行业内的专家制定技能证书考核标准，让企业作为认证主体。这样制定的证书认定制度最大的优势就是内容和标准更贴近企业的需求，而且更新能更加及时。这也是企业参与职业教育的一个非常重要的模式。

最新制定和规范的工业机器人应用编程职业技能等级标准规定了工业机器人操作编程职业技能的等级，阐明了相关企业岗位工作规范及其职业技能要求。分为“初级、中级、高级”三个不同等级，适用于工业机器人操作编程职业技能等级培训与考核，工业机器人技术应用领域相关岗位从业人员的培训和职业院校教师专业培训。

——摘自《工业机器人应用编程“1+X”证书制度试点工作说明会在苏州召开》
（光明网，2019 年 9 月 22 日）

任务小结

从 ABB 机器人的 Rapid 语言、Kuka 机器人的 KRL 语言以及埃夫特机器人的 RPL 语言的对比过程中可以看出，不同工业机器人的语句功能在使用上存在一定的相似性，除了上述三种机器人之外，其他工业机器人厂商也都有专用的编程语言，像 Fanuc 的 Karel 编程语言，Motoman 的 Inform 编程语言等，这些语言在形式上也有近似的特点。由此可见，如果想要深入掌握常用工业机器人的编程语言，首先需要熟练掌握其中一种机器人的编程语言，其他语言便可以在此基础上触类旁通。

项目总结

工业机器人能够按照要求进行工作，离不开人为编写的程序。本项目首先对工业机器人的编程类型、编程语言的类型和常见的编程方式进行了分类介绍，然后介绍了在线、离线两种不同的编程方式以及不同编程方式的选择原则，接着对通用离线编程软件和专用离线编程软件的不同适用场景和功能特点进行了举例说明，最后分别以国外工业机器人 ABB、Kuka 和国内工业机器人埃夫特为例，说明了不同工业机器人在简单轨迹规划时的方式方法，阐述了工业机器人轨迹规划编程的基本流程。

项目拓展

一、选择题

1. 示教编程方法是指机器人由操作者引导，控制机器人运动，记录机器人作业的程序点，并插入机器人所需的指令来完成程序的编写，一般包括示教、(　　) 和再现三个步骤。

A. 连续运行　　B. 存储　　C. 记录　　D. 引导

2. 直线运动指令是机器人示教编程时常用的运动指令，编写程序时需通过示教或输入来确定机器人末端控制点移动的起点和（　　）。

A. 运动方向　　B. 终点　　C. 移动速度　　D. 直线距离

3. ABB 机器人进行关节运动时，使用的程序命令为（　　）。

A. MoveC　　B. MoveJ　　C. MoveL　　D. MoveABSJ

4. ABB 机器人进行直线运动时，使用的程序命令为（　　）。

A. MoveC　　B. MoveJ　　C. MoveL　　D. MoveABSJ

5. ABB 机器人运动指令中，Z50 是指（　　）。

A. 运动方式　　B. 速度数据　　C. 转弯半径数据　　D. 工具数据

6. ABB 机器人运动指令中，V100 是指（　　）。

A. 运动方式　　B. 速度数据　　C. 区域数据　　D. 工具数据

7. 在 ABB 机器人运动指令中，tool0 是指（　　）。

A. 运动方式　　B. 速度数据　　C. 区域数据　　D. 工具数据

8. 机器人中的编程中有且只能有一个的是（　　）。

A. 程序模块　　B. 例行程序　　C. 功能指令　　D. 主程序

9. 机器人搬运任务的主要环节有工艺分析、运动规划、示教准备、（　　）和程序调试。

A. 视觉检测　　B. 原点标定　　C. 示教编程　　D. 路径规划

10. 示教再现控制为一种在线编程方式，它的最大问题是（　　）。

A. 操作人员劳动强度大　　B. 占用生产时间

C. 操作人员安全问题　　D. 容易产生废品

二、判断题

1. 利用示教编程方法编写机器人程序时，一般需完成程序名编写、程序编写、程序修改、程序单步调试，然后才能进行自动运行。

(A) 正确　　(B) 错误

2. 机器人编程中常用于机器人空间大范围运动的指令是关节运动指令。

(A) 正确　　(B) 错误

3. 编程时机器人系统中所有急停装置都应保持有效。

(A) 正确　　(B) 错误

4. 离线编程软件目前可完全替代手动示教编程。

(A) 正确　　(B) 错误

5. 示教再现型机器人是一种通过编程可示教、再现并可存储作业程序的机器人。

(A) 正确　　(B) 错误

6. 示教编程方式只有利用示教盒进行示教编程一种方式。

(A) 正确　　(B) 错误

7. 示教盒的作用包括离线编程。

(A) 正确　　(B) 错误

8. RobotStudio 离线编程软件可以支持多种品牌及型号的机器人。

(A) 正确　　(B) 错误

9. RobotStudio 离线编程软件可以支持多种格式的三维 CAD 模型。

(A)正确　　　　　　(B)错误

10. 离线编程时不会影响机器人工作。

(A)正确　　　　　　(B)错误

三、填空题

1. 工业机器人离线编程的主要步骤有：场景搭建、____________、工序优化、____________。

2. 基于生产现场的复杂性，作业的可靠性等方面的考虑，工业机器人的作业示教在短期内仍将无法摆脱____________示教编程的现状。

3. 常见的示教再现编程方式为在线编程、____________、____________。

4. 示教盒属于____________机器人子系统。

5. 使 ABB 机器人完全到达时再输出 DO 信号，则运动指令转弯半径需指定为____________。

6. 程序运行指针与光标必须指向____________指令，机器人才能正常启动。

7. 手动操作机器人时要采用____________的速度。

8. 通常对机器人进行示教编程时，要求最初程序点与最终程序点的位置____________，这样可提高工作效率。

9. 机器人行走轨迹是由示教点决定的，一段圆弧至少需要示教____________点。

10. ____________一般都由第三方软件公司负责开发和维护，不单独依赖某一品牌机器人。

四、简答题

1. 在 ABB 机器人编程语言中指令“MOVEJ”与“MOVEL”的区别是什么？

2. 简述离线编程的基本步骤。

3. 离线编程的优势有哪些？

4. 在线示教编程的优点是什么？

5. 在线示教编程和离线示教编程选择过程中应注意哪些方面？

项目 8

机器人的工业应用

08

项目概述

全球制造业正在向自动化、集成化、智能化及绿色化方向发展。中国作为全球第一制造大国，以工业机器人为标志的智能制造在各行业的应用越来越广泛。使用工业机器人可以优化生产流程，灵活配置自动化设备，实现更高的效率产出和投资回报率。目前，汽车行业占据着工业机器人大部分市场，除此之外，3C、物流、医疗、服务等行业也已经看到了工业机器人的身影。本项目将结合此前已经讲述过的工业机器人相关技术理论，对其在工业生产中的集成应用方式进行更加具体的描述，展示工业机器人的实际应用场景。

项目目标

知识目标

1. 了解工业机器人在汽车行业中的典型应用。
2. 了解工业机器人在 3C 和物流行业中的应用形式。
3. 了解其他形式的工业机器人和未来工厂的构建形式。

能力目标

1. 能够根据项目需求判断工业机器人的适用性。
2. 能够根据项目的任务要求初步选择合适的工业机器人类型。
3. 能够结合现有的机器人技术发展对未来工厂的形式进行初步设想。

素质目标

1. 强化理论指导实践的意识，明确机器人在生产生活中的应用现状。
2. 通过项目学习，培养发散思维的能力，对工业机器人未来发展趋势和发展潜力进行合理的设想与展望。
3. 通过拓展阅读，感悟机器人的新技术对飞机生产、港口增效等的巨大助力，树立时不我待争朝夕，发愤图强向未来的意识。

知识导图

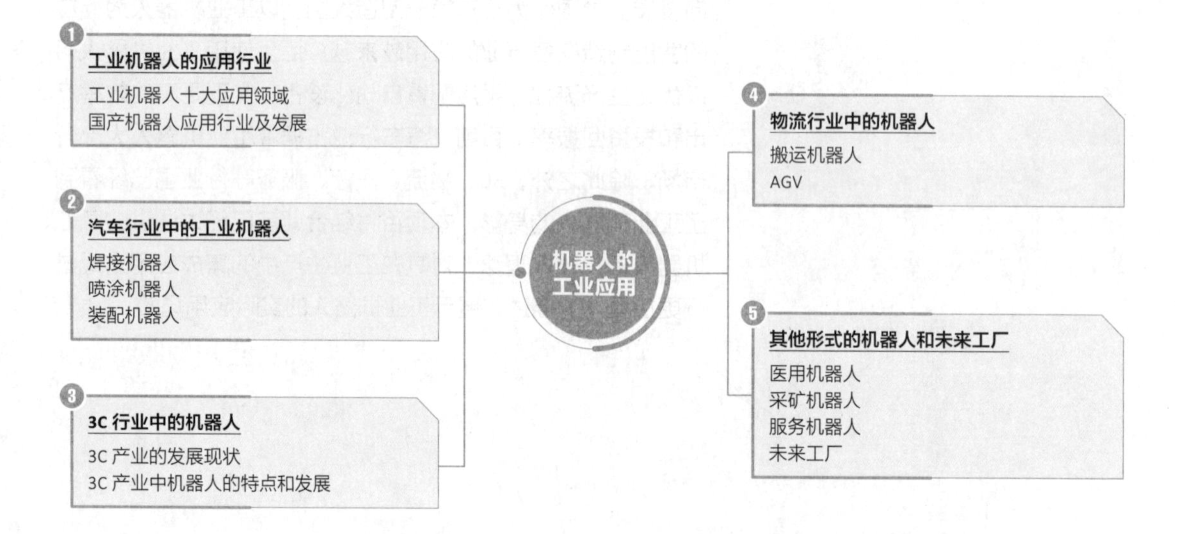

任务 8.1 工业机器人的应用行业

任务提出

工业机器人的应用不仅可以降低人工成本，提高生产效率，还能够大大提高产品制造的良品率，降低安全隐患。在工业机器人的应用过程中有哪些典型的领域？国产的机器人应用行业又有何发展？接下来，我们将在任务 8.1 中围绕这一问题进行学习。本任务包括以下几项内容：

（1）了解工业机器人的常见应用领域；

（2）了解工业机器人在常见应用领域中的主要工作成效；

（3）了解国产机器人行业的应用和发展。

任务实施

8.1.1 工业机器人十大应用领域

随着技术的进步，工业机器人的应用领域也在快速扩张，工业机器人在各个行业开花结果，广泛应用，机器人广泛应用于以下十大领域。

1. 汽车制造业

在中国，50% 的工业机器人应用于汽车制造业，其中 50% 以上为焊接机器人；在发达国家，汽车工业机器人占机器人总保有量的 53% 以上。据统计，世界各大汽车制造厂年产每万辆汽车所拥有的机器人数量为 10 台以上。随着机器人技术的不断发展和日臻完善，工业机器人必将对汽车制造业的发展起到极大的促进作用。而中国正由制造大国向制造强国迈进，需要提升加工手段，提高产品质量，增加企业竞争力，这一切都预示机器人的发展前景巨大。

在未引入机器人以前的中国重型汽车集团有限公司，一个工人只能照看两台机床，引入工业机器人后，一台机器人可以自动操控 5 ～ 10 个加工中心。在中国重汽卡车年产量从 4 万多辆增至 15 万辆的期间，固定职工只增加了 10% 左右，协议派遣工增幅也比较有限，产量的提升很大程度上归功于机器人的引入。此外，中国重汽在建设新车间时引入了工业机器人，建成了全自动冲压机，由机械手臂将钢板送入冲压机，既稳定了产品质量，又代替了人工，避免了工伤事故的发生。工业机器人应用于汽车生产线如图 8-1 所示。

图 8-1 工业机器人应用于汽车生产线

2. 电子电气行业

电子类的 IC、贴片元器件，工业机器人在这些领域的应用也较为普遍。目前世界工业界装机最多的工业机器人是 SCARA 型四轴机器人。第二位的是串联关节型垂直六轴机器人。这两种机器人的装机量占据了全球工业机器人装机量的一半以上，它们是工业机器人未来发展关注的重点。

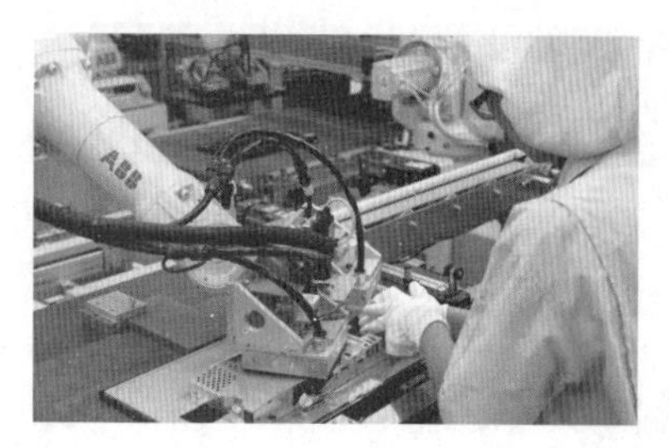

图 8-2 工业机器人在电子电气行业的应用

在国内某工业园的专区内，工业机器人的应用大大提高了生产效率。小型化、简单化的工业机器人可以满足电子组装加工设备日益精细化的需求，而机器人自动化加工更是大大提升了生产效益。有关数据表明，某产品通过机器人抛光，成品率可从 87% 提高到 93%，因此无论“机器手臂”还是更高端的机器人，投入使用后都会使生产效率大幅提高。工业机器人在电子电气行业的应用如图 8-2 所示。

3. 橡胶及塑料工业

塑料工业的合作紧密而且专业化程度高。塑料的生产、加工和机械制造紧密相连。即使在将来，这一行业也将非常重要并能提供众多的工作岗位，因为塑料几乎无处不在。机械制造作为联系生产和加工的工艺技术发挥着至关重要的作用。原材料通过注塑机和工具被加工成用于精加工的创新型精细耐用的成品或半成品，如图 8-3 所示。通过采用自动化解决方案，生产工艺更高效且经济可靠。

图 8-3 手机背板预热台及注塑机工作站上下料

要跻身塑料工业需要符合极为严格的标准，这对机器人来说毫无问题。它不仅适用于在净室环境标准下生产工具，而且也可在注塑机旁完成高强度作业。即使在高标准的生产环境下，它也能可靠地提高各种工艺的经济效益。

4. 铸造行业

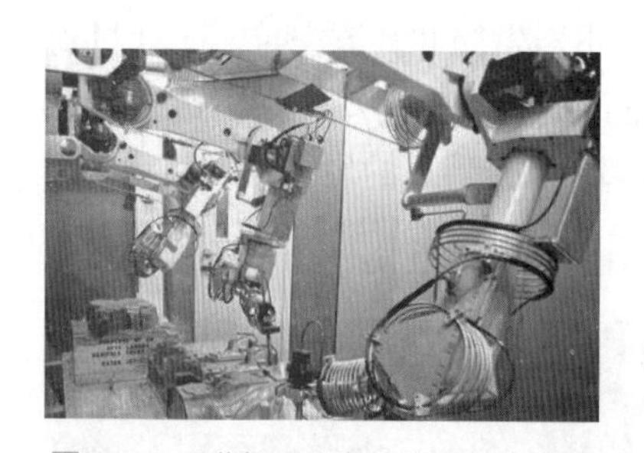

图 8-4 工业机器人在铸造行业的应用

铸造行业的工作使工人和机器都承受着沉重的负担，而库卡铸造机器人可以代替工人完成一些工作。这种机器人能够在高污染、高温或外部环境恶劣的领域正常工作。操作简便的控制系统和专用的软件包使机器人的应用十分灵活，无论是直接用于注塑机，还是用于连接两道工序，或是用于运输极为沉重的工件，工业机器人在铸造行业的应用如图 8-4 所示。工业机器人具有极佳的定位性能、很高的承载力以及可以安全可靠地进行高强度作业等优势，在铸造行业得到了广泛应用。它甚至可以直接在注塑机旁、内部和上方用于取出工件。此外它还可以可靠地将工艺单元和生产单元连接起来。另外在去毛边、磨削或钻孔等精加工作业以及进行质量检测方面，机器人也表现非凡。

5. 食品行业

机器人的运用范围越来越广泛，即使在很多的传统工业领域中，人们也在努力让机器人代替人类工作，在食品工业中的情况也是如此。目前人们已经开发出的食品工业机器人有包装罐头机器人、自动午餐机器人和切割牛肉机器人等，肉类加工机器人如图 8-5 所示。

图 8-5 肉类加工机器人

从机器人的角度来看，切割牛肉并不是一个简单的问题，要考虑的细节特别复杂，因为从牛的身体结构来看，每头牛的肢体虽然大致一样，但还是有很多不相同的地方。机器人系统必须选择针对每头牛的最佳切割方法，最大限度地减少牛肉的浪费。实际上，要使机器人系统能熟练地模拟一个屠宰工人的动作，最终的解决方法是把传感器、人工智能和机器人制造等多项技术集成起来，使机器人系统能自动顺应产品加工中的各种变化。

6. 化工行业

化工行业是工业机器人的主要应用领域之一。目前应用于化工行业的主要洁净机器人自动化设备有大气机械手、真空机械手、洁净镀膜机械手、洁净 AGV、RGV（有轨制导车辆）及洁净物流自动传输系统等。很多现代化工业品生产要求精密化、微型化、高纯度、高质量和高可靠性，在产品的生产中要求有一个洁净的环境，洁净度的高低直接影响产品的合格率。洁净技术就是按照产品生产对洁净生产环境中污染物的控制要求、控制方法和控制设施的日益严格而不断发展。因此，在化工领域，随着未来更多的化工生产场合对于环境清洁度的要求越来越高，洁净机器人将会得到进一步的利用，因此其具有广阔的市场空间。化工厂中的巡检机器人如图 8-6 所示。

7. 玻璃行业

无论是空心玻璃、平面玻璃、管状玻璃，还是玻璃纤维（现代化、含矿物的高科技材料）都是电子和通信、化学、医药和化妆品工业中非常重要的组成部分。同时，玻璃对于建筑工业和其他工业分支来说也是不可或缺的。特别是对于洁净度要求非常高的玻璃，工业机器人是极好的选择，玻璃制造行业机器人如图 8-7 所示。工业机器人通过柔性吸盘及弹性缓冲结构抓取与释放玻璃，减少了玻璃的破损与擦伤，特别适合薄玻璃的抓取。工业机器人可以根据生产线订单等信息以及机器视觉检测的结果对玻璃进行分级，工业机器人的抓手还可以动态跟踪、同步飞行抓取产品，并将产品堆垛到指定的集装架上。

图 8-6 化工厂中的巡检机器人

图 8-7 玻璃制造行业机器人

8. 家用电器行业

家用电器行业对经济性和生产率的要求越来越高。降低工艺成本，提高生产效率成为重中之重，自动化解决方案可以优化家用电器的生产。无论是批量生产洗衣机滚筒或是给浴缸上釉，使用机器人可以更经济有效地完成生产、加工、搬运、测量和检验工作。它可以连续可靠地完成生产任务，无需经常将沉重的部件中转。由此可以确保生产流水线上的物料流通顺畅，而且始终保持恒定高质量。因其具有较高的生产率、重复性的高精确度、很高的可靠性以及光学和触觉性能，机器人几乎可以运用到家用电器生产工艺流程的所有方面，格力生产线上的工业机器人如图 8-8 所示。

图 8-8　格力生产线上的工业机器人

9. 冶金行业

无论是轻金属、彩色金属、贵金属、特殊金属，还是最常见的钢，金属工业都离不开铸造厂和金属加工。而且如果没有自动化和多班作业，就无法确保生产的经济效益和竞争力并减轻员工繁重的工作。工业机器人在冶金行业的主要工作范围包括钻孔、铣削、切割以及折弯和冲压等加工过程，冶金机器人如图 8-9 所示。此外它还可以缩短焊接、安装、装卸料过程的工作周期并提高生产率。即使在铸造领域，配备了专用的铸造装备的库卡机器人也显示了其非凡的实力，它具有使用寿命长、耐高温、防水和防灰尘等优势。此外机器人还可以独立完成表面检测等检测工作，从而为高效的质量管理作出了重要贡献。

10. 烟草行业

工业机器人在我国烟草行业的应用出现在 20 世纪 90 年代中期，玉溪卷烟厂采用工业机器人对其卷烟成品进行码垛作业，用自行走小车（AGV）搬运成品托盘，节省了大量人力，减少了烟箱破损，提高了自动化水平。我国烟草行业多年来不断加强技术改造，促进技术进步。但是，先进的生产设备必须配备与之相应的管理方法和后勤保障系统，才能真正发挥设备的高效益，如卷烟原料、辅料的配送，就需要先进的自动化物流系统来完成。传统的人工管理、人工搬运极易出错，又不准时，已不能适应生产发展的需要。精准的工业机器人系统被应用于这个领域，如图 8-10 所示。

图 8-9　冶金机器人

图 8-10　精准的工业机器人生产线

说明　除了上面提及的十大领域外，工业机器人目前在新兴行业中的应用也越来越普遍。

拓展阅读

机器人助力国产大飞机生产

南京晨光公司金陵智造研究院自主研发的智能无人巡检机器人，目前已在上海飞机制造有限公司的国产大飞机 C919 部装厂房投入使用。这款机器人针对飞机制造厂房工装盘点定制开发，搭载了工装巡检模块，其主要功能是根据工装管控系统下发的指令，开展指定区域的工装自动巡检任务，完成工装盘点，并对工装异常的位置进行标记，从而实现对整个厂房内工装的有效管理。智能无人巡检机器人具备自动巡航、自动跟随、远程操控等多种运动控制模式，可模块化搭载超清网络摄像头、热成像传感器、RFID/蓝牙工装巡检模块、辐射/毒气监测模块等设备。它具备智能图像识别、智能语音识别等功能，可进行全天候户外作业，在海关巡检查验、武警安防巡逻、厂房物资盘点等领域均有应用。

——摘自《智能无人巡检机器人助力国产大飞机 C919 生产》

（光明日报客户端，2022 年 11 月 14 日）

8.1.2 国产机器人应用行业及发展

国产机器人应用也在不断拓展到新的应用领域。国产工业机器人的应用主要集中在搬运与上下料、焊接与钎焊、装配、加工等，已经从传统的汽车制造向机械、电子、化工、轻工、船舶、矿山开采等领域迅速拓展。目前，国产工业机器人已服务于国民经济的 37 个行业大类，102 个行业中类，具体涉及的行业除了传统的食品制造业、医药制造业、有色金属冶炼和压延工业、食品制造业、非金属矿物制品业、化学原料和化学制品制造业、专用设备制造业、电气机械和器材制造业、金属制品、汽车制造业、橡胶和塑料制品业等行业外，还新增了黑色金属冶炼和压延工业等行业。2019 年，随着我国“智能机器人”重点专项的深入推动，智能制造产业中的机器人应用也越来越广泛，如图 8-11 所示。

图 8-11 智能制造产业中的机器人应用

随着关键岗位机器人替代工程、安全生产少（无）人化专项工程、智能制造工程和新的应用示范政策的不断落实，工业机器人的应用领域将不断拓展，预计搬运与上下料机器人销量将继续保持第一位，具有加工功能的机器人将延续快速增长态势。3C 制造业、汽车制造业依然是国产机器人的主要市场，并有望延伸到劳动强度大的纺织、物流行业，危险程度高的国防军工、民爆行业，对产品生产环境洁净度要求高的制药、半导体、食品等行业和危害人类健康的陶瓷、制砖等行业。此外，教育产业中的机器人也在近年来取得了快速的发展，教育机器人如图 8-12 所示。

图 8-12 教育机器人

任务小结

从工业机器人目前的应用领域看，不同的行业对于工业机器人有着不同的应用。总结机器人在各行业中的应用经验不难看出，中高端工业机器人将在汽车产业、通信电子、金属制品、化工塑料、家电行业等有着较为广泛和深入的应用。与此同时，广泛存在的其他行业采用的机器人技术含量相对较低，众多下游领域的需求还在形成与增长。在国产机器人应用行业方面，机器人的使用领域也不断拓展，新兴的智能制造产业链机器人和教育机器人行业也在不断发展。

任务 8.2 汽车行业中的工业机器人

任务提出

在发达国家，汽车工业机器人占机器人总保有量的 53% 以上。在中国，同样有 50% 的工业机器人应用于汽车制造业，其中半数以上的为焊接机器人。工业机器人已经对汽车制造业的发展起到极大的促进作用。中国正由制造大国向制造强国迈进，此时需要提升加工手段，提高产品质量，增加企业竞争力，这一切都预示机器人的发展前景巨大。焊接机器人在汽车行业中是如何助力汽车生产的？除了焊接之外，工业机器人在汽车产线中还有哪些普遍应用？接下来我们将在任务 8.2 中围绕这一问题进行学习。本任务包括以下几项内容：

（1）了解焊接工作站在汽车行业中的典型应用；

（2）了解喷涂工作站在汽车行业中的典型应用；

（3）了解装配机器人在汽车行业中的典型应用。

任务实施

8.2.1 焊接机器人

1. 焊接机器人成为“智能工厂”新主角

在全球自动化生产需求高速释放之际，各国都在积极推动“工业 4.0”的有序发展，作为新时代发展要求下的两大全新主题，“智能工厂”和“智能生产”受到了越来越多国家和企业的高度关注。

而作为机械制造工业中的关键一环，工业焊接也在“智能工厂”和“智能生产”中发挥重要作用。焊接机器人比人工焊接有着无与伦比的优势，它的操作简单，可以让普通工人直接代替高级焊工，从而为企业节省高额的人工成本。另一方面，工人需要休息，而焊接机器人可以连续工作，生产效率是人工的 3 倍以上，而且更能降低人工管理成本。

与此同时，万物互联的自动化时代到来，也意味着越来越多的设备之间可以进行频繁的交互，获取数据，使世界各地的工厂车间，从与人类共同工作的机器人到追踪整个物流系统中的零部件，重塑产品的设计和制造方式。

随着焊接机器人越来越多地投入工厂车间，进行实际的焊接生产工作。在焊接过程中，存在大量的焊接操作以及复杂的焊接结构，单个焊接机器人也无法应对这个难题。因此，一般来说，焊接机器人主要在工厂中执行批量生产的任务，在机器人手臂无法到达所要焊接的位置，比如在预定焊接路径中存在障碍物、遇到死点无法继续焊接的时候，就需要多台焊接机器人共同完成焊接作业。

当然，机器人不是单独工作的，它需要与许多外围辅助设备结合，例如，控制柜、焊接电源、送丝机构、变位机、夹具等，因此在焊接过程中，焊接机器人与周边设备、机器人与机器人之间实现柔性化集成，才能达到减少辅助时间，提高效率的目的，焊接机器人及其外围设备如图 8-13 所示。

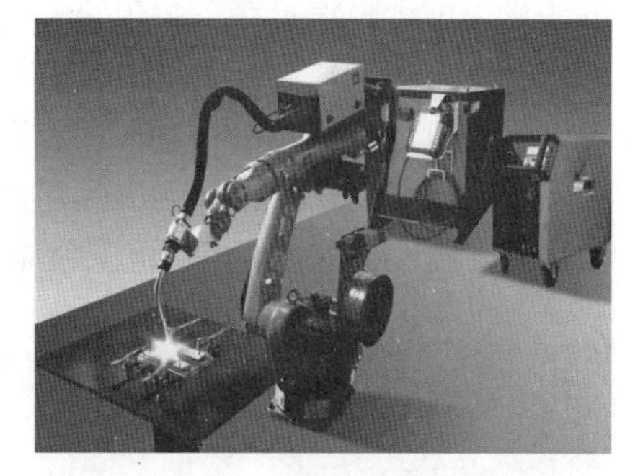

图 8-13　焊接机器人及其外围设备

2. 我国焊接机器人发展之路

目前，我国的焊接机器人主要重心集中于汽车装备生产线的电阻点焊和薄板弧焊。早在 1984 年，一汽公司率先跨出引进步伐，将德国 Kuka 焊接机器人应用到“红旗”牌汽车车身焊接和“解放”牌汽车车头顶盖焊接，并在 1988 年开发出整个车身机器人焊装自动生产线。

图 8-14　焊接机器人在汽车行业的应用

随着汽车行业巨头上海大众和一汽大众的合资汽车厂的诞生，我国焊接机器人开始把引进、消化、二次开发等手段发挥得淋漓尽致，使得我国焊接机器人的系统集成能力和行业市场的应用能力得到了大大提高。

我国焊接机器人在经历了多年发展后，已经不单单应用在汽车制造业，在工程机械、核电风电、航空航天、船舶海工、轨道交通、国防军工、家用电器、民用五金等行业都有广泛的应用。焊接机器人在汽车自动化生产线上的应用如图 8-14 所示。

8.2.2　喷涂机器人

早期的喷涂设备通过往复机配合自动喷枪进行简易的喷涂，随着技术的日新月异和产品的多样化，简易的往复机已经不能满足形状各异的喷涂和复杂喷涂工艺的要求。工业柔性机器人喷涂技术已经不可逆转地成了涂装生产线中不可缺少的一个重要环节。

为了追求喷涂过程更高的效率和灵活性，从 20 世纪 90 年代起，汽车工业开始引入机器人技术，喷涂机器人在汽车行业的应用如图 8-15 所示。喷涂机器人是机器人大家族中一个分支，在高质量喷涂应用中获得迅猛的发展，喷涂机器人主要包含三部分：机器人本体、雾化喷涂系统、喷涂控制系统。

雾化喷涂系统包括流量控制器、雾化器和空气压力调节器等。喷涂控制系统包含空气压力模拟量控制、流量输出模拟量控制和开枪信号控制等。

图 8-15　喷涂机器人在汽车行业的应用

与传统的机械喷涂相比，采用喷涂机器人大大降低了人工喷涂的劳动强度，解决了人为喷涂厚度不均的问题。机器人不知疲倦地工作不仅为企业节约了人力成本，而且提高了喷涂的质量。由于喷涂机器人会按照工程师的程序指令进行稳定、重复地工作，喷枪与工件之间保持着既定的距离、角度，输出的油漆量也是设定好的，雾化效果也是预先设定好的，而且机器人还可以带着喷枪到达人工难以喷涂的部位。柔性机器人的安装方式也很灵活，可以安装在地面或者倒立悬挂在喷漆室顶部和喷房侧面进行喷漆。不仅如此，机器人由于喷涂的稳定性和一致性，不会出现超范围喷涂，这样便大大节约了油漆，提高了油漆的回收率。

图 8-16 防爆喷涂机器人

喷涂机器人的发展是非常迅速的，早期的喷涂机器人无法在一个喷涂程序中间随时更改流量，而今流量的控制可以直接在机器人的控制系统中进行，使流量控制更加准确和便捷。在机器人防爆方面，目前广泛采用气体正压防爆方式，就是将机器人手臂上的电机等电器原件封闭在壳体内，工作时，壳体通入高于外界压力 25 Pa 的阻燃气体，以防止工作环境中可燃气体的进入，而且对壳体内气压进行实时的监测，这使得喷涂机器人的安全级别维持在较高水准，防爆喷涂机器人如图 8-16 所示。

为了减少现场轨迹编程的时间，机器人离线编程技术得到了应用，通过计算机编程软件的轨迹画面可以生成机器人的轨迹指令，节约了在机器人示教中的时间。同时机器人视觉的发展也给企业带来了福音，同样的工件配合机器视觉就不用担心工件在挂具上摆放的不一致，摆放凌乱的工件也同样可以进行喷涂，因为发生偏差时，机器人会实时地矫正自己的轨迹位置，从而让工件获得好的喷涂效果。

在机器人喷涂的质量因素中，其中有一个重要的因素是漆膜厚度的控制，干膜厚度的计算方法为：$F \times N \times M/S \times W$，其中 F 是流量，N 是涂料体积固体含量，M 是涂料的转移率，S 是走枪速度，W 是喷幅的宽度。

流量的控制分两类，一种是使用计量齿轮泵，即每转一圈所获得的体积数是恒定的，机器人通过控制计量泵的转速来定量供漆，在这类系统中，涂料的动力来自齿轮泵产生的压力。另一种是通过流量计和节流阀组成的闭路系统来控制，在这类系统中，涂料的压力来源于供漆系统，流量计获得流量信号传到机器人系统与已标定的值做比较，当流量有偏差时，机器人通过改变节流阀开闭度来调节流量。使用第二种方案控制对供漆压力的稳定性要求很高。

影响涂料的转移率的第一个因素是喷涂设备的选择，普通空气喷枪、静电空气喷枪和旋杯对涂料的转移率有明显区别。影响涂料转移率的第二个因素是静电。走枪速度的控制也很关键的，在生产中一般旋杯的选用速度为 600 ～ 1000 mm/s，空气喷枪选用的速度为 800 ～ 1500 mm/s。影响膜厚的另一个因子是喷幅宽度，对于空气喷枪来说，雾化空气压力与扇面空气压力的比值对喷幅宽度呈线性影响。所以当修改相应的喷涂流量时，需考虑因为调整了雾化和空气压力值间接影响到喷幅的宽度。

8.2.3 装配机器人

汽车产品（包括整车及总成等）的装配是汽车产品制造过程中最重要工艺环节之一。总成是把经检验合格的数以百计或数以千计的各种零部件按照一定的技术要求组装成整车及发动机、变速器等的工艺过程。随着工业智能化发展和进步，工业机器人成为了目前智能制造和装配领域的宠儿。

随着汽车的普及使用，用户对汽车的要求越来越高，很多汽车制造商为了在市场上站稳脚跟，不断研发新技术，提升汽车制造技术，从而提升汽车的产品质量及使用寿命。为了满足高效的生产需求，汽车装配机器人得到普及使用。装配机器人是柔性自动化装配系统的核心设备，由机器人操作机、控制器、末端执行器和传感系统组成。其中操作机的结构类型有水平关节型、直角坐标型、多关节型和圆柱坐标型等；控制器一般采用多CPU或多级计算机系统，实现运动控制和运动编程；末端执行器是为了适应不同的装配对象而设计的各种手爪和手腕等；传感系统用来获取装配机器人与环境和装配对象之间相互作用的信息。与一般工业机器人相比，装配机器人具有精度高、柔顺性好、工作范围小、能与其他系统配套使用等特点。装配机器人集成系统如图 8-17 所示。

图 8-17　装配机器人集成系统

任务小结

汽车行业是工业机器人应用最早、应用数量最多、应用能力最强的行业。全世界有超过 50% 的工业机器人应用在汽车行业。相比其他行业，汽车业对产品尺寸、质量、精度和组装的要求比较高，需要高质量、大规模生产并替代人工重复劳动。焊接和喷漆是最早应用机器人实现自动化的。随后，在装配、搬运、监测以及机器人零部件生产等方面都引进了机器人技术。工业机器人推动了汽车行业的加速发展，主要体现在实现高产量，大幅提高汽车整车和零部件的质量和均一性，提高整车装配技术水平和质量，替代人工完成很多高强度、高污染及恶劣环境的工作，节省人工和管理成本，实现生产和供应链信息化、智能化，提升企业总体效益。

任务 8.3　3C 行业中的机器人

任务提出

3C 是对计算机（computer）及其周边、通信（communications，多半是手机）和消费电子（consumer-electronics）三种家用电器产品的代称。这类产品的特点是规格接近，替代性高，产品生命周期较短（约一年），制造商进入门槛较低，在许多厂商投入竞争后，价格往往会快速下跌。据统计，3C 制造业为我国工业机器人需求第二大产业，市场占比高达 27.65%，随着各种新技术的不断发展和消费者需求的不断提升，3C 行业对工业机器人的需求将会越来越大，3C 行业的工业机器人发展有什么样的特点呢？接下来我们将在任务 8.3 中围绕这一问题进行学习。本任务包括以下几项内容：

（1）了解 3C 行业的发展现状；

（2）了解 3C 产业中的机器人的功能特点；

（3）了解 3C 产业中机器人的发展趋势。

任务实施

8.3.1 3C 产业的发展现状

3C 行业是机器人企业聚焦的重点领域，自动化在 3C 行业的应用目前仅次于汽车行业，并且应用增速大，业界普遍认为，作为智能制造的下一个增长点，3C 行业将成为工业机器人应用的蓝海市场。3C 行业自动化进程加速主要有两个驱动因素：

（1）人口红利的消失导致制造业人工成本剧增；

（2）自动化技术逐渐成熟并可以降低设备成本。

随着人脸识别、语音识别、AI 和 5G 技术的发展，计算机、手机、音响等设备会被重新定义，3C 行业将迎来一轮新的爆发，3C 行业机器人的需求会明显提升。从 5G 技术的成长来说，2019 年是 5G 大量商用和 5G 手机正式推出的年份。智能手机作为重要的 3C 产品之一，在 5G 技术没有成熟之前，市场竞争虽然激烈，但销量并不乐观，大部分中小型厂商都持观望态度，在产量上保持保守。

图 8-18 机器人正在制造 5G 手机基体

但随着 2019 年 5G 国际标准制定工作完成，相关技术和产品随即推出，这导致 3C 市场的体量急剧扩大，行业的“机器换人”趋势进一步加速，对相关搬运、焊接等工业机器人的需求也迎来再次释放和爆发。

此外，5G 技术的加码让智能手机的质量和造型也有了更高要求，随着产品精细化、轻薄化趋势对工业设备要求的增高，以此为代表的 3C 领域对机器人的需求同样会迎来提升。而 5G 技术改变的不只是手机这一单一的产品，未来其对全部 3C 产品的改变也都将肉眼可睹。如图 8-18 所示的机器人正在制造 5G 手机的基体。

8.3.2 3C 产业中机器人的特点和发展

3C 行业之所以在近些年取得快速发展的主要原因如下。

1. 传统制造业技术相关成熟增量有限

随着汽车行业机器人的应用越来越成熟，及汽车生产线保有量的饱和，市场增量必定会逐渐降低，机器人寻求向其他新兴行业渗透已经成为一种趋势。

2. 技术壁垒使得 3C 市场还处于竞争“蓝海”区

在传统应用市场，机器人技术及种类已经相当齐全，很难有所突破，3C 行业作为目前发展较迅速，而且机器人应用相对不那么成熟的应用市场，较高的技术壁垒势必会成为企业寻求差异化道路上的一片“蓝海”，也是机器人企业眼中的“宠儿”。

3C 行业对机器人的爆发除了体现在产品数量和质量的提升上，还体现在运输需求的转变上。3C 行业将对物流提出新的需求：大批量定制、生产周期缩短，对于柔性化、矩阵式生产的需求都要求物流具备快速应变能力；为了降低风险，生产线被拆解得更细致，物流频次上升，要求更高效率；机器人可与 MES 系统对接，将生产信息准确映射为生产作业，控制供应链和生产节拍，人机协作实现 3C 产品柔性制造如图 8-19 所示。

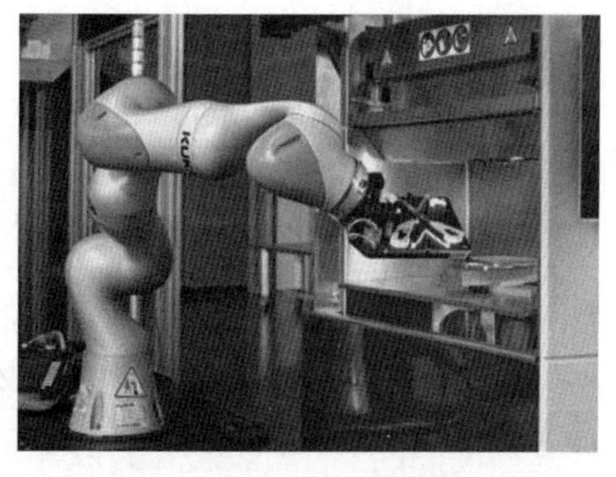

图 8-19 人机协作实现 3C 产品柔性制造

在此要求下，3C 行业对物流 AGV、搬运、分拣等机器人提出了更多需求和更高要求。早在 2018 年，华为、中兴、富士康等一批行业龙头已经在工厂内部开始大力推进基于自然导航技术的场内物流解决方案，而且实现规模化落地应用。而这些企业的规模化落地也释放出一个信号——3C 行业的工业机器人即将迎来一轮新的爆发。

任务小结

相比传统市场，3C 行业机器人趋向轻量级，但对传感器在内的细微技术处理、柔性化以及集成化程度等方面要求更高。以计算机、通信和消费性电子产品为主的 3C 产业，其工业机器人需求量已遥遥领先于除汽车行业外的其他行业，目前也维持着快速增长的态势，作为继汽车领域之后机器人企业的重点关注对象，3C 行业中工业机器人产业的未来需求和发展空间将会进一步扩大。

任务 8.4 物流行业中的机器人

任务提出

近年来，机器人等相关产品及服务在电商仓库、冷链运输、供应链配送、港口物流等多种仓储和物流场景中得到快速推广和频繁应用。物流行业属于劳动密集型行业，机器人能完成很多劳动强度大、重复性高的工作。物流机器人目前的主要工作包括搬运、分拣、打包等。从技术上来说，解决这些问题需要物流机器人具有状态感知、实时决策、准确执行等能力。在目前的物流行业中哪些机器人应用最为普遍呢？接下来我们将在任务 8.4 中围绕这一问题进行学习。本任务包括以下几项内容：

（1）了解物流行业中搬运机器人的主要工作形式；

（2）理解 AGV 的几种常见的导航方式；

（3）理解 AGV 的几种常见的转向控制方式。

任务实施

8.4.1 搬运机器人

货物搬运是仓库最常见的工作，越来越多的仓库开始投入工业机器人，以代替人力进行物料的搬运。机器人搬运不仅可以解放劳动力，同样也提升了仓库物流处理的效率，而且能够减少工伤的出现，是现代物流仓库的极佳选择。搬运机器人可安装不同的末端执行器以完成各种不同形状和状态的工件搬运工作，大大减轻了人类繁重的体力劳动。世界上使用的搬运机器人超过 10 万台，搬运机器人广泛应用于机床上下料、冲压机自动化生产线、自动装配流水线、码垛搬运、集装箱等的自动搬运。部分发达国家已制定了人工搬运的最大限度，超过限度的必须由搬运机器人来完成。在第十七届中国国际工业博览会上亮相的协作机器人 CR-35iA，如图 8-20 所示，作为当时全球负载最大的协作机器人（协作机器人是和人类在共同工作空间中有近距离互动的机器人），其运动半径可达 1813 mm，可进行重零件的搬运作业。

图 8-20　协作机器人 CR-35iA

图 8-21　Boston Dynamics Handle 搬运机器人

CR-35iA 的主要特点是最大负载达到了 35 kg，能够被广泛地应用于汽车制造、机床上下料的行业应用中，协助人完成繁重的工作，降低人的劳动强度，从而使人能够专注于从事技巧性工作，提高生产系统的工作效率。

随着物流行业的不断发展，搬运机器人的形式也越来越多样，波士顿动力公司就设计研发了一款两轮鸵鸟形状的长颈机器人，Boston Dynamics Handle 搬运机器人如图 8-21 所示。Handle 机器人配置了吸盘装备，可以轻松吸取货物，并移动到另一个区域进行放置。此外，机器人使用了主动平衡系统，可以拾取和移动质量超过 30 磅（约 13.6 kg）的箱子。

随着电商行业的快速发展，仓库物流搬运的需求也会大幅增加。例如阿里、京东、亚马逊等公司都在仓库里投入机器人，以提升货物处理的效率，缩短商品的交付时间。亚马逊长期以来一直依靠机器人完成堆垛、卸垛和分拣，配合自动导引车在人工监督下搬运箱子。随着技术的突破发展，未来产品会不断升级，新型搬运机器人仍然值得期待。

8.4.2 AGV

自动导引车（AGV）是一类轮式移动机器人，它会沿着地板上的导线或标记块或磁条运动，也可以通过视觉导航或激光导航运动，多用于工业生产，在车间、仓库运输货物。随着“工业 4.0”浪潮的到来，AGV 得到了重视。常见的自动导引车如图 8-22 所示。

图 8-22　自动导引车

1. 发展历史

1954 年，美国伊利诺伊州北溪的巴雷特电子公司（Barrett Electronics Corporation）发明了世界上第一辆AGV。它是一辆沿着地板上的线缆运行的拖车，最早在美国南卡罗来纳的水星汽车货运公司（Mercury Motor Freight）仓库投入运营，用于实现货物出入库时的自动搬运。巴雷特电子公司随后又开发了一辆沿着地板上不可见的紫外线标记块运行的AGV，用于在芝加哥西尔斯大厦办公楼层递送邮件，如图8-23所示。AGV当时被称为无人驾驶车（driverless vehicle），直至20世纪80年代才有AGV这个名词。1983年，巴雷特电子公司被赛万特自动化（Savant Automation）并购。

图8-23 芝加哥西尔斯大厦邮件AGV

2. 导航方式

（1）电磁感应导引。

电磁感应导引（wire guidance）是在地板上挖出一条沟槽，里面埋设电线。当高频电流流经导线时，导线周围会产生电磁场，AGV上左右对称安装有两个电磁感应器，它们所接收的电磁信号的强度差异可以反映AGV偏离路径的程度。电磁感应导引AGV如图8-24所示。

图8-24 电磁感应导引AGV

电磁感应导引AGV不同于激光导引AGV和视觉导引AGV。电磁感应导引AGV需要在地面开槽，埋设电缆，然后通过接通低压、低频信号，让电线周围产生感应磁场，还要在电磁感应导引AGV的车体上安装感应线圈，使其位于导引线的两侧，以便感应导引AGV，其中导向线中电流约为200～300 mA，频率为2～35 kHz，如图8-25所示。

图8-25 电磁感应导引AGV运行原理

电磁感应导引AGV能够反映AGV偏离路径的程度，当高频电流流经导线时，导线周围产生电磁场，AGV可以通过车体左右对称安装的电磁感应器接收到的电磁信号，通过电磁信号的强弱差异来反映AGV偏离路径的程度。电磁感应导引AGV的自动控制系统根据这种偏差来控制车辆的转向，连续的动态闭环控制能够保证电磁感应导引AGV对设定路径的稳定自动跟踪。

（2）磁带导引。

使用磁带（magnetic tape）或彩条导引的低成本的AGV，也称作自动导览车（automated guided cart，AGC）。磁条的极性转换还可以编码信息给AGV使用，其原理如图8-26所示。

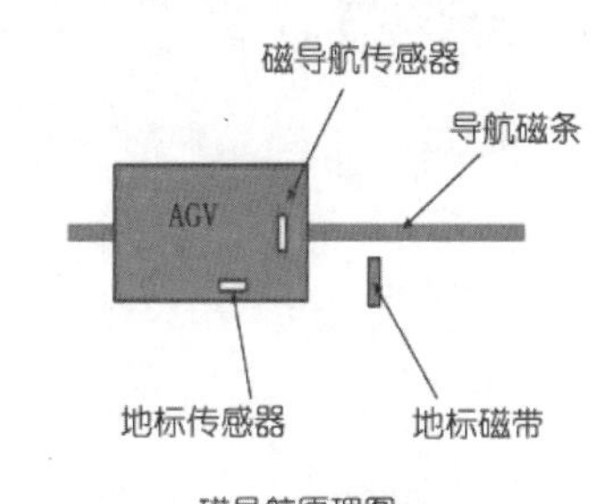

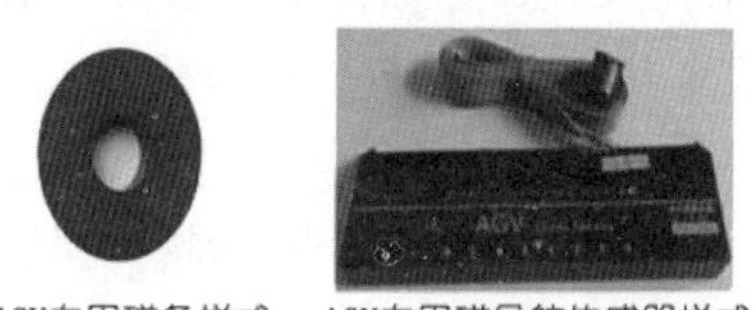

图8-26 磁带导引AGV原理

（3）激光制导。

使用激光制导的 AGV 称作激光制导车（laser guided vehicle，LGV）。激光制导的原理是在墙壁、柱子或固定设备上安装反光片，由 AGV 发射并接受激光，根据反光的视线（line of sight）角度（有时还有使用距离）与事先存储的反光片地图比较，按照三角测量学来定位，如图 8-27 所示。

（4）视觉导航。

视觉导航（vision navigation）不需要改变环境，它使用证据网络（evidence grid），基于概率的立体识别技术，通过立体相机，360 度成像建立 3D 地图。AGV 视觉导引又称图像识别导引，它分为无线式和有线式两种。无线式视觉导引利用 CCD（电荷耦合器件）系统动态摄取运行路径周围环境图像信息，并与拟定的运行路径周围环境图像数据库中的信息进行比较，从而确定当前位置，并对继续运行路线做出决策。有线式视觉导引根据路面或路边的明显路径标识线，通过车载 CCD 摄像机动态摄取路面图像，经车载计算机处理识别路径标识线，并判断车辆纵向轴线偏离标识线的距离及其与标识线间的夹角，通过控制转向系统使车辆的实际行驶路线与路径标识线的偏差保持在允许的范围内。有线式视觉导引技术既具有获取的信息容量大、路径的设置和变更简单方便、系统柔性好等优点，又具有现实应用的可能和广阔的应用前景，是当前智能车辆导引技术研究的主流方向和发展趋势。AGV 的视觉导引系统通过 CCD 摄像系统拍摄路径标线的图像，摄像系统的硬件性能将决定路径识别的精度和实时性，以及后续图像处理和识别算法的性能。视觉导航搬运 AGV 无人叉车如图 8-28 所示。

（5）地理导航。

地理导航 AGV 可以在没有任何先验信息的情况下识别环境，检测与辨识柱子、货架、墙面等，以判定自身位置，实时确定行进路线，拾取和放下的位置，其原理如图 8-29 所示。

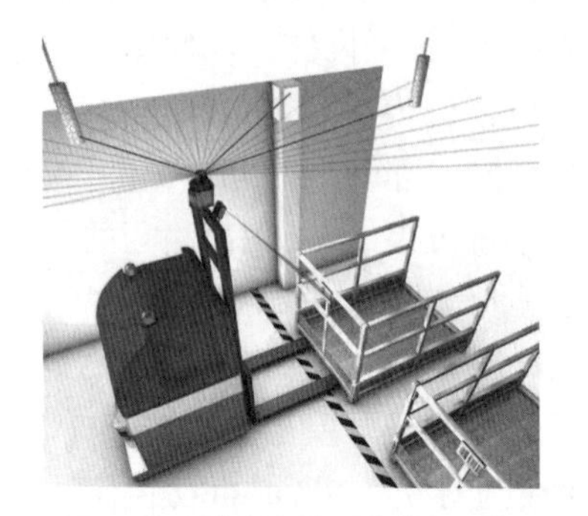

图 8-27　激光定位系统进行导航

图 8-28　视觉导航搬运 AGV 无人叉车

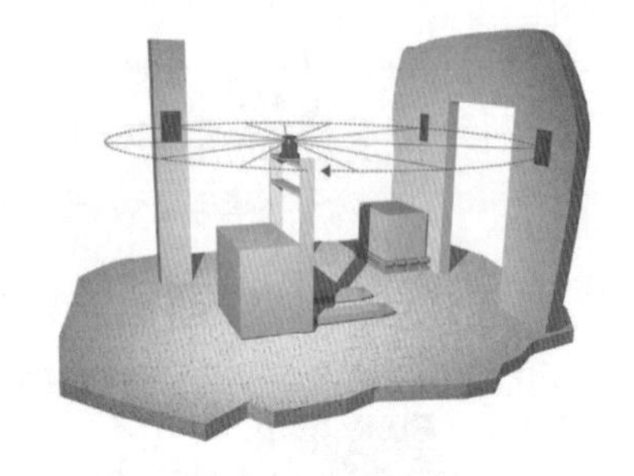

图 8-29　地理导航原理示意图

3. 转向控制

AGV 使用多种转向控制系统，最常用的是差速驱动控制，但不适用于牵引式 AGV。AGV 按照行走方式分为单向、双向、全向等，较新的方法是使用麦克纳姆轮实现万向行驶。

（1）单舵轮型。

单舵轮型 AGV 多为三轮车型（部分 AGV 为了更强的稳定性会安装多个随动轮，但转向驱动装置仅为一个舵轮），主要依靠 AGV 前部的一个铰轴转向车轮作为驱动轮，搭配后两个随动轮，由前轮控制转向，如图 8-30 所示。单舵轮转向驱动的优点是结构简单、成本低，由于是单轮驱动，无需考虑电机配合问题。三轮结构的抓地性好，对地表面要求一般，适用于广泛的环境和场合，缺点是灵活性较差，转向存在转弯半径，能实现的动作相对简单。它适用的 AGV 类型有牵引式 AGV、叉车式 AGV，适用场景为大吨位货物搬运。

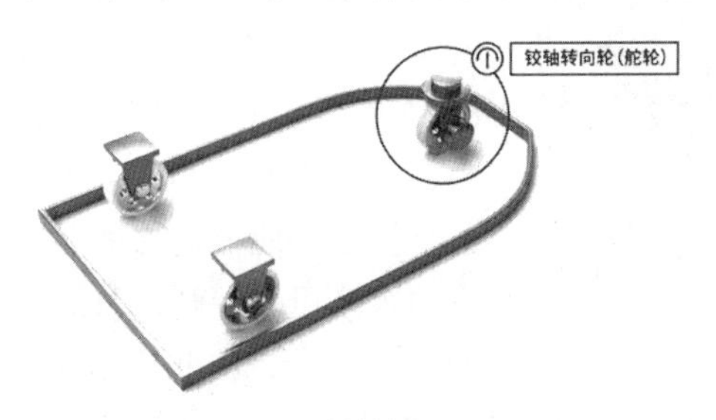

图 8-30 单舵轮型

（2）双舵轮型。

双舵轮型 AGV 为万向型 AGV，车体前后各安装一个舵轮，搭配左右两侧的随动轮，由前后舵轮控制转向。双舵轮型转向驱动的优点是可以实现 360° 回转功能，也可以实现万向横移，灵活性高且具有精确的运行精度，如图 8-31 所示。双舵轮型转向驱动的缺点是两套舵轮成本较高，而且 AGV 运行中经常需要两个舵轮差动，这对电机和控制精度要求较高，而且因为四轮或四轮以上的车轮结构容易导致一轮悬空而影响运行，所以对地面平整度要求严格。由于底部轮子更多，受力更均衡，所以这种驱动方式的稳定性比单舵轮型 AGV 更高。它适用的 AGV 类型有重载潜伏式 AGV 或停车机器人，适用场景为大吨位的物料搬运，适合用于汽车制造工厂、停车场等地方。

（3）差速轮型。

差速轮型 AGV 是在车体左右两侧安装差速轮作为驱动轮，其他为随动轮，与双舵轮型不同的是，差速轮不配置转向电机，也就是说驱动轮本身并不能旋转，而是完全靠内外驱动轮之间的速度差来实现转向，如图 8-32 所示。这种驱动方式的优点是灵活性高，同样可实现 360° 回转，但由于差速轮本身不具备转向性，所以这种驱动类型的 AGV 无法做到万向横移。此外，差速轮对电机和控制精度要求不高，因而成本相对低廉，而缺点是差速轮对地面平整度要求苛刻，负重较轻，一般负载在 1 吨以下，无法适应精度要求较高的场合。大家熟悉的亚马逊 KIVA 机器人就是使用差速轮转向驱动方式。它适用的 AGV 类型是潜伏式 AGV，它适用于环境较好的电商、零售等仓库场景。

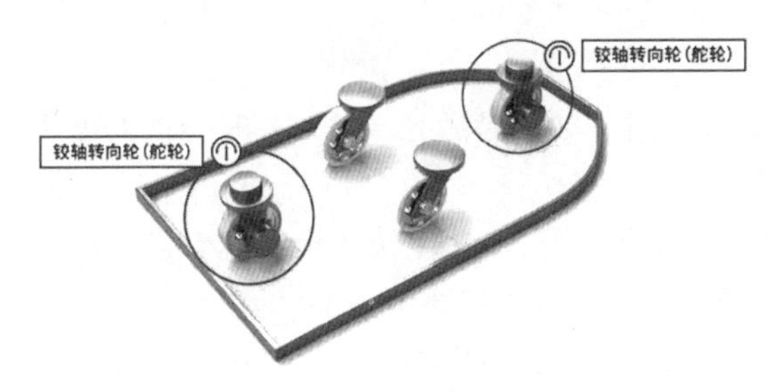

图 8-31 双舵轮型

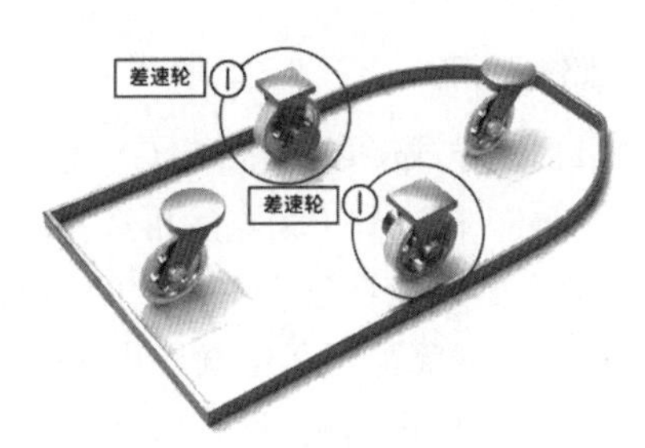

图 8-32 差速轮型

（4）麦克纳姆轮型。

麦克纳姆轮设计新颖，这种全方位移动方式是基于一个有许多位于机轮周边的轮轴的中心轮的原理，这些成角度的周边轮轴把一部分的机轮转向力转化到一个机轮法向力上面。依靠各自机轮的方向和速度，这些力的最终合成在任何要求的方向上产生一个合力矢量，从而

图 8-33　麦克纳姆轮

保证了这个平台在最终的合力矢量的方向上能自由地移动，而不改变机轮自身的方向。简单来说，就是在轮毂上安装斜向辊子，通过协同运动以实现移动或旋转，如图 8-33 所示。麦克纳姆轮的优点是具有 10 吨以上的载重能力，灵活性高，可以实现 360° 回转功能和万向横移，更适合在复杂地形上的运动。它的缺点是该技术属于瑞典麦克纳姆公司的专利，只能从国外进口，再加上本身运动类型的复杂性，因此价格昂贵。适用 AGV 类型：重载型移动平台、户外移动机器人。适用场景：飞机高铁等生产制造场景、户外机器人运输场景。

不同的转向驱动类型对应着不同场景下的应用需求，需要根据环境、负载等因素进行综合评估选定。根据应用场景的环境需要，选用最合适的转向驱动方式，只有这样才能保证不同作业场景下 AGV 运行的可靠性、稳定性和精确性，不同转向的控制对比如表 8-1 所示。

表 8-1　不同转向控制对比

转向驱动类型	成本	地面环境要求	360° 原地回转	万向横移	精度	承重能力	优点	缺点
单舵轮型	低	一般	不支持	不支持	高	高	结构简单，成本低，对地面环境要求一般	灵活性较差，转向存在转弯半径，实现动作相对简单
双舵轮型	高	高	支持	支持	高	高	灵活性高，可实现 360° 回转和万向横移，稳定性高，精度高	两套舵轮成本较高，对对面环境要求严格，需在平整的地面上运行
差速轮型	低	高	支持	不支持	一般	一般	灵活性高，可实现 360° 回转，稳定性高，成本低，对电机和控制精度要求不高	对地面平整度要求苛刻，负重较轻，对地面环境要求严格，需在平整的地面上运行，运行精度一般
麦克纳姆轮型	最高	低	支持	支持	高	最高	灵活性高，可实现 360° 回转和万向横移，精度高，承重能力强，可适用于复杂环境	麦克纳姆轮需进口，价格昂贵

4. 路径决策

如果是线导或磁条导航，AGV 会沿着确定路线行进。如果是激光导航，一般会预编程几条路径，AGV 行进到决策点后再选择继续沿哪条路径前进。

AGV 之所以能在危险、复杂的环境下工作，主要是因为 AGV 能快速规划最优路线和具有较强的实时避障能力，也就是我们所说的路径规划。路径规划解决了 AGV 的 3 个问题：使 AGV 能从初始点运动到目标点；用一定的算法使 AGV 能绕开障碍物，并且经过某些必须经过的点；在完成以上任务的前提下，尽量优化 AGV 的行驶路径。

AGV 的路径规划是指在有障碍物的复杂环境中，AGV 如何找到一条从起点到终点最合适的路径，使 AGV 在运动过程中能安全、无碰撞绕过所有障碍物。简单地理解就是 AGV 按照某一性能指标搜索一条从起点到终点的最优或近似最优的无碰撞路线。通常 AGV 通过传感器来对工作进行探测，以获取障碍物的位置、形状和尺寸等信息。常见的避障传感器主要有超声波传感器、视觉传感器、激光传感器、红外传感器等。

随着 AGV 的发展，对于 AGV 路径规划技术要求也将更高，呈现以下趋势发展：

（1）AGV 路径规划的实时性、安全性和可达性等性能指标要求不断提高；

（2）智能化的算法将会不断涌现。将智能化算法应用于 AGV 路径规划中，使 AGV 移动机器人在动态环境中更加灵活，更加智能化；

（3）传感器信息可用于路径规划，AGV 在动态环境中进行路径规划所需要的信息都是从传感器得来；

（4）基于功能 / 行为的 AGV 的路径规划，基于行为的方法可以把路径规划分解成一系列相对独立的小系统。

5. 交通控制

有多台 AGV 工作时，需要交通控制来避免拥堵或者碰撞。交通控制可以使用区域控制、前向感知控制、组合控制等本地控制方法，由服务器统一调度各 AGV 的路径。

（1）区域控制。

区域控制即在一个区域设置一个无线电发射装置。当区域空闲时，发出“ clear”信号，任何 AGV 可以进入此区域。当区域被一台 AGV 占用时，发出“stop”信号。

（2）前向感知控制。

前向感知控制是在 AGV 前部安装声学（超声）、光学（红外）或物理接触传感器。

（3）组合控制。

组合控制即区域控制与前向感知控制一起使用。

说明 AGV 不仅仅可以在封闭的厂区内使用，即使在充满了大量作业的港口环境中，AGV 也能大展身手。

拓展阅读

港口上的“快递小哥”

港口上的 AGV 将桥吊放下的集装箱运往集装箱堆场，遵循最短路径、最省电模式和最不拥堵路段三大法则自主选择运行路线，也就是“我要怎么去”，堪称聪明的“港口快递小哥”。

上海洋山四期自动化码头，“布鲁塞尔快航”的快卸船作业正在火热进行中，借助预埋在港区地面下的 61 483 颗磁钉，以及自身的激光雷达，135 辆 AGV 有条不紊地运行着，集装箱抵达堆场后，该轮到轨道吊大显身手了，轨道吊又称“门式起重机”，负责堆场与场外集装箱卡车之间集装箱的堆叠和装卸车任务，它与桥吊和 AGV 被并称为“港口机械三大件”。正是仰赖“港口机械三大件”的通力协作，上海洋山四期自动化码头的作业效率得以大幅提升。

——摘自《超级装备（第二季）第 4 集》
（央视网，2022 年 9 月 23 日）

任务小结

目前在物流行业的应用中，搬运机器人和 AGV 最为普遍。物流行业正在从劳动型向技术型转变，由传统模式向现代化、智能化升级，随之而来的就是各种各样先进的技术装备的运用和普及。相应地，物联网技术、人工智能技术和机器人技术相互结合能很好地解决“感知”“决策”和“执行”三个方面的问题。未来的高性能物流机器人应是集合三种技术的综合体，通过机器人及后台系统，能够对数据流、物流、订单流、资金流、发票流等进行有效管理，极大地提高流通效率。

任务 8.5 其他形式的机器人和未来工厂

任务提出

除了在汽车、3C、物流行业以外，工业机器人在其他领域逐渐也有着广泛的应用，通过合理的设计和开发，机器人在不同的行业中均能完成指定的作业内容。随着机器人应用场景的不断拓展，未来工厂也逐步向着智能化、数字化、信息化不断转型。机器人在其他工作场景的典型应用呈现出什么特点？未来工厂又将如何改变我们的工作？接下来我们将在任务 8.5 中围绕这一问题进行学习。本任务包括以下几项内容：

（1）了解工业机器人在医疗、采矿、服务等行业的应用现状；

（2）理解不同行业中工业机器人的典型案例；

（3）展望未来工厂的特点和对人们工作的影响。

任务实施

8.5.1 医用机器人

医用机器人是用于医疗行业的机器人。例如外科手术中用的医疗用机器人（手术用机器人）可以以更精准、侵入性更小的方式进行手术，手术用机器人也是遥控机器人，由外科医生在另一端控制。

1. 远程手术

事实上，远程手术其实并不是一个新概念，远程手术的概念早在 20 世纪 80 年代就被人提出，在 20 世纪 70 年代的时候，当时美国航空航天局（NASA）就有技术专家开始研究使用机器人对宇航员进行远程手术的可能性。从那时起，NASA 就开始和军方合作稳步推进可实际执行远程手术的机器人项目。后来随着远程呈现技术的发展，梅赫兰 · 安瓦里（Mehran Anvari）为了进一步弄清楚远程手术是如何进行的，它着手尝试了第一次机器人辅助远程手术。不过，缓慢的通信网络、有限的带宽以及落后的远程呈现技术阻碍了远程手术进一步深入发展。

随着机器人产业的快速发展，医疗机器人的发展受到了全球高度关注，美国已经把手术治疗机器人、假肢机器人、康复机器人、心理康复辅助机器人、个人护理机器人、智能健康监控系统确定为未来发展的六大研究方向。欧洲计划建立“医疗机器人（robotics for health-care)”网络，促进医疗机器人在欧洲的发展和应用。

2. 手术机器人历史

（1）伊索机器人。

1994 年出现的伊索被设计用来接受手术医生的指示并控制腹腔镜摄像头。其三个阶段的产品伊索 -1000，伊索 -2000 和伊索 -3000 充分体现了介入手术的特点。该机器可以模仿人的手臂功能，实现声控设置，取消了对辅助人员手动控制内窥镜的需要，提供比人为控制更精确的镜头运动，为医生提供直接、稳定的视野。手术机器人伊索如图 8-34 所示。

（2）宙斯机器人。

1996 年初，在伊索机器人的基础上开发出了带有强大功能的视觉系统，推出主从遥控操作的宙斯机器人。宙斯机器人分为外科医生一侧（surgeon-side）系统和患者一侧（patient-side）系统，外科医生一侧（surgeon-side）系统由一对主手和监视器构成，医生可以坐着操控主手手柄，并通过控制台上的显示器观看由内窥镜拍摄的患者体内情况。患者一侧（patient-side）由用于定位的两个机器人手臂和一个控制内窥镜位置的机器人手臂组成，如图 8-35 所示。

图 8-34 手术机器人伊索

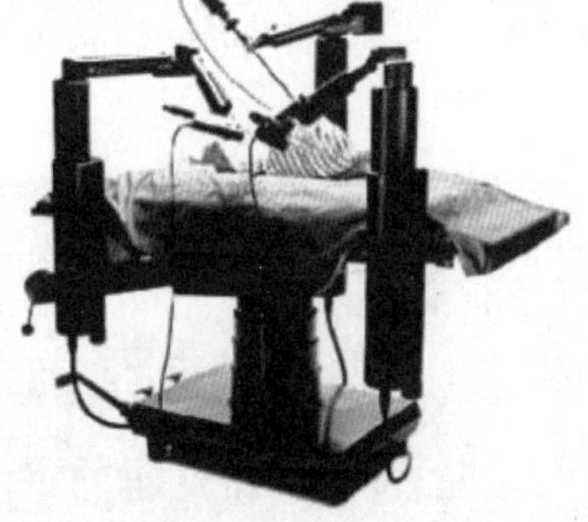

图 8-35 宙斯机器人

（3）达芬奇手术机器人。

达芬奇手术机器人是目前全球较成功及应用较广泛的手术机器人。它也代表着当今手术机器人的较高水平，它主要由 3 个部分组成：①医生控制系统；②三维成像视频影像平台；③机械臂，由摄像臂和手术器械组成的移动平台。实施手术时，主刀医师不与病人直接接触，通过三维视觉系统和动作定标系统操作控制，由机械臂以及手术器械模拟完成医生的技术动作和手术操作。在伊索机器人、宙斯机器人等前代机型的基础上，美国视觉公司开发的达芬奇手术机器人是目前全世界应用较广、技术较先进的手术机器人，第四代达芬奇机器人如图 8-36 所示。

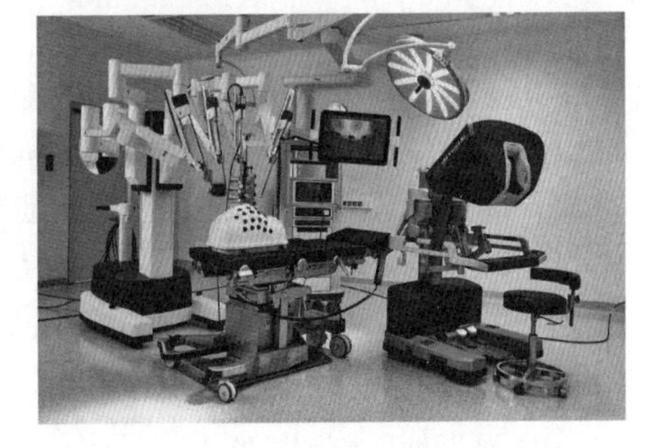

图 8-36 第四代达芬奇机器人

3. 医用机器人未来主要发展趋势

（1）医工研用全要素协同创新成为必然。

（2）专用型的医疗机器人将成为产品发展趋势。

（3）金融资本在医用机器人产业中起着越来越大的作用。

（4）精确医疗理念进一步发展。

8.5.2 采矿机器人

采矿机器人是帮助人类在各种有毒、有害及危险环境下进行采矿工作的并且具有相当灵活度的智能机器人，包括特殊煤层采掘机器人、凿岩机器人、井下喷浆机器人、瓦斯地压检测机器人等类型。

图 8-37 遥控采矿机器人

图 8-38 凿岩机器人

1. 特殊煤层采掘机器人

在采煤时，一般都用综合机械化采煤机采煤，但对于薄煤层这一类的特殊情况，运用综合机械化采煤机采煤就很不方便，有时甚至是不可能的。如果通过人工采煤，作业又十分艰苦和危险，但是如果舍弃不用，又会造成资源的极大浪费。因此，采用遥控机器人进行特殊煤层的采掘是最佳的方法，如图 8-37 所示。这种采掘机器人能拿起各种工具，比如高速转机、电动机以及其他采集和爆破器械等，并且能操作这些工具。这种机器人的肩部装有强光源和视觉传感器，这样能及时将采集区前方的情况传送给操作人员。

2. 凿岩机器人

凿岩机器人可以利用传感器来确定巷道的上缘，这样就可以自动瞄准巷道缝，然后把钻头按规定的间隔布置好，钻孔过程用微机控制，随时根据岩石硬度调整钻头的转速和力的大小以及钻孔的形状，这样可以大大提高生产率，人只要在安全的地方监视整个作业过程即可，凿岩机器人如图 8-38 所示。

3. 井下喷浆机器人

井下喷浆作业是一项很繁重并且危害人体健康的作业，这种作业主要由人操作机械装置来完成，该方法的缺陷也有很多。采用喷浆机器人不仅可以提高喷涂质量，也可以将人从恶劣的作业环境中解放出来，井下喷浆机器人如图 8-39 所示。

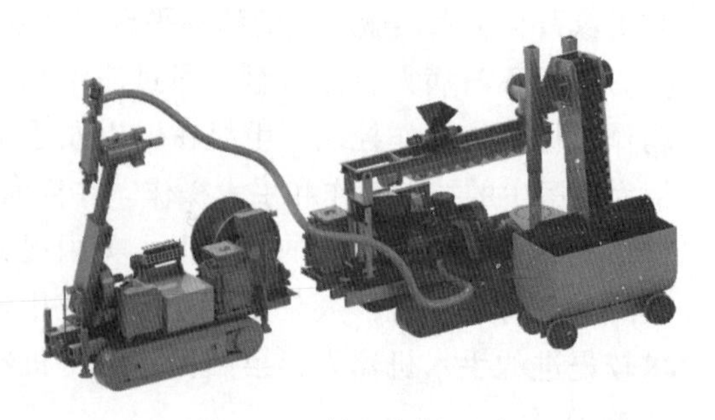

图 8-39 井下喷浆机器人

4. 瓦斯地压检测机器人

瓦斯和冲击地压是井下作业中的两个不安全的自然因素，一旦发生突然事故，是相当危险和严重的。但瓦斯和冲击地压在形成突发事故之前，都会表现出种种迹象，如空气颤动、岩石破裂等。采用带有专用新型传感器的移动式机器人可以连续监视采矿状态，以便及早发现事故突发的先兆，采取相应的预防措施，煤矿危险气体巡检机器人如图 8-40 所示。

图 8-40 煤矿危险气体巡检机器人

随着机器人研究的不断深入和发展，采矿机器人的应用领域会越来越宽，经济效益和社会效益也会越来越显著。

8.5.3 服务机器人

服务机器人是机器人家族中的一个年轻成员，到目前为止尚没有一个严格的定义。不同国家对服务机器人的认识不同。

服务机器人可以分为专业领域服务机器人和个人 / 家庭服务机器人，服务机器人的应用范围很广，主要从事维护保养、修理、运输、清洗、保安、救援、监护等工作。常见的服务机器人如图 8-41 所示。

护士助手是服务机器人中的一种，它不需要有线制导，也不需要事先制定计划，一旦编好程序，它随时可以完成以下各项任务：运送医疗器材和设备、为病人送饭、运送病历、运送报表及信件、运送药品、运送试验样品及试验结果、在医院内部运送邮件及包裹，护士助手如图 8-42 所示。

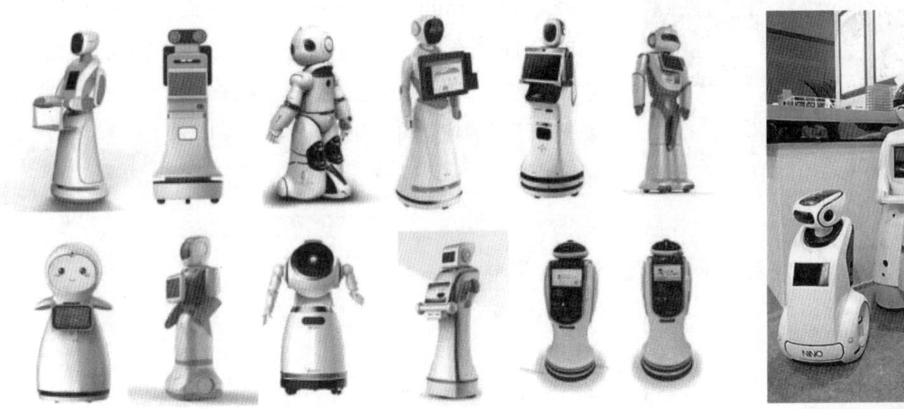

图 8-41 常见服务机器人

图 8-42 护士助手

护士助手机器人由行走部分、行驶控制器及大量的传感器组成。机器人可以在医院中自由行动，其速度为 0.7 m/s 左右。机器人中装有医院的建筑物地图，在确定目的地后，机器人可以利用航线推断算法自主地沿走廊导航。它的光视觉传感器及全方位超声波传感器可以探测静止或运动物体，并对航线进行修正。它的全方位触觉传感器能够保证机器人不会与人和物相碰。车轮上的编码器可以测量行驶过的距离。在走廊中，机器人利用墙角确定自己的位置，而在病房等较大空间中，它可以利用天花板上的反射带，通过向上观察的传感器帮助定位。需要时它还可以开门。在多层建筑物中，它可以给载人电梯打电话，并进入电梯到所要到的楼层。紧急情况下，例如某一外科医生及其病人使用电梯时，机器人可以停下来让开道路，2 分钟后重新启动继续前进。护士助手上可以选择多个目的地，机器人有较大的荧光屏以及对用户友好的音响装置，使用起来迅捷方便。

8.5.4 未来工厂

无论是德国的“工业 4.0”，还是美国的“工业互联网”，又或是我国的“中国制造 2025”，各国工业发展规划的主体思路都是推动智能制造。未来的制造业将会彻底摆脱流水线，也会最大限度地释放人类的双手，取而代之的是大面积的自动化机器人，他们不仅能接收人类输入的指令，更能通过无处不在的网络自主学习，未来制造工厂产出的不止有形的产品，还包括源源不断的数据资源。当生产力高度发达时，制造工厂还能走艺术路线，也就是说，高度自动化的生产线有望会成为一道亮丽的风景线，比如人们会买票来参观 iPhone 的制造过程，正如看一场篮球球赛。毫无疑问，未来的工厂应该是多元化的。设想中的未来工厂环境可能如图 8-43 所示。

图 8-43 设想中的未来工厂

未来的工厂管理者将会越来越少地出现在办公室内，企业再不用花费大价钱来租下办公室，冗长拖沓的会议也会逐步减少。管理者和被管理者更多地通过增强现实、全息投影等技术来实现隔空对话。事实上，当万物联网、增强现实大面积普及时，由物理隔墙围起来的车间将会彻底消失，取而代之的是建在云端的个性化车间，打造创新引领、两化（信息化和工业化）融合、创新生态支撑的未来工厂已经势在必行，未来工厂的探索与实践如图 8-44 所示。

图 8-44 未来工厂的探索与实践

思考

未来工厂可能会给我们的生活带来什么影响？

拓展阅读

数字引擎 智造未来

对于浙江宁波市民陈先生来说，最近最爽的一次消费体验就是买下这辆最新款的纯电动汽车。这辆车不是在 4S 店选购的，而是通过手机 App 个性化定制的。目前出厂的两万多辆的同款纯电动汽车中，很难找到与陈先生的爱车一模一样的配置，真正是万里挑一。陈先生告诉记者，这款车理论上能够提供给用户的个性化定制的各种配置组合方式多达 157 万种。他非常喜欢这种新颖的购车方式。

在汽车制造行业大批量生产流水线上，如何同时实现大规模个性化需求的定制，这无疑是工业制造领域的一次革命性的挑战。中国信息通信研究院院长余晓晖说："工业革命的标准就是大规模流水生产线，全标准化的动作，整齐划一。很大的工厂，现在我要针对不同的需求，生产线一百个汽车都要不一样。如何保证成本是可以控制的，也就意味着对生产线、供应链有极高的要求，需要根据你的指令、你的需要、你的订单，做不同的配置，这里面对生产线的要求，要高度的柔性化、智能化。"未来工厂代表未来的一个方向，显示了我们国家从制造大国向制造强国转型升级的一个路径，要抢抓数字经济发展先机，把握数字经济发展主动权，这对我们建成社会主义现代化国家和实现中华民族伟大复兴，是有至关重要意义的。

——摘自《焦点访谈》20220729 数字引擎 智造未来（央视网，2022 年 7 月 29 日）

任务小结

随着机器人性能的不断提升，机器人控制系统功能的不断增强，机器人的应用范围也必将进一步拓展，已经应用于医疗、采矿和服务行业中的机器人也将伴随着技术的革新不断升级。伴随着机器人在行业领域应用的不断深入，未来工厂也将呈现出智能化、数字化、信息化的自动化生产阶段。在未来工厂中，视觉传感器、声控、力和触觉传感器以及多种传感器的组合应用将大量存在，更多的高新技术将被真实应用于生产环节中，机器人的自我学习能力将大幅提高，变得更加智能。更重要的是，机器感知与物联网将突破物与物之间的信息交互壁垒，基于大数据的生产管理将使生产过程更高效更可靠。

项目总结

本项目从工业机器人在各行业中的应用出发，介绍了常见工业领域的工业机器人系统，展望了未来工厂的发展方向。目前，机器人可代替或协助人类完成各种工作，凡是枯燥的、危险的、有毒的、有害的工作，可以由机器人代替人类完成。工业机器人的应用分布广泛，不同的行业有着不同的应用需求，在使用机器人时要了解机器人的应用要素，根据实际情况选择符合自身需求的类型及相关外部设备，机器人才能更加充分地发挥其优势。随着机器人技术不断提高，机器人的应用领域也将进一步扩大。

项目拓展

一、选择题

1. 将机器人按照应用类型划分，以下哪种属于错误分类？（　　）

A. 工业机器人　B. 极限作业机器人　C. 服务机器人　D. 智能机器人

2. 视觉应用中，随着工作距离变大，视野相应（　　）。

A. 不变　B. 变小　C. 变大　D. 不确定

3. 下列选项中不属于机器人焊接系统的是（　）。

A. 机器人　　B. 控制器　　C. 嵌入式 PC　　D. 焊接系统

4. 进入某工厂机器人（人工）焊接车间作业或者考察，除戴安全帽之外还需要佩戴或穿着（　）。

A. 防尘服、护目镜　　B. 护目镜、手套

C. 手套、防静电帽　　D. 口罩、防静电帽

5. 以下属于非接触式作业的机器人是（　）。

A. 拧螺丝机器人　　B. 装配机器人　　C. 抛光机器人　　D. 弧焊机器人

6. 下列设备中，不属于工作站机械系统维护范畴的是（　）。

A. 机器人本体　　B. 工件传输单元　　C. 焊接电源　　D. 末端执行器

7. 机器人进行焊接作业时，一般焊枪工具 z 轴方向与工件表面应保持（　）。

A.45 度　　B. 平行　　C. 垂直　　D. 任意角度

8. 下列设备中，不属于焊接机器人系统的是（　）。

A. 机器人本体　　B. 焊枪　　C. 焊接电源　　D. 夹爪工具

9. 焊接机器人分为点焊机器人和（　）。

A. 线焊机器人　　B. 弧焊机器人　　C. 非点焊机器人　　D. 面焊机器人

10. 有些工作环境的气体气味难闻，挥发性强，易燃易爆，对人体有很大危害。（　）结构简单，无论何种情况下都能保证工作质量，而且机器人自带防爆系统，可保证工作安全可靠。

A. 喷涂机器人　　B. 焊接机器人

C. 机器加工机器人　　D. 医疗康复机器人

二、判断题

1. 在机器人焊接系统中，若焊接作业区域的长度超过了机器人最大臂展，可以选配变位机或机器人外轴系统的外围设备。

（A）正确　　（B）错误

2. 焊接机器人分为点焊机器人和弧焊机器人。

（A）正确　　（B）错误

3. 喷漆机器人属于非接触式作业机器人。

（A）正确　　（B）错误

4. 码垛是工业机器人的典型应用，通常分为堆垛和拆垛两种。

（A）正确　　（B）错误

5. 某密闭式喷漆房需要设计机器人喷漆工作站以改善工人的工作条件，在进行机器人选型时，为节约成本，可以选用通用型关节型机器人产品，只要做好机器人本体的防护即可。

（A）正确　　（B）错误

6. 涂胶方法有刮涂、辊涂、浸涂、喷涂。

（A）正确　　（B）错误

7. 在焊接作业前和焊接过程中，变位机通过夹具来装卡和定位被焊工件，对工件的不同要求决定了变位机的负载能力及其运行方式。

（A）正确　　（B）错误

8. 焊接机器人其实就是在焊接生产领域代替焊工从事焊接任务的工业机器人。

(A) 正确　　(B) 错误

9. 机器人焊接时对于每条焊缝的焊接参数是变化的。

(A) 正确　　(B) 错误

10. 喷涂机器人的选型通常取决于工件的大小。

(A) 正确　　(B) 错误

三、填空题

1. ____________、____________依然是国内产机器人的主要市场。

2. 电子电气行业中，目前世界工业界装机最多的工业机器人是____________机器人。

3. 要使机器人系统能纯熟地模拟一个纯熟屠宰工人的动作，最终的解决方法将是把________、____________和____________等多项技术集成起来。

4. 随着未来更多的化工生产场合对于环境清洁度的要求越来越高，____________将会得到进一步的利用。

5. 工业机器人在冶金行业的主要工作范围包括____________、____________以及__________等加工过程。

6. ____________、汽车制造业依然是国内产机器人的主要市场，并有望延伸到劳动强度大的纺织、物流行业等。

7. 喷涂机器人主要包含三部分：机器人本体、____________、____________。

8. 装配机器人具有____________、____________、工作范围小、能与其他系统配套使用等特点。

9. 采矿机器人，包括特殊煤层采掘机器人、____________、____________、瓦斯地压检测机器人等类型。

10. 未来制造工厂产出的，不止于有形的产品，还应包括源源不断的____________。

四、简答题

1. 工业机器人的十大应用领域分别包括哪些？

2. 简述焊接机器人系统的组成及其在汽车工业中的应用。

3. 简述喷涂机器人的系统组成及其在汽车工业中的应用。

4. AGV 常见的导航方式和特点分别是什么。

5. 请简述未来的工厂将可能向着什么样的趋势发展。

参考文献

[1] 林燕文，陈南江，许文稼．工业机器人技术基础 [M]．北京：人民邮电出版社，2019.

[2] 双元教育．工业机器人技术基础 [M]．北京：高等教育出版社，2018.

[3] 夏智武，许妍妩，迟澄．工业机器人技术基础 [M]．北京：高等教育出版社，2018.

[4] 温宏愿，孙松丽，林燕文．工业机器人技术及应用 [M]．北京：高等教育出版社，2019.

[5] 蒋正炎，陈永平，汤晓华．工业机器人应用技术 [M]．3 版．北京：高等教育出版社，2023.

[6] 许文稼，蒋庆斌．工业机器人技术基础 [M]．2 版．北京：高等教育出版社，2023.

[7] 陶永，刘海涛，王田苗，等．我国服务机器人技术研究进展与产业化发展趋势 [J]. 机械工程学报，2022，58（18）：56–74.

[8] 郝建豹，林子其，谭华旭．基于“平台引领、双景融合、四层进阶、三维对接”的机器人技术实践教学改革 [J]. 实验技术与管理，2021，38（03）：246–250.

[9] 胡光桃，张元，王强．移动机器人传感器与导航控制 [J]. 制造业自动化，2020，42（06）：66–70+78.